"十三五"普通高等教育本科部委级规划教材

染料化学及染色

高树珍　赵欣　王海东　主编

中国纺织出版社

内 容 提 要

本书主要介绍染料的基本知识，包括染料的概念、分类、命名、吸收定律和吸收光谱曲线、染料的结构与性能（颜色的深浅、耐日晒色牢度等）之间的关系、合成各种结构染料常见的反应、八大应用类型染料最基本的结构特征、结构分类以及结构与性能之间的关系，在此基础上了解各种类型染料的发展趋势，促进染料向高档化发展。使学生在学习各种纤维的结构与性质的基础上，掌握染料与纤维之间的对应选择关系，并在此基础上掌握各种应用类型染料的染色工艺。

图书在版编目（CIP）数据

染料化学及染色/高树珍，赵欣，王海东主编.--北京：中国纺织出版社，2019.7 （2022.6重印）

"十三五"普通高等教育本科部委级规划教材

ISBN 978-7-5180-5870-9

Ⅰ.①染… Ⅱ.①高… ②赵… ③王… Ⅲ.①染料化学—高等学校—教材 ②染料染色—高等学校—教材 Ⅳ.①TQ610.1 ②TS193.6

中国版本图书馆 CIP 数据核字（2019）第 004825 号

策划编辑：朱利锋　责任校对：王花妮　责任印制：何　建

中国纺织出版社出版发行

地址：北京市朝阳区百子湾东里 A407 号楼　邮政编码：100124

销售电话：010—67004422　传真：010—87155801

http://www.c-textilep.com

E-mail：faxing@ c-textilep.com

中国纺织出版社天猫旗舰店

官方微博 http://weibo.com/2119887771

北京虎彩文化传播有限公司印刷　各地新华书店经销

2019 年 7 月第 1 版　2022 年 6 月第 5 次印刷

开本：787×1092　1/16　印张：17.5

字数：355 千字　定价：62.00 元

前　言

　　《染料化学及染色》一书是由齐齐哈尔大学高树珍、赵欣以及吉林工学院王海东通过查阅大量的相关参考文献，凝结了多年的教学与科研成果，吸收了先进的前沿知识的基础上编写的。是轻化工程专业、染整工程专业的一门主干专业理论课程，也是纺织科学与工程学科硕士研究生必修理论课程的重要组成部分。

　　以往的教材通常把染料与染色分开，本教材将二者进行了有机地结合。通过本教材的编写不但使学生全面地深入了解染料化学的基本知识和基本理论，而且也能深入地学习染色理论、染色机理、染色工艺，可以促进染料向高档化发展，加速染料工业的发展进程；可以促进染色工业的全面创新；可以系统全面地学习有关染料及染色的知识，使学生所学的知识更加系统化、逻辑化；尤其是本书将先修课和后续课程有机结合，补充先进和前沿知识，有利于培养学生适应社会的能力；同时本教材的编写结合了当前的教学改革和课程建设的内容，更具有很强的实际应用价值。可以提高人才培养质量。

　　因此，本书即可以作为轻化工程专业、纺织染整工程专业以及相关的专业的本科生教材使用，也可以作为纺织科学与工程学科硕士研究生的教材使用。除此之外，该书可以为从事该领域的研究者和工作者提供重要的理论参考和实践指导。具有很大的社会价值。

　　由于编者水平有限，难免存在不妥、纰漏甚至错误之处，恳请读者批评改正。

　　注：本书的出版得到了纺织科学与工程学科建设经费的资助，得到了齐齐哈尔大学教材建设基金资助，也得到了黑龙江省教育厅教学研究项目（项目编号：SJGY20170364）资助。

编者

2019 年 2 月

目　　录

第一章 绪论

第一节 染料的发展历程

染色技术的历史可追溯到史前的远古时期。中国是最早有纺织品及发展染色工艺的国家。北京周口店的山顶洞人早在1.5万年以前就开始应用红色氧化铁（Fe_2O_3）矿物颜料涂绘居住的山洞，说明在史前的人类已懂得应用颜料。新石器时代，人们已经懂得应用赭黄、雄黄、朱砂、黄丹等矿物颜料在织物上着色。同时，选用植物染料为原始纺织品增加色彩。公元前1000至公元前771年（距今约3000年）的周朝已经设有掌管染色的"染人"职官，也称之为"染草之官"，负责染色事务，实行纺织专业分工制度。长沙马王堆西汉古墓出土的绚丽多彩的印花丝织品，说明了中国在2000年前，已可以应用印花技术。在秦朝，设有"染色司"。自汉至隋，各代都设有"司染署"。诗经中有用蓝草、茜草染色的诗歌，可见中国在东周时期使用植物染料已在民间普遍应用。先秦古籍《考工记》是中国第一部工艺规范和工作标准的汇编，书中"设时之工"记录了中国古代练丝、纺绸、手绘、刺绣等工艺。贾思勰编著的《齐民要术》中也有关于种植染料植物和萃取染料加工过程，如"杀双花法"和"造靛法"所制成的染料可以长期使用。1637年明末宋应星的《天工开物》中描述了有关各种染料炼制的化学工艺以及各种染料在织物上的染色方法。1371年，欧洲开始有染色、印花的记载数据，同年法国巴黎成立了世界上第一个染色专业协会。1471年，欧洲各国的染色从业者齐聚英国伦敦，通过了第一个会章，并成立染色业者协会。1884年，英国成立了染色工作者及配色师协会，"染料索引"就是由其协会编撰，功不可没。1856年，英国的W. H.珀金用重铬酸钾氧化苯胺硫酸盐，得到一种黑色沉淀物，发现它能将丝织品染成紫红色，次年设厂生产，取名为苯胺紫染料或冒酰，供染色使用，开创了化学合成染料工业新纪元。1858年，德国J. P.格里斯发现了苯胺的重氮化反应，1860年发明了苯胺黑（Aniline Black）并开发其染色法。1861年，C. H.曼思合成了第一只偶氮染料苯胺黄，并设立纳夫妥染料化工，从此偶氮染料成为染料中的一大类别。纳夫妥染料化工并入赫司特后，赫司特也成了偶氮染料的主要制造厂。1868年，德国化学家制得茜红（C.I.媒染红11），开始了羟基蒽醌媒介染料的发展。1870年，德国巴斯夫的化学家合成了蒽醌染料。1870年，德国化学家A.拜耳由天然靛红与三氧化二磷反应并还原得到靛蓝，并在1878年完成了靛蓝的合成。1876年，德国维特氏提出染料发色团假说，认为染料要成为有色色素，色素分子必须要存在特定的不饱和原子团，他把这些特定的原子团分为发色团及助色团，该发色理论对染料化学及工业影响深远。1873 年，法国化学家克鲁西昂和布把里尼制得棕色硫化染料（C.I. 硫化棕 1）。1880 年，英国利德·霍利德公司的托马斯和 R. 霍利德，进行了不溶性偶氮染料的应用。此种染料又称纳夫妥染料或冰染染料。1884 年，德国 P. 博蒂格用化学合成的方法获得了第一只直接染料刚果红，开创了直接染料的制造。1908 年，德国人赫斯等以咔唑为原料制成第一只硫化还原染料海昌蓝。1923 年，瑞士汽巴公司发现了酸性—氯三嗪染料，并在 1953 年生产，开始了活性染料的发展。1952 年，德国赫司特生产了用于羊毛的活性染料 Remalan，但效果不佳。1922 年，德国巴登苯胺纯碱公司发现醋纤。分散染料最早用于醋酯纤维染色，称为醋纤染料。1953 年，C. M. Whittaker 将分散染料用于聚酯纤维的染色，使分散染料获得迅速的发展。

国产的染料分布情况为分散染料约为 48%，活性染料约为 27%，还原染料约为 5%，酸性染料约为 5%，直接染料约为 2%，硫化染料约为 8%，其他染料约为 5%。

第二节　染料的概念

人们生活在五颜六色的世界，颜色牵动着人们的喜怒哀乐。难以想象如果没有颜色世界还会如此绚烂缤纷吗？赋予其他物质一定颜色的物质被称为着色剂。着色剂一般分为两种，一种为染料，另一种为颜料。两种物质都具有颜色鲜艳、色谱齐全、着色简单、有一定着色牢度的特点。但它们又存在着本质的区别。

作为染料，或者溶于水（如直接染料、酸性染料、活性染料以及阳离子染料），或者溶于一般的有机溶剂（如分散染料），或者是在染色的过程中转变成溶于水的状态（如还原染料、硫化染料以及不溶性偶氮染料），对被染物具有染着性或亲和力，可以与被染物之间产生范德瓦耳斯力、氢键、离子键、共价键或配位键结合。主要用于各种纺织品的染色和印花，也可以用于皮革、纸张等的着色。例如，人们日常生活中见到的有颜色的纺织品（包括衣着用纺织品、装饰用纺织品以及产业用纺织品）、各种皮革制品以及大部分的纸张都是经过染料的染色赋予的。

最早人们使用天然染料对纺织品等进行着色，但由于天然染料提取困难、成本高、重现性差以及不确定因素太多，目前主要使用合成染料进行染色。染料对被染物具有选择性，一种染料不能将所有的纤维织物染上颜色，某种纤维织物只能用一种或几种染料进行染色。一种染料能否对某种纤维进行染色，取决于染料的结构与纤维的结构，即染料与纤维之间存在着对应选择关系。

而颜料不溶于水和一般有机溶剂，对被染物没有染着性和亲和力，主要是借助于黏合剂的黏着作用机械地固着于织物的表面或者内部。主要用于油漆、油墨、橡胶以及化纤的原液染色或涂料印花。例如，粉刷墙壁用的涂料、画家所用的各种颜色的水彩等都是颜料。

颜料一般不应用于纺织品的染色。由于黏合剂的存在会导致纤维织物的手感硬挺，穿着的舒适性差。化纤的原液染色除外。所谓化纤的原液染色指的是在化学纤维的纺丝液由喷丝头喷出来之前，将颜料加入纺丝液中，搅拌均匀后再由喷丝头喷出有色丝。例如，聚酯纤维通常是由对苯二甲酸和乙二醇合成聚对苯二甲酸乙二醇酯，加热到260℃以上，变成熔融的液体，加入颜料后，由喷丝头喷出，最后冷凝就变成有色的涤纶丝。但涂料有时可以应用于纺织品尤其是混纺产品的小面积印花，因为涂料对被染物没有选择性，会简化印花工序。

本书主要介绍应用于纺织品染色和印花的各种合成染料。

第三节 染料的分类

染料的分类方法很多。如果按照来源来分，可以分为天然染料和合成染料两大类。其中天然染料包括植物染料、动物染料和矿物染料。天然染料虽然绿色环保，不过数量和品种都非常少，只有特殊场合才会使用。其中应用最多的就是植物靛蓝，这是少数民族蓝印花布和蜡染布的主要染料品种。目前纺织品的染色和印花90%以上采用的都是合成染料。合成染料的分类方法主要有两种，一种是按应用分类；另一种是按结构分类。

一、按染料的应用分类

染料按应用分类即根据染料所适用的纤维和应用性质进行分类。每种应用类型的染料都包含若干个结构分类类型的染料。主要有以下几种应用类型。

1. 直接染料

直接染料分子中含有磺酸基、羧基等水溶性基团，是水溶性的阴离子型染料。主要应用于纤维素纤维织物的染色和印花，尤其棉纱线的染色，也可以应用于皮革纸张等的着色。主要的结构类型有偶氮类（主要是双偶氮或多偶氮）、酞菁类和呫吨类等。

2. 不溶性偶氮染料或冰染染料

由重氮组分和偶分组分在纤维上发生偶合反应生成的一种不溶性的偶氮染料。由于常用的偶合组分为色酚，英文名称为Naphtol，所以又叫纳夫妥（托）染料。显色时需要用冰冷却，故又称冰染染料。它适用于棉、麻等纤维的染色和印花，色泽鲜艳，各项色牢度较好。尤其适用于纤维素纤维纺织品的印花。主要的结构类型为偶氮类。

3. 还原染料和暂溶性还原染料

还原染料分子中不含有磺酸基或羧基等水溶性的基团，但分子中具有两个或两个以上的羰基，在碱性保险粉存在的情况下进行还原，转变成溶于水的对纤维具有亲和力的隐色体钠盐，上染到纤维后，经氧化重新转变成不溶于水的硫化染料的母体而固着在纤维上，因此这类染料叫还原染料。可溶性染料是还原染料隐色体的硫酸酯盐，溶于水，染色时省去了还原步骤，简化染色工序，又扩大了还原染料的适用范围，因此又叫暂溶性还原染料或印地科素染料。该类染料主要用于纤维素纤维的染色和印花。

该类染料各项色牢度优良，但价格高，在海陆空三军的军服的染色中应用广泛，尤其是鲜艳的绿色非常突出，此外还有卡其色等也比较突出。主要的结构类型有靛类（包括靛蓝、硫靛等）和稠环酮类等。

4. 硫化染料和硫化缩聚染料

硫化染料分子中不含水溶性基团，在硫化碱存在下染料还原转变成溶于水的状态，上染纤维，然后经过氧化重新转变成不溶于水的硫化染料的母体。分子中含有硫代硫酸根的一类染料，溶于水上染到纤维后，在所谓固色剂如硫化钠存在的情况下，脱去亚硫酸根，变成不溶于水的二硫键或多硫键的连接的硫化染料而固着在纤维上，这类染料叫硫化缩聚染料。

该类染料适用于棉、麻、黏胶等纤维素纤维和维纶的染色，且黑色、蓝色应用较多，具有一定的耐晒和耐洗色牢度，但色泽较暗，并有储存脆损现象。

5. 活性染料或反应性染料

分子中具有磺酸基或羧基等水溶性的基团，是一种水溶性的阴离子型染料。除此之外，分子中还具有与纤维中的官能团如羟基、氨基、酰氨基等发生反应的活性基。活性染料是所有染料中唯一能与纤维形成共价键结合的染料。

该类染料主要用于棉、麻、蚕丝等纤维的印染，亦能应于羊毛和聚酰胺纤维。是目前纤维素纤维织物染色用的主要染料。

该类染料主要的结构类型有偶氮类、蒽醌类、三芳甲烷类、呫吨类、噁嗪类等。

6. 酸性染料

酸性染料是一种水溶性的阴离子型染料，相对分子质量小，直线性和平面性不强。有的是酸性媒染染料，有的是酸性络合染料。按照染色性能又可以分为强酸浴染色的酸性染料、弱酸浴染色的酸性染料和中性浴染色的酸性染料三类。主要用于蛋白纤维（羊毛、蚕丝、皮革）的染色。

该类染料主要的结构类型有偶氮类、蒽醌类、三芳甲烷类和呫吨类等。

7. 阳离子染料

分子中具有四价氨基正离子，与小分子的盐酸根、硫酸根形成分子内盐，溶于水后，电离出染料的色素阳离子。该类染料主要应用于腈纶纤维的染色和印花，靠库仑引力结合。

该类染料主要的结构类型有三芳甲烷类、杂环类（噻嗪、吖嗪和噁嗪等）、甲川类、菁染、氮代甲川类等。

8. 分散染料

分子中没有水溶性基团，不溶于水，但溶于一般的有机溶剂。染色时，需用分散剂将染料分散成极细颗粒形成染浴，所以称为分散染料。主要用于化学纤维如涤纶、锦纶、醋酯纤维等的染色。目前是涤纶染色所使用的主要染料。主要的结构类型有偶氮类和蒽醌类等。

二、按染料的化学结构分类

按染料化学结构分类即根据染料分子中基本的发色基团、共同的基团、共同的制备方法及相似的化学性质进行分类。每种结构分类的类型中都包括若干个应用分类类型的染料。主要分为下面结构类型。

1. 偶氮染料

—N═N—两端都连接芳香环时，叫偶氮基。凡是分子中具有偶氮基的染料称为偶氮染料。含有一个偶氮基的叫单偶氮染料，含有两个偶氮基的叫二偶氮染料或双偶氮染料，含有两个以上偶氮基的叫多偶氮染料。这类染料的品种最多，约占整个有机合成染料的50%。该结构的染料色谱齐全。除了还原染料和硫化染料之外，其他应用类型染料中都含有偶氮结构。例如，酸性红 G 的结构如下：

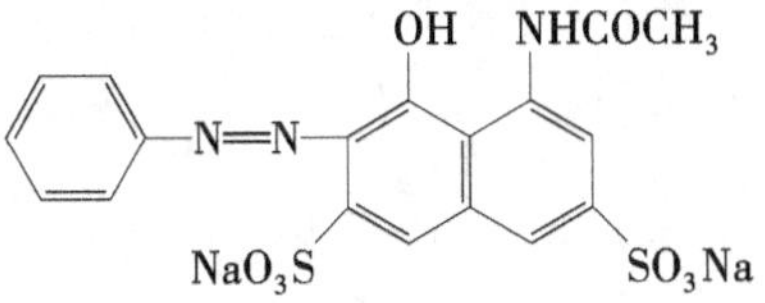

2. 蒽醌染料

指分子中具有蒽醌结构或多环酮结构的染料。在数量上仅次于偶氮染料。大多数应用类型染料中都含有蒽醌结构，其中还原染料中含有蒽醌结构最多，而直接染料和不溶性偶氮染料中几乎不含有蒽醌结构。例如，酸性蓝 R 的结构如下：

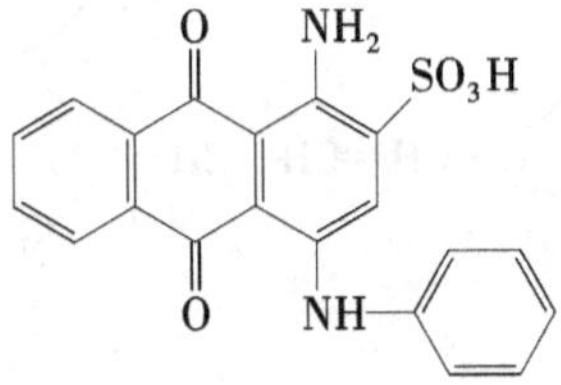

3. 靛类染料

分子中含有靛蓝、硫靛或半靛结构的染料叫靛类染料。多数为还原染料，且以蓝色、红色染料产品居多。例如，靛蓝的结构如下：

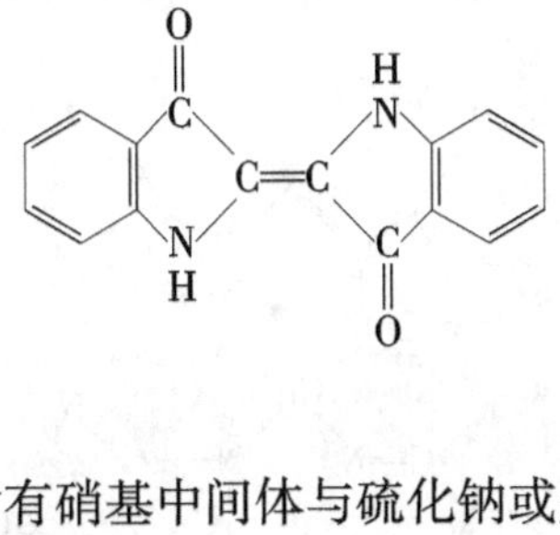

4. 硫化染料

某些芳烃的胺类、酚类或含有硝基中间体与硫化钠或多硫化钠经加热而生成的分子中具有复杂硫类结构的染料叫硫化染料。分子中既存在杂环的硫结构也存在链状的硫结构。这类染料由于对被染物存在储存脆损的缺点，应用不多。其中由于蓝色和黑色的色光纯正，目前还有应用。例如，硫化黄 2G 的结构如下：

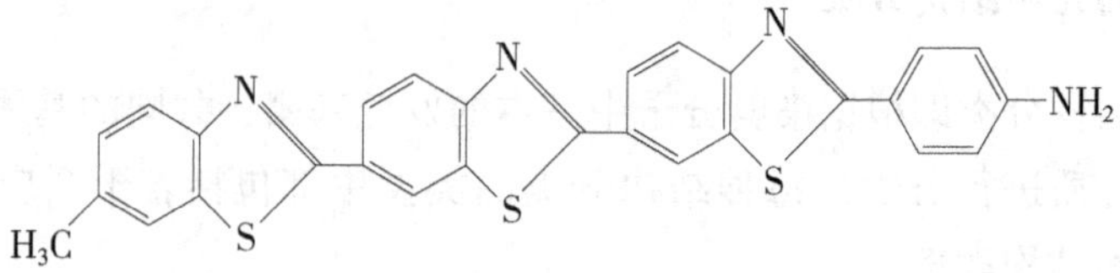

5. 芳甲烷染料

中心一个碳原子连接两个或三个芳环形成的共轭体系。分别称为二芳甲烷和三芳甲烷类的染料。以色泽浓艳著称，但耐日晒色牢度极差。目前主要为阳离子染料，少数为酸性染料。例如，阳离子染料孔雀绿的结构如下：

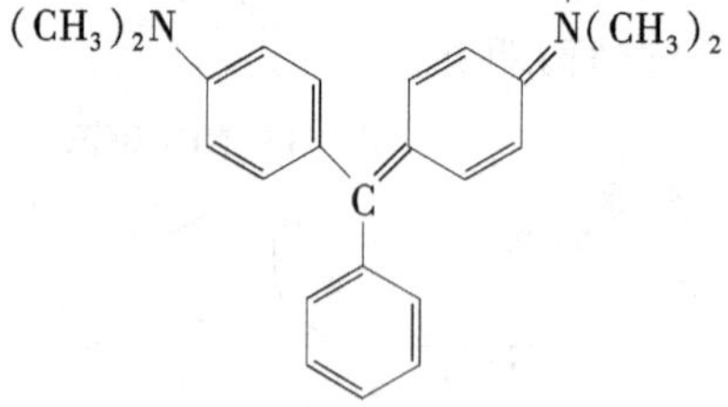

6. 次甲基类染料

染料分子中具有次甲基结构，这类染料又叫菁染料。主要是阳离子染料。用于腈纶的染色和印花。例如，阳离子桃红 FF 的结构如下：

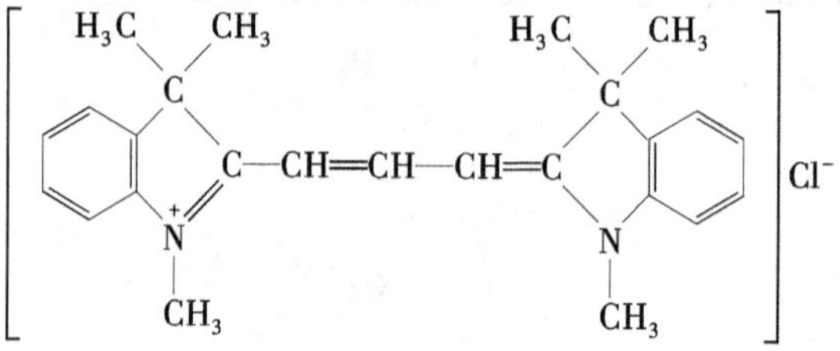

7. 酞菁染料

染料分子中具有酞菁结构，这类染料颜色鲜艳，化学稳定性好，可以作为高级染料或颜料。通常都为翠蓝色。主要包括直接染料和活性染料等类型。例如，直接耐晒翠蓝 GL 的结构如下：

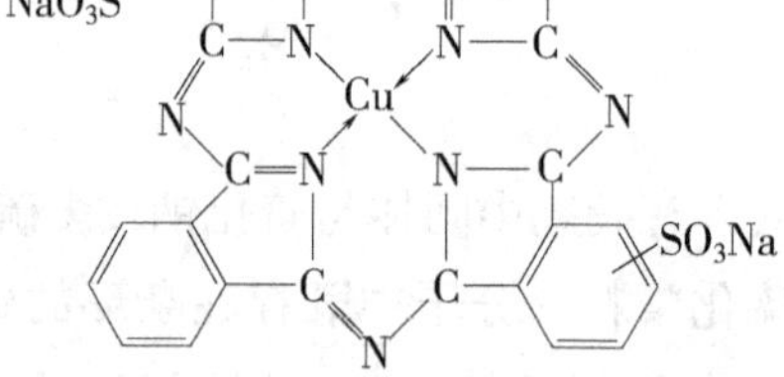

8. 硝基和亚硝基染料

主要含有硝基（—NO₂）的染料称为硝基染料。含有亚硝基（—NO）的染料称为亚硝基染料。硝基和亚硝基在染料分子中主要起发色团作用。但品种不多。主要包括含有偶氮基的染料，如分散染料、直接染料、活性染料等。例如，酸性橙 E 的结构如下：

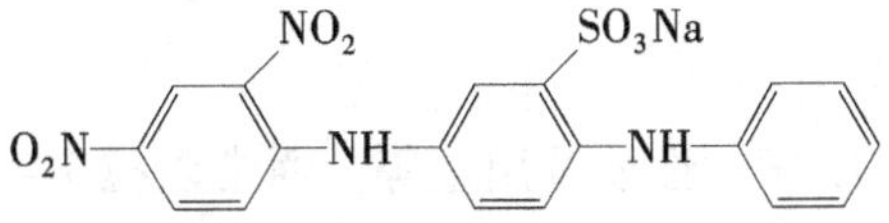

9. 杂环染料

主要指以呫吨、噻嗪、噁嗪、吖嗪、吖啶等杂环结构形式存在的染料。主要有直接染料、活性染料、酸性染料和阳离子染料等。例如，噻嗪结构的亚甲基蓝的结构如下：

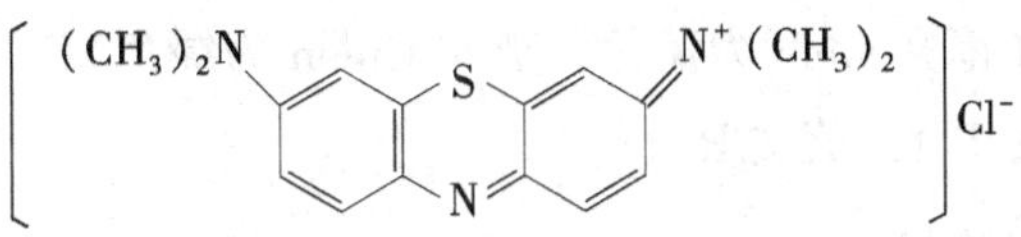

本书主要按照应用分类类型讲述，每种应用类型讲述中要介绍包含的结构分类类型。

第四节　染料的命名

染料的品种繁多，每个染料都需要有一个名称。世界各国对染料的命名比较混乱。例如用于涤纶染色用的分散染料有的叫福隆，有的叫舍玛隆；阳离子染料有的叫阿司屈拉崇，有的叫美色龙。而有的根据染料的染色性能的不同采取不同的名称，例如嘉基染料厂把耐水洗、耐日晒的酸性染料叫普拉染料，把一般的酸性染料又分为强酸浴、弱酸浴和中性浴染色的酸性染料。为了解决这种状况，我国采用了染料的统一命名的方法。但由于合成染料是复杂的化合物，有些染料的化学结构还未确定或不十分清楚，工业用的染料常含有杂质或是染料异构体的混合物，单用化学命名法不能准确反映出染料的颜色和应用性能等信息。所以我国染料的命名通常采用三段法即冠称—色称—字尾来命名。

一、冠称

冠称指的是染料所属的应用分类类别、染色的条件以及性能等。如直接、还原、硫化、活性、弱酸浴染色的酸性染料、直接耐晒、酸性媒染等。

二、色称

表示用这种染料按标准方法将织物染色后所能得的颜色的名称，一般有下面四种表示方法。

（1）采用物理上通用名称，如红、绿、蓝等。

（2）用植物名称，如橘黄、桃红、草绿、玫瑰等。

（3）用自然界现象表示，如天蓝、金黄等。

（4）用动物名称表示，如鼠灰、鹅黄等。

实际上是染料上染到纤维后，在纤维织物上所呈现的颜色，即表示染料的基本颜色。

三、字尾

补充说明染料的色光、牢度、性能及用途等。通常以拉丁字母或符号来表示。字母前数字越大，表示该项性能越强。各种字母的含义如下。

1. 表示色光

T—表示深；

B—代表蓝光（英文 Blue，法文 Blau）；

G—带黄光或绿光（德文 Gelb 为黄色，英文 Green 为绿色）；

R—代表红光（德文 Rot，英文 Red）；

F—色光纯（英文 Fine）；

D—深色或色光稍暗，适用于印花（英文 Dark，德文 Druckerei）；

Y—代表黄光；

V—代表紫光。

2. 表示性质和用途

C—代表耐氯、棉用、不溶性偶氮染料的盐酸盐等（Chlorine，Cotton 等）；

BW—代表棉用（德文 Baumwolle）；

I—士林还原染料的坚牢度（英文 Indanthren）；

L—代表耐光色牢度或匀染性好或染料的可溶性（英文 Light，Leveling）；

M—代表混合物（英文 Mixture，国产染料 M 表示含有双活性基）；

N—代表新型或色光特殊，与标准色卡相符（英文 New，Normal）；

P—适用于印花（英文 Printing）；

S—耐升华色牢度高，水溶性，丝用，标准浓度品；

E—表示稍暗，适用于染色，适用于竭染法；

EX—表示染料浓度高（英文 Extra）；

F—表示坚牢度高，鲜艳；

K—代表还原染料冷染法（德文 Kalt），或反应性染料中的热固型染料；

KN—代表新的高温型，N 表示新的类型，通常指乙烯砜型反应性染料；

SE—代表 Salz—Echt，即可在海水中坚牢；

U—代表混纺织物用；

W—代表羊毛用，适于温染法等；

X—代表普通型反应性染料，代表高浓度等。

3. 表示染料的形态、强度（力份）的常用符号

pdr（powder）—粉状；

gr.（grains）—粒状；

liq.（liquid）—液状；

pst.（paste）—浆状；

s. f.（supper fine）—超细粉。

可见，同一种染料，由于生产厂家不同和国家不同，同一个字母代表的含义也不同。有时在染料名称的最后还用百分数来说明染料的力份。所谓染料的力份（又叫染料强度）指的是将一定浓度的染料作为标准，将它在规定的条件下进行染色，定该染料的力份为100%，其他浓度染料的染色物与标准染样进行比较，而定出其力份。如果得色浓一倍，则该染料的力份为200%，如果得色只有原来的一半，则该染料的力份为50%。染料的力份是一个相对浓度而不是一个绝对浓度。

染料力份是一个半定量指标，指样品染料与标准染料染色深度相比的相对着色强度，是一个表示染料产品着色能力的重要指标。对一具体染料，染料厂选择某一指定染料样品为标准；将每批染料产品在一定条件下染色，与标准染料的得色深度相比；根据染得同样颜色深度所需的用量，计算出每批染料产品的力份。一般印染厂也必须自行检验每批购入染料的力份。

为了改善染料的应用性能，在商品染料中会加一定量的填充剂，如粉状的分散染料加入分散剂，直接染料中加入元明粉，所以使用前要认真检验。

第五节 染料的商品加工

为了使染料厂生产的各批染料之间色泽深浅一致，质量稳定，改善染料的应用性能，车间生产得到的染料必须经过一系列处理才能成为商品染料供应市场，即必须进行染料标准化工作。通常将原染料染色打样，与标准染料比较，然后计算填充剂的数量，经混合、研磨等加工后，达到合格标准方可出厂。所以染料的商品化加工一般包括染料的标准化以及粉粹和研磨。

一、染料的标准化

合成染料由于条件控制，批与批之间难免存在色光、力份等方面的差异，标准化就是使每批染料都能达到符合规定的均匀一致的色调、色泽深度以及其他的物理性能。即靠加入稀释剂、防尘剂或扩散剂等助剂来调节染料的强度。商品染料中实际含有纯染料的量一般在10%~30%。染料的标准化就使同种染料，相同用量时，可以染得相同色泽深度的纺织品。

二、粉碎和研磨

根据不同的染料和不同的应用要求，制成各种物理状态的商品染料。如细粉、超细粉或浆状。

染料的颗粒大小和均匀程度对染色性能有一定影响。为保证印染质量，对有些染料要进行研磨，研磨时需加入分散剂和润湿剂，以达到一定的分散度。尤其是不溶性染料，其颗粒越细，且颗粒的大小越均匀，则匀染性越好，且不易出现色斑、色点等疵病。

☞ 练习题

一、名词解释

1. 染料

2. 染料的三段法命名

3. 染料力份

二、简答题

1. 简述染料与颜料的本质区别。

2. 染料的命名为什么采用三段法？

3. 染料的应用分类有哪些？

4. 染料的结构分类有哪些？

5. 染料的商品化加工包含哪些过程？

第二章 染料的颜色与结构

早在 19 世纪 60 年代 W. H. 珀金发明合成染料之后，人们对染料与结构之间关系进行了深入的研究，并提出了各种理论。量子力学的发展使人们对物质结构的认识有了一个新的突破，此后人们从量子力学的角度对染料的颜色与结构之间的关系进行了研究。在早期的发色理论中，德国的 O. N. Witt 的发色团和助色团理论的影响很大，随着量子力学的发展，近代有机发色理论占据了主导的地位。染料的颜色除了与染料本身的结构有关外，还受到外界条件的影响。

第一节 发色理论

一、维特的发色理论

1865 年引入了苯环的概念；1868 年格拉勃（Graebe）和李勃曼（Lieberman）最初将色素的颜色和化学结构联系起来，认为颜色和染料的不饱和性有关；1876 年德国的 O. N. 维特提出发色团、助色团理论学说，认为有机化合物之所以具有颜色，其分子中一定存在一个潜在的发色基团，叫发色团。发色团一般是具有不饱和键的基团，如—NO_2、—$N=N$—、—$CH=CH$—等。而且这些发色团一般要连接在芳香族的化合物上即共轭体系上，称发色体。发色体的颜色一般较浅，对纤维的亲和力小，为了对发色体的颜色起增深的作用，增强对纤维染着性，还应连接一个助色团，助色团一般是具有非共享电子对的基团，如—OH、—OR、—NH_2、—NHR、—NR_2、—Cl、—Br、—SO_3H、—COOH、等。这就是维特的发色理论。由发色团、发色体和助色团组成的染料如下：

维特的发色团和助色团理论至今还被人们所应用,但助色团并不是染料必须具有的,如紫蒽酮染料不具备助色团,但仍具有颜色。维特的发色理论从宏观上构筑了具有颜色的染料具备的特征,曾经为有机染料的合成做出了突出的贡献,为近代有机发色理论的出现奠定了坚实的基础。

二、近代有机发色理论

近代发色理论的基本论点是:一个有机化合物之所以具有颜色,是物质对于光选择吸收的结果,物质的颜色就是它所吸收的那部分波长光的颜色的补色。可见色和光是分不开的。

颜色是光线刺激了眼睛而在大脑中反映出来的一种主观感受。很早以前,麦克斯韦就提出光具有电磁波的特性。1905 年,普朗克和爱因斯坦建立了一种与电磁辐射显然不同的微粒子理论。这种理论把光看成是一束不连续的能量粒子或光子流。因此人们知道,光既具有波动性又具有粒子性,即光具有波粒二象性。

光具有波动性,即光具有一定的波长和频率。可以用下式表示:

$$\lambda = C/\nu$$

式中: λ ——光的波长,nm,$1nm = 10\text{Å} = 10^{-7}cm$;

C ——光速,$C = 3\times10^8 m/s$;

ν ——光的频率。

同时光具有粒子性,即光具有一定的能量。可以用下式表示:

$$E = h\nu$$

光子的能量与波长成反比。可以表示如下:

$$E = h\nu = hC/\lambda$$

式中: h ——普朗克常数,$h = 6.62\times10^{-27}erg/s = 1.57\times10^{-37}kJ/s$,$1cal = 4.184erg = 4.2J$。

光是一种电磁波。电磁波包括 γ 射线、X 射线、紫外线、可见光、红外线以及无线电波,可见光是波长为 380~760nm 之间的电磁波。人眼对于低于 380nm 和高于 760nm 之外的非可见光无任何反应。

太阳光是由不同波长的光组成的复色光。太阳是能够发光的自然光源,电灯、碳弧灯等则是人造光源。当一束太阳光穿过狭缝照射到一个玻璃棱镜上时,太阳光经过棱镜发生折射,在另一侧面放置的屏上形成一条彩色光带,排列的次序是:红、橙、黄、绿、青、蓝、紫,称为光谱。不同颜色的光具有不同的波长,不同波长的光具有不同的能量,即使是同一种颜色的光也是由不同波长不同能量光组成的复合光,这些光混合在一起就是人们看到的白色光。

众所周知,由于原子轨道的线性组合会形成能量较低的成键轨道和能量较高的反键轨道。即基态电子能级和激发态电子能级,每个电子能级又包括若干个振动能级,每个振动能级又包括若干个转动能级,每个能级的能量都是量子化的、非连续的。有机化合物一般都处于能量最低的基态能级，当吸收光能之后会引起电子的跃迁，跃迁到激发态能级，两个能级能量的差值也是量子化的、非连续的。由于各个染料分子中化学键的本质、电子的流动性以及分子基态至激发态的激发能各不相同，使得不同分子对光的吸收存在很大的差异。当分子中存在 π 电子或 n 电子时，电子就可以通过对光的吸收被激发到反键轨道上——从基态到激发态会产生一个能量差 $\Delta E = E_1 - E_0$，ΔE 即为被染料分子选择吸收的能量，如图 2-1 所示。

只有那些能量与两个能级差相等的那部分波长的光子才可以被选择吸收，没有被吸收的那部分波长的光子混合反射出来呈现的颜色，就是人们所看到的物质颜色。可见物质的颜色就是它们对不同波长的光选择吸收所致，物质表现出来的颜色是被吸收的颜色的补色。物质对光发生不同程度的选择吸收会呈现不同的颜色。

把被物质吸收的那部分波长光的颜色叫光谱色；没有被物质吸收的那部分波长光的颜色叫该光谱色的补色；光全部透过的物质颜色是无色；光全部被反射出来的物质颜色是白色；光全部被

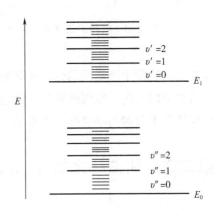

图 2-1　电子跃迁能级谱图

吸收的物质颜色为黑色；两种不同的颜色光混合在一起产生白光的现象叫互为补色现象，其中一种颜色为另一种颜色的补色。

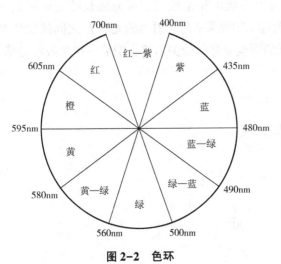

图 2-2　色环

如果把可见光的颜色按照波长的大小排成一个环，环中对角线的颜色互为补色，这个环叫作色环或色盘，如图 2-2 所示。

色环中互为对角线两种颜色的光就是互为补色的光。例如，一个黄色的物质吸收的是蓝色波段的光，而把其余波段的光反射出来，就是人们所看到的蓝颜色的补色即黄色。即物质的颜色就是它所吸收的那部分波长光的颜色的补色。

蓝光和黄光混合得到的是白色。绿色对应的是非光色谱红紫色，实际上它们是互补的，因为红光与紫光混合得到红紫色光线，再和绿色光混合，结果就是白光。用这种方式使光混合，随着光组分的增加，最后产生的有色光强度也呈现加和性，所以称之为"加法混合"。色环上任何一种颜色都可以由其相邻的两种颜色的光按照适当的比例混合得到。染料的三原色是红色、黄色和蓝色，

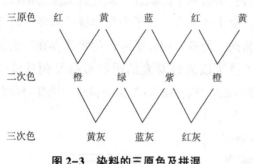

图2-3 染料的三原色及拼混

任何一种颜色都可以由红、黄和蓝三种颜色经过一次、两次或更多次的拼混得到，如图2-3所示。

然而身边绝大多数颜色并不属于以上类型，它们是通过"减法混合"得到的。色环中互为对角线的两种颜色光混合会得到白色光。那么当将其中一种颜色的光去除，将看到的是剩余颜色的光，例如，如果用滤波片滤去日光中495nm的绿蓝光，视觉中感受到的是绿蓝光的补色——红光。

需要指出的是，常说的物质的颜色是指在日光下所呈现的颜色。其他光源下所看到的颜色与日光下看到的颜色是有差别的。

第二节　朗伯—比尔（Lambert-Beer）吸收定律和吸收光谱曲线

一、朗伯—比尔吸收定律

染料的理想溶液对单色光的吸收强度与溶液浓度、液层厚度之间的关系符合朗伯—比尔吸收定律。

当一束平行的单色光平行垂直照射到有色物质的稀溶液时，部分波长的光被物质吸收，部分波长的光透过有色物质的溶液。透过光的光强 I 与入射光的光强 I_0 之间的比值与溶质本身的性质 k、溶液的浓度 c 以及液层的厚度 d 之间的关系符合朗伯—比尔吸收定律。可以表示如下：

$$I = I_0 e^{-kcd}$$

$$\ln \frac{I}{I_0} = -kcd$$

$$\frac{I}{I_0} = 10^{-\frac{kcd}{2.303}}$$

$$\lg \frac{I}{I_0} = -\frac{kcd}{2.303}$$

设 $\dfrac{k}{2.303} = a$ ，则有：

$$\lg \frac{I}{I_0} = -acd \text{ 或 } \frac{I}{I_0} = 10^{-acd}$$

我们把 $T = \dfrac{I}{I_0}$ 叫透光度，把 $\lg T^{-1}$ 叫吸光度 A（也称光密度 D），则有：

$$A = \lg \frac{I_0}{I} = acd$$

当染液的浓度用 mol/L 来表示，液层厚度的单位为 cm 时，a 可以用 ε 来代替，ε 叫摩尔吸光系数或克分子消光系数，则有：$A = \varepsilon cd$。

摩尔吸光系数或克分子消光系数 ε 表示溶质对某一单色光吸收强度的特性物理量，当溶质固定时，ε 只随着入射光波长的变化而变化；若溶质和波长固定，则 ε 就是常数。

二、吸收光谱曲线

染料的摩尔吸光系数 ε 随着入射光的波长变化而变化的关系曲线叫染料的吸收光谱曲线。由于摩尔吸光系数 ε 的数量级可以达到 10^5，所以通常用 $\lg\varepsilon$ 来表示曲线的纵坐标。染料的吸收光谱曲线如图 2-4 所示。有时为了简化，也可以绘制近似吸收光谱曲线，即以吸光度作为纵坐标，入射光的波长作为横坐标绘制的曲线，如图 2-5 所示。

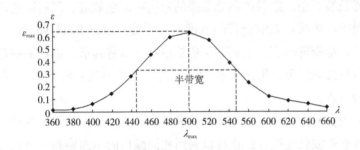

图 2-4　染料的吸收光谱曲线

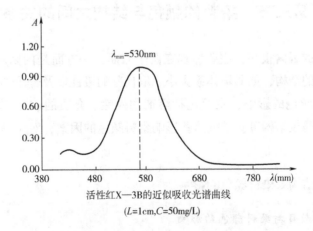

活性红X—3B的近似吸收光谱曲线
(L=1cm,C=50mg/L)

图 2-5　染料的近似吸收光谱曲线

从图 2-4 或图 2-5 可以看出，最强程度的吸收所对应的波长叫染料的最大吸收波长，

以 λ_{max} 代表。最大吸收波长标志着染料的最基本颜色，同时也可以反映染料的最基本的结构。因此常用来反映某一个染料在染色后结构是否发生了改变。例如，如果在超声波的作用下，采用直接大红 4BS 对纯棉织物进行染色，会提高染料的上染百分率，会加快上染速率，但不知道在超声波的作用下染料的结构或染料分子上取代基是否发生变化，可以通过采用超声波染色前后的染液进行吸收光谱曲线的绘制，找出染料的最大吸收波长，如果两种情况下染料的最大吸收波长没有发生变化，就说明染料的基本结构没有改变。最大吸收波长越大，染料的颜色越深，把染料的最大吸收波长向长波方向移动，染料的颜色变深的效应叫深色效应（Bathochromic，又叫红移，Red Shift）；最大吸收波长越小，染料的颜色越浅，把染料的最大吸收波长向短波方向移动，染料的颜色变浅的效应叫浅色效应（Hyposochromic，又叫蓝移，Blue Shift）。

吸收最强的强度叫最大摩尔吸光系数 ε_{max}，最大摩尔吸光系数决定染料颜色的浓淡。最大摩尔吸光系数越大，染料的颜色越浓，把染料的最大摩尔吸光系数变大，染料的颜色变浓的效应叫浓色效应，又叫增色效应；最大摩尔吸光系数越小，染料的颜色越浅，把染料最大摩尔吸光系数变小，染料的颜色变淡的效应叫淡色效应，又叫减色效应。

最强程度吸收一半所对应的谱带的宽度叫半带宽（Half Band Width）。半带宽标志着染料颜色的亮暗。半带宽越宽，染料的颜色越暗；半带宽越窄，染料的颜色越亮。

习惯上把黄橙红叫浅色，把绿青蓝紫叫深色。各种颜色由浅到深的顺序为：黄、橙、红、紫、蓝、绿、青。

利用染料的吸收光谱曲线，找出染料的最大吸收波长，以后该染料染液吸光度的测定一般都在其最大吸收波长处进行；也可以利用相同颜色的不同染料的吸收光谱曲线比较各染料颜色的深浅、浓淡或亮暗，根据不同的用途选择合适的染料。

第三节　染料的颜色与结构之间的关系

影响染料颜色的因素很多，主要体现在两个方面，一方面是内因对染料颜色的影响，包括染料分子本身的结构，如共轭体系大小、取代基的极性以及分子的平面结构等；另一方面是外因对染料颜色的影响，主要包括溶剂的极性、介质的 pH、染液的浓度、温度、光的性质以及染料晶粒结构等。掌握这些影响染料颜色的因素，对于染料的合成和应用都是非常重要的。

一、染料分子结构对染料颜色的影响

1. 共轭双键的数目对染料颜色的影响

共轭双键的数目越多，分子的共轭体系增大或孤对电子与 π 电子轨道重叠越大，π 电子云的流动性增强，π 电子越容易激发，激发能变小，染料的最大吸收波长变长，染料的颜色变深，摩尔吸光系数变大，染料的颜色变浓。增大染料分子的共轭体系一般有以下两

种情况。

（1）增加稠合苯环，有利于深色、浓色效应。例如下面的结构与染料颜色深浅和浓淡的关系：

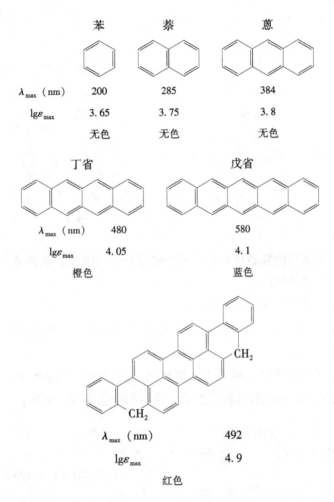

（2）染料分子上芳环有些是由偶氮基连接的，增加偶氮基有利于增长共轭体系，有利于深色效应；但偶氮基超过两个以后，深色效应降低。

$n = 0$，$\lambda_{max} = 385nm$

$n = 1$，$\lambda_{max} = 416nm$

$n = 2$，$\lambda_{max} = 428nm$

2. 分子平面结构对染料颜色的影响

只有共轭体系中所有原子在同一个平面上，π 电子云才有更大程度的重叠，激发能小，最大吸收波长长，染料的颜色才比较深。若分子的平面结构被破坏，π电子云重叠程度就要降低甚至消失。由此导致激发能变大，最大吸收波长变短，染料的颜色变浅，产生浅色效应。例如下面的结构与颜色深浅之间的关系。

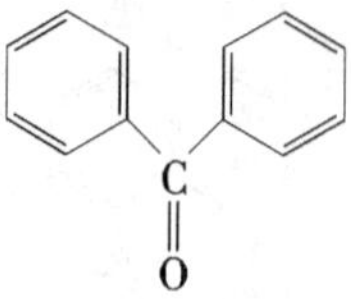

无色 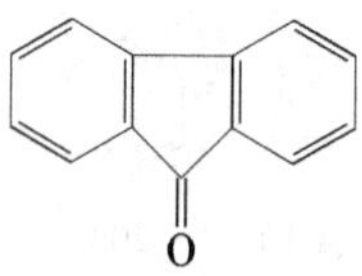　　　　　　　　　　　　　　黄色

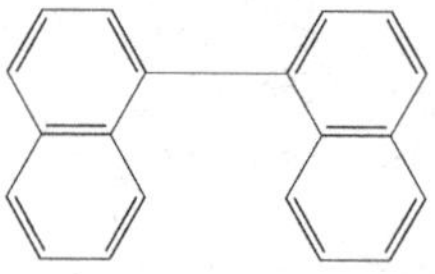

无色 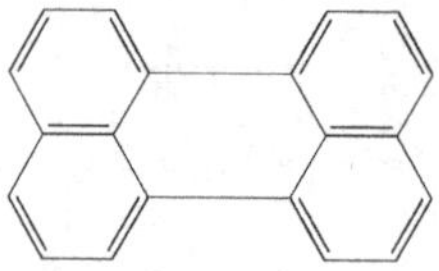　　　　　　　　　　　　　　黄色

最常见的分子平面结构被破坏就是分子个别部分可以围绕着单键进行自由旋转，使平面结构被破坏，产生浅色效应。

3. 芳环上的取代基对染料颜色的影响

取代基的极性对于染料颜色的影响是多方面的。引入的取代基如果能增加分子的极性，一般会产生深色效应。

（1）在染料分子的共轭体系两端引入取代基，能增加分子的极性，会使π电子的流动性增强，激发能变小，最大吸收波长变长，染料的颜色变深。例如：

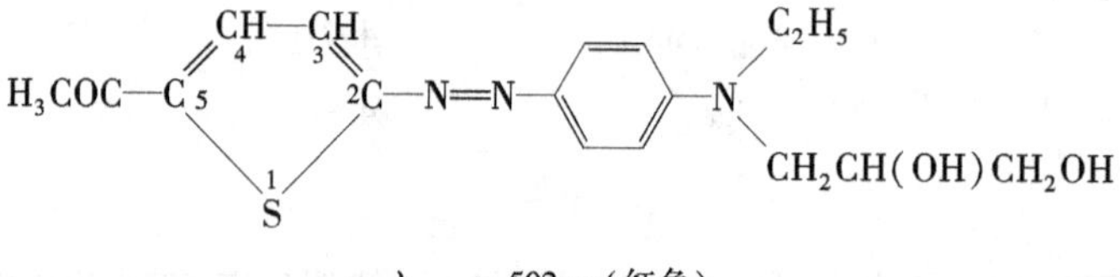

λ_{max} = 502nm(红色)

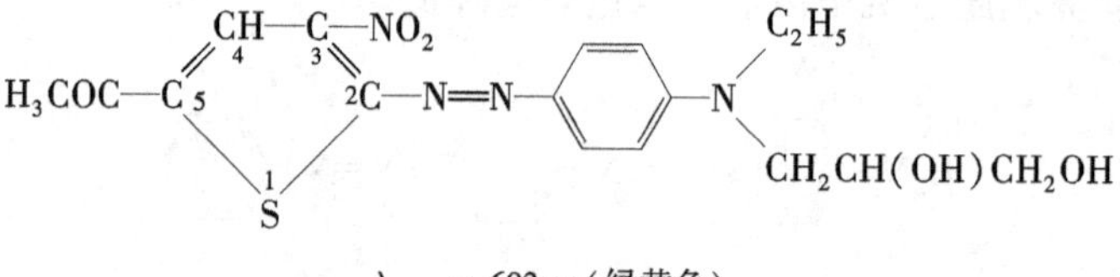

λ_{max} = 603nm(绿黄色)

（2）在染料分子中引入取代基，如果能形成分子内氢键，有利于产生深色效应。例如：

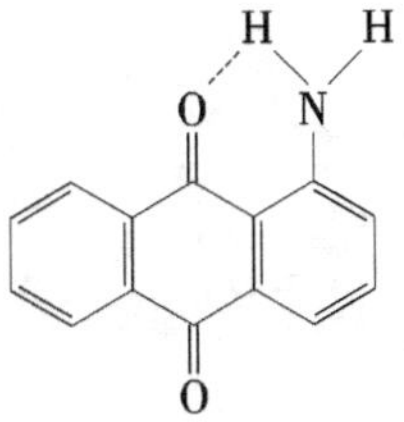

$\lambda_{max} = 465nm$

（在 CH_2Cl_2 中）

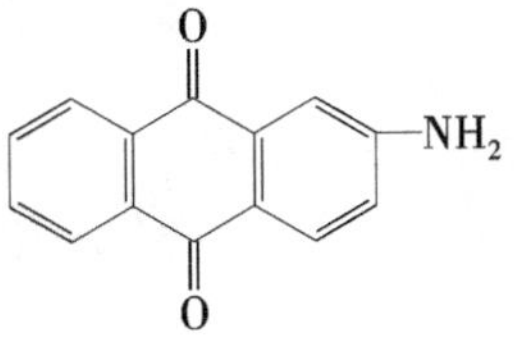

$\lambda_{max} = 416nm$

（在 CH_2Cl_2 中）

磺酸基对染料颜色的影响不大，主要赋予染料一定的溶解性，但磺酸基距离偶氮基的位置较近时将产生一定的浅色效应。例如：

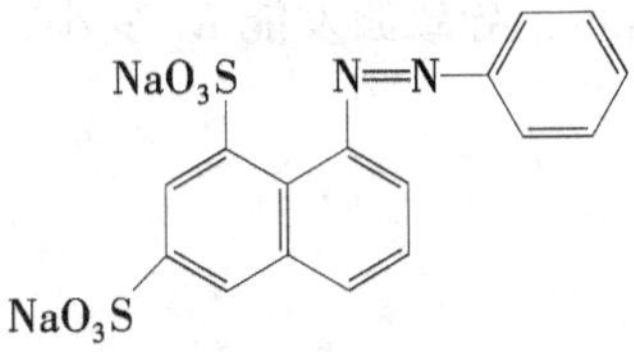

橙黄色

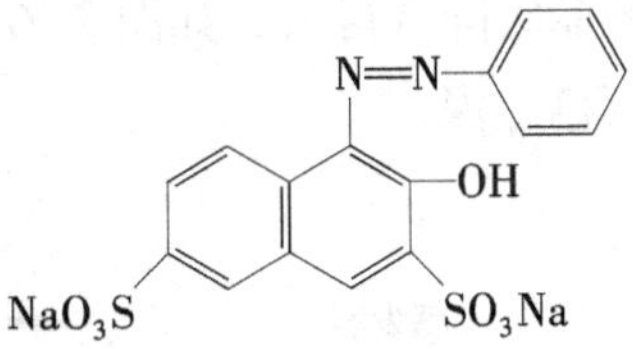

红橙色

一般磺酸基进入重氮组分将产生深色效应，进入偶合组分将产生浅色效应。

取代基对染料颜色的影响比较复杂，同一个取代基处于染料的不同位置，对染料的影响也不同。会在后面相关章节中进行较为详细的阐述。

二、外界因素对染料颜色的影响

外界因素如溶剂和介质、染料浓度、温度、光以及染料存在的物理状态等都会使染料在溶液中或在染色织物上的状态发生变化，导致染料的颜色改变。

1. 溶剂和介质对染料颜色的影响

染料溶液的吸收波长随着溶剂极性的大小变化而改变。当染料溶于极性溶剂中，染料的极性随着溶剂极性的增加而增加，从而使激发能降低，吸收波长向长波方向移动，染料溶液颜色加深。如下列偶氮染料。

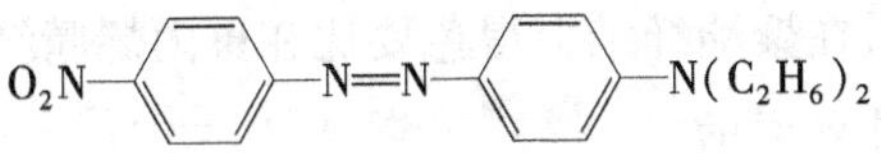

环乙烷 $\lambda_{max} = 470nm$ 橙色

乙醇 $\lambda_{max} = 510nm$ 红色

但也有的有色有机化合物随溶剂极性的增大而变浅。如下面的两性离子化合物。

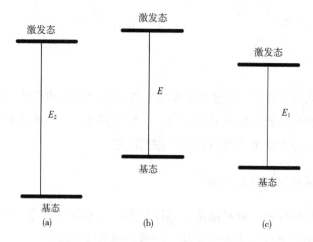

苯　　$\lambda_{max} = 568\text{nm}$　　紫色

水　　$\lambda_{max} = 443\text{nm}$　　黄色

一般来说，非极性溶剂对染料的分子没有影响。但极性溶剂对染料分子则产生不同的影响。若基态的极性比激发态的极性大，则溶剂分子使基态的能级降低得比激发态的能级降低得多，如图 2-6（a）所示，则染料的激发能 E_2 变大，最大吸收波长变短，染料的颜色变浅，产生浅色效应。若激发态的极性大于基态的极性，则溶剂的极性使激发态的能级降低得比基态的能级降低得大，如图 2-6（c）所示，导致激发能 E_1 变小，最大吸收波长变长，染料的颜色变深。

激发态　　　　激发态　　　　　　激发态

E_2　　　　　　E　　　　　　　E_1

基态　　　　　基态　　　　　　基态

(a)　　　　　　(b)　　　　　　(c)

图 2-6　溶剂的极性对染料颜色的影响

很多溶剂还可以和染料生成氢键及溶剂化物，这都会改变染料的颜色。

2. 纤维的极性对染料颜色的影响

染料在纤维上的颜色会因纤维极性的不同而不同。一般说，在极性高的纤维上呈现的颜色较深，在极性较低的纤维上则较浅。例如，分散染料在醋酯纤维上得色要比在聚酰胺纤维上得色浅；阳离子染料在聚酯纤维上得色要比在聚丙烯腈纤维上得色浅。

3. 介质 pH 对染料颜色的影响

溶液的 pH 不同，会改变染料分子共轭体系中吸电子基或供电子基的性质，使染料颜色发生变化。

偶氮染料中的氨基或羟基在染料分子中所处的位置不同，当溶液 pH 发生变化时，则对染料的颜色也会产生不同的影响。这一性质可以用来作酸碱指示剂。例如酚酞指示剂和刚果红指示剂在不同的 pH 介质中呈现不同的颜色。

酚酞在不同 pH 条件下呈现不同颜色，酚酞在 pH 小于 8.2 的溶液中为无色的内酯式结构，但在 pH 大于 8.2 的溶液中转变为红色的醌式结构，这是由于分子的极性或分子中取代基的极性发生了改变导致的。这种醌式结构在碱性介质中很不稳定，它会慢慢地转变成无色的羧酸盐式，遇到较浓的碱液，会立即转变成无色的羧酸盐式，这是由于分子中的共轭体系发生了变化导致的。上述变化可以表示如下：

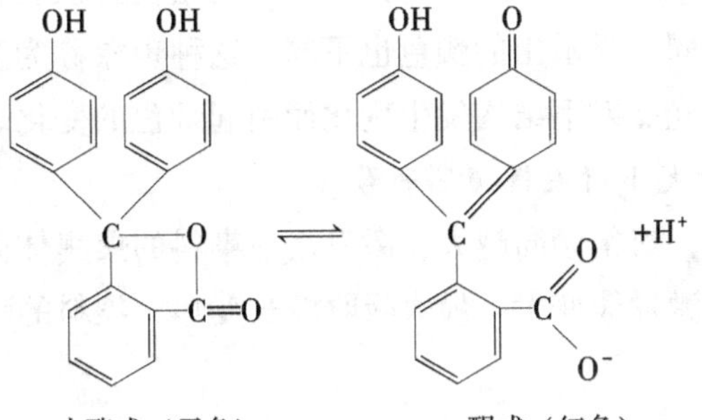

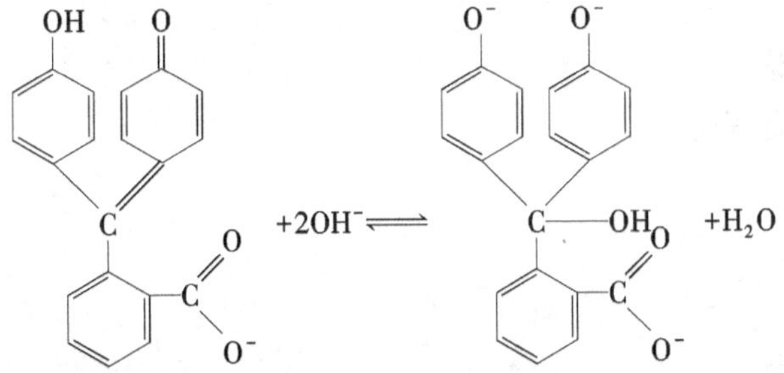

内酯式（无色）　　　　　　　醌式（红色）

醌式（红色）　　　　　　　　羧酸盐式（无色）

甲基橙在不同 pH 条件下呈现不同的颜色，在 pH 小于 3.1 时，呈现红色的棕式结构，当 pH 大于 4.4 时，则呈现橙色的偶氮式结构，是由于分子的共轭体系发生了变化导致的。可以表示如下：

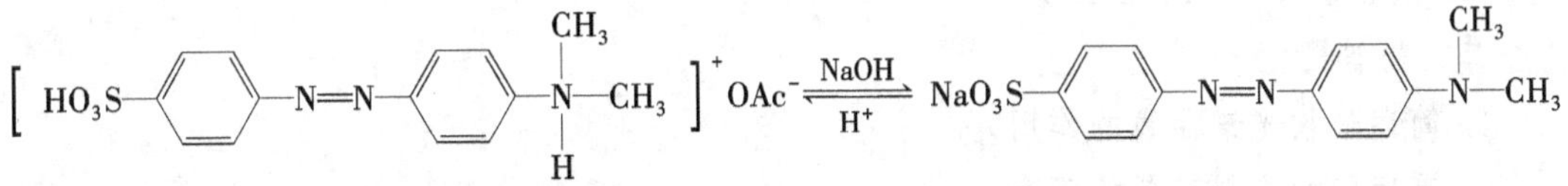

4. 染料的浓度对染料颜色的影响

当染料浓度很小时，染料在溶液中以单分子状态存在，但如果染料浓度增加，染料分子会聚集成二聚体或多聚体。聚集分子的 π 电子的激发能高于单分子，因而染料吸收光谱向短波方向移动，颜色变浅。例如，结晶紫单分子状态的 λ_{max} 为 583nm，它的二聚体 λ_{max} 为 540nm。染料在纤维上聚集的程度也会影响织物的颜色，用不溶性偶氮染料和还原染料染色的织物，经皂煮后色光发生变化就是这个道理。

5. 温度对染料颜色的影响

温度的改变会影响染料的聚集倾向，进而促使染料的颜色发生变化。当温度升高时，染料的聚集程度下降，吸收波长向长波方向移动，具有深色效应。部分有机化合物及染料的颜色会随温度产生可逆的变化，这一现象称为热变色性。

6. 光对染料颜色的影响

部分偶氮、硫靛、菁类染料一般在常温下以稳定的反式结构存在，在光线照射下，染料的反式结构会变成顺式结构，当光源离开后，顺式结构又恢复为反式结构。反式和顺式结构的染料吸收光谱不同，显示出的颜色也不同，这种现象称为光致色变现象。光致色变的染料就是利用染料在光照射下结构发生变化而引起颜色的变化。

7. 染料晶体颗粒的大小对染料颜色的影响

染料晶体颗粒越大，聚集倾向越大，激发之前染料的聚集体先要进行解聚，会引起对光的额外的吸收，致使激发能变大，最大吸收波长变短，染料的颜色变浅。

☞ **练习题**

一、名词解释

1. 维特发色理论

2. 近代有机发色理论

3. 物质的颜色

4. 光谱色

5. 补色

6. 摩尔吸光系数

7. 吸收光谱曲线

8. 深色效应（红移）

9. 浅色效应（蓝移）

10. 浓色效应（增色效应）

11. 淡色效应（减色效应）

二、简答题

1. 简述吸收光谱曲线的作用。

2. 简述影响染料颜色的因素。

第三章 染料中间体的合成

染料的分子中必须具有较大的共轭体系，一般染料分子都具有芳香环结构。染料合成的原料主要是苯、萘和蒽醌等芳烃化合物，有机原料经过一系列反应变为比较复杂，但尚未具有染料特性的芳香族化合物，然后再进一步转变为染料。把这些不具备染料特征的各种芳烃的衍生物就叫染料中间体。主要包括苯的中间体、萘的中间体、蒽醌类的中间体以及其他有价值的中间体。

合成染料中间体常借助的反应很多，磺化、硝化和亚硝化、氨基化、卤化、羟基化和烷氧基化、胺的烃氨基化、胺的烷化、胺的 N—酰化、重氮化和偶合反应以及成环缩合反应等。只有掌握这些反应才能很好地合成染料原料，再经过商品加工成为合格的染料。本章主要介绍合成染料中间体常借助的这些反应以及各种常用中间体及其合成过程。

第一节 磺化反应

一、磺化反应的目的及机理

在芳环上引入磺酸基—SO_3H 的反应叫磺化反应。引入磺酸基不但影响染料的性质并赋予染料有一定的水溶性，而且还可以通过磺酸基—SO_3H 转变为其他的取代基，如转化为—OH，或者利用磺化反应是一个可逆的反应，采用磺酸基—SO_3H 占位，可以合成一些取代基的邻位产物。磺化反应所采用的磺化剂主要有各种浓度的浓硫酸、含有不同含量 SO_3 的发烟的浓硫酸、三氧化硫 SO_3、氯磺酸 HSO_3Cl 等。上述几种磺化剂的磺化能力依次增强。

磺化反应是一个亲电取代反应，进攻的试剂是三氧化硫。可以表示如下：

$$2H_2SO_4 \rightleftharpoons SO_3 + H_3O^+ + HSO_4^-$$

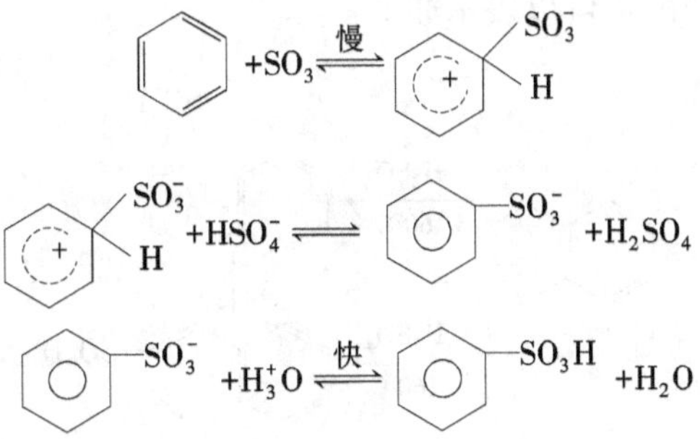

因此凡是有利于芳环上电子云密度增大的或有利于亲电质点的正电性增强的因素，都有利于磺化反应的进行。

二、磺化的方法及定位效应

磺化的方法一般有三种：第一种是直接法磺化；第二种是高温焙烘法磺化；第三种是氯磺酸磺化的方法。下面以苯、萘、蒽醌为例介绍磺化的三种方法。

1. 直接法磺化

（1）苯的磺化。若苯环上含有第一类定位基，则磺酸基进入其邻位或者对位，但一般优先进入对位，只有当对位被占或有空间位阻时才进入邻位。第一类定位基的供电性由强到弱的顺序为：

—O^-、—$N(CH_3)_2$、—NH_2、—OH、—OCH_3、—$NHCOCH_3$、—CH_3、—$OCOCH_3$、—Cl、—Br、—I、—C_6H_5等。

若苯环上含有第二类定位基，则磺酸基进入其间位。第二类电位基的吸电性由强到弱的顺序为：

$\diagdown N(CH_3)_2^+$、—NO_2、—CN、—SO_3H、—CHO、—$COCH_3$、—$COOH$、—$COOCH_3$、—$CONH_2$、—NH_4^+等。

当芳环上含有供电子基时，磺化条件可以低一些；当含有吸电子基时，必须用发烟的硫酸等更强的磺化剂进行磺化。例如，苯的磺化可以表示如下：

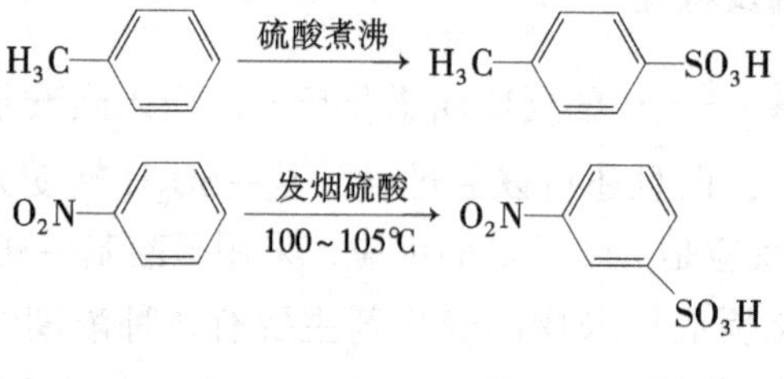

（2）萘的磺化。萘的 α 位上的电子云密度比 β 位的电子云密度高，因此 α 位上的反应速率比 β 位的高。其定位效应为：低温磺化，磺酸基进入 α 位；高温磺化，磺酸基进入 β 位；

一般 60℃以下时得到 α 萘磺酸；180℃时得到 β 萘磺酸。α 萘磺酸在高温时还会转变成 β 萘磺酸。例如，萘的磺化可以表示如下：

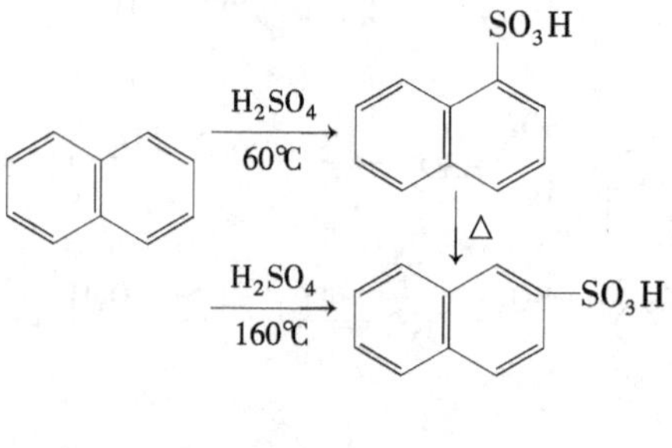

如果萘的一边环上含有第一类定位基，则新引入的磺酸基应进入含有第一类定位基的这边环的 α 位或 β 位；如果萘的一边环上含有第二类定位基，则新引入的磺酸基应进入不含有第二类定位基的另一边环的 α 位或 β 位。

（3）蒽醌的磺化。蒽醌 α 位上的电子云密度比 β 位的电子云密度低，因此 α 位上的反应速率比 β 位的低。其定位效应如下：

无汞盐作为催化剂时，磺酸基进入 β 位；有汞盐作为催化剂时，磺酸基进入 α 位；如果蒽醌的一边环上含有第一类定位基，则新引入的磺酸基应进入含有第一类定位基的环的 α 位或 β 位；如果蒽醌的一边环上含有第二类定位基，则新引入的磺酸基应进入不含有第二类定位基的那个环的 α 位或 β 位。例如蒽醌的磺化可以表示如下：

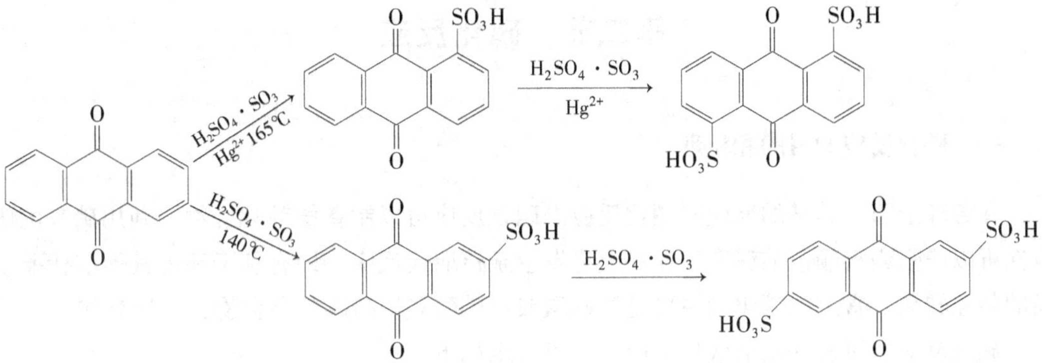

2. 高温焙烘法进行磺化

适用于苯胺或 1-萘胺，即氨基的对位没有取代基的。胺会在浓硫酸中首先变成胺盐，经过高温焙烘时，在氨基的对位引入磺酸基，生成氨基的对位产物。这种方法可以使硫酸的用量接近于理论用量，产品的纯度可以达到 90% 以上。例如苯胺的高温焙烘法磺化可以表示如下：

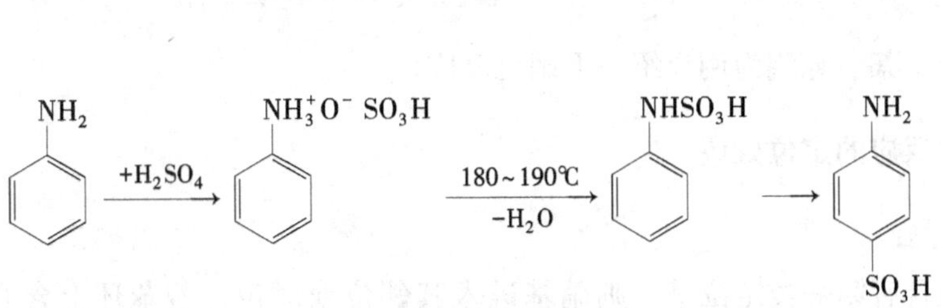

3. 氯磺酸磺化的方法

采用氯磺酸进行磺化时，等摩尔或稍过量的氯磺酸，可以生成芳磺酸。但通常采用过量的氯磺酸合成芳磺酰氯，反应过程可以表示如下：

$$ArH + ClSO_3H \text{（过量很多）} \longrightarrow ArSO_2Cl + H_2O$$

需要指出的是，磺化反应是一个可逆反应，芳磺酸可以在含有水的酸性介质中水解，使磺酸基水解脱落。反应过程可以表示如下：

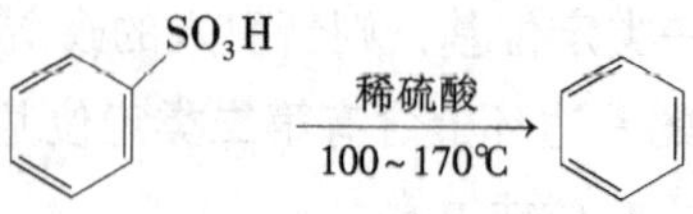

利用这一性质可以制备一些取代基的邻位产物，而且产物比较纯。在萘环上如含有多个磺酸基，在水解的过程中，一般 α 位的磺酸基容易水解脱落。可以表示如下：

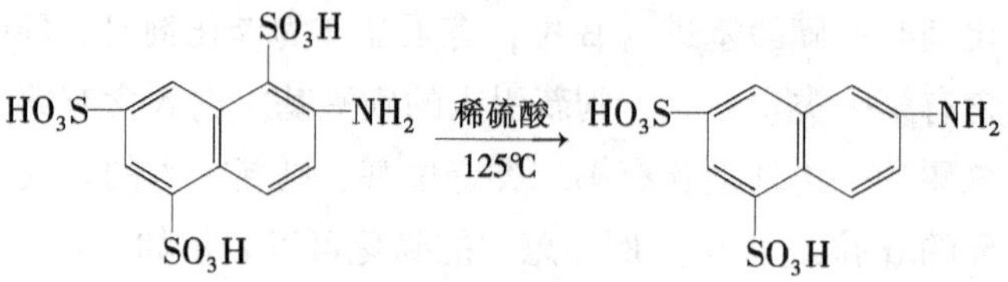

第二节 硝化反应

一、硝化反应的目的和机理

在芳环上引入硝基的反应叫硝化反应。硝化反应可以制备氨基化合物；利用硝基的吸电性可以增强染料颜色的深度和使环上易发生亲核取代反应，即有利于环上其他取代基之间的相互转化。常用的硝化剂主要是浓硝酸或亚硝酸和浓硫酸的混合物，又称混酸。

硝化反应的机理是亲电取代反应，可以表示如下：

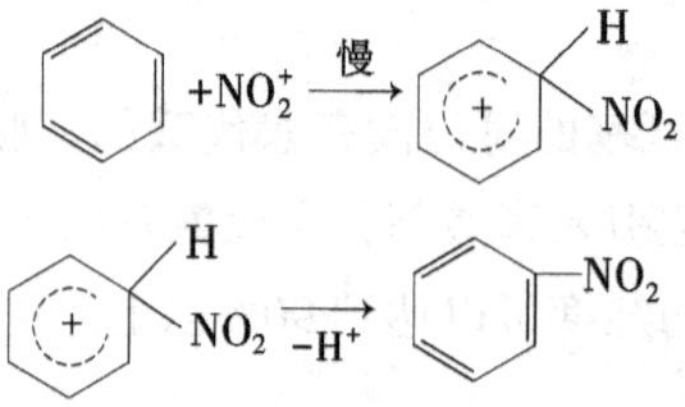

下面以苯、萘、蒽醌为例介绍一下硝化反应。

二、硝化反应的定位效应

1. 苯的硝化

若苯环上含有第一类定位基，则硝基进入其邻位或对位；若苯环上含有第二类定位基，则硝基进入其间位；若苯环上已含有硝基，由于硝基的吸电性，即钝化作用特别大，再继续进行硝化时会变得很困难。

2. 萘和蒽醌的硝化

萘和蒽醌的硝化，—NO_2 主要进入 α 位。当其中的一边环上含有第一类定位基时，则新引入的硝基进入含有第一类定位基这边环的 α 位；当一边环上含有第二类定位基时，新引入的硝基应进入不含有第二类定位基的那个环的 α 位。

特别注意的是，当环上含有羟基或氨基，进行硝化之前，应先将羟基和氨基进行保护。若有羟基时，应先将羟基进行醚化保护，再进行硝化，硝化后在 3% 氢氧化钠水溶液中进行水解，恢复羟基；若有氨基，应先将氨基进行 N–酰化保护，然后再硝化，硝化后再在 3% 氢氧化钠水溶液中进行水解，恢复氨基。

第三节　氨基化反应

一、氨基化的目的

在芳环上引入氨基（—NH_2）的反应叫氨基化反应。引入氨基后，利用氨基的供电性，可以使染料的颜色增深；可以做重氮剂，与偶合剂发生偶合反应，合成偶氮染料；可以由氨基转化为其他的基团，如转化成—OH、—Cl、—SH 等；可以与纤维中的有关基团形成氢键，增强染料对纤维的染着性；同时利用氨基还可以合成一些其他的含有杂环的染料。

二、氨基化的方法

引入氨基的方法主要有还原法和氨解法两种。

1. 还原法

还原法是利用还原剂将硝基或亚硝基还原成氨基。可以表示如下：

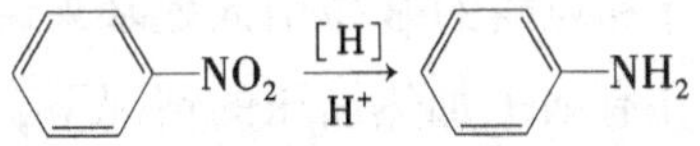

将—NO_2 或—NO 还原成氨基（—NH_2）所使用的还原剂主要有以下四种。

（1）Fe 加 HCl 作为还原剂。该还原剂能将环上所有的—NO_2 全部还原成—NH_2。例如：

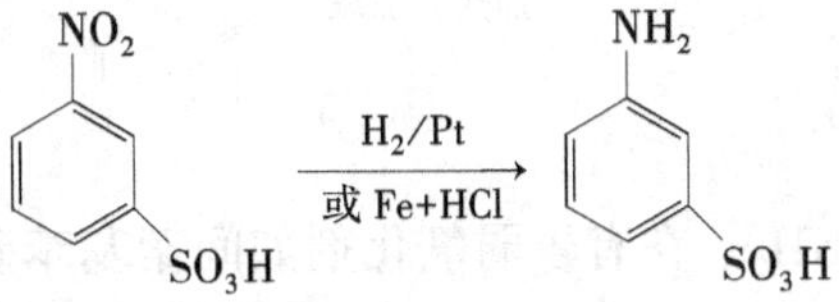

（2）Na_2S、NaHS、Na_2S_2 等作为还原剂。该类还原剂是一个选择性的还原剂，能将多个—NO_2 中的一个—NO_2 还原成 NH_2。因为环上取代基之间的相互转化属于亲核反应，故易将电子云密度比较小的位置上的硝基还原成氨基。例如：

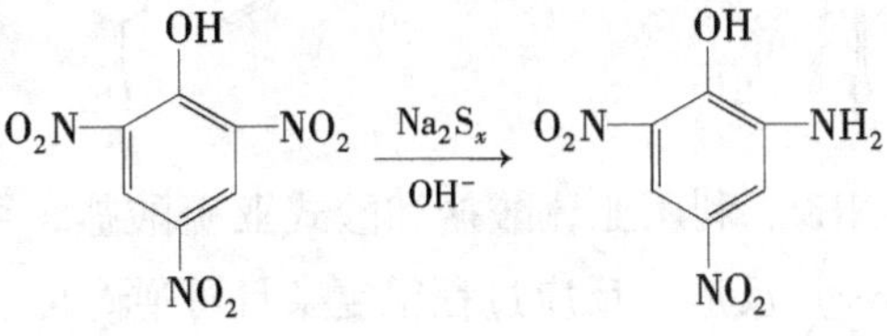

（3）Na_2SO_3、$NaHSO_3$、$Na_2S_2O_4$ 等作为还原剂。该类还原剂可以将所有的—NO_2 转化为—NH_2，但也会使偶氮基—N=N—破坏，产生—NH_2。因此对于含有—N=N—的硝基化合物不适合。例如下面结构的硝基化合物就不能采用这种还原剂进行还原，否则偶氮基会遭到破坏。

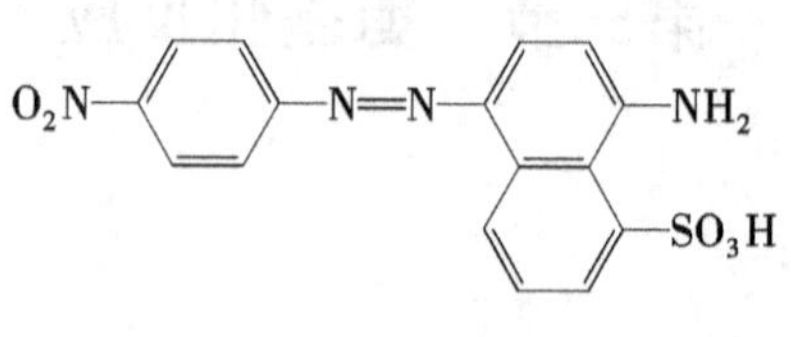

（4）Zn 加 NaOH 作为还原剂。该类还原剂主要用来还原硝基苯，而且硝基的对位没有取代基，最终的产物是硝基的对位连接，硝基变成氨基，而环上取代基之间的相对位置不变，最终生成联苯胺。其历程是硝基苯在烧碱溶液中，用锌粉还原为氢化偶氮苯（又称二苯肼），然后在盐酸介质中重排为联苯胺。可以表示如下：

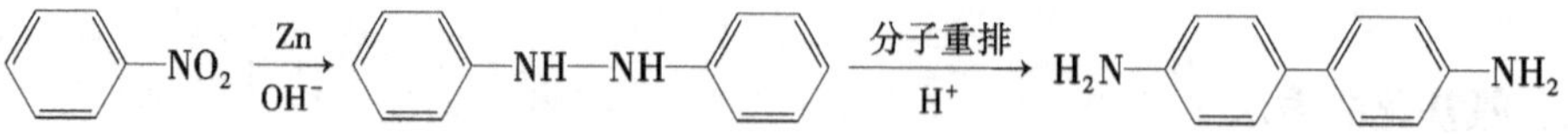

2. 氨解法

由于萘和蒽醌磺化时，硝基（—NO_2）几乎都进入 α 位，因此对于萘和蒽醌来说，β 位上的氨基（—NH_2）无法通过硝化还原的方法来制得，只能通过取代基之间的相互转化来完成。因此氨解法对于在萘环和蒽醌的 β 位引入氨基来说就显得非常重要了。

（1）—Cl 转变成—NH_2。在有 NH_3 加热加压的情况下，—Cl 可以转变成—NH_2。可以表示如下：

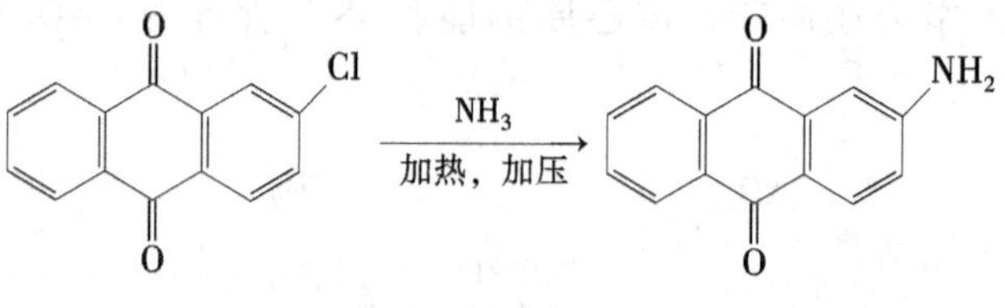

（2）—SO_3H 转化成—NH_2。在有较弱氧化剂如间硝基苯磺酸钠和 NH_3 加热加压的情况下，—SO_3H 可以转化成—NH_2。可以表示如下：

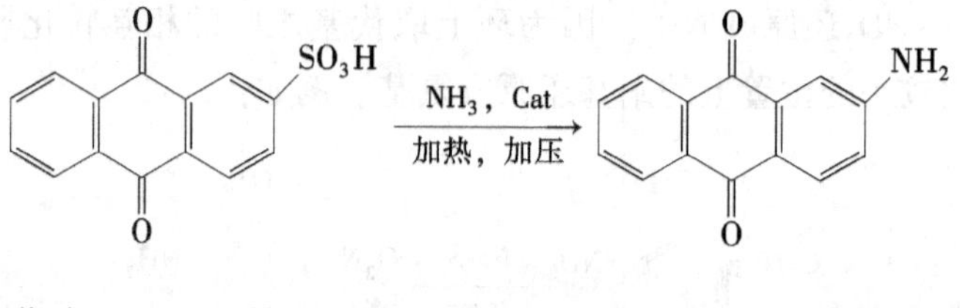

（3）—OH 转化成—NH_2。利用亚硫酸盐和酸式亚硫酸盐，可以将萘酚变成萘胺，这个反应叫勃契勒（Bucherer）反应。反应过程很复杂且可逆。可以表示如下：

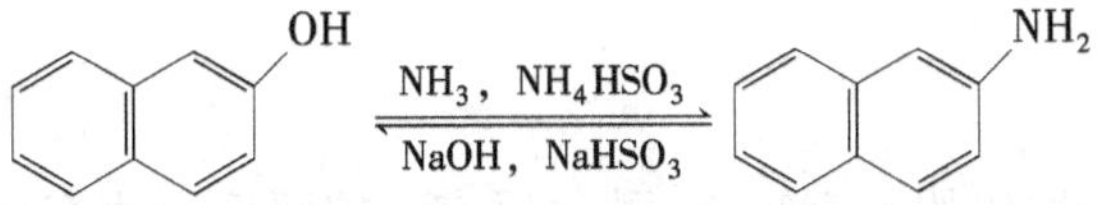

凡是有利于降低环上电子云密度的因素，都有利于这三种取代基转变成—NH₂。

第四节　芳胺的烃氨基化、*N*-酰化和烷基化反应

所谓芳胺的烃氨基化、*N*-酰化和烷基化反应就是芳胺上氨基（—NH₂）中的氢被芳环、烷碳酰基以及烷基取代的反应。发生上述反应之后，相当于增大了分子的疏水性部分，进而增大了相对分子质量。对于水溶性的染料来说，使分子中水溶性基团的相对含量降低，可以提高染料染色物的耐水洗色牢度；对于不溶性的分散染料还可以提高染料的耐升华色牢度；此外，芳胺的烃氨基化、*N*-酰化和烷基化反应可以防止氨基在酸性条件下生成氨基正离子，由供电子基转变为吸电子基，从而引起染料色光的变化；同时，由于氨基极性的改变，进而改善了染料的色光和颜色或有利于某些反应的发生。由此可见，这些反应对于提高染料的各种色牢度、改变染料的水溶性以及改善染料色光等方面都非常重要。下面逐一介绍一下这几种反应。

一、芳胺的烃氨基化反应

含有活性基团的如—Cl、—OH、—NH₂的芳香族化合物与芳伯胺作用，在该芳香族化合物和芳伯胺之间生成亚氨基连接的反应叫烃氨基化反应。例如：

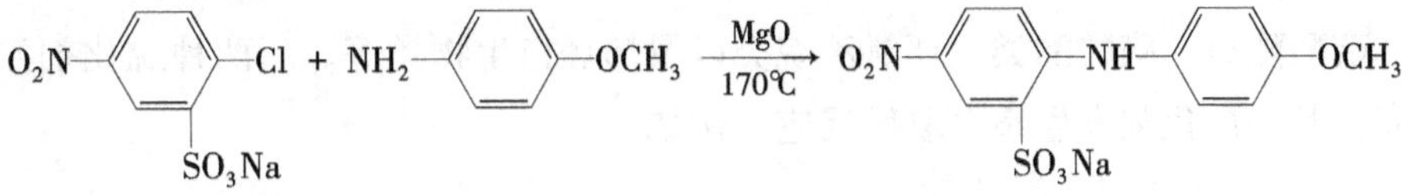

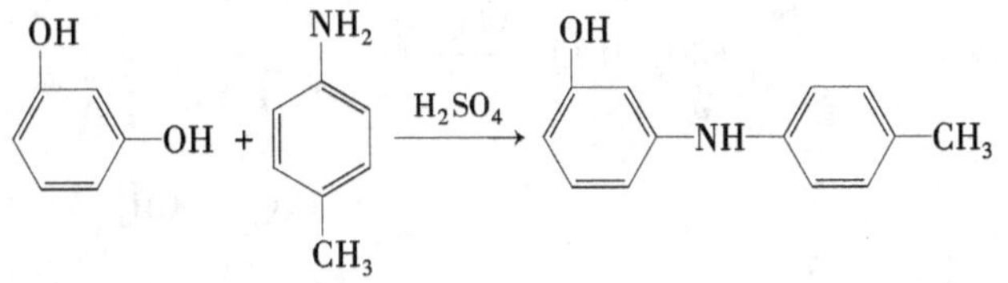

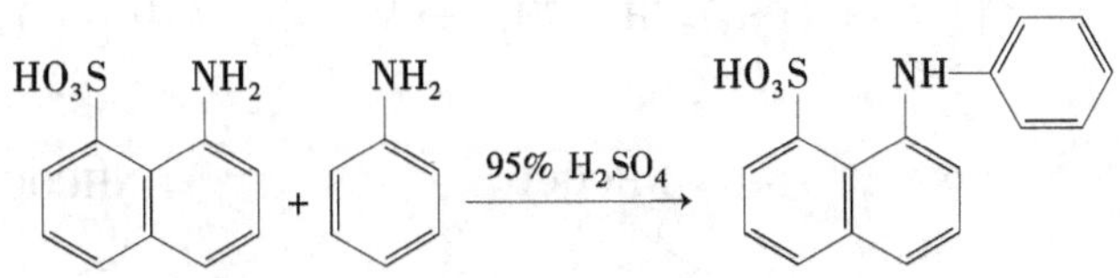

合成直接染料所用的重要中间体如双 J 酸的合成就是将 2mol 的 J 酸进行烃氨基化反应得到的。

二、N-酰化反应

氨基上的氢被酰基取代的反应叫 N-酰化反应。按照反应速率从小到大排列的常用的酰化剂为酰氯>酸酐>酸>酯。

引入暂时性的酰氨基，可以进行氨基的保护，也可以利用空间位阻效应，制备氨基的对位产物；引入永久性的酰氨基是制备许多药物的重要反应，例如：

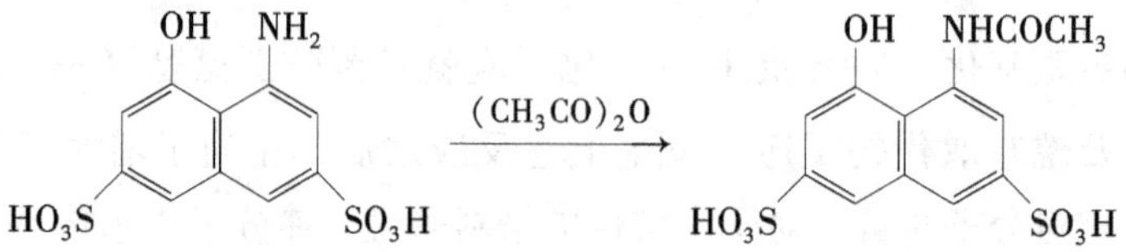

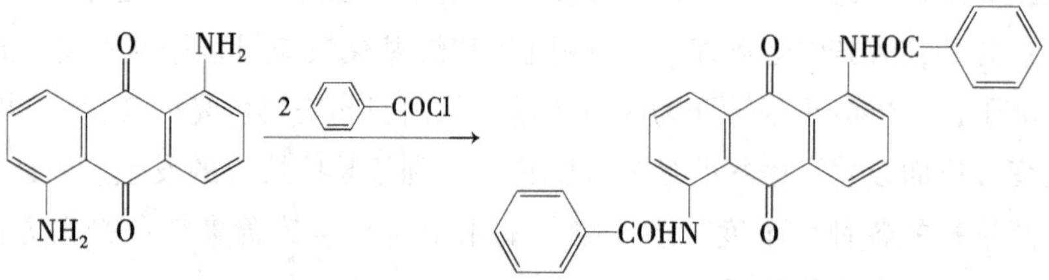

合成直接染料所用的重要中间体如猩红酸的合成就是将 2mol 的 J 酸进行 N-酰化得到的。

三、烷基化反应

氨基氮上的氢被烷基取代的反应叫胺的烷基化反应。常用的烷化剂有醚类、醇类、卤代烃类、硫酸酯类、磺酸酯类、环氧乙烷类以及烯烃衍生物类等。后两种烷化剂发生亲电加成反应，其余烷化剂发生亲电取代反应。例如：

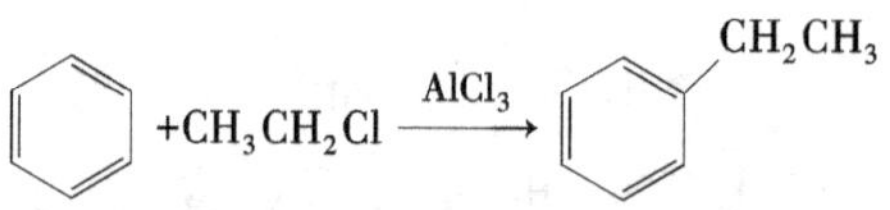

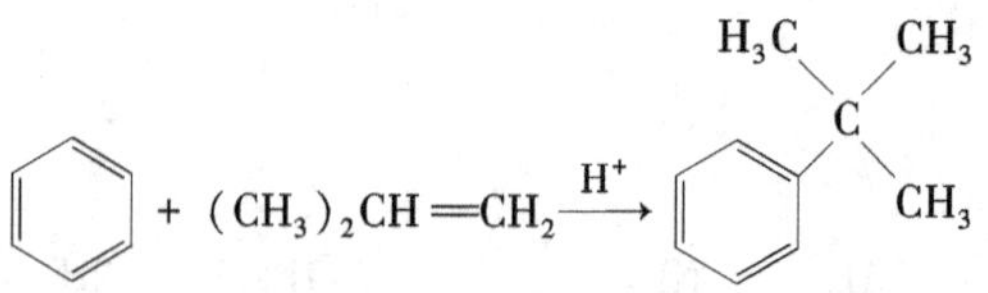

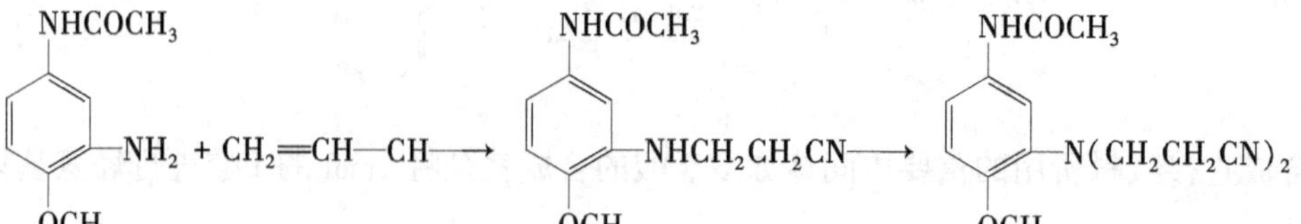

$$Ar-NH_2+\begin{cases}CH_3OCH_3\\CH_3CH_2OH\\CH_3CH_2Cl\\CH_2=CH-CN\\CH_2-CH_2\\\quad\ \ O\end{cases}\rightarrow\begin{matrix}Ar-NHCH_3 & 或 & Ar-N(CH_3)_2\\Ar-NHCH_2CH_3 & 或 & Ar-N(CH_2CH_3)_2\\Ar-NHCH_2CH_3 & 或 & Ar-N(CH_2CH_3)_2\\Ar-NHCH_2CH_2CN & 或 & Ar-N(CH_3CH_2CN)_2\\Ar-NHCH_2CH_2OH & 或 & Ar-N(CH_2CH_2OH)_2\end{matrix}$$

由上述可知，芳胺及其衍生物无论是对于染料的合成，还是对于最终合成的染料各项性能都有重要的影响。因此有必要总结一下芳胺的性质。

四、芳胺的性质

1. 芳胺的碱性

芳胺具有碱性。若环上含有供电子基，供电子基的数目越多，供电子基的供电性越强，芳胺的碱性越强；若环上含有吸电子基，吸电子基的数目越多，吸电子基的吸电性越强，芳胺的碱性越弱。

2. 芳胺的溶解性

（1）芳胺不溶于水，但可以溶于酸，生成胺盐，生成的胺盐可以进一步电离出可溶的、可以发生反应的游离胺。可以表示如下：

$$Ar-NH_2+HCl\rightarrow Ar-NH_3^+Cl^- 或 Ar-NH_2\cdot HCl$$

（2）芳胺是一种弱碱，铵盐在强碱氢氧化钠存在条件下，可以游离出芳胺。

$$Ar-NH_3^+Cl^-+NaOH\rightarrow Ar-NH_2+NaCl+H_2O$$

3. 氮原子上 H 的取代反应

氨基氮上的氢可以发生烷基化反应、N-酰化反应以及烃氨基化反应。

4. 与亚硝酸（HNO_2）作用鉴别伯、仲、叔胺

（1）与伯胺作用，生成无色的溶于水的重氮盐。可以表示如下：

$$Ar-NH_2+NaNO_2+HCl\rightarrow Ar-N=N^+Cl^-（无色溶于水的重氮盐）$$

（2）与仲胺作用，生成黄色油状的液体或固体的 N-亚硝基胺。可以表示如下：

$$Ar-NHCH_3+NaNO_2+HCl\rightarrow Ar-N(NO)-CH_3（黄色油状的液体或固体）$$

（3）与叔胺作用，生成绿色的对亚硝基胺固体。可以表示如下：

$$Ar-N(CH_3)_2+NaNO_2+HCl\rightarrow NO-Ar-N(CH_3)_2（绿色的对亚硝基胺固体）$$

5. 氧化反应

（1）氨基可以被氧化，重新转变成硝基或亚硝基。

（2）利用过三氟乙酸 F_3CCOOH，也可以将—NH_2直接氧化成—NO_2。

6. 芳环上的亲电取代反应

（1）卤代。苯胺的溶液中滴加溴水，可以生成2,4,6-三溴苯胺白色沉淀，此反应可用于苯胺的定量与定性分析。

（2）硝化。为了得到氨基的间位产物，可以先将苯胺溶于浓硫酸中，生成苯胺的硫酸盐，再进行硝化，硝基进入氨基的间位后，再在碱性条件下水解，恢复氨基。

为了得到氨基的对位产物，可以先将氨基进行 N-酰化后，利用空间位阻，再硝化，硝基进入对位后，再在3%的氢氧化钠沸煮的条件下水解恢复氨基。

（3）磺化。在浓硫酸作用的情况下，先生成苯胺的硫酸盐，然后在高温焙烘的情况下就会生成对氨基苯磺酸。

第五节　卤化反应

在芳环上引入卤基的反应叫卤化反应，主要发生的是氯化反应。引入卤基后可以改善染料的色光和性能，增加产品的染着性和牢度；可以增加染料对纤维的亲和力；通过卤基水解、醇解和氨基化引入其他的基团，主要是实现卤基向—OH、—OR、—NH$_2$的转化；也可以通过卤基使成环缩合反应容易发生。

卤化的方法有两种：一种是在光照的情况下，发生侧链上的自由基取代反应；另一种是在无水三氯化铁或三氯化铝存在的条件下，发生环上的卤基亲电取代反应。

常用卤化剂有：氯化剂有氯气，盐酸加上氧化剂，以及一些含氯的氧化剂，如NaClO$_3$、NaClO、ClCOCl、PCl$_3$、PCl$_5$等；溴化剂有溴，还有一些含溴的氧化剂，如NaBr、NaBrO$_3$、NaBrO等。

卤化的方法有直接卤化法、由其他的取代基转化以及一些其他的卤化反应等。下面逐一进行介绍：

一、直接卤化

一般苯可以直接卤化，而萘和蒽醌则一般不采用直接卤化的方法，而是通过其他的取代基转化。

苯的氯化，在光照的情况下，发生侧链上的自由基取代反应。在无水三氯化铁或无水三氯化铝存在的情况下，发生环上的亲电取代反应。可以表示如下：

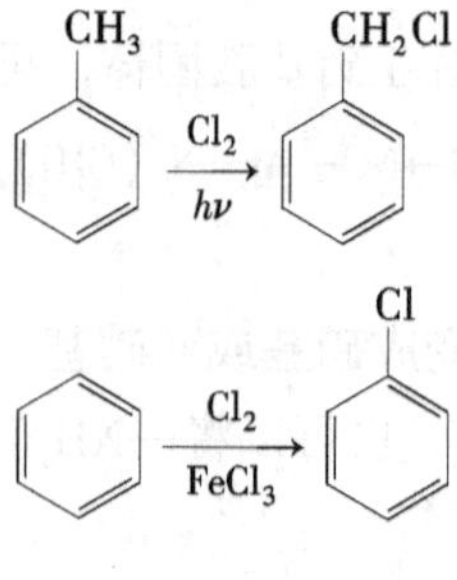

二、由其他的基团转化

氯可以由其他的取代基如—SO₃H、—NO₂、—NH₂、—OH 等转化，但应具备一定的条件。

萘一般不采用直接卤化法，而是通过发生桑德迈尔反应而制得。即芳伯胺重氮化后变成重氮盐，然后在酸性条件下发生碳氮键的断裂，最后生成卤代烃。反应可以表示如下：

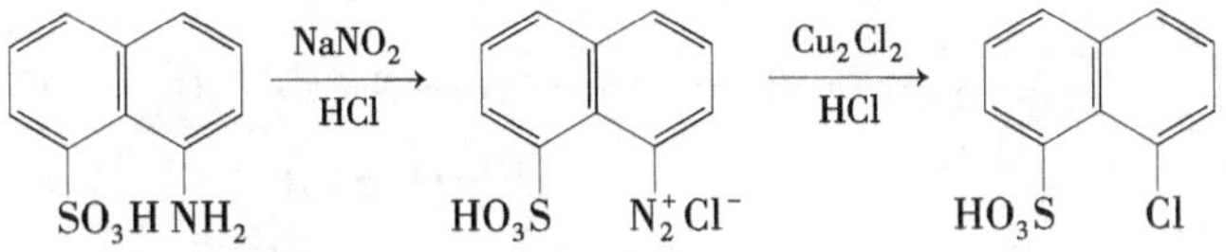

也可以通过其他的取代基转化而得。例如：

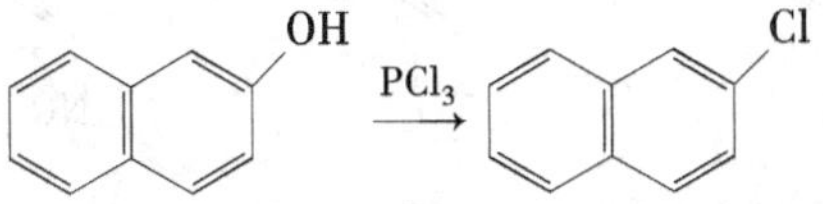

蒽醌环上的卤基也可以通过取代基之间的相互转换来完成。可以表示如下：

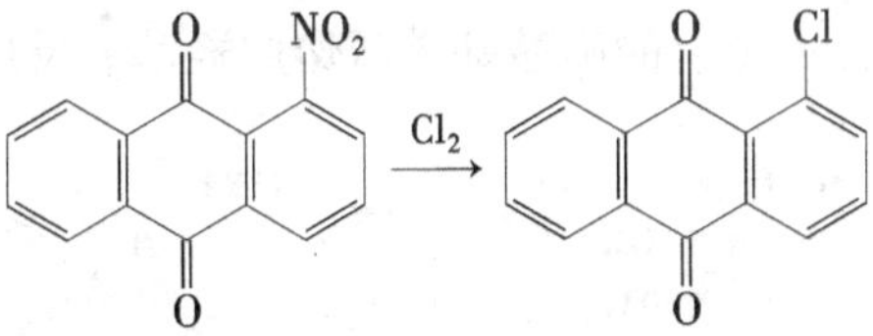

第六节 羟基化反应

所谓的羟基化反应就是芳环上引入羟基（—OH）的反应。引入羟基，对染料的颜色起着增深的作用；引入羟基，可以增强染料对纤维的染着性；羟基具有媒染的特性，使一些染料染色后可以用金属盐处理，提高染料的耐日晒和耐水洗色牢度等；生成的羟基化合物可以做偶合组分，合成偶氮染料；通过羟基还可以转变成其他的基团。下面逐一介绍引入羟基的几种方法。

一、羟基化的方法

1. 异丙苯氧化法制苯酚

此法是工业上生产苯酚的主要方法。反应可以表示如下：

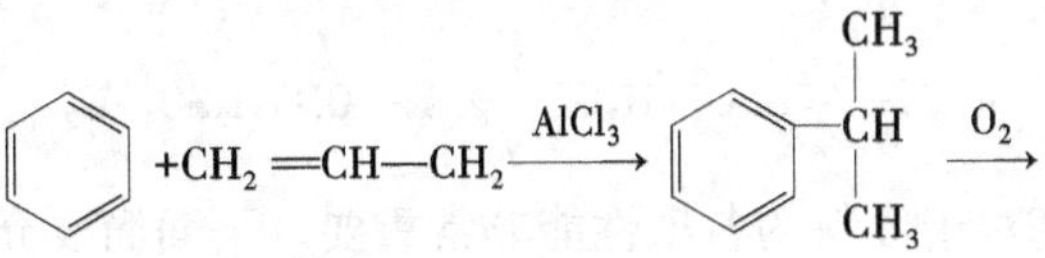

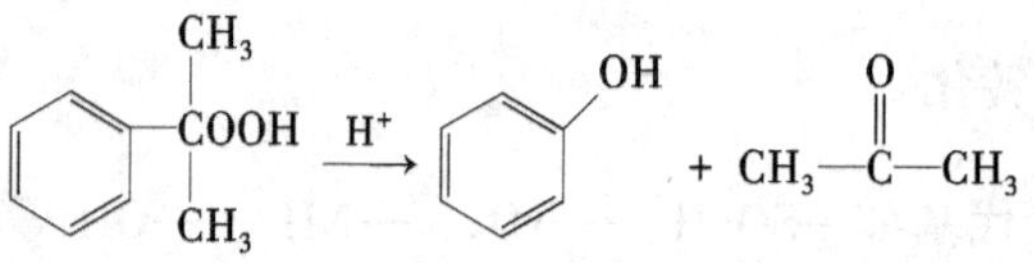

2. 水解法产生羟基

芳卤化合物在碱性条件下水解，再酸化可以将—Cl 水解成—OH。反应过程可以表示如下：

$$Ar—Cl+2NaOH \longrightarrow Ar—ONa + NaCl + H_2O$$
$$\xrightarrow{H^+} Ar—OH$$

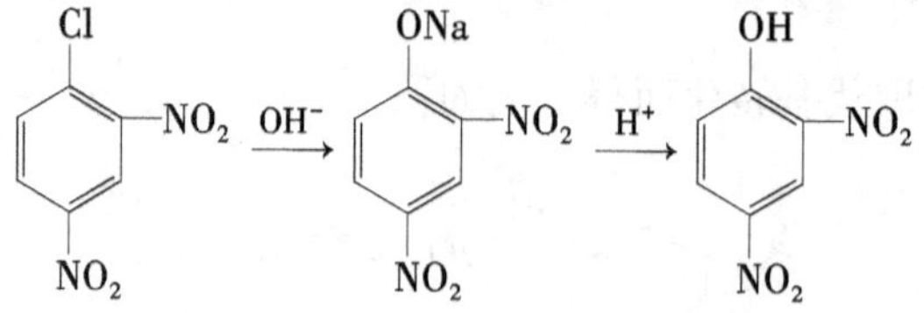

3. 碱熔法产生羟基

磺酸基在熔融氢氧化钠或氢氧化钾存在的条件下，可以将—SO_3H 转变成—OH。当萘环上有多个磺酸基时，一般 α 位上的磺酸基易碱熔成羟基。反应可以表示如下：

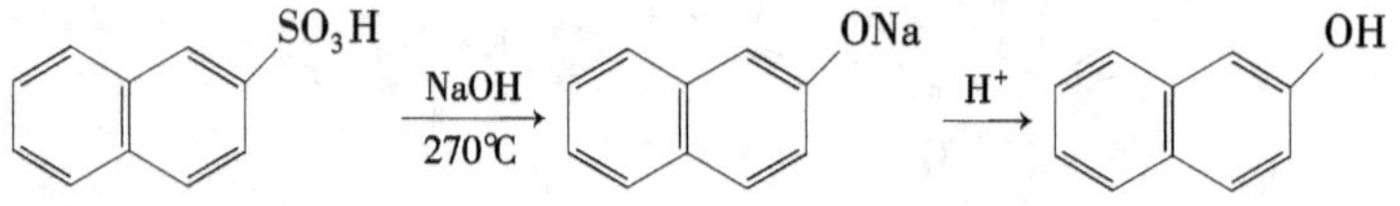

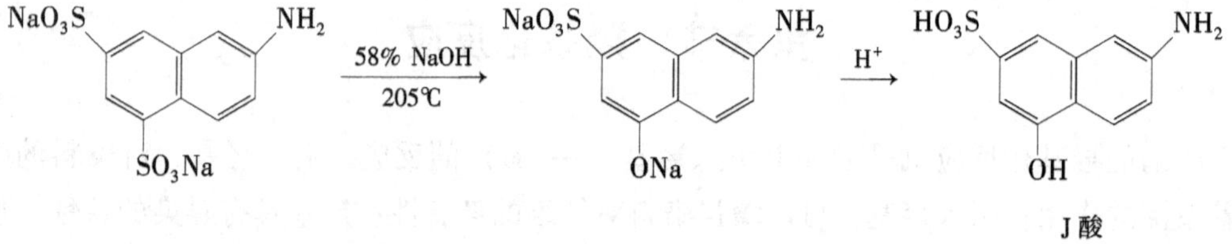

J酸

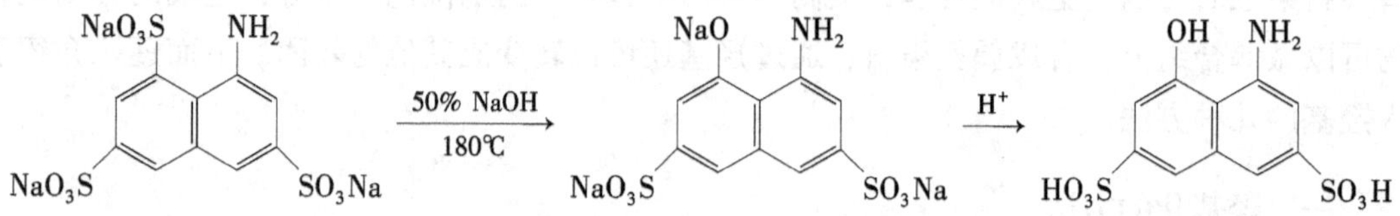

H酸

4. 重氮盐水解生成羟基

重氮盐在酸性条件下水解，可以发生碳氮键的断裂，生成氮气和酚。

$$Ar—N_2^+HSO_4^-+H_2O \longrightarrow Ar—OH+H_2SO_4+N_2$$

可见，引入的羟基对于染料的各项性能非常重要。下面简要介绍一下色酚的性质。

二、酚的性质

1. 酚具有酸性

酚是一种比碳酸还弱的酸。环上含有吸电子基，吸电子基的数目越多，吸电性越强，酚的酸性越强；反之，环上含有供电子基，供电子基的供电性越强，酚的酸性越弱。因此酚虽然不溶于水，但可以溶解在碱性溶液中，而且该反应是一个可逆的反应。可以表示如下：

$$\text{C}_6\text{H}_5\text{OH} \underset{\text{H}^+}{\overset{\text{OH}^-}{\rightleftharpoons}} \text{C}_6\text{H}_5\text{ONa}$$

2. 与 $FeCl_3$ 发生颜色反应

（1）苯酚与 $FeCl_3$ 反应呈现蓝紫色。

（2）邻苯二酚与 $FeCl_3$ 反应呈现深绿色。

（3）对苯二酚与 $FeCl_3$ 反应呈现蓝色。

3. 苯环上的取代反应

（1）卤化。苯酚与溴水作用，生成 2,4,6-三溴苯酚白色沉淀，可以用于苯酚的定量鉴别。为了得到一位取代溴化物，可以在极性较低的溶剂中，如 $CHCl_3$、CS_2、CCl_4 中进行，可产生大量的对位产物和较少的邻位产物。

（2）磺化。磺酸基优先进入羟基的对位，只有当对位被占，才进入邻位。

（3）硝化。应先将羟基用醚化的方法制成烷氧基，再进行硝化，硝化后再在 3% 的氢氧化钠溶液中水解，恢复羟基。

第七节　烷氧基化（醚化）反应

所谓的烷氧基化反应就是羟基（—OH）上的氢被烷基取代的反应。羟基烷氧基化后，可以防止由于染料分子中羟基的存在而导致的在碱性条件下变色的现象；通过提高取代基的供电性和空间位阻，可有利于环上的其他亲电取代反应的发生和有利于羟基对位产物的合成。下面介绍两种常用的引入烷氧基的方法。

一、用烷氧基置换卤素

用烷氧基来置换卤素的反应可以表示如下：

二、用酚与相应的化合物作用

用酚与相应的化合物反应引入烷氧基，可以表示如下：

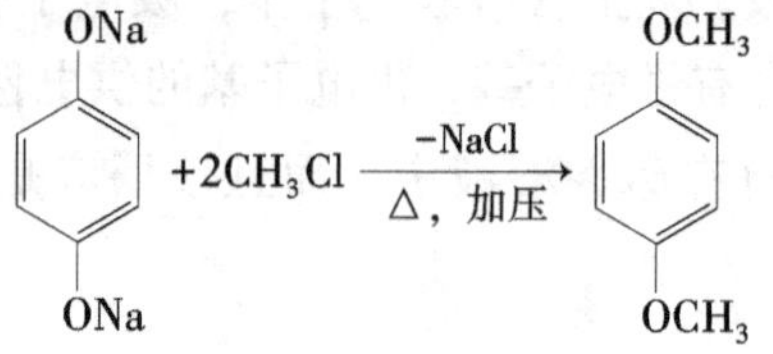

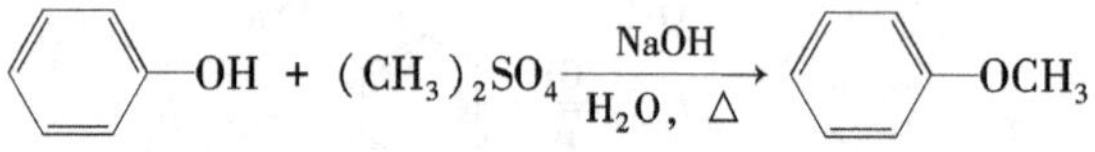

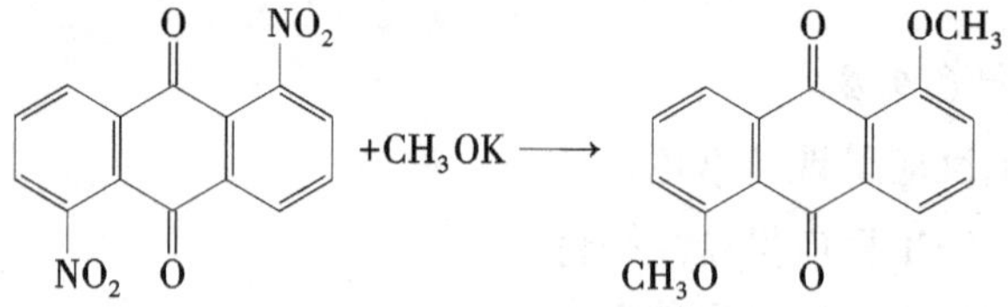

$$\text{对苯二酚钠} + 2CH_3Cl \xrightarrow[\triangle,\ 加压]{-NaCl} \text{对苯二甲氧基}$$

$$\text{苯酚} - OH + (CH_3)_2SO_4 \xrightarrow[H_2O,\ \triangle]{NaOH} \text{苯甲醚} - OCH_3$$

$$\text{1,5-二硝基蒽醌} + CH_3OK \longrightarrow \text{1,5-二甲氧基蒽醌}$$

第八节　各种常用的染料中间体

一、苯系主要中间体

1. 水杨酸的合成

向苯酚钠盐的水溶液中通入二氧化碳，并加热，可以生成邻羧基苯酚的钠盐，酸化后制得水杨酸。可以表示如下：

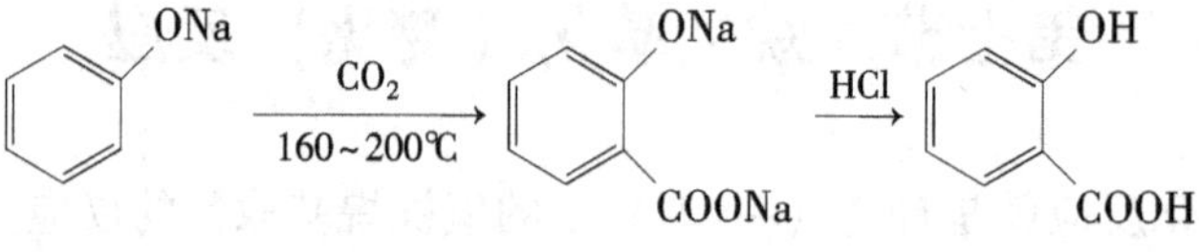

$$\text{苯酚钠} \xrightarrow[160\sim200℃]{CO_2} \text{邻羧基苯酚钠} \xrightarrow{HCl} \text{水杨酸}$$

水杨酸

2. 芳甲烷中间体的合成

芳胺与醛类的缩合反应可以合成二芳甲烷和三芳甲烷的中间体。N,N-二甲基甲胺与苯甲醛和甲醛反应，可以合成三芳甲烷类和二芳甲烷类的中间体，可以表示如下：

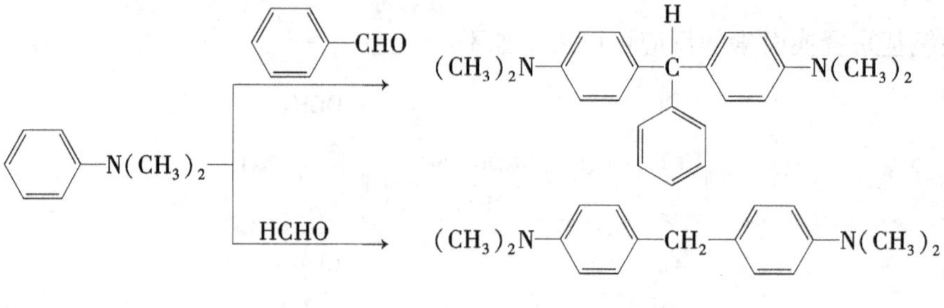

$$\text{N,N-二甲基苯胺} \xrightarrow{CHO} (CH_3)_2N - C_6H_4 - \overset{\underset{\textstyle C_6H_5}{|}}{\overset{\textstyle H}{C}} - C_6H_4 - N(CH_3)_2$$

$$\xrightarrow{HCHO} (CH_3)_2N - C_6H_4 - CH_2 - C_6H_4 - N(CH_3)_2$$

3. 米氏酮中间体的合成

N,N-二甲苯胺与光气缩合可以合成米氏酮类中间体。可以表示如下：

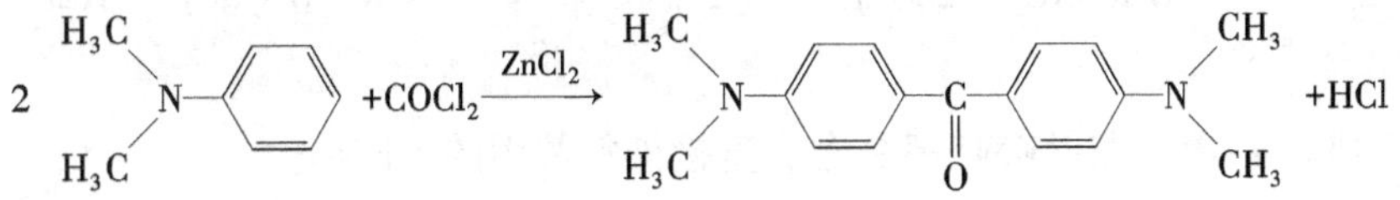

米氏酮

4. 3-羟基吲哚的合成

3-羟基吲哚是合成靛蓝还原染料最重要的中间体，其合成过程可以表示如下：

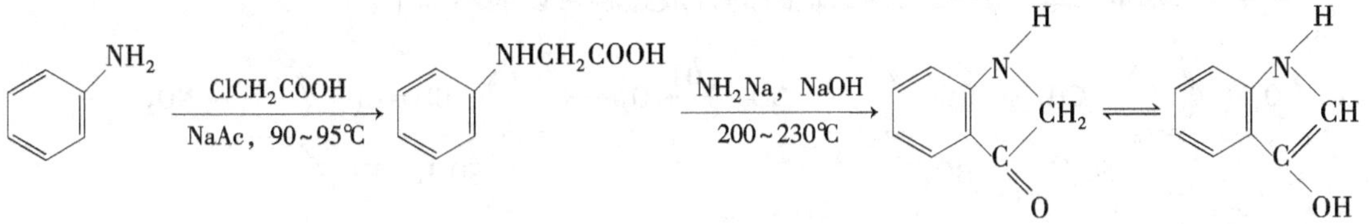

5. 1-苯基-3-甲基-5-吡唑啉酮的合成

苯胺重氮化后变成重氮盐，重氮盐还原后变成苯肼，苯肼再与乙酰乙酸乙酯经过脱水、脱氨环化就可以制得 1-苯基-3-甲基-5-吡唑啉酮。吡唑啉酮是合成黄色偶氮类酸性染料和活性染料重要的中间体，化学稳定高，耐日晒色牢度较好。其合成过程可以表示如下：

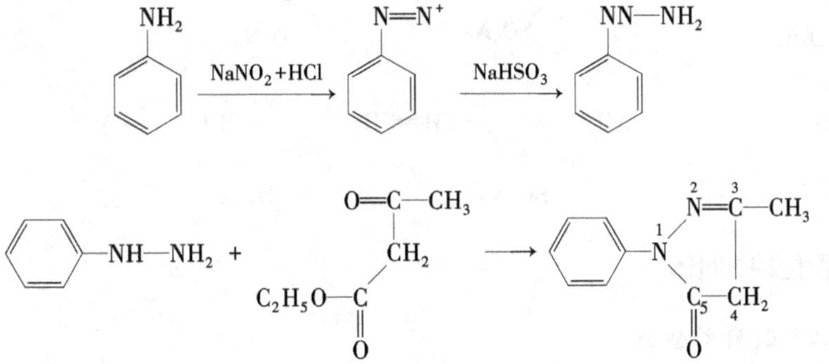

6. 苯并噻唑及2-氨基苯并噻唑的合成

2mol 的对甲苯胺与 1mol 的硫在碳酸钠存在的条件下加热，就可以制得苯并噻唑。可以表示如下：

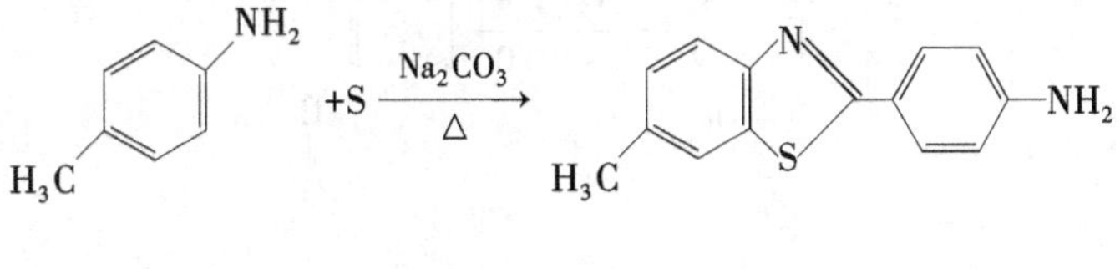

苯基硫脲和氯化亚砜可以合成 2-氨基苯并噻唑。表示如下：

$$2 \text{（苯环）-NHCSNH}_2 + 2SOCl_2 \longrightarrow 2 \text{（苯并噻唑环）-NH}_2 + S + SO_2 + 4HCl$$

苯并噻唑和 2-氨基苯并噻唑都是合成直接染料常用的中间体。

7. 4,4′-二氨基二苯乙烯-2,2′-二磺酸以及 4,4′-二氨基二苯乙烯 3,3′-二磺酸的合成

这两种都属于二苯乙烯结构。其中 4,4′-二氨基二苯乙烯-2,2′-二磺酸简称 DSD 酸。它们都是采用两分子对硝基甲苯的磺酸基衍生物氧化脱氢之后，再还原得到的。它是合成二偶氮或多偶氮类直接染料常用的二次重氮组分。

4,4′-二氨基二苯乙烯-2,2′-二磺酸的合成过程可以表示如下：

$$O_2N\text{（苯环）}CH_3(SO_3H) + H_3C(HO_3S)\text{（苯环）}NO_2 \xrightarrow{[O]} O_2N\text{（苯环）}(SO_3H)CH=CH(HO_3S)\text{（苯环）}NO_2 \xrightarrow{[H]}$$

$$H_2N\text{（苯环）}(SO_3H)CH=CH(HO_3S)\text{（苯环）}NH_2$$

4,4′-二氨基二苯乙烯-3,3′-二磺酸是将对甲基硝基苯及其衍生物在加有次氯酸钠的稀烧碱溶液中加热，使两个甲基之间发生缩合之后再还原得到。可以表示如下：

$$O_2N\text{（苯环）}CH_3(SO_3Na) + H_3C(SO_3Na)\text{（苯环）}NO_2 \longrightarrow O_2N\text{（苯环）}(SO_3Na)CH=CH(SO_3Na)\text{（苯环）}NO_2 \xrightarrow[HCl]{Fe}$$

$$NH_2\text{（苯环）}(SO_3Na)CH=CH(SO_3Na)\text{（苯环）}NH_2$$

二、萘系主要中间体

1. 邻苯二甲酸酐的合成

在五氧化二钒作为催化剂加热的情况下，萘可以氧化变成邻苯二甲酸酐。可以表示如下：

$$\text{（萘）} \xrightarrow[350\sim400℃]{V_2O_5} \text{（邻苯二甲酸酐）}$$

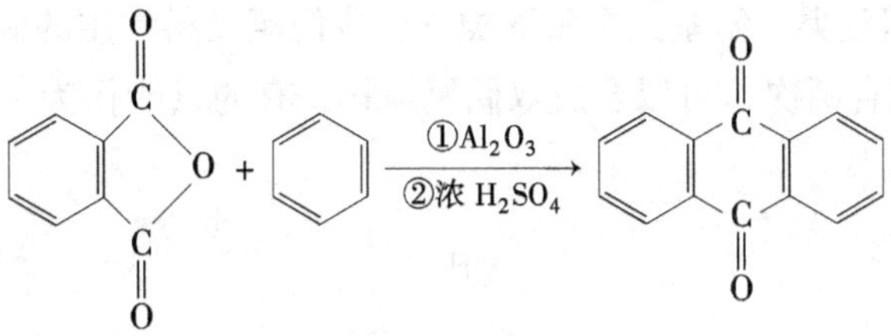

邻苯二甲酸酐主要用来合成蒽醌及其衍生物。

2. 各种萘系衍生物及其合成

各种萘系衍生物是合成染料的重要中间体。其中萘酚磺酸类、萘胺磺酸类以及氨基萘酚磺酸类都是合成偶氮染料最重要的中间体。常见的萘酚磺酸类、萘胺磺酸类以及氨基萘酚磺酸类如下所示。

（1）萘酚磺酸类。萘酚磺酸类主要用作合成偶氮染料的偶合组分。主要结构如下：

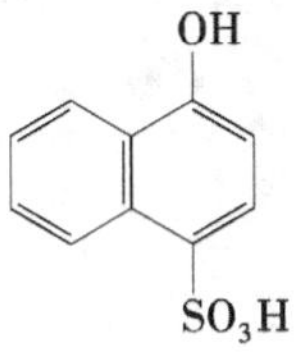

NM 酸 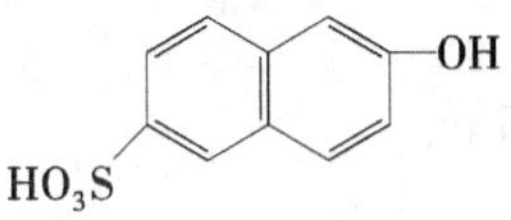　　　　　2-羟基-6-萘磺酸 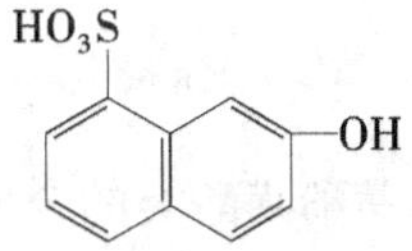　　　　　Croceic 酸

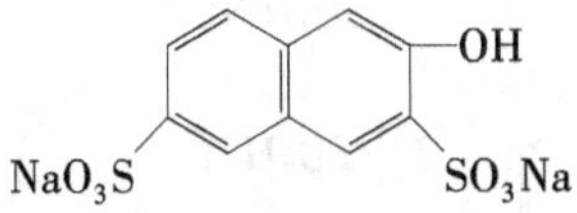

R 酸 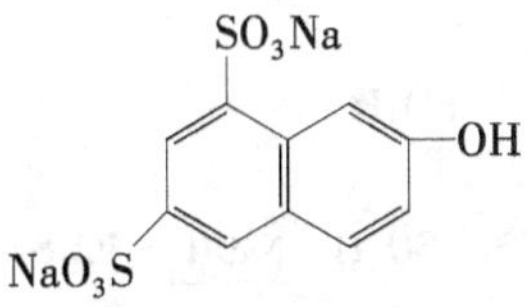　　　　　G 酸 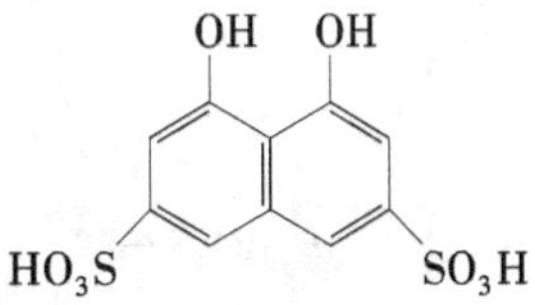　　　　　变色酸

（2）萘胺磺酸类。萘胺磺酸类主要用作合成偶氮染料的偶合组分。主要的结构如下：

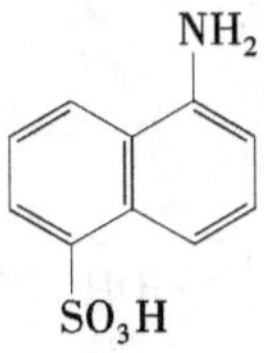

劳氏酸 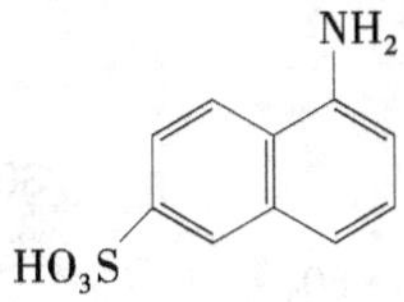　　　　　克里夫酸 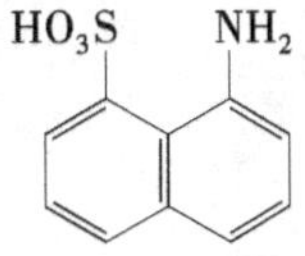　　　　　迫位酸

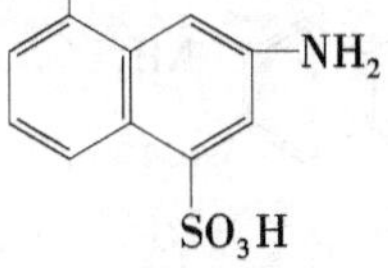

氨基 C 酸 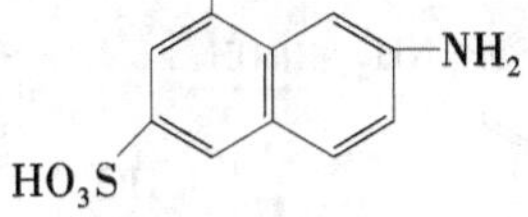　　　　　氨基 G 酸 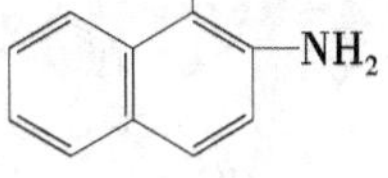　　　　　吐氏酸

（3）氨基萘酚磺酸类。氨基萘酚磺酸类是合成偶氮染料常用的偶合组分。有的可以作为二次偶合组分，偶合两次，可以合成双偶氮染料，有的只能作为一次偶合组分。主要的结构如下：

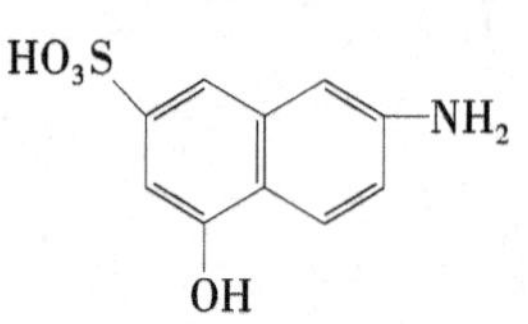

| J 酸 | γ 酸 | H 酸 |

| 2R 酸 | S 酸 | K 酸 |

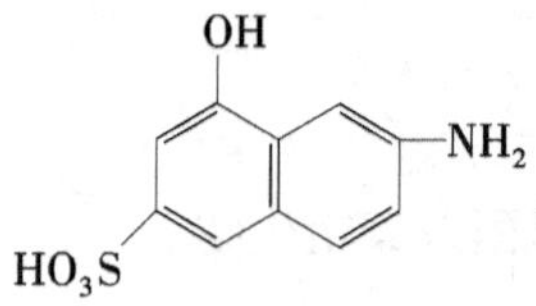

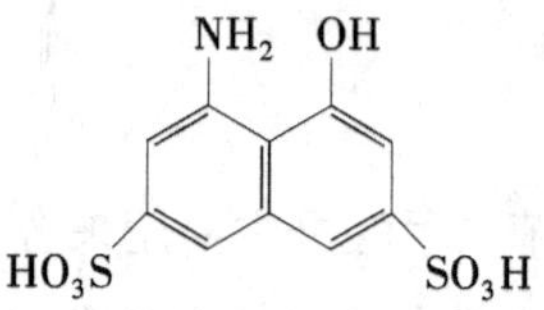

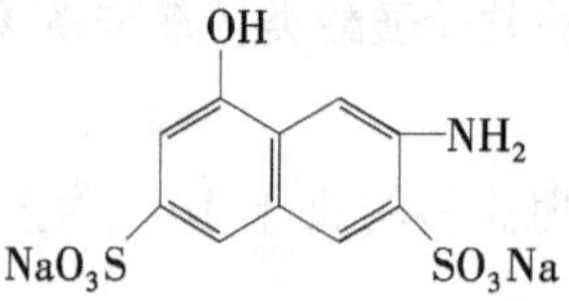

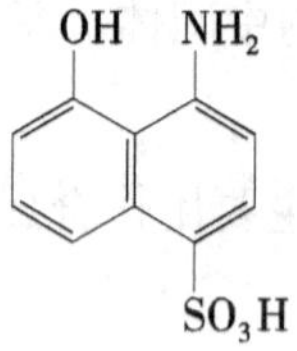

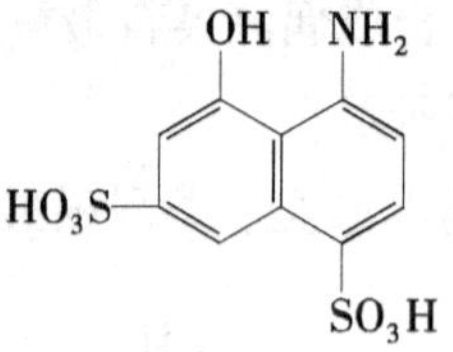

常用的氨基萘酚磺酸类的合成如下：

H 酸的合成如下：

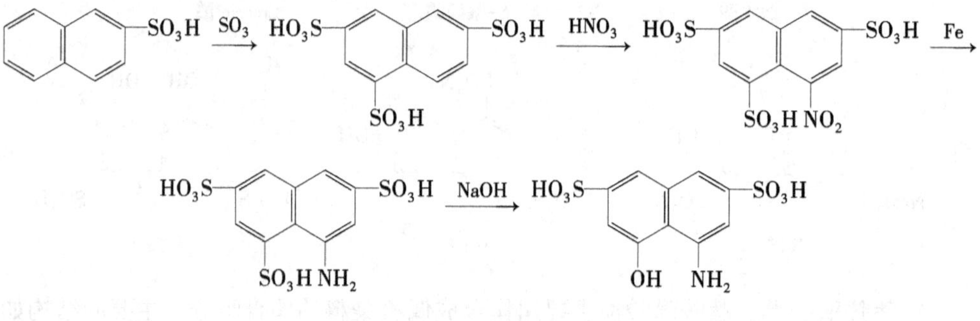

H 酸一般用来合成红色的单偶氮酸性染料或二偶氮酸性染料常用的中间体。

γ 酸的合成如下：

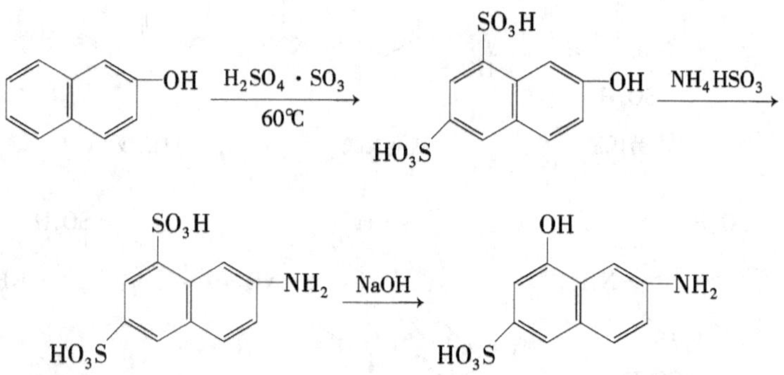

J 酸的合成如下：

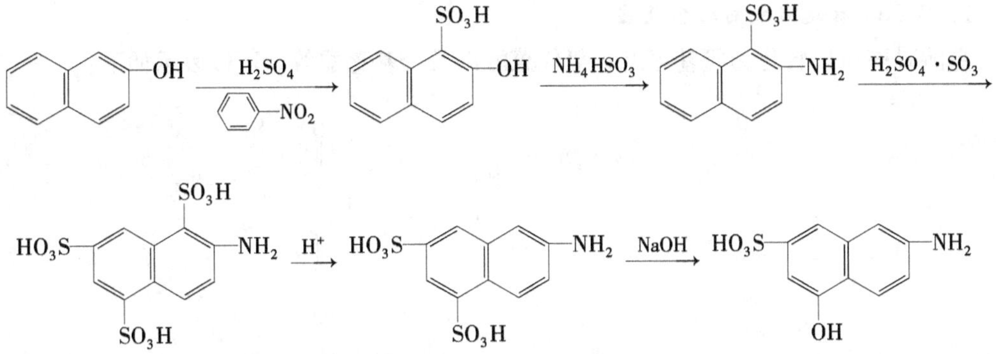

另外，2 分子的 J 酸发生烃氨基化反应可以合成双 J 酸；2 分子的 J 酸与光气作用发生二次 N–酰化反应可以合成猩红酸。双 J 酸和猩红酸都是合成二偶氮或多偶氮直接染料常用的二次偶合组分。

三、蒽醌系主要中间体

蒽醌是合成分散染料、活性染料尤其是还原染料重要的中间体，其中尤以深色品种更为重要。

1. 蒽醌的合成

蒽醌可以由萘氧化生成邻苯二甲酸酐后，再合成蒽醌，也可以由蒽采用五氧化二钒氧化得到蒽醌。可以表示如下：

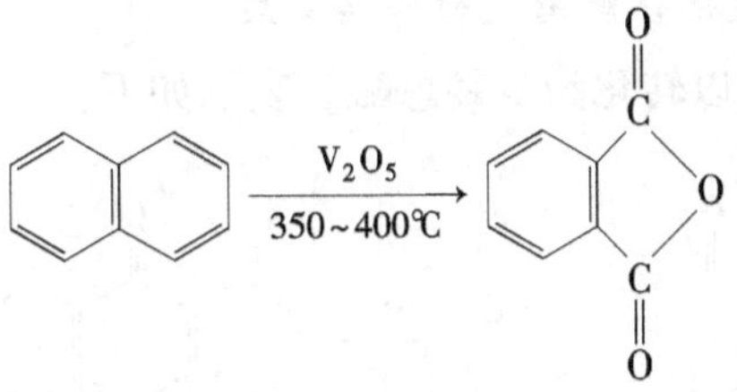

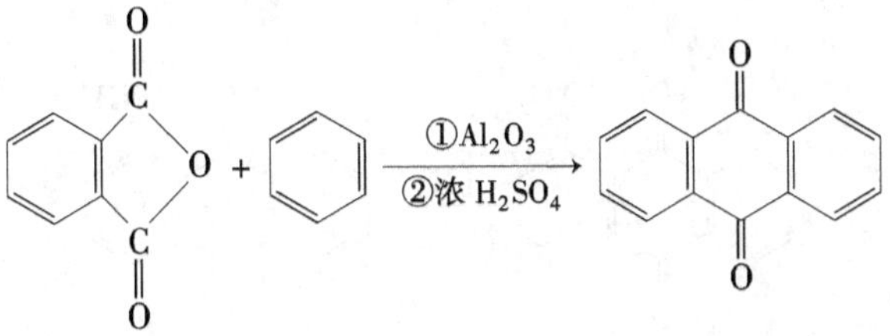

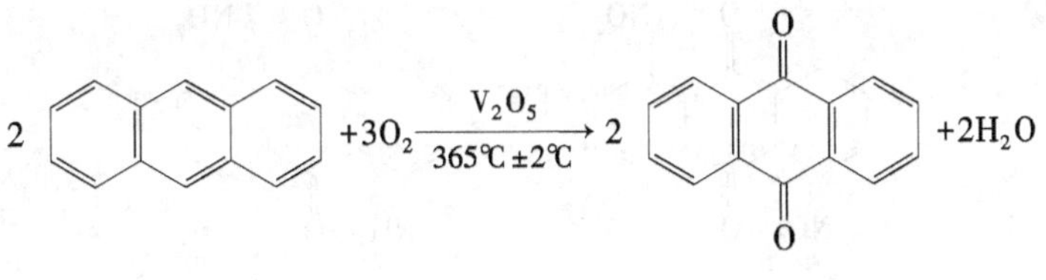

2. 从蒽醌磺酸出发的转换反应

蒽醌磺酸可以转化为氨基蒽醌、氯代蒽醌以及羟基蒽醌等。可以表示如下：

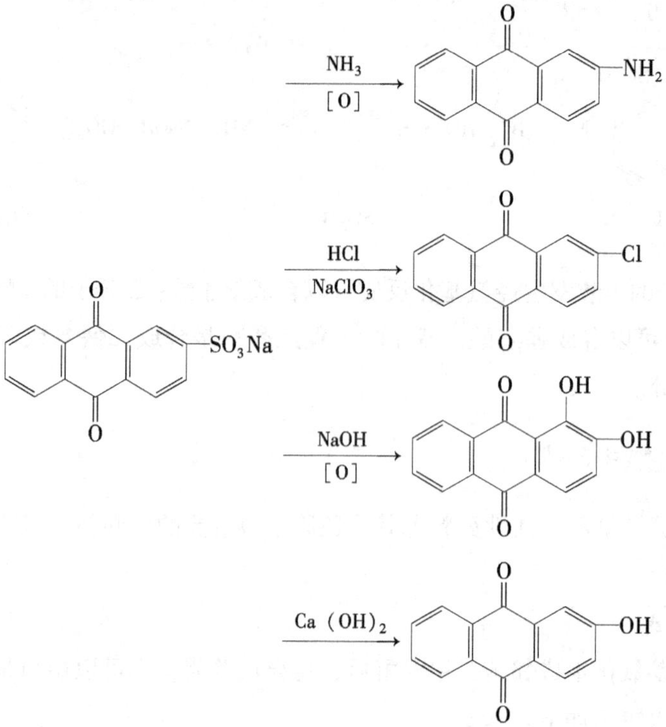

3. 从蒽醌卤代物和硝基化合物出发的转换反应

氯代蒽醌和硝基蒽醌可以转化为氨基蒽醌。表示如下：

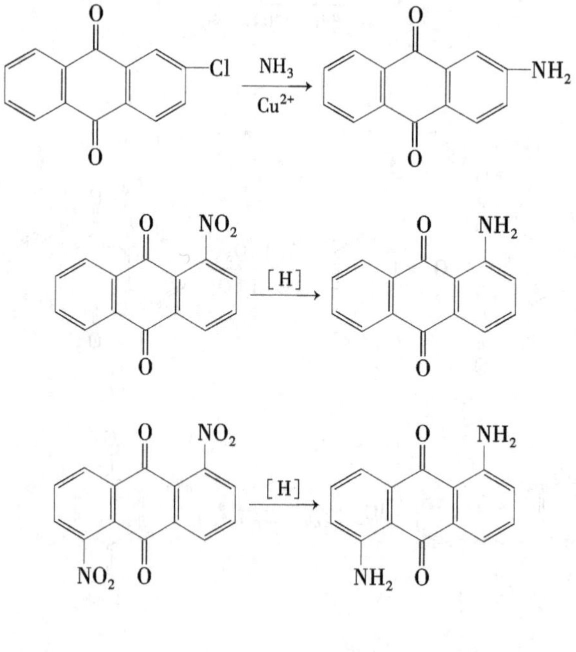

4. 1,4-二羟基蒽醌和 1,4-二氨基蒽醌的合成

1,4-二羟基蒽醌是用邻苯二甲酸酐与对二羟基苯酚先发生开键亲核加成，再脱水闭环合成的。1,4-二氨基蒽醌可以由 1,4-二羟基蒽醌转化而制得。上述合成过程可以表示如下：

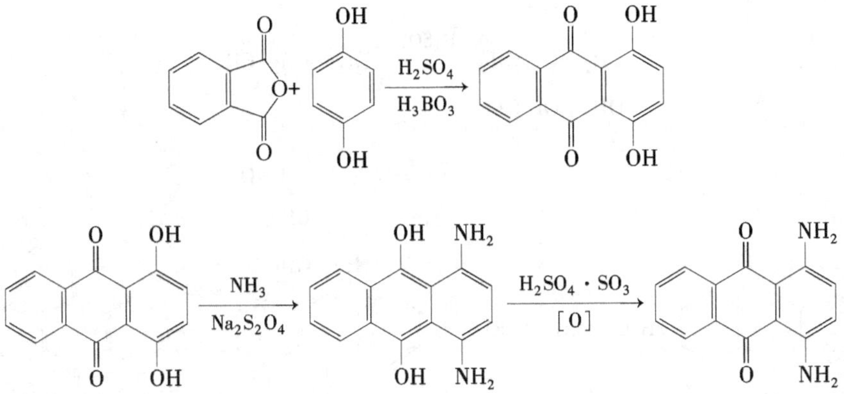

5. 1-氨基-4-溴蒽醌-2-磺酸的合成

1-氨基-4-溴蒽醌-2-磺酸简称溴胺酸。溴胺酸是合成酸性染料和活性染料常用的中间体。其合成过程可以表示如下：

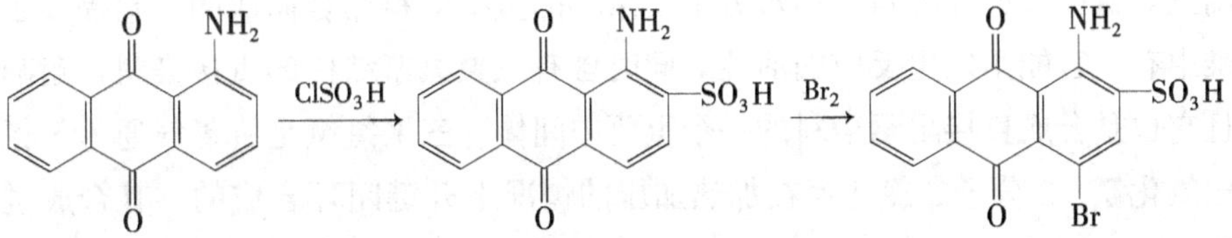

6. 1-氨基-2，4-二溴蒽醌的合成

1-氨基-2，4-二溴蒽醌主要用于合成分散染料和酸性染料。其合成过程可以表示如下：

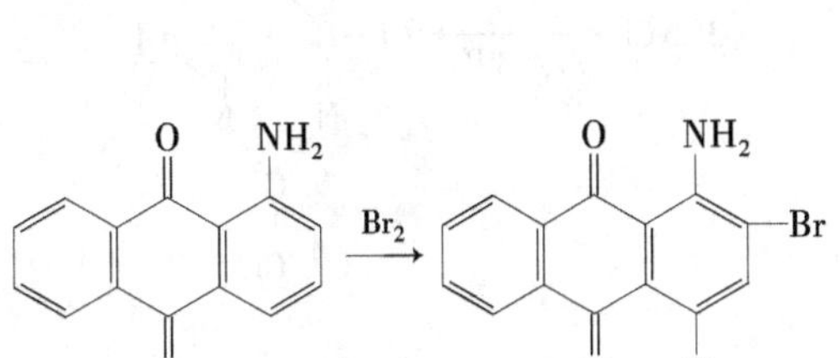

7. 苯绕蒽酮的合成

苯绕蒽酮是合成稠环酮类还原染料重要的中间体。它是通过蒽醌在甘油、浓硫酸中加入铁屑等还原剂合成的。蒽醌先被还原为蒽酮，甘油脱水生成丙烯醛，两者发生缩合、闭环生成苯绕蒽酮。其合成过程可以表示如下：

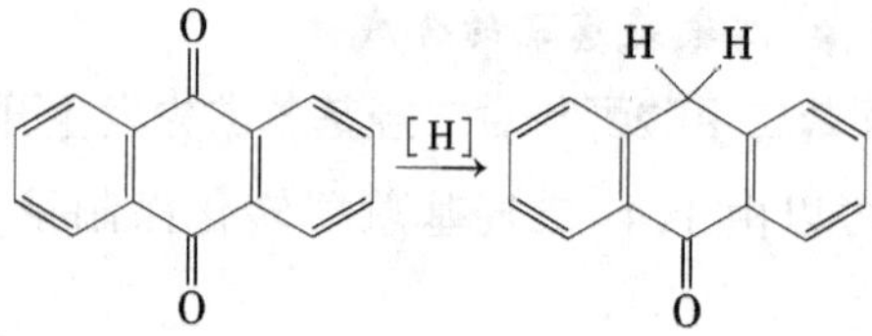

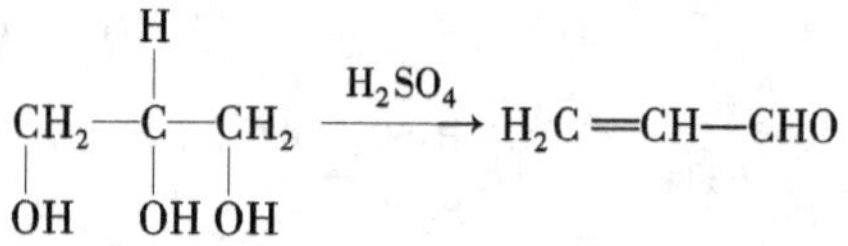

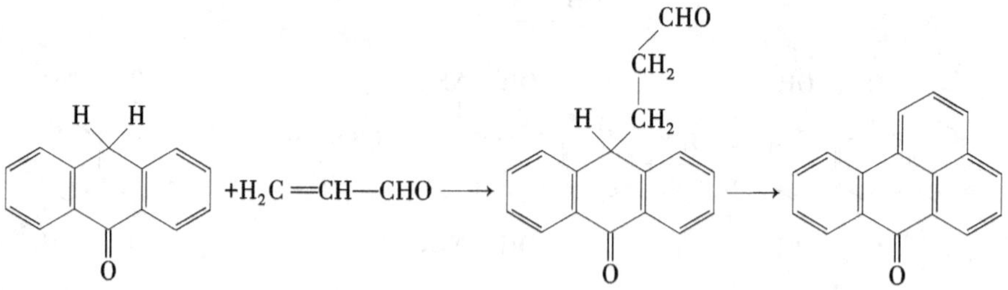

$$\text{蒽醌} \xrightarrow{[H]} \text{蒽酮}$$

$$\underset{\substack{| \\ OH \quad OH \, OH}}{CH_2 - \underset{H}{\overset{}{C}} - CH_2} \xrightarrow{H_2SO_4} H_2C=CH-CHO$$

$$+ H_2C=CH-CHO \longrightarrow \quad \longrightarrow$$

四、其他系主要中间体

三聚氯氰是合成活性染料和直接耐晒染料常用的中间体，X 型和 K 型活性染料的活性基就是用三聚氯氰和酸性染料或相对分子质量小的直接染料缩合而成的。它提高了活性染料与纤维中有关官能团发生反应的活性。同时含有三聚氯氰结构的直接染料，耐晒性能优良，而且它也是合成直接耐晒染料的一个重要中间体。三聚氯氰是将氯气通入氢氰酸溶液中，生成氯化氰，3 分子的氯化氰在加热加压的情况下开键闭环合成的。其合成过程可以表示如下：

$$HCN + Cl_2 \longrightarrow CNCl + HCl$$

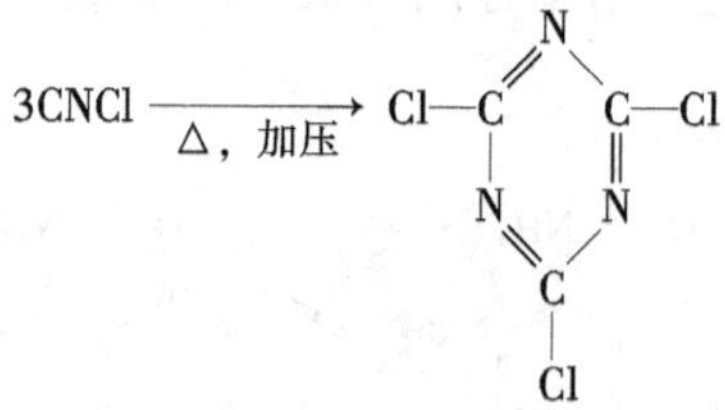

$$3CNCl \xrightarrow[\triangle,\ 加压]{} \text{三聚氯氰}$$

☞ **练习题**

一、简答题

1. 哪些反应常用来合成染料的中间体？

2. 简述在苯、萘和蒽醌磺化反应中的定位效应。

3. 简述在苯、萘和蒽醌硝化反应中的定位效应。

4. 简述如何在苯、萘和蒽醌环上引入氨基。

5. 简述如何在苯、萘和蒽醌环上引入羟基。

二、以苯、甲苯、萘以及蒽醌为原料合成下列染料中间体。

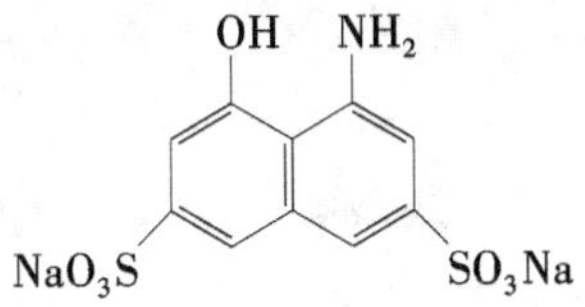

H 酸

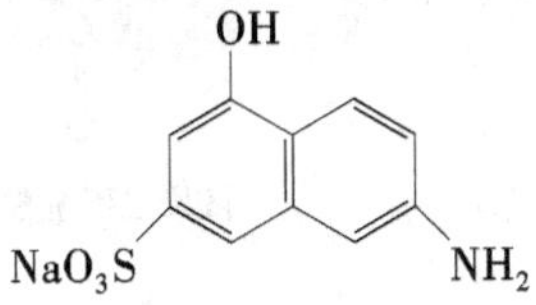

J 酸

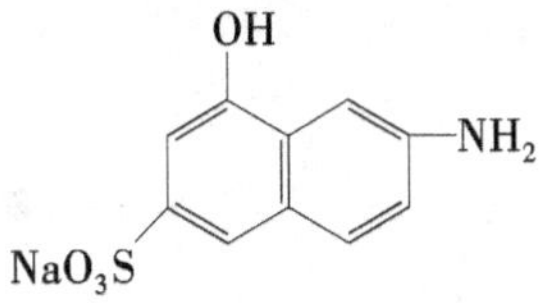

γ 酸

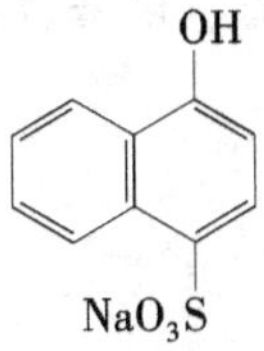

对羟基萘磺酸

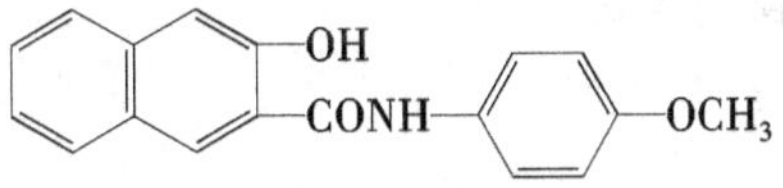

色酚 AS—RL

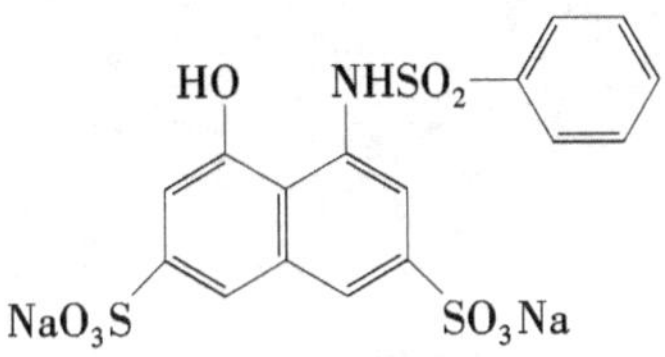

苯磺酰 H 酸

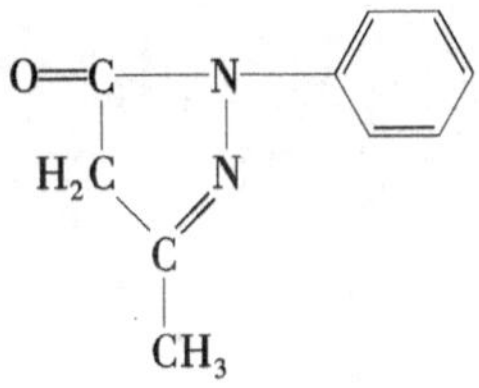

1-苯基-3-甲基-5-吡唑啉酮

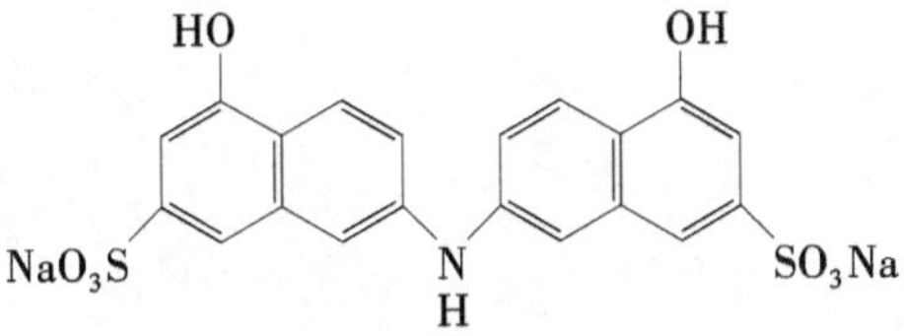

双 J 酸

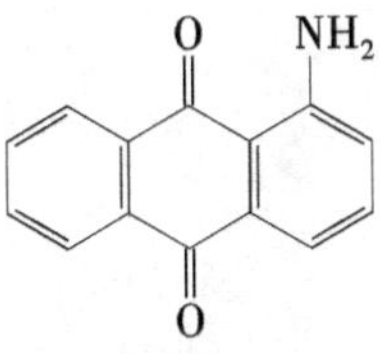

1-氨基蒽醌

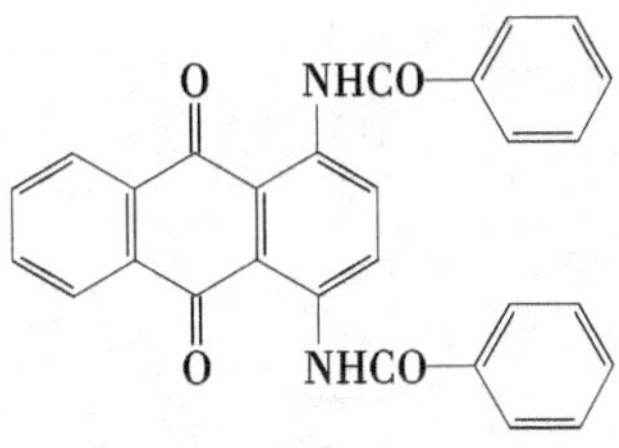

1,4-二苯甲酰氨基蒽醌

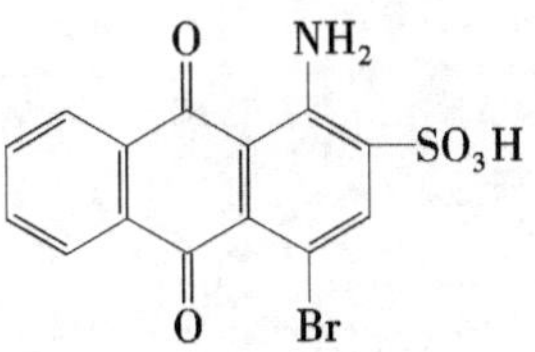

溴胺酸

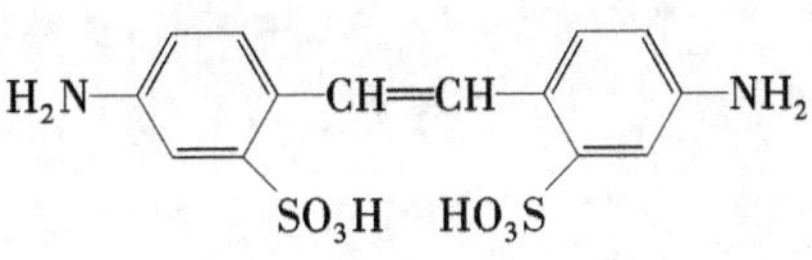

4,4′-二氨基二苯乙烯-2,2′-二磺酸

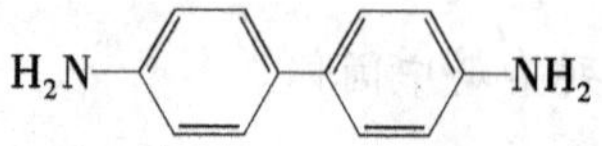

4,4′-二氨基联苯 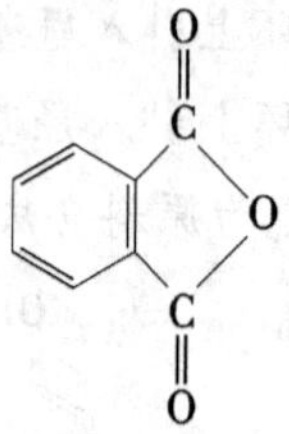　　邻苯二甲酸酐 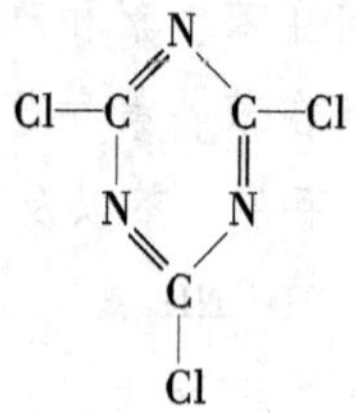　　三聚氯氰

三、思考题

从染料合成和应用的角度论述染料分子中引入磺酸基、硝基、卤基、氨基、烷氨基、酰氨基、烷氧基等基团的目的。

第四章　偶氮染料的合成和性质

　　1859 年 J. P. 格里斯发现了第一个重氮化合物并制备了第一个偶氮染料——苯胺黄。开启了偶氮染料的新纪元。偶氮染料包括酸性、碱性、直接、媒染、冰染、分散、活性染料以及有机颜料等。按分子中所含偶氮基数目可分为单偶氮、双偶氮、三偶氮和多偶氮染料。其用途十分广泛。这些偶氮染料几乎都是通过重氮化反应和偶合反应合成出来的，即通过芳伯胺重氮化后转化为重氮盐（重氮组分），再与酚类、胺类、氨基萘酚磺酸类以及含有活泼亚甲基的化合物（偶合组分）发生偶合反应而生成的。因此，重氮化法反应和偶合反应是合成偶氮染料必经的两个重要反应，而且也是不溶性偶氮染料染色和印花过程中所涉及的两个重要反应，有时也是提高一些水溶性的染料如直接染料、酸性染料及活性染料的染色物湿牢度方法中所涉及的反应。可见，重氮化反应和偶合反应在染料合成和使用过程的重要性。因此，本章重点讲述。

第一节　重氮化反应

一、重氮化反应及其机理

芳伯胺与亚硝酸作用生成重氮盐的反应叫重氮化反应。可以表示如下：

$$ArNH_2 + 2HX + NaNO_2 \longrightarrow Ar\!-\!N\!=\!N^+X^- + NaX + 2H_2O$$

X 为—Cl、—Br、—NO$_3$、—HSO$_4$；HX 常为 HCl、H$_2$SO$_4$。

　　HX 指的是无机酸，在无机酸介质中进行的重氮化反应的机理属于亲电取代反应。常用的无机酸通常有稀硫酸、盐酸和浓硫酸等。在不同的酸性介质中，亲电质点不同，亲电质点的亲电能力不同，重氮化反应的速率也不同。

　　在稀硫酸介质中，亚硝酸与亚硝酸反应生成的亲电质点三氧化二氮（O＝N—NO$_2$）进攻游离的芳伯胺，发生亲电的 N-亚硝化反应，生成的 N-亚硝基胺在酸性条件下迅速发生重排，经过重氮氢氧化物后转化为重氮盐。生成 N-亚硝基胺的反应进行得很慢，是决定重氮化反应速率的主要步骤。其反应过程可以表示如下：

$$HNO_2 + H^+ \longrightarrow H_2O\!-\!N\!=\!O,$$

$$H_2O\!-\!N\!=\!O + NO_2^- \longrightarrow H_2O + N_2O_3 \;(N\!=\!O\!-\!O\!-\!N\!=\!O)$$

$$ArNH_2 + N\!=\!O\!-\!O\!-\!N\!=\!O \Longleftrightarrow Ar\!-\!NH\!-\!N\!=\!O \;(-HNO_2很慢) \Longleftrightarrow (H^+很快)$$

$$\text{Ar—N} = \text{N—OH} \Longleftrightarrow (\text{H}^+ \text{很快})\ \text{Ar—N}_2^+ + \text{H}_2\text{O}$$

在盐酸介质中，亚硝酸与盐酸之间生成的亲电质点亚硝酰氯（O =N—Cl），进攻游离的芳伯胺，发生亲电的 N-亚硝化反应，生成的 N-亚硝基胺在酸性条件下迅速发生重排，经过重氮氢氧化物后转化为重氮盐。生成 N-亚硝基胺的反应进行得很慢，是决定重氮化反应速率的主要步骤。其反应过程可以表示如下：

$$\text{HNO}_2 + \text{HCl} \rightarrow \text{H}_2\text{O} + \text{NOCl}\ (\text{NOCl 即 O} = \text{N—Cl，是一个比 N}_2\text{O}_3\text{更强的亲电质点})$$

或
$$\text{H}_3\text{O}^+ + \text{Cl}^- + \text{HNO}_2 \rightarrow \text{NOCl} + 2\text{H}_2\text{O}$$

$$\text{ArNH}_2 + \text{N} = \text{O—Cl} \Longleftrightarrow \text{Ar—NH—N} = \text{O}\ (\text{—HCl 很慢}) \Longleftrightarrow$$
$$(\text{H}^+ \text{很快})\ \text{Ar—N} = \text{N—OH} \Longleftrightarrow (\text{H}^+ \text{很快})\ \text{Ar—N}_2^+ + \text{H}_2\text{O}$$

由于氯的吸电性，使亚硝酰氯（O =N—Cl）的亲电能力要比三氧化二氮（O =N—NO$_2$）的亲电能力强。因此，在盐酸介质中进行重氮化反应的速率比在稀硫酸介质中的速率快。

在溴氢酸介质中，会生成亚硝酰溴（O =N—Br），是一个比亚硝酰氯更强的亲电质点。

在浓硫酸介质中，亚硝酸与浓硫酸反应生成的亲电质点亚硝酰硫酸（O =N—SO$_4$H），进攻游离的芳伯胺，发生亲电的 N-亚硝化反应，生成的 N-亚硝基胺在酸性条件下迅速发生重排，经过重氮氢氧化物后转化为重氮盐。生成 N-亚硝基胺的反应进行得很慢，是决定重氮化反应速率的主要步骤。其反应过程可以表示如下：

$$\text{HO—NO} + \text{H—SO}_4\text{H} \rightarrow \text{H}_2\text{O} + \text{O} = \text{N—SO}_4\text{H}$$
$$\text{ArNH}_2 + \text{O} = \text{N—SO}_4\text{H} \Longleftrightarrow \text{Ar—NH—N} = \text{O}\ (\text{—H}_2\text{SO}_4 \text{很慢}) \Longleftrightarrow$$
$$(\text{H}^+ \text{很快})\ \text{Ar—N} = \text{N—OH} \Longleftrightarrow (\text{H}^+ \text{很快})\ \text{Ar—N}_2^+ + \text{H}_2\text{O}$$

生成的亚硝酰硫酸 O =N—SO$_4$H 是一种比亚硝酰氯（O =N—Cl）和亚硝酰溴（O =N—Br）更强的亲电质点，一般适用于含有多个强吸电子基的芳伯胺的重氮化。

可见，在不同酸性介质中的亲电质点不同，其亲电能力不同，重氮化反应的速率不同，如表 4-1 所示。

表 4-1　不同酸性介质中的亲电质点及亲电能力

无机酸	稀硫酸	盐酸	溴化氢	浓硫酸
亲电质点	(O =N—NO$_2$)	(O =N—Cl)	(O =N—Br)	(O =N—SO$_4$H)
亲电顺序	最慢	较快	快	最快

无论是在哪种酸性介质中，所进行的重氮化反应的机理都分为以下两个步骤：

第一步：发生亲电的 N - 亚硝化反应。

此步反应的速率很慢，是决定重氮化反应速率的主要步骤。可以表示如下：

$$ArNH_2 + O=N-X \Longleftrightarrow Ar-NH-N=O \quad (-HX \text{ 很慢})$$

第二步：发生重排反应。N-亚硝基胺在酸性条件下很快发生重排，通过重氮氢氧化物，最终转化为重氮化合物即重氮盐。此步反应的速率很快。可以表示如下：

$$Ar-NH-N=O \Longleftrightarrow (H^+\text{很快}) \ Ar-N=N-OH \Longleftrightarrow (H^+\text{很快}) \ Ar-N_2^+ + H_2O$$

综上所述，浓硫酸介质中进行的重氮化反应的速率过于剧烈，稀硫酸介质中进行的重氮化反应速率缓慢。因此通常重氮化反应都是在盐酸介质中进行的。有时为了提高在盐酸介质中的重氮化反应速率，可以在盐酸介质中加点溴化氢。

重氮化反应制备的重氮盐性质不稳定，为了使芳伯胺生成的重氮盐能成功应用于合成偶氮染料，有必要了解一下重氮盐的性质。

二、重氮化合物的性质

（1）重氮盐对 pH 的稳定性。重氮盐只有在 pH≤3 的强酸介质中才能稳定存在。重氮盐在当量碱存在的条件下，能变成易电离的重氮氢氧化合物，之后顺利地转变成顺式重氮酸，遇到过量碱和加热的条件，最后变成失去偶合能力的反式重氮盐。而且该反应是可逆的。可以表示如下：

重氮盐在 pH>3 的酸性条件下，会生成氮气和卤代烃。利用该反应可以在萘和蒽醌环上引入卤基。可以表示如下：

$$Ar-N_2^+X^- \longrightarrow Ar\cdot + N_2\uparrow + X\cdot$$

$$Ar\cdot + X\cdot \longrightarrow Ar-X$$

重氮盐在中性或在弱碱条件下，发生分解，生成氮气和酚。利用该反应可以在芳环上引入羟基。可以表示如下：

$$Ar-N=N-X \rightarrow Ar^+ + N_2\uparrow + X^-$$

$$Ar^+ + H_2O \rightarrow Ar-OH + H^+$$

可见，在重氮化反应时，无机酸的用量应过量，以保持反应后的溶液为强酸性，使生成的重氮盐能稳定地存在。

（2）重氮盐对热和光的稳定性。重氮化合物受热易发生分解，根据所处的酸碱条件，容易发生上述的 C—N 键断裂。一般含有供电子基的重氮盐热稳定性好；含有吸电子基的重氮盐热稳定性差。重氮盐在光照的情况下也会发生分解。一般含有吸电子基的重氮盐光稳定性好；含有供电子基的重氮盐光稳定性差。

（3）重氮盐对金属和金属盐的稳定性。某些金属如铜、铁能加速重氮化合物的分解，因此重氮化反应一般都在木桶或陶瓷中进行，并在塑料容器中保存。

因此，重氮化反应过程要考虑诸多因素，既要保证重氮化反应的顺利进行，又要保证生成的重氮盐能稳定存在。其中影响重氮化反应的因素主要有酸的用量、无机酸的浓度、无机酸的性质以及芳伯胺的碱性。

三、影响重氮化反应的因素

1. 酸用量的影响

酸用量的影响包括无机酸的用量和亚硝酸的用量。

（1）无机酸用量的影响。在重氮化反应中，无机酸的量应适当地过量。因为无机酸的作用主要有以下的三个方面：

第一，与亚硝酸钠作用。产生和代替亚硝酸；

第二，与芳伯胺作用产生可以发生重氮化反应的芳伯胺。可以表示如下：

$$ArNH_3^+X^- \Longleftrightarrow ArNH_2 \text{（游离的可以发生重氮化反应的芳伯胺）} +HCl$$

第三，维持反应后的溶液保持强酸性，使生成的重氮盐能够稳定地存在。

因此，尽管重氮化反应中芳伯胺与无机酸的理论用量比为 $1:2$，但在实际重氮化反应过程中无机酸的用量要比理论用量多。一般对于碱性较强的芳伯胺进行重氮化时，芳伯胺与无机酸的用量比为 $1:2.5$；对于碱性较弱的芳伯胺进行重氮化时，芳伯胺与无机酸的用量比为 $1:3.5$。

（2）亚硝酸用量的影响。在重氮化反应过程中，亚硝酸的用量通常是由亚硝酸钠加入的速度来控制的。亚硝酸的量要适当控制。如果亚硝酸的量太大，会使芳伯胺环上发生一些副反应；如果亚硝酸的量不足，溶液中有过量的游离胺来不及发生重氮化反应，就会与生成的重氮盐发生不可逆的自偶反应，生成黄色沉淀。可以表示如下：

$$Ar—NH_2 + Ar—N_2^+ \Longleftrightarrow \rightarrow Ar—NH—N =N—Ar\downarrow \text{（黄色沉淀）}$$

因此，在重氮化反应时，亚硝酸的量应自始至终维持稍过量，以使湿润的淀粉碘化钾试纸始终呈现微蓝色。

2. 无机酸浓度的影响

这一影响可从铵盐电离反应式（1）以及亚硝酸电离反应式（2）两方面考虑。涉及的反应如下：

$$ArNH_2 + H_3O^+ \Longleftrightarrow ArNH_3^+ + H_2O \tag{1}$$

$$HNO_2 \Longleftrightarrow H^+ + NO_2^- \tag{2}$$

当无机酸浓度小时，反应式（2）的影响是主要的，随酸浓度的增大，反应速率加快；当无机酸浓度大时，反应式（1）的影响是主要的，随酸浓度的增大，反应速率变慢。

3. 无机酸性质的影响

由前面的反应机理可知，在不同的酸性介质中生成的亲电质点不同，亲电质点的亲电能力不同，重氮化反应速率也不同。

4. 反应温度的影响

反应温度一般控制在 $0\sim5℃$ 的低温下。一方面是由于该反应为放热反应；另一方面生成的重氮盐的热稳定性差，容易发生分解。稳定性高的重氮盐反应温度可以适度提高。

5. 芳胺碱性的影响

这一影响可以从铵盐的电离反应式（3）以及重氮化反应机理式（4）两个方面来考虑。涉及的反应如下：

$$ArNH_3^+ \Longleftrightarrow ArNH_2 + H^+ （芳胺的碱性） \tag{3}$$

$$ArNH_2 + O{=}N{-}X \Longleftrightarrow Ar{-}NH{-}N{=}O （{-}HX\ 很慢）（亲电反应） \tag{4}$$

当酸浓度较大时，反应式（1）的影响是主要的。随芳胺碱性的增强，反应速率变慢；当酸浓度较小时，反应式（2）的影响是主要的，随芳胺碱性的增强，反应速率加快。

为了保证重氮化反应顺利地进行，使生成的重氮盐能稳定地存在，除了考虑上述影响因素，还要选取适当的重氮化方法。

四、重氮化的方法

按照三种反应物加入的先后顺序将重氮化反应分为顺法重氮化、逆法重氮化和亚硝酰硫酸重氮化三种方法。

所谓的顺法（直接法）重氮化就是将芳伯胺加入稀酸中，之后边搅拌边慢慢地加入30%的冷的亚硝酸钠水溶液。碱性较强的芳伯胺应注意两点：第一，酸的用量不能太大，胺与酸的用量比为 $1:2.5$；第二，亚硝酸钠水溶液的加入速度不能过快。碱性较弱的芳伯胺应注意两点：第一，酸的用量应多一些，一般胺与酸的用量比为 $1:3.5$；第二，亚硝酸钠水溶液的加入速度要快。

所谓的逆法重氮化就是将等分子的芳伯胺与亚硝酸钠的中性或碱性混合物倒入已冷至 $3\sim5℃$ 的无机酸中。该方法适用于分子中氨基的对位含有—COOH、—SO_3H 的芳伯胺。

所谓的亚硝酰硫酸重氮化方法就是将亚硝酸钠粉末倒入相对重氮化溶液 $10\sim13$ 倍浓的

浓硫酸中，再慢慢加入芳伯胺。该方法适用于芳环上含有多个强吸电子基的芳伯胺。

重氮化反应通常都采用顺法重氮化。

第二节　偶合反应

芳伯胺的重氮盐与酚类、胺类、氨基萘酚磺酸类以及含有活泼的亚甲基类化合物作用生成偶氮染料的反应叫偶合反应。其中重氮盐叫重氮剂或重氮组分，酚类、胺类、氨基萘酚磺酸类以及含有活泼的亚甲基类化合物叫偶合剂或偶合组分。

一、常用的偶合组分

1. 酚类

主要是苯酚、萘酚及其衍生物。例如下面的结构：

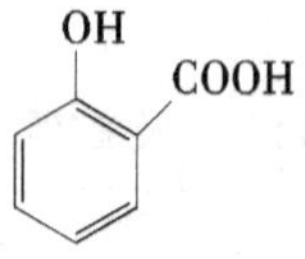

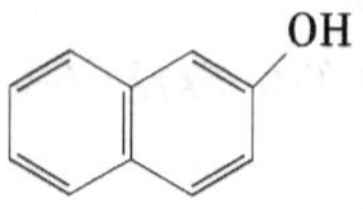

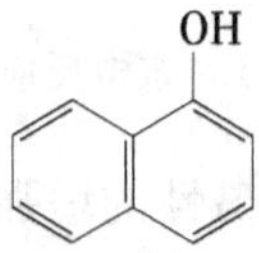

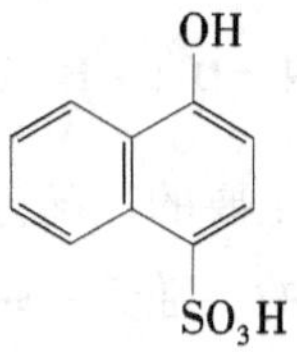

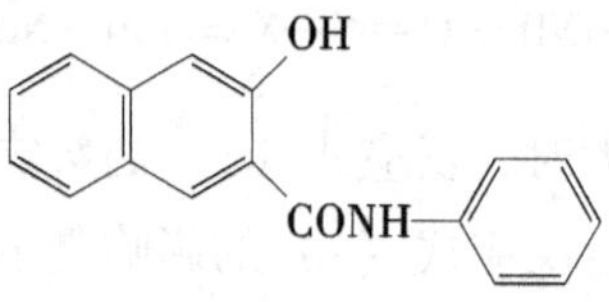

2. 胺类

主要是苯胺、萘胺及其衍生物。例如下面的结构：

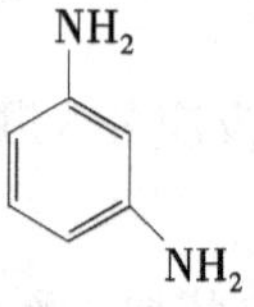

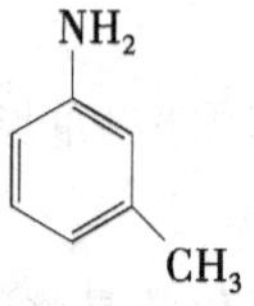

3. 氨基萘酚磺酸类

主要指的是萘环上同时含有羟基、氨基和磺酸基。例如以下结构：

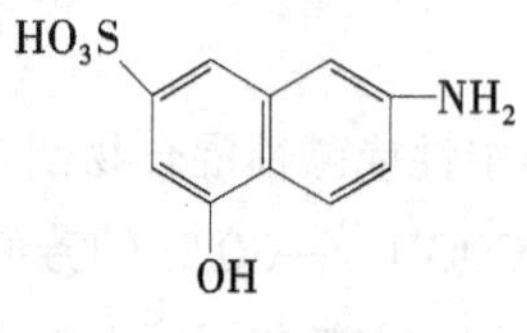

J酸 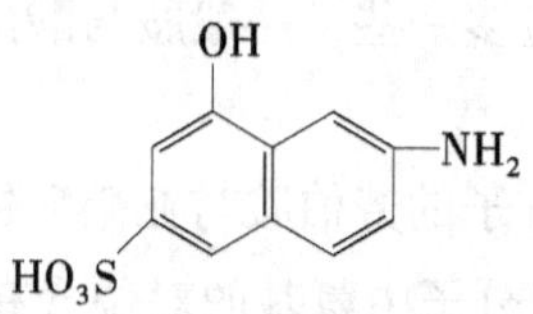　　　　　　　　　γ酸 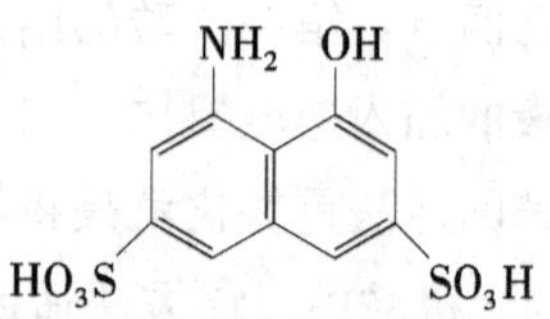　　　　　　　　　H酸

4. 活泼亚甲基类

主要有乙酰乙酰芳胺类以及吡唑啉酮类等，这些偶合组分存在酮式和烯醇式之间的互变异构，可以表示如下：

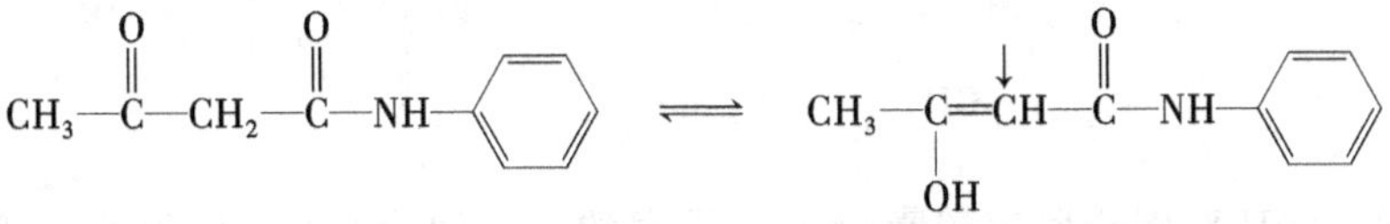

乙酰乙酰芳胺（酮式）　　　　　　　　乙酰乙酰芳胺（烯醇式）

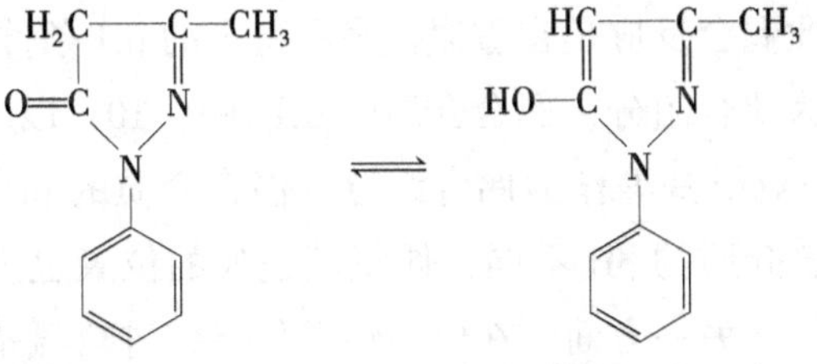

吡唑啉酮（酮式）　　　　　　　　吡唑啉酮（烯醇式）

二、偶合反应的机理及其影响因素

偶合反应机理为亲电取代反应，重氮盐正离子作为亲电试剂，亲电取代偶合组分中羟基、氨基的邻对位或活泼亚甲基上的氢，形成的不稳定中间产物很快转变为偶氮化合物。可以表示如下：

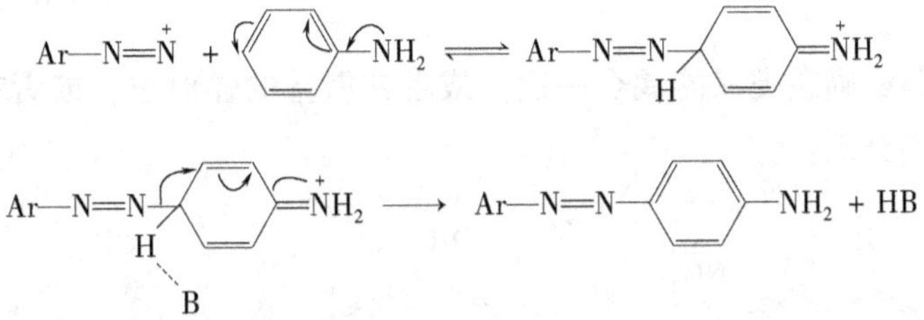

可见，凡是有利于重氮盐边端氮原子正电性加强的以及偶合组分上电子云密度增大的因素，都有利于偶合反应的进行。并且偶合介质的 pH 也是影响偶合反应的非常重要因素。

重氮组分的性质、偶合组分的性质以及偶合介质的 pH 都会影响偶合反应的进行。

若重氮盐芳香环上含有的吸电子基，吸电性越强，吸电子基的数目越多，重氮盐边端氮原子的正电性就越强，偶合反应的速率就越快。例如，下列重氮盐与相同的偶合组分进行偶合反应的难易程度如下：

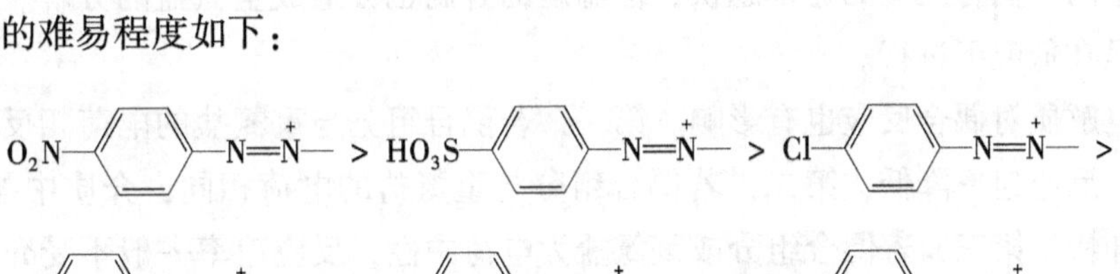

若偶合组分芳香环上含有的供电子基，供电性越强，数目越多，偶合反应速率就越快。例如，下面的偶合组分与相同的重氮组分进行偶合，偶合反应的难易程度顺序如下：

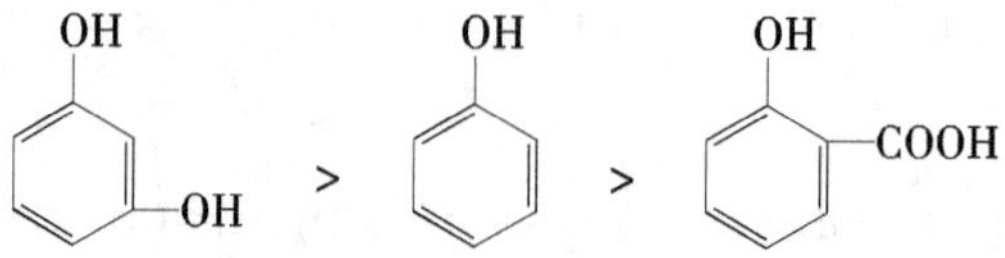

偶合介质的 pH 对偶合反应的影响也是很大的。若偶合介质 pH 过小，重氮盐会过于稳定，偶合反应的速率较小；若介质 pH 过大，重氮盐会转变成失去偶合能力的反式重氮盐，失去偶合能力，因此偶合反应是在重氮盐最不稳定的 pH 条件下进行的。

一般来说，以酚类为偶合组分，偶合介质的 pH 在 9~10；以胺类为偶合组分，偶合介质的 pH 在 4~7；以活泼亚甲基等作为偶合组分，偶合介质的 pH 在 7~9；而以氨基萘酚磺酸类为偶合组分，偶合介质的 pH 不同，偶氮基进攻的位置也不同。一方面，在碱性条件下，进攻羟基的邻对位；另一方面，在弱酸性条件下，进攻氨基的邻对位。有的氨基萘酚磺酸类偶合组分能偶合两次，但必须先在弱酸性条件下进行第一次偶合，再在碱性条件下才能进行第二次偶合。例如下面结构的偶合剂：

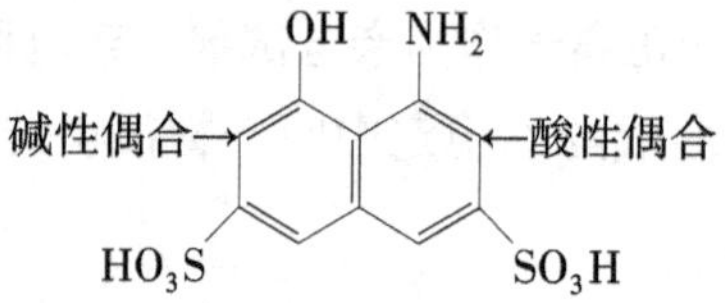

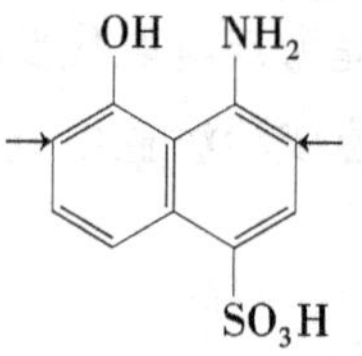

而有的氨基萘酚磺酸类只能偶合一次。或者在氨基的邻对位，或者在羟基的邻对位。例如下面结构的偶合剂：

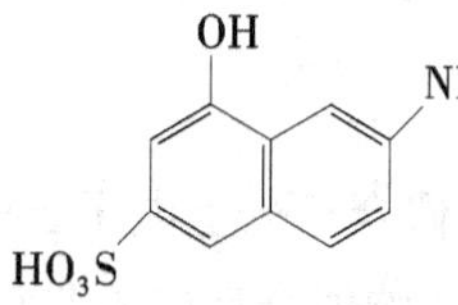

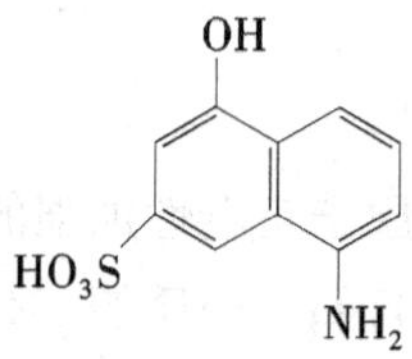

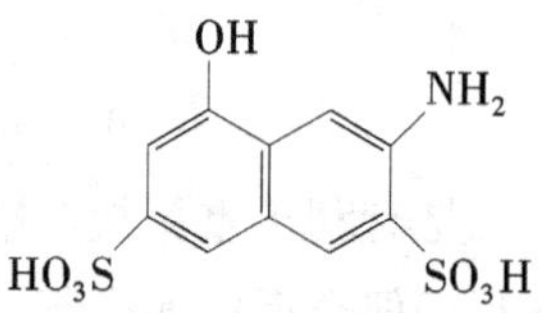

除此之外，温度以及食盐电解质等对偶合反应也有一定的影响。

温度越高，偶合反应的速率越快，但温度的升高也会造成重氮盐的分解。所以一般偶合反应都是在低温下进行。

食盐电解质对偶合反应也有影响。第一，若偶合组分与重氮盐的电荷相反，介质中盐浓度增加，反应速率降低；第二，若偶合组分与重氮盐的电荷相同，介质中盐浓度增加，反应速率加快；第三，若偶合组分或重氮盐为电荷中性，反应速率一般不受介质中盐浓度的影响。

第三节　偶氮染料的其他合成方法

绝大多数偶氮染料都必须经过重氮化反应和偶合反应才能合成。但也有极少数的偶氮染料是经过氧化反应和缩合反应合成出来的。

一、氧化偶合

一些含氮杂环化合物中的伯胺基重氮化很困难，可利用其脒式结构与偶合剂进行氧化偶合得到偶氮化合物。可以表示如下：

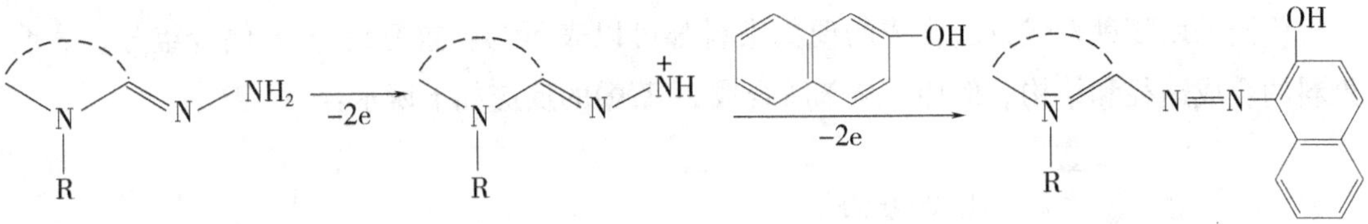

二、缩合偶合

缩合偶合主要有硝基化合物缩合法、酮类或醌类与肼类缩合以及亚硝基化合物与芳伯胺缩合三种方法。

1. 硝基化合物缩合法

用于制备某些二苯乙烯类偶氮染料。可以表示如下：

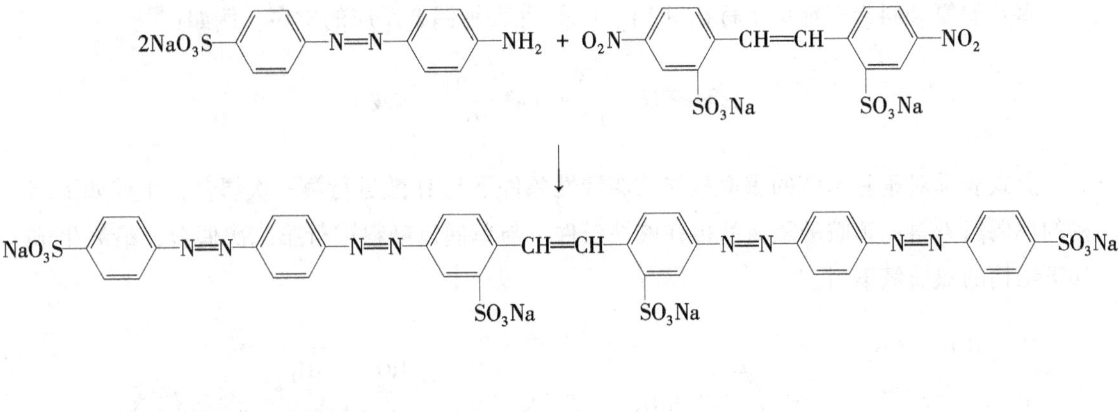

2. 酮类或醌类缩合

采用酮类或醌类与肼类缩合制得偶氮染料。可以表示如下：

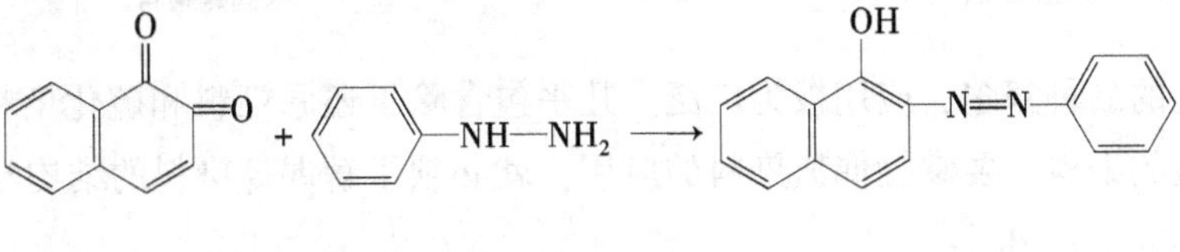

3. 亚硝基化合物与芳伯胺缩合

采用亚硝基化合物与芳伯胺缩合偶合。可以表示如下：

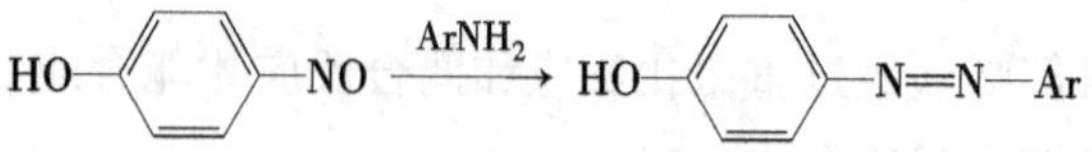

$$HO-\!\!\left\langle\bigcirc\right\rangle\!\!-NO \xrightarrow{ArNH_2} HO-\!\!\left\langle\bigcirc\right\rangle\!\!-N\!\!=\!\!N-Ar$$

第四节　偶氮化合物的表示与性质

一、偶氮化合物的表示方法

不论采用哪种合成方法合成的偶氮染料都可以表示为：重氮组分→偶合组分。表明染料的合成途径和结构。例如，从苯胺合成 2-萘酚的反应如下所示：

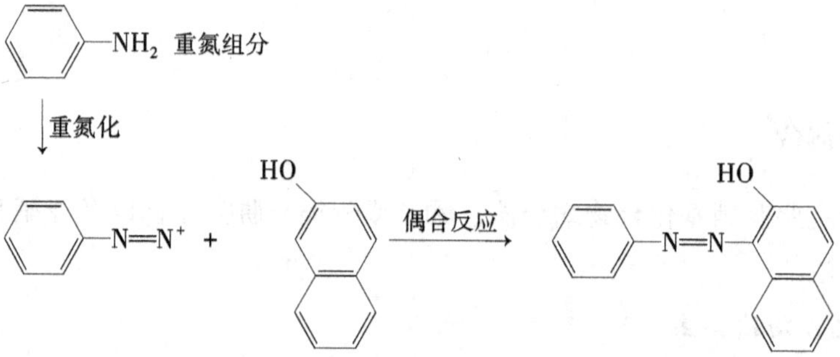

多数偶氮染料常在箭头上标出 [1]、[2] 等表示偶合反应的次序，例如：

$$对硝基苯胺 \xrightarrow[H^+]{[1]} H 酸 \xleftarrow[OH^-]{[2]} 苯胺$$

上式表示对硝基苯胺的重氮盐先在弱酸性条件下与 H 酸进行第一次偶合，生成如下结构的单偶氮染料；苯胺的重氮盐再在碱性条件下与单偶氮染料进行第二次偶合，最终生成如下结构的双偶氮染料。

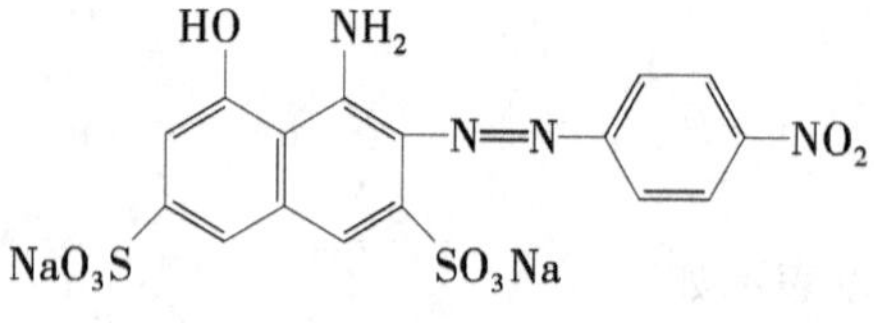

单偶氮染料 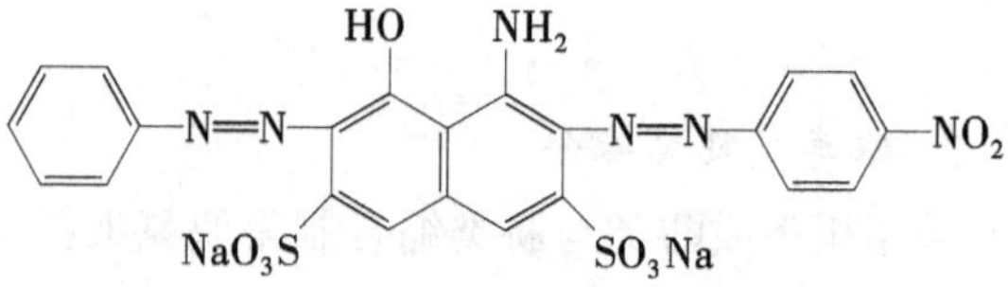　　　　　　　　　双偶氮染料

偶氮染料的品种繁多，应用极为广泛。几乎包含除了还原染料和硫化染料以外的所有其他应用类型的染料。要掌握偶氮染料的应用，就必须了解偶氮染料的结构与性质。

二、偶氮化合物的性质

1. 互变异构

（1）顺式和反式之间的互变异构。有的偶氮染料存在顺式和反式两种异构体，光照情况下通常以顺式形式存在，处于暗处就变成了反式。偶氮苯的顺反异构体如下：

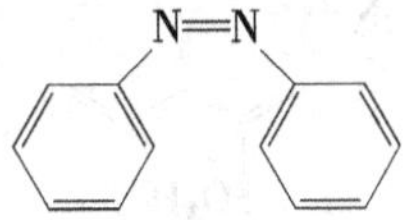

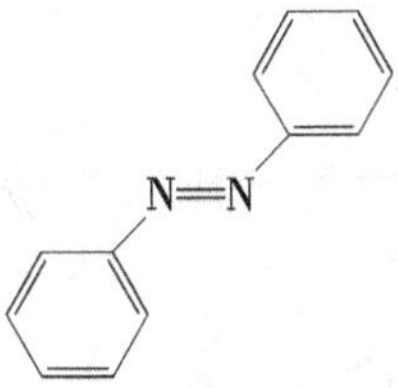

顺式	反式
熔点 71.4℃	熔点 68℃
λ_{max} 280nm	λ_{max} 319nm
ε_{max} 5260	ε_{max} 22000

顺反异构体的最大吸收波长和最大摩尔吸光系数不同，因此，颜色也不同。染料的光致色变现象就是由于顺式和反式的互变异构现象造成的。

（2）偶氮式和腙式之间的互变异构。羟基或氨基中的氢转移到偶氮基中的氮原子上，引起共轭体系重排，使偶氮式转变为腙式。可以表示如下：

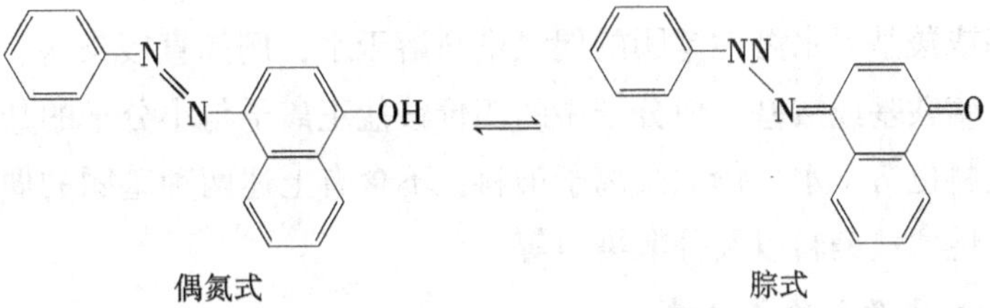

偶氮式	腙式
λ_{max} 410nm	λ_{max} 480nm
ε_{max} 25000	ε_{max} 35000

可见，偶氮式和腙式的最大吸收波长和最大摩尔吸光系数不同，因此颜色不同。

许多指示剂在不同 pH 介质中呈现不同的颜色可以用这种偶氮式和腙式之间的互变异构现象来解释。例如，甲基橙指示剂和刚果红指示剂的变色现象可以表示如下：

甲基橙指示剂：

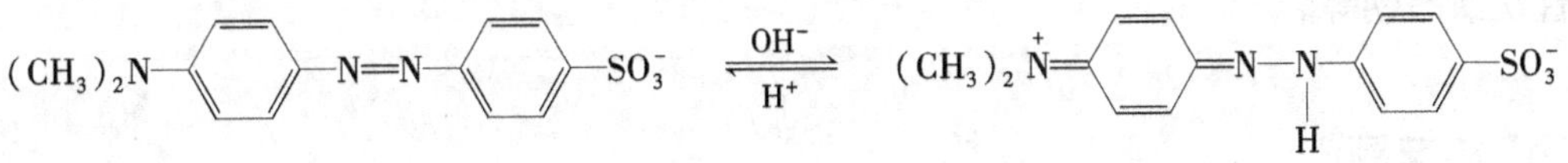

橙色　　　　　　　　　　　　　　　　　　　红色

刚果红指示剂：

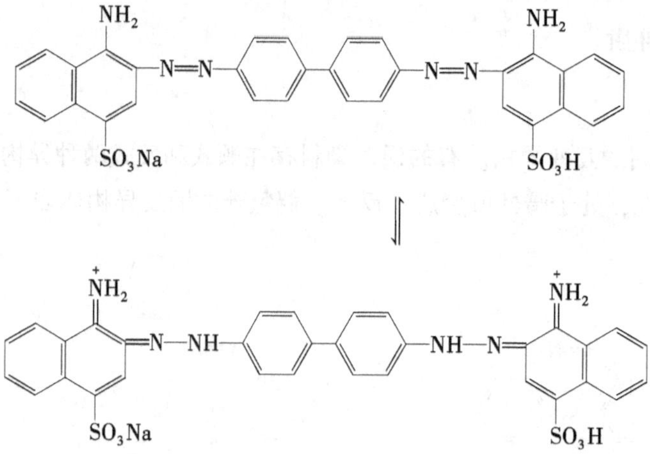

水中：红色

pH=5.2 以上

酸中：蓝色

pH=3 以下

另外，有的偶氮染料含有伯氨基，不能进行重氮化，也是由于这种现象造成的。

2. 偶氮染料的酸碱稳定性

偶氮染料中的羟基在碱性的条件下会变成氧负离子；偶氮染料中的氨基在酸性条件下会变成氨基正离子；偶氮染料中的酯基、酰氨基以及氰基等在一定的 pH 条件下会发生水解。由于染料分子中取代基的变化，不同的取代基极性不同，染料的颜色也不同。为了避免在印染加工过程中发生染料颜色的变化，一般酸性染料的分子中不含有独立的氨基；一般纤维素纤维染色用的染料分子中不含有独立的羟基。

3. 溶解性

含有磺酸基或羧基等水溶性基团的偶氮染料溶于水，例如直接染料、酸性染料、活性染料等；不含有磺酸基或羧基，但分子中的四价铵盐正离子与小分子的盐酸根等能形成分子内盐的偶氮染料也溶于水，例如阳离子染料；不含有上述两种基团的偶氮染料，都不溶于水，例如不溶性偶氮染料以及分散染料等。

4. 对氧化剂和还原剂的稳定性

偶氮染料在还原剂作用下，可以直接被还原成氨基而褪色。反应可以表示如下：

$$Ar—N \!=\! N—Ar' \rightarrow Ar—NH_2 + Ar'—NH_2$$

常用的还原剂主要有碱性保险粉、酸性二氯化锡等。

印花工艺中常利用这一性质进行拔染或拔白印花以及防染或防白印花。

偶氮染料在氧化剂的作用下会发生分解而褪色。常用的氧化剂主要有酸性重铬酸钾、碱性次氯酸钠等。

☞ **练习题**

一、名词解释

1. 重氮化反应

2. 偶合反应

3. 顺法重氮化

4. 逆法重氮化

5. 亚硝酰硫酸重氮化

二、简答题

1. 简述重氮化反应和偶合反应的机理。

2. 简述顺法重氮化的适用对象及其注意事项。

3. 重氮化反应的影响因素有哪些？

4. 简述重氮盐进攻偶合剂的位置。

5. 简述偶合介质的 pH 对偶合反应的影响，并说明原因。

6. 简述偶氮化合物的表示方法。

三、酸性蓝黑 10B 的结构式如下：

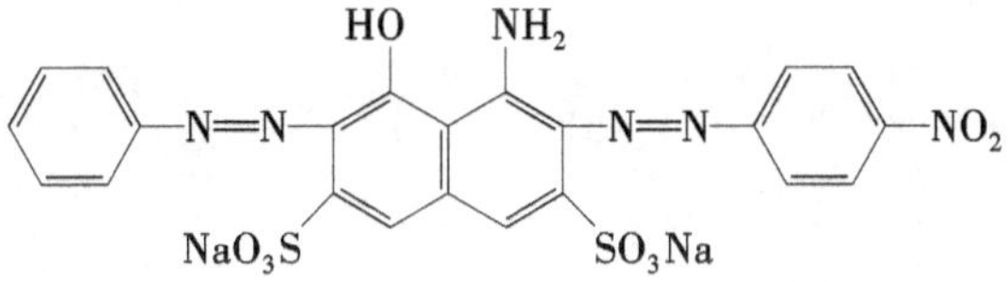

该染料可以表示为：

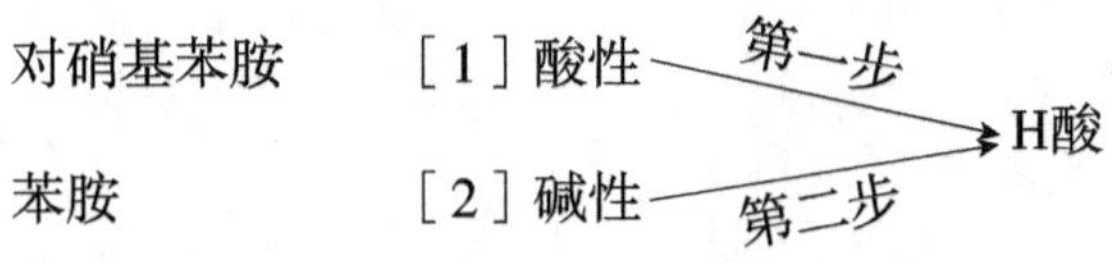

试讨论：

（1）偶合条件的大致 pH、偶合温度，并说明原因。

（2）如果第一步为碱性偶合，结果如何？

（3）如果对硝基苯胺的物质的量比偶合剂多或少，结果如何？

四、讨论下式结构能否做二次偶合组分，为什么？能否由下式结构制备二偶氮染料？如果能，请写出二偶氮染料的分子示意结构。

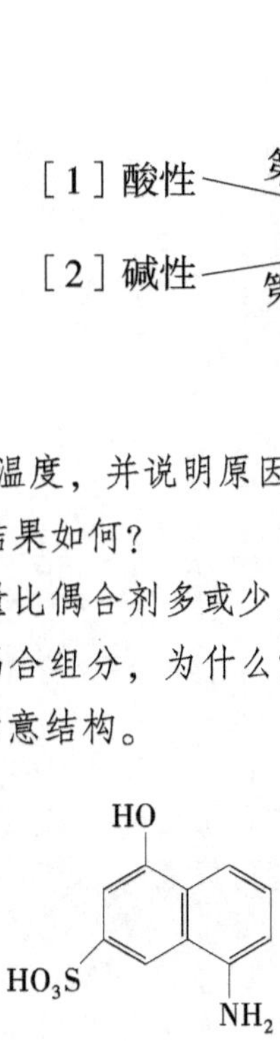

五、指出下列偶合剂的偶合位置及大致的 pH 条件。

S 酸　　　　　　单偶氮 γ 酸　　　　　　乙酰乙酰苯胺

第五章　上染过程的吸附现象

第一节　有关染色的基本概念

染料对纤维染色，首先都要完成上染过程。所谓的上染就是染料舍染液（或介质）而向纤维表面转移，被纤维表面吸附并进一步渗入纤维无定形区内部的过程。有的染料的染色过程就是上染过程，上染过程结束之后，染色过程也就基本结束，例如直接染料等的染色；但有的染料上染过程结束之后，染色过程并没有结束，例如活性染料染色，其上染过程结束之后，还要加碱进行固色，才能完成染色过程。

在上染的过程中，染液中的染料量逐渐减少，纤维上的染料量逐渐增加。把上到纤维上染料量占所投入染料量的百分率叫上染百分率，通常用 C_t 来表示。

染料的上染百分率可以采用分光光度计法进行测定。设染前染液的浓度为 C_0，染后染液的浓度为 C_i，假设上染前后染液的体积 V 不变，根据定义，则染料的上染百分率 $C_t = [(C_0V - C_iV)/C_0V] \times 100\%$，则有 $C_t = (1 - C_i/C_0) \times 100\%$。而在最大吸收波长处，对于同种染料来说，染液的吸光度与浓度成正比，则

$$\text{染料的上染百分率} \quad C_t = (1 - A_i/A_0) \times 100\%$$

式中：A_i——染后染液的吸光度；

　　　A_0——染前染液的吸光度。

可见，只要在最大吸收波长处分别测出染前染液和染后残液的吸光度，就可以计算染料的上染百分率。

$$100 \text{ 克纤维所上染的染料的克数} = (C_0 V C_t/1000G) \times 100$$

式中：C_0——染前染液的浓度，g/L；

　　　V——染前染液的体积，mL；

　　　G——被染物的重量，g。

上染百分率 C_t 随着时间 t 的增加而不断变化，在上染的初始阶段，上染百分率随上染时间的延长而不断地增加；当上染时间达到一定程度后，上染百分率不再随着时间的变化而变化，把此时的上染百分率叫染料的平衡上染百分率，也是吸附和解析达到平衡时的上染百分率。

上染百分率 C_t 随时间 t 而变化的关系曲线叫上染速率曲线。一般染料的上染速率曲线如图 5-1 所示。活性染料的上染速率曲线如图 5-2 所示。

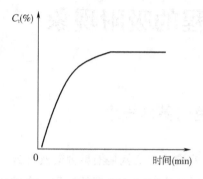 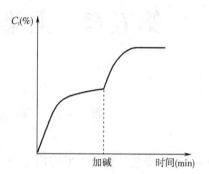

图 5-1　染料的上染速率曲线　　　　　　**图 5-2　活性染料的上染速率曲线**

通过该曲线原点的切线的斜率可以定性说明染料上染的快慢；也可以通过曲线的平衡状态，定量地分析纤维对染料的吸附能力，即平衡上染百分率。

在上染的过程中，染液中的染料浓度不断降低，染液中染料浓度的降低首先发生在贴近纤维表面周围的染液中，为了保证上染过程的顺利进行，应使纤维周围降低的染液浓度不断得到补充，为此应使染液不断的循环流动。但无论染液怎样循环流动，在纤维周围的染液中总有一个边界层，在这个边界层中，物质的传递是通过扩散而不是通过染液的流动完成的。这个边界层称为扩散边界层。

第二节　染料在染液中的状态

除了强酸性浴染色的酸性染料在溶液中能形成溶液，几乎所有的染料在染液中都形成了胶体溶液。溶液中存在少数的单分子分散状态的染料分子或离子以及小数目的染料分子或离子的集合体即聚集体，两者处于动态平衡状态。在染色时，只有单个染料的分子或离子才能被纤维表面吸附并扩散，此时动态平衡被破坏，聚集体不断解聚，释放单分子分散状态的染料分子或离子，直至纤维上染达到平衡时为止。染料在溶液中的聚集过程可以表示如下：

$$NaD \Longleftrightarrow D^- + Na^+$$

$$n\,NaD \Longleftrightarrow (NaD)_n$$

$$(NaD)_n + mD^- \Longleftrightarrow [(NaD)_n D_m]^{m-}$$

或
$$n\,D^- \Longleftrightarrow (D_n)^{n-}$$

$$(D_n)^{n-} + m\,Na^+ \Longleftrightarrow [(D_n)Na_m]^{(n-m)-}$$

即 n 个染料的分子聚集成胶核，然后吸附 m 个染料的色素离子，或者 n 个染料的离子聚集成胶束，然后吸附 m 个钠正离子。根据吸附的定义，只有单分子分散状态的染料分子或离子才能被吸附并进一步扩散进入纤维的无定形区，完成上染。因此凡是有利于染料聚集体解聚的因素，都有利于染料上染过程的进行。

影响染料聚集的因素首先是染料分子本身的结构，一般染料的相对分子质量越大，直线性和平面性越强，或者是染料分子中水溶性基团的相对含量越少，染料的聚集程度越大。

除此之外，染液的浓度、电解质的浓度、助剂的性质以及温度等外界条件等对染料的聚集程度也有影响。

染液浓度越大，染料的聚集程度越大，染料的浓度越小，聚集的程度也越小；在大多数染料的染色中为了促染或匀染都要加入中性的电解质，而中性电解质的加入，会降低染料胶体微粒表面的电荷或使胶体微粒表面的电位降低甚至消失，从而增加染料的聚集程度；胶体微粒的聚集一般都为放热过程，所以温度越低，染料的聚集程度越大，因此，染色时通常要在一定的温度下进行。

另外，染色时往往需加入一些助剂。助剂的性质也影响染料的聚集程度。有一些表面活性剂不但会降低染料胶体微粒的电位，有时表面活性剂的疏水部分也会和染料的疏水部分结合，促进染料的聚集。而有的助剂如尿素，具有吸湿、助溶以及溶胀纤维的作用，也会降低染料的聚集程度。因此实际染色时，要根据需要合理选择助剂和控制助剂的加入量，保证染色过程的顺利进行。

第三节　吸附的热力学概念

一、化学位

染料的上染是染料舍染液向纤维表面转移并进一步深入纤维无定形区内部的过程，染料的聚集是染料舍水而相互聚集的过程，在物理化学中体系的这种状态的变化通常用自由焓（G_s）来表示，溶液的自由焓会随着溶液浓度的增大而增大。其自由焓随着溶液浓度变化的关系曲线如图 5-3 所示。

在染色理论中体系状态的这种变化通常用化学位来表示。染料在染液中的化学位（μ_s）是指在温度压力不变的条件下，加入无限少的该染料 i 组分 ∂n_i^s 摩尔，其他组分的数量 n_j 保持不变，每摩尔该染料所引起溶液自由焓 G_s 的增量，也叫该染料（i 组分）

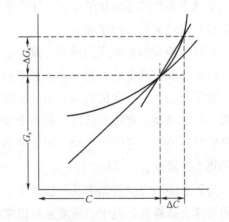

图 5-3　自由焓随溶液浓度变化的关系曲线

的偏摩尔自由焓。可以表示如下：

$$\mu_s = \left(\frac{\partial G_s}{\partial n_i^s}\right)_{P,\ T,\ n_j}$$

可见，某一浓度下的化学位就是自由焓曲线在该点切线的斜率。溶液的自由焓会随着溶液的浓度的增加而增大，而化学位就是自由焓曲线在某一点的切线的斜率，从溶液的自由焓曲线即图 5-3 可知，染料在溶液中的化学位也会随着溶液浓度的增大而增大。染料总是从高化学位的地方向低化学位的方向移动，就像电流从高电压向低电压流动一样。

染料在染液中的化学位 μ_s 是染料在染液中活度 α_s 的函数。可以表示如下：

$$\mu_s = \mu_s^{\ominus} + RT\ln\alpha_s$$

式中，$\mu_s^{\ominus}$ 为染料在染液中的标准化学位，指的是 $\alpha_s = 1$ 时的化学位。则染料在纤维上的化学位 μ_f 为染料在纤维上的活度 α_f 的函数，即

$$\mu_f = \mu_f^{\ominus} + RT\ln\alpha_f$$

式中，$\mu_f^{\ominus}$ 为染料在纤维上的标准化学位，指的是 $\alpha_f = 1$ 时的化学位。

二、亲和力

在上染之前，染料在染液中的浓度最大，染料在染液中的化学位也最大，在纤维上的化学位为 0，随着上染过程的进行，染料在染液中的化学位逐渐降低，染料在纤维上的化学位逐渐增加，当吸附和解吸达到平衡时，也就是在一定温度下达到平衡时，二者相等，则有：

$$-\Delta\mu^{\ominus} = -(\mu_f^{\ominus} - \mu_s^{\ominus}) = RT\ln\frac{\alpha_f}{\alpha_s}$$

染液中染料的标准化学位 $\mu_s^{\ominus}$ 与纤维上染料的标准化学位 $\mu_f^{\ominus}$ 之差，叫标准染色亲和力，也叫染色亲和力或亲和力。

可见，亲和力是温度的函数。某一温度下的染色亲和力，可以从该温度下上染达到平衡时纤维上和染液中的染料活度关系求得。反映的是染料对纤维上染的一个特性指标。

除了亲和力，经常提到染料的直接性。直接性没有确切的定量热力学概念，一般认为上染百分率越高，直接性越高。是一个相对的概念，因为染料的上染百分率受到许多因素如染料的原始投入量等的影响。而染色亲和力则是由染料和纤维本身的性质决定的，有确切的热力学概念。

为了求亲和力就要知道某一温度下上染达到平衡时染料在染液中的活度和染料在纤维上的活度，染料在染液中的活度是可以求得的。例如，如果染料是非离子型的，则染料在染液中的活度就是染料在染液中的浓度，如果染料为离子型的，则染料在染液中的活度就

是各种离子浓度幂次方的乘积。但为了求染料在纤维上的染料活度，就必须对染料在纤维上的染料状态作一下假设，而这一假设的依据就是染料的吸附等温线。

三、染料的吸附等温线

所谓的吸附等温线，就是在恒定温度下，上染达到平衡时，纤维上的染料浓度与染液中的染料浓度之间的关系曲线。目前主要有以下三种类型，如图5-4所示。

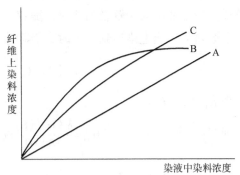

图5-4　染料吸附等温线

1. 能斯特（Nernst）吸附等温线A

能斯特吸附等温线是用分散染料染涤纶、聚酰胺纤维和醋酯纤维绘制出来的。可以看出：纤维上的染料浓度$[D]_f$随染液中染料浓度$[D]_s$的增大而增大，$[D]_f/[D]_s$的比值是一个常数，而且当$[D]_s$增大到一定浓度时，$[D]_f$不再随$[D]_s$的增大而增大，存在着染色饱和值。

因此，对染料在纤维上的状态做了这样的假设：分散染料染涤纶、聚酰胺纤维和醋酯纤维相当于分散染料溶解在纤维的无定形区，分散染料在纤维无定形区的溶解度就是染色饱和值。因此，分散染料在纤维上的活度就是分散染料在纤维上的浓度。

根据这种假设，分散染料在涤纶上的活度α_f就是分散染料在涤纶上的浓度$[D]_f$，而非离子型分散染料在溶液中的活度α_s就是分散染料在溶液中的浓度$[D]_s$，因此分散染料对涤纶的染色亲和力可以用下式来求：

$$-\Delta\mu^{\ominus} = RT\ln\frac{[D]_f}{[D]_s}$$

2. 朗格缪尔（Langmuir）吸附等温线B

朗格缪尔吸附等温线是用阳离子染料染腈纶以及匀染型的酸性染料染羊毛等蛋白质纤维绘制出来的。从中可以看出：$[D]_f$随$[D]_s$的增大而增大，且$[D]_f/[D]_s$逐渐变小，存在着染色饱和值。

因此对染料在纤维上的状态做了这样的假设：纤维上有固定吸附染料的位置叫染座，对于腈纶来说就是含有的磺酸基或羧基的位置，对于羊毛等蛋白质纤维来说就是含有的氨基正离子的位置，每个染座上只能吸附一个染料分子，不再吸附第二个染料分子，属于单分子层吸附，因此存在染色饱和值。根据这种假设可以求染色亲和力。

染料的吸附速率与染液中染料的浓度以及纤维上未被染料占去的染座成正比，可以表示如下：

$$\frac{d[D]_f}{dt} = K_1[D]_s([S]-[D]_f)$$

染料的解吸速率与纤维上的染料浓度成正比，可以表示如下：

$$V_d = K_2[D]_f$$

式中，$[S]$ 为染料对纤维的染色饱和值；K_1、K_2 分别为吸附和解吸速率常数。在染色的开始阶段，吸附速率大于解吸的速率，随着上染时间的进行，吸附的速率逐渐减小，解吸的速率逐渐增大，当上染达到平衡时，吸附速率与解吸速率相等，则有：

$$K_1[D]_s([S]-[D]_f) = K_2[D]_f$$

令 $K_1/K_2 = K$

则有：
$$[D]_f = \frac{K[D]_s[S]}{1+K[D]_s} \quad \text{或} \quad \frac{1}{[D]_f} = \frac{1}{K[D]_s[S]} + \frac{1}{[S]}$$

某一温度下上染达到平衡时，做 $\dfrac{1}{[D]_f}$ 对 $\dfrac{1}{[D]_s}$ 的关系直线如图 5-5 所示。通过此直线在 Y 轴上截距就可以求出染料对纤维的染色饱和值 $[S]_f$。

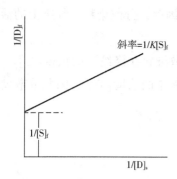

此时，若染料在纤维上的活度为 a_f，则有：

$$a_f = \frac{[D]_f}{[S]-[D]_f}$$

设 $\dfrac{[D]_f}{[S]} = \theta$，则有：

$$a_f = \frac{\theta}{1-\theta}$$

图 5-5 $1/[D]_f$-$1/[D]_s$ 曲线

当在标准状态下：$a_f = 1$，$\theta = 0.5$。染料在纤维上的化学位：

$$\mu_f = \mu_f^\ominus + RT\ln\frac{\theta}{1-\theta}$$

如果染料为 H_2D，在水中离解成 H^+ 和 D^{z-}，则 H^+ 在纤维上的活度 $a_f(H^+)$ 和 D^{z-} 在纤维上的活度 $a_f(D^{z-})$ 分别为：

$$a_f(H^+) = \frac{\theta_{H^+}}{1-\theta_{H^+}}, \quad a_f(D^{z-}) = \frac{\theta_{D^{z-}}}{1-\theta_{D^{z-}}}$$

则 H^+ 和 D^{z-} 对纤维的亲和力分别为：

$$-\Delta\mu^{\ominus}=-\left(Z\Delta\mu_{H^+}^{\ominus}+\Delta\mu_{D^{Z-}}^{\ominus}\right)=ZRT\ln\frac{\theta_{H^+}}{1-\theta_{H^+}}+RT\ln\frac{\theta_{D^{Z-}}}{1-\theta_{D^{Z-}}}-ZRT\left[H^+\right]-RT\ln\left[D^{Z-}\right]$$

$$=RT\ln\left[\frac{\theta_{H^+}}{1-\theta_{H^+}}\right]^z\left[\frac{\theta_{D^{Z-}}}{1-\theta_{D^{Z-}}}\right]-RT\ln\left[H^+\right]_s^z\left[D^{Z-}\right]_s$$

3. 弗莱因德利胥（Freundlich）吸附等温线 C

弗莱因德利胥吸附等温线是在含有食盐电解质的染液中采用直接染料、活性染料、还原染料隐色体钠盐、硫化染料隐色体钠盐以及不溶性偶氮染料色酚钠盐对纤维素纤维的染色以及采用弱酸浴或中性浴染色的酸性染料对羊毛等蛋白质纤维的染色绘制出来的。从中可以看出：$[D]_f$ 随 $[D]_s$ 的增大而增大；$[D]_f/[D]_s$ 会逐渐降低。

因此，对这些染料在纤维上的状态做出了这样的假设，认为染料在纤维上属于多分子层吸附，纤维属于无限的吸附剂，没有染色饱和值。

根据弗莱因德利胥吸附等温线对上述染料在纤维上的状态做了假设，就可以求出染料对纤维染色的亲和力。

该曲线的经验方程式为：$D_f=K\left[D\right]_s^n$

式中：K 为常数，$0<n<1$，该式也可以写成：

$$\ln\left[D\right]_f=\ln K+n\ln\left[D\right]_s$$

染料在纤维表面发生吸附，分子的热运动驱使染料分子在染液中的纤维附近作扩散层的分布。这样染料在纤维的界面附近形成一个浓度逐渐降低到和染液本体浓度基本一致的扩散吸附层，如图5-6所示。该曲线代表染料浓度随纤维界面距离的变化情况，达到 $A—A$ 界面时浓度已基本与染液的本体浓度相当。根据上述假设，设每千克干纤维所含有吸附层的容积为 $V(L)$，染料的大分子 Na_zD 会离解成 Na^+ 和 D^{Z-}，分布在扩散边界层中，染料在染液中和纤维中的活度分别为：

$$\alpha_s=\left[Na^+\right]_s^Z\left[D^{Z-}\right]_s,\ \alpha_f=\frac{\left[D^{Z-}\right]_f}{V}\cdot\left(\frac{\left[Na^+\right]_f}{V}\right)^z$$

则亲和力为：

$$-\Delta\mu^{\ominus}=RT\ln\frac{\left[Na^+\right]_f^z\left[D^{Z-}\right]_f}{V^{z+1}}-RT\ln\left[Na^+\right]_s^Z\left[D^{Z-}\right]_s$$

$\ln\left[Na^+\right]_f^Z\left[D^{Z-}\right]_f$ 对 $\ln\left[Na^+\right]_s^Z\left[D^{Z-}\right]_s$ 作图得到一直线，如图5-7所示，则也可以写成：

$$\frac{\left[Na^+\right]_f^Z\left[D^{Z-}\right]_f}{\left[Na^+\right]_s^Z\left[D^{Z-}\right]_s}=V^{z+1}e^{\frac{-\Delta\mu^{\ominus}}{RT}}$$

如果染液中加入一定量的食盐使 $[Na^+]_s$ 恒定，纤维上除了染料的阴离子以外，其他的阴离子可以忽略不计，那么 $[Na^+]_f \approx Z[D^{z-}]_f$，对某一染料以不同浓度在等温条件下对指定的纤维上染来说，V 和 $-\Delta\mu^\ominus$ 都是常数。在 $\alpha_f = \left(\dfrac{[Na^+]_f}{V}\right)^z$ 情况下，上式可以变成：

$$\alpha_f = \frac{[D^{z-}]_f^{z+1}}{[D^{z-}]_s} = 常数$$

这是一个典型的弗莱因德利胥方程式。

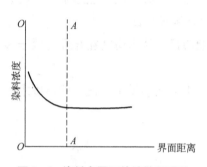

图5-6　染料在界面的扩散吸附层

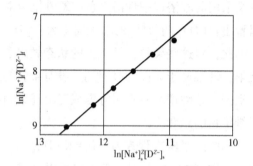

图5-7　直接天蓝 FF 对纤维素纤维上染的 $\ln[Na^+]_f^z[D^{z-}]_f$ 对 $\ln[Na^+]_s^z[D^{z-}]_s$ 的关系

可见，只有绘制染料的吸附等温线，才可以对染料在纤维上的状态做假设，进而就可以求出某一温度下上染达到平衡时染料在纤维上活度 α_f，从而才可以求出某一温度下染料对纤维的染色亲和力 $-\Delta\mu^\ominus$。

第四节　分子间的作用力

染料对被染物具有染着性，染料与纤维之间的作用力主要有库仑力、范德瓦耳斯力、氢键、共价键和配位键。

1. 库仑力

库仑力指的是两个带电粒子之间的作用力。同种电荷互相排斥，异种电荷相互吸引。两个电荷之间的相互作用力与两个带电粒子所带电量的乘积成正比，与它们之间距离的平方成反比。

库仑力在染色过程起着不同的作用。例如，在强酸性浴染色酸性染料对羊毛的染色中以及阳离子染料对腈纶的染色中，主要靠库仑引力完成上染。而纤维素纤维在中性或弱碱性的条件下进行染色以及弱酸浴染色酸性染料、中性浴染色酸性染料对羊毛的染色中，纤维表面的负电荷会对染料的色素阴离子产生排斥作用，因此需要加入中性电解质，降低纤维表面负电荷对染料阴离子的排斥作用。

2. 范德瓦耳斯力

范德瓦耳斯力指的是两个分子之间的作用力。在极性分子之间、极性分子与非极性分子之间以及非极性分子之间都存在。通常范德瓦耳斯力与两个分子之间距离的六次方成反比。相对分子质量越大，两个分子之间的距离越近，范德瓦耳斯力越大。

3. 氢键

氢键指的是电负性强、半径小的原子与缺电子的质子产生的一种特殊的取向作用。虽然单个氢键的键能是比较弱的，但如果在染料和纤维大分子之间生成更多的氢键，也对染料在纤维上的固着起着非常重要的作用。

范德瓦耳斯力和氢键都属于分子间的作用力，在染色过程中起着非常重要的作用。由它们所引起的吸附一般都属于物理吸附，属于非定向吸附。

4. 共价键

共价键是由于染料与纤维之间发生化学反应形成的。在所有应用类型的染料中，活性染料是唯一与纤维发生化学反应形成共价键的染料。

5. 配位键

配位键是一种特殊的共价键。是能提供孤对电子的基团与具有空轨道的过渡金属元素原子产生的一种取向作用，实际上是利用过渡金属元素原子的配位体，一部分由染料来提供，另一部分由纤维来提供，金属元素原子在染料与纤维之间起着桥基的作用，使染料牢固地固着在纤维上。这种作用一般在酸性媒染染料、酸性含媒染料、直接铜盐等染料染色中才起着一定的作用。

共价键和配位键的键能大，发生在固定的位置，具有明显的选择吸收性，属于选择性的吸附。

在实际染色时，可能一种力起主要作用，但其他的一种力或几种力也可能同时在起着作用。究竟哪种力起主要作用取决于染料与纤维本身的结构。

第五节 染色热和染色熵

染色热反映的是上染过程中各种分子间力的作用所产生的能量变化。指的是无限少量的该染料从含有染料呈标准状态的染液中转移到含有染料呈标准状态的纤维上，每摩尔染料转移所吸收的热量，称染色热 $\Delta H^{\ominus}$。根据吉布斯—亥姆霍兹方程式有：

$$\left[\frac{\partial\left(\frac{\Delta\mu^{\ominus}}{T}\right)}{\partial T}\right]_P = -\frac{\Delta H^{\ominus}}{T^2}$$

因 $d\left(\dfrac{1}{T}\right) = -\left(\dfrac{1}{T^2}\right)dT$，所以上式可以改写为：

$$\left[\frac{\partial\left(\frac{\Delta\mu^{\ominus}}{T}\right)}{\partial\left(\frac{1}{T}\right)}\right] = \Delta H^{\ominus}$$

只要求出不同温度下的染色亲和力，如果温度变化范围不大，将$\frac{\Delta\mu^{\ominus}}{T}$对$\frac{1}{T}$作图，会得到一条直线，该直线的斜率即为该温度下的染色热。染色热$\Delta H^{\ominus}$可以看做常数。对上式进行积分：

$$\int d\left(\frac{\Delta\mu^{\ominus}}{T}\right) = \Delta H^{\ominus}\int d\frac{1}{T}$$

则有：

$$\frac{\Delta H^{\ominus}}{T} = \frac{\Delta\mu^{\ominus}}{T} + C$$

熵是体系混乱程度的状态函数。亲和力$-\Delta\mu^{\ominus}$、染色热$\Delta H^{\ominus}$以及标准染色熵$\Delta S^{\ominus}$之间的关系可表示如下：

$$-\Delta\mu^{\ominus} = \Delta H^{\ominus} - T\Delta S^{\ominus}$$

在一定温度范围内，$\Delta H^{\ominus}$可以看作恒定，将$-\Delta\mu^{\ominus}$对T作图可以得到一条直线，从直线的斜率可以求得染色熵。

另外，由$-\Delta\mu^{\ominus} = RT\ln\frac{\alpha_f}{\alpha_s}$可以得到：

$$\ln\frac{\alpha_f}{\alpha_s} = \frac{\Delta S^{\ominus}}{R} - \frac{\Delta H^{\ominus}}{RT}$$

如果$\Delta H^{\ominus}$恒定且为负值，降低温度会增加染料的平衡上染百分率。反之，提高温度势必会降低染料的平衡上染百分率。

练习题

一、名词解释

1. 上染

2. 上染百分率

3. 上染速率曲线

4. 平衡上染百分率

5. 扩散边界层

6. 化学位

7. 亲和力

8. 染色热

二、简答题

1. 简述上染速率曲线的作用。

2. 简述上染百分率测试的基本过程。

3. 简述平衡上染百分率的求法。

4. 简述吸附等温线的意义、类型、特点以及染料在纤维上的状态。

5. 简述染料的聚集及其影响因素。

三、思考题

根据染料的吸附等温线对染料在纤维上的状态所做的假设，简述染料对纤维染色亲和力的计算过程。

第六章　染色的动力学知识

染料的上染主要包括四个过程：

第一，染料随着染液的流动到达纤维表面的扩散边界层；

第二，依靠自身的扩散通过扩散边界层；

第三，染料被纤维表面吸附；

第四，染料由纤维的表面向纤维的内部扩散。

其中前三个过程中染料的转移是在染液中完成的，速率快，而最后一个过程染料从纤维表面向纤维无定形区内部的扩散进行得比较慢，是决定上染速率的主要步骤。

第一节　扩散及扩散定律

扩散是一种分子运动，由于纤维表面与纤维内部存在浓度差，因此存在染料从纤维表面向纤维无定形区内部的扩散。扩散介质中各点的染料浓度不随时间的变化而变化的扩散叫稳态扩散；扩散介质中各点的染料浓度随时间的变化而变化的扩散叫非稳态扩散。常用扩散系数描述染料从纤维表面向纤维无定形区内部扩散快慢的物理量。

稳态扩散可以用菲克第一定律来表示。设在 Y—Z 的平面上（图6-1），某一物质沿 X 轴垂直扩散通过这个平面的扩散通量 F_X［重量/（面积·时间）］和 X 轴向的染料浓度梯度 $\dfrac{\partial C}{\partial X}$（式中，$C$ 为体积浓度，X 为距离）及扩散系数 D 成正比。可表示如下：

$$F_x = -D \frac{\partial C}{\partial X}$$

称为菲克第一定律。

在稳态扩散的条件下求染料在各向同性的薄片上的扩散系数。可以用下面的公式来求解。

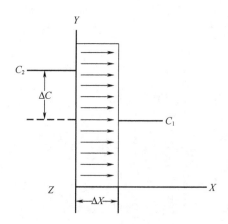

图6-1　扩散示意图

$$F = -D \frac{C_2 - C_1}{l} = D \frac{C_1 - C_2}{l}$$

而在实际染色时，随着上染过程的进行，纤维上的染料量逐渐增加，纤维上各点的染料浓度无时无刻不在发生变化，属于非稳态扩散，用菲克第二定律来表示。根据菲克第二定律，扩散介质中各点的染料浓度的变化率与浓度梯度 $\dfrac{\partial C}{\partial X}$ 以及扩散系数 D 的关系可以表示如下：

$$\frac{\partial C}{\partial X} = \frac{\partial}{\partial X}\left(D\frac{\partial C}{\partial X}\right)$$

若 D 为常数，则：

$$\frac{\partial C}{\partial X} = D\frac{\partial^2 C}{\partial X^2}$$

第二节　扩散系数和活化能

解菲克非稳态扩散方程式，可以从 D、X、t 关系式求出 D。一般有两种方法：第一种方法是从被染纤维的断面浓度分布曲线求扩散系数；第二种方法是从上染速率曲线上求出扩散系数。常采用后一种方法。不论采用哪种方法求扩散系数，必须先确定边界条件。边界条件有两种，一种是有限染浴；另一种是无限染浴。所谓的有限染浴指的是浴比有限，在充分搅拌的情况下，纤维表面所吸附的染料在上染的整个过程中虽然可以维持动态平衡状态，但会随着染浴中染料浓度降低而不断地降低；所谓的无限染浴指的是浴比很大，在充分搅拌的情况下使染料到达纤维表面的速率大于染料向纤维内部扩散的速率，吸附在纤维表面的染料始终处于动态平衡状态，而且由于染浴中染料的浓度在上染的整个过程中基本保持不变，纤维表面的染料也保持不变。

在无限染浴的条件下求某一染色温度条件下染料的扩散系数，主要有以下步骤：

（1）求上染百分率 C_t（%），即不同染色时间 t 下的染料上染百分率。

（2）由维克斯塔夫（Vickerstaff）双曲线吸收方程 $\dfrac{1}{C_t} = \dfrac{1}{C_\infty^2 \cdot K} \cdot \dfrac{1}{t} + \dfrac{1}{C_\infty}$ 可知，$\dfrac{1}{C_t} \sim \dfrac{1}{t}$ 作图会得到一条直线，由此直线在 y 轴上的截距 $\dfrac{1}{C_\infty}$ 可求 C_∞。

（3）查表。根据菲克第二扩散定律的方程式，绘制表 6-1。根据 C_t / C_∞ 的值，查表 6-1 可得 $\dfrac{D_i t}{r^2}$ 的值。

（4）求不同时间扩散系数 D_i。由 $\dfrac{D_i t}{r^2}$ 的值（r 为纤维的半径，t 为时间）可求不同时间 t_i 下的扩散系数的 D_i 值。

（5）求平均扩散系数 $\overline{D}$ 。将不同时间的扩散系数取其平均值，可以近似地看作该温度下的染料对纤维的扩散系数 $\overline{D}$ 。

表 6-1 C_t / C_∞ 与 $D_i t / r^2$ 的关系表

$C_t/C_\infty \times 10^2$	$D_i t/r^2 \times 10^4$	$C_t/C_\infty \times 10^2$	$D_i t/r^2 \times 10^4$	$C_t/C_\infty \times 10^2$	$D_i t/r^2 \times 10^4$	$C_t/C_\infty \times 10^2$	$D_i t/r^2 \times 10^4$
0	0.0000	26	1.486	52	6.902	78	19.83
1	0.1975	27	1.611	53	7.222	79	20.63
2	0.7916	28	1.742	54	7.553	80	21.47
3	1.788	29	1.878	55	7.894	81	22.35
4	3.192	30	2.020	56	8.245	82	23.28
5	5.008	31	2.168	57	8.608	83	24.27
6	7.241	32	2.322	58	8.981	84	25.23
7	9.897	33	2.483	59	9.365	85	26.43
8	12.98	34	2.650	60	9.763	86	27.62
9	16.50	35	2.823	61	10.17	87	28.91
10	20.45	36	3.004	62	10.59	88	30.29
11	24.89	37	3.190	63	11.03	89	31.79
12	29.71	38	3.385	64	11.48	90	33.44
13	35.01	39	3.585	65	11.95	91	35.26
14	40.79	40	3.793	66	12.43	92	37.30
15	47.03	41	4.008	67	12.93	93	39.61
16	53.73	42	4.231	68	13.44	94	42.27
17	60.93	43	4.460	69	13.98	95	45.03
18	68.63	44	4.698	70	14.53	96	49.28
19	76.82	45	4.943	71	15.13	97	54.28
20	85.51	46	5.197	72	15.70	98	61.27
21	94.71	47	5.458	73	16.32	99	73.25
22	104.4	48	5.727	74	16.97	99.5	85.24
23	114.7	49	6.005	75	17.64	99.9	113.10
24	125.4	50	6.292	76	18.34		
25	1.367	51	6.592	77	19.07		

在有限染浴的条件下求扩散系数与上述相同，但不同平衡染百分率时，C_t / C_∞ 与 $D_i t / r^2$ 之间的对应值不同。

扩散系数与许多因素有关，除了与染料与纤维本身的性质有关外，温度是影响扩散速率的主要因素。一般染料的相对分子质量越小，与纤维之间的亲和力越小，扩散系数越大；纤维无定形区的含量越高或无定形区的空隙越大，染料的扩散系数越大；在染料与纤维一定的情况下，温度越高，扩散系数越大。扩散系数是温度的函数，扩散系数与扩散活化能之间的关系可以用阿累尼乌斯（Arrhenius）方程来表示：

$$D_T = D_0 e^{-E/RT} \Rightarrow \ln D_T = \ln D_0 - E/RT$$

式中：D_T——温度为 T 时的扩散系数；

D_0——一个常数；

R——普适气体常数；

E——扩散活化能。

所谓的扩散活化能指的是染料在扩散过程所遇到的阻力，也可以说是染料要完成扩散所需要克服的能阻或所应具备的最低能量。染料的扩散活化能是由染料和纤维本身的性质决定的。上述公式可以转变为：

$$\ln D_T = \ln D_0 - \frac{E}{RT}$$

可见只要求出不同温度下的扩散系数，然后做出 $\ln D_T$ 与 $\frac{1}{T} \times 10^3$（T 为绝对温度 K）的关系直线，利用该直线的斜率或采用内差法，可求得染料上染的活化能 E。活化能越低，在一定的染色条件下能克服扩散能阻的活化分子的数目就越多，染料的平衡上染百分率就越高。

第三节　纤维的结构和扩散模型

人们往往用两种扩散模型来说明染料在纤维内部的扩散特点。第一种是孔道扩散模型；第二种是自由体积扩散模型。

一、孔道扩散模型

孔道扩散模型描述的是染料在亲水性纤维内部的扩散特点。例如，天然纤维如棉、麻、真丝、羊毛以及人造纤维如黏胶纤维等都属于亲水性的纤维，这些纤维在水中发生溶胀，溶胀了的纤维内部存在许多曲折而相互连通的孔道，孔道内充满水，染这些纤维的染料一定是溶于水的，或者在染色前转变成溶于水的状态，染料就是循着孔道中的水分，从一个孔道扩散到另一个孔道，均匀地上染，最终扩散进入纤维无定形区的内部。

因为这些纤维在干燥的状态下，即使是无定形区空隙比较大的黏胶纤维，染料也无法上染。

根据孔道扩散模型推论，纤维内单位时间单位面积所通过的染料量即染料的扩散通量 F_X 与孔道的折绕比 $\frac{\alpha}{\tau}$、沿着 X 轴方向的浓度梯度 $\frac{\partial C_P}{\partial X}$ 以及纤维孔道的扩散系数 D_P 之间的关系表示如下：

$$F_X = -\frac{\alpha}{\tau} D_P \frac{\partial C_P}{\partial X}$$

$$F_X = -\frac{\alpha}{\tau} D_P \frac{dC_P}{dC_a} \frac{\partial C_a}{\partial X}$$

而实测的扩散系数 D 是以 $\frac{\partial C_f}{\partial X}$ 为浓度梯度。按照扩散方程式 $F_X = -D\frac{\partial C_f}{\partial X}$，$C_f$ 为染料在纤维上的总浓度，$C_f = \alpha C_P + C_a$。由于染料对纤维的亲和力，C_a 要远远大于 C_P，$C_f = C_a$，故上式可以写成：

$$F_X = -D\frac{\partial C_a}{\partial X}$$

与上式中的孔道的扩散系数公式相比，则有：

$$D = \frac{\alpha}{\tau} \cdot D_P \cdot \frac{dC_P}{dC_a}$$

可见，染料在纤维孔道的扩散系数 D_P 要比实测的数值 D 大很多。

二、自由体积扩散模型

自由体积扩散模型描述的是染料在疏水性纤维内部的扩散特点。合成纤维如涤纶、腈纶和锦纶等都属于疏水性纤维。染料之所以能在这些纤维中扩散，不是利用这些纤维在水中的溶胀，而且这些纤维由于吸湿性差，溶胀很小，因此不能利用孔道扩散模型完成扩散。而是利用自由体积扩散模型完成染色的。

高分子物的所谓的自由体积指的是高分子物中无定形区没有被分子链占去的那部分体积。通常以微小孔穴形式散布在高分子物中。温度达到这些纤维的玻璃化温度（T_g）以后，大分子的某些共价键克服能阻，发生转动，有些原来分散的微小的孔穴瞬间会合并成较大的孔穴。染料分子（吸附在大分子链上）才能循着这些不断变化的孔穴，逐个孔穴"跳跃"扩散，扩散进入纤维的内部。

当温度超过 T_g，高分子物的许多物理机械性能发生变化，这些性质与温度的关系可以用威廉士—兰代尔—弗莱即 WLF 方程来表示：

$$\lg \frac{\eta_T}{\eta_{T_\mathrm{g}}} = \lg\alpha_\mathrm{T} = - \frac{A(T - T_\mathrm{g})}{B + (T - T_\mathrm{g})} \ (\ T > T_\mathrm{g} \ )$$

式中：η_T、η_{T_g}——温度为 T、T_g 时无定形高分子物的黏度等物理机械性能值；

A、B——高分子物的特性常数；

$\lg\alpha_\mathrm{T}$——温度为 T 时的移动因子。

可见，亲水性纤维染色用的染料一定是溶于水的或者在染色前转变成溶于水状态的染料，而疏水性纤维染色用的染料就没有这一要求。亲水性纤维的染色条件一般比较缓和，温度低，而疏水性纤维的染色条件一般比较高，染色温度一般要比纤维的玻璃化温度高出十几度。

第四节　上染过程的控制

染液从纺织物的外层向纺织物内层透入的过程中，如果吸附速率远远大于扩散速率，经过吸附染液达到内层时的浓度已经很低，结果便会造成染色物的内外层浓淡不一的现象。外层纤维浓，内层纤维淡，即产生所谓的"环染"现象，严重时会产生"白芯"现象。

"环染"和"白芯"现象可以用所谓的初染率实验加以重现。在同一空白的染浴中，将两绞白纱线稍隔一定时间先后入染，经过短时间上染后，这两绞纱线的染色浓度表现出一定的差异。差异大的初染率高，差异小的初染率低。

初染率高的染料染色时容易产生环染和白芯现象。在染料染色的过程中，一旦产生环染和白芯现象，有时可以通过移染的现象加以纠正。

若将两绞色纱同时放在同一空白染浴中，色泽较深的试样解吸的速率大于色泽淡的试样解吸的速率。解吸下来的染料通过染液的流动和自身的扩散会在纺织物别的部位上重新上染。或者将染色不匀的织物放在一个空白染浴中，色泽深的地方的染料会解吸下来，随着染液的流动再上到色泽较浅的地方，从而获得透染匀染的效果，这种现象称"移染"。

一般来说，染料的相对分子质量越小，与纤维之间的亲和力越小，其移染性能越好。这样的染料一旦产生不匀不透的现象，可以通过延长上染时间，增进移染的方法来加以纠正。因此，移染性能好的染料染色时，升温的速度可以快一些，但定温染色的时间要长。而对于相对分子质量较大，与纤维之间的亲和力较大的染料，一旦产生不匀不透的现象，由于该染料的移染性能差，即使延长上染时间，也很难通过移染的方法加以纠正。因此，移染性能差的染料在染色时，升温的速度一定要慢，定温染色的时间没有必要延长。

可见，染料染色是否容易产生环染和白芯现象可以通过初染率的实验加以重现，初染率高的染料容易产生环染和白芯现象，但如果染料的移染性能比较好，一旦产生环染和白芯现象可以通过延长上染时间，借助于移染加以纠正。

第五节　染色方法

纺织物可以以不同的方式进行染色，例如散纤维染色、纱线染色、织物染色等。这些纺织物的染色大多采用浸染和连续轧染两种方式进行。

一、浸染

所谓浸染就是将纺织物浸入染浴中，染液不断地循环或纺织物不断运转，染料逐渐上染，染液中的染料浓度不断下降。浸染时被染物的质量（g）与染液体积（mL）之间的比值叫浴比。例如浴比为 1 : 30，表明染 1g 的织物需要 30mL 的染液。染料的用量通常指的是对被染物的重量百分比，用 %（owf）来表示，例如染料的用量为 1.2%（owf），指的是染 100g 的织物需要 1.2g 的染料。

在浸染时，为了达到匀染，一是要使染液不断循环流动或织物不断翻动，这样可以保证染液中各处的染料、助剂的浓度均匀一致；二是要做到吸附速率和扩散速率之间取得平衡，如果吸附速率远远大于染料的扩散速率，就会产生环染或白芯现象，造成被染物不匀不透。

浸染主要适用于容易变形的纺织物，特别是针织物、散纤维、纱线、散毛、毛条等。但浸染容易产生不匀不透，织物易出现折痕，属于间歇式生产，适用于小批量多品种的加工，生产效率低。

浸染所用的设备通常为散纤维染色机、绞纱染色机、筒子纱染色机、卷染机、绳状染色机、喷射溢流染色机、气流染色机以及高温高压染色机等。

二、连续轧染

所谓连续轧染就是纺织品浸渍染液后就用轧辊轧压，使染液透入纺织物的组织空隙中，并将多余的染液轧挤去除，使染液均匀地分布在纺织品上，然后在一定的条件下借助于烘干、汽蒸或焙烘等工序完成上染过程。

轧染时织物上带的染液多少用带液率或轧液率来表示。所谓带液率或轧液率指的是织物带的染液的质量占干布质量的百分率，一般在 30%~100%。如纯合成纤维的带液率一般为 30%~50%，涤/棉织物的带液率一般为 50%~60%，纯棉织物的带液率一般为 70%~80%，纯黏胶纤维织物的带液率一般为 90% 左右。

连续轧染适用于不易变形的织物，如机织物等，可以克服浸染的不匀不透的现象，属于连续法加工，适用于大批量的生产，生产效率高。但易引起纺织品的变形和易产生前后色差。

此外，连续轧染既可以采用绳状加工，也可以采用平幅加工，是目前机织物印染厂或染整厂经常采用的方法。目前连续轧染所使用的设备一般为连续轧染联合机。连续轧染联合机依次由下面几部分组成：浸轧槽—远红外线烘干装置—烘筒或热风烘干—冷却装置—浸轧槽—汽蒸箱或焙烘箱—五槽平洗槽—烘干装置—冷却装置—落布装置。该连续轧染联合机几乎能完成所有染料对所有纤维的染色，属于一机多用，效率高，适用范围广。

☞ **练习题**

一、名词解释

1. 扩散系数

2. 活化能

3. 初染率

4. 移染

5. 有限染浴

6. 无限染浴

7. 浸染

8. 轧染

9. 浴比

10. 带液率（轧液率）

二、简答题

1. 简述染料上染的三个过程。

2. 简述菲克第一、第二定律在染色动力学中的应用。

3. 简述扩散系数和扩散活化能测试的具体过程。

4. 简述扩散的两种模型。

5. 根据孔道扩散模型说明为什么染料在纤维孔道的扩散系数 D_p 要比实测的数值 D 大得多。

6. 简述 WLF 方程及其适用对象、适用条件及意义。

7. 简述环染和白芯现象。

三、思考题

1. 讨论利用维克斯塔夫（Vickerstaff）双曲线吸收方程求扩散系数的步骤。

2. 讨论浸染和轧染的优缺点及其对染料和纤维织物的要求。

第七章　直接染料

第一节　引言

自从 1884 年伯格发现了刚果红后，使直接染料获得了迅猛的发展。目前世界上直接染料产量最大的国家是中国。早期直接染料的结构多为联苯胺类的染料，20 世纪 60~70 年代发现该结构的染料具有致癌性，因此目前已经被淘汰。之后由于对直接染料牢度要求越来越高，又出现了铜盐直接染料和耐晒直接染料。但由于 30 年代还原染料和 50 年代活性染料的发展严重制约了直接染料的发展步伐。

70~80 年代，为了适应涤/棉产品染色的要求，又开发出了直接混纺染料。

80 年代，瑞士山德士公司开发出新型交联 Indosol SF，就是在染料分子中引入金属原子，形成螯合结构，提高了分子的抗弯能力，含有相当于活泼的氢原子的亲核基团。该类染料由铜络合结构、特殊配位结构、多官能团螯合结构阳离子型固色剂组成一个染色体系。我国的同类产品主要就是直接交联染料。

90 年代，Clariant 公司在 Indosol SF 基础上开发出了环保型直接交联染料 Optisal（配套多官能团交联剂 Optifix F），特别适合于涤棉混纺一浴法染色。

在染料分子中引入具有强氢键形成能力的隔离型基团——三聚氰氨基。日本的化药公司推出了 Kayacelon C 型新型直接染料。国内开发出 D 型直接混纺染料，分子中含有三聚氰胺基结构。

目前从结构上来说，直接染料基本上是偶氮类。而且该染料的直线性和平面性强，相对分子质量大，主要以双偶氮、三偶氮染料为主，分子结构中一般含有磺酸基或羧基等水溶性的基团，是一种水溶性的阴离子型染料。直接染料主要用于纤维素纤维的染色和印花，一般适用于棉纱的浸染，因为棉布主要用性能良好的活性染料和还原染料进行染色。也可以用于丝绸、皮革和纸张等的染色和印花。

直接染料一般在中性或弱碱性的条件下，不需要媒染剂的作用可以直接对纤维素纤维进行染色，染色简单，价格低廉，色谱齐全。但染色物的耐水洗色牢度比较差。而直接铜盐染料、直接铜络合染料以及阳离子型表面活性剂的出现，在一定程度上改善了染色物的耐水洗色牢度。纤维素纤维大分子的结构如下：

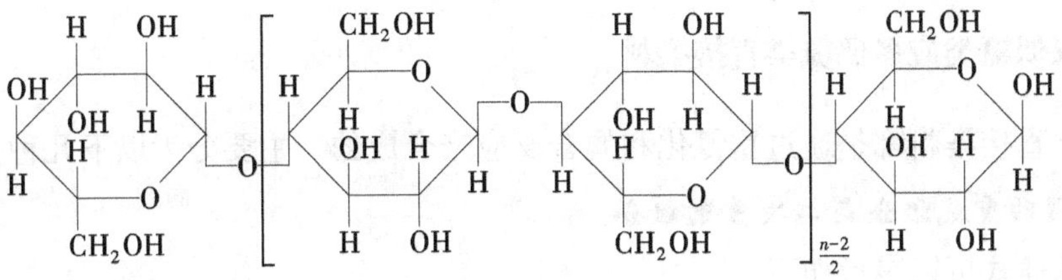

可见，纤维素大分子具有许多能形成氢键的羟基，是亲水性的纤维，相对分子质量大，分子的直线性和平面性强。直接染料有许多结构特征都是为了适应对纤维素纤维染色的需要。直接染料的基本结构特征如下：

（1）分子中含有水溶性基团。因为纤维素纤维是亲水性的纤维，染料向纤维素纤维内部的扩散是按照孔道扩散模型来进行。

（2）直线性强。可以使染料分子沿着纤维的长轴方向平行地吸附在纤维轴上，增大染料与纤维间的范德瓦耳斯力。

（3）平面性强。可以缩小染料与纤维间的距离，增大染料与纤维间的范德瓦耳斯力。

（4）分子中具有能形成氢键的基团。如果染料分子和纤维大分子中能形成氢键，基团之间的距离接近，在染料与纤维之间就会形成很多的氢键，增强染料对纤维的染着性。

直接染料与纤维之间的结合主要依靠的是分子之间的作用力。为了更好地利用直接染料，就需要知道直接的类型。直接染料的分类方法一般有两种，一种是按照染色性能分：分为 A 类、B 类和 C 类直接染料；另一种是按照结构分：主要有偶氮类、酞菁类和噁嗪类等。

第二节　偶氮类直接染料

偶氮类直接染料相对分子质量比较大，平面性好，且大多数为双偶氮和三偶氮类，单偶氮的品种较少。

一、单偶氮类直接染料

单偶氮类直接染料的分子中一般都具有苯并噻唑或 J 酸结构。主要是黄、橙、红色品种，深色品种较少。例如：

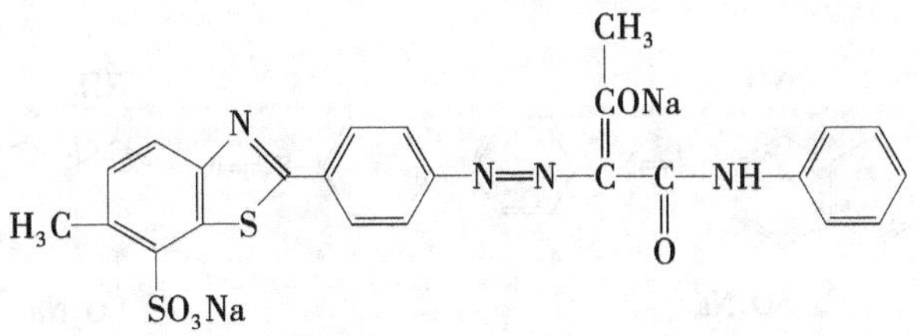

直接橙 S（C. I. 29150）

二、双偶氮类或多偶氮类直接染料

偶氮类直接染料都是通过重氮化和偶合反应来合成的。主要分为以下几种类型：

1. 所用的重氮组分是二次重氮组分

其结构通式可以表示如下：

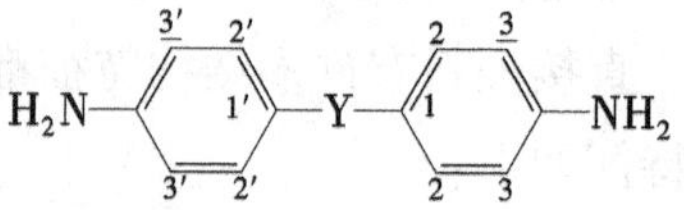

Y = " "，且 2,2′ 位不含有取代基；

Y = —NH—；

Y = —NHCO—；

Y = —NHCONH—；

Y = —CH═CH—等。

主要有两个氨基不在同一个苯环的联苯胺、3,3′-二甲基联苯胺、3,3′-二甲氧基联苯胺、4,4′-二氨基苯酰替苯胺及 4,4′-二氨基二乙烯基-2,2′-二磺酸等。重氮化后，再与两个偶合剂进行偶合生成二偶氮染料或多偶氮染料。

（1）联苯胺类偶氮染料。联苯胺及其 3,3′-取代物是合成直接染料的重要中间体。其结构通式如下：

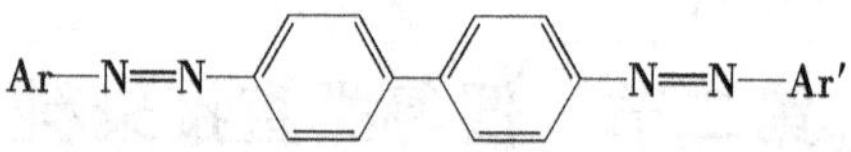

以邻羟基苯甲酸为偶合组分的一般为黄色；以 1-萘胺-4-磺酸及其衍生物为偶合组分的一般为红色；以氨基萘酚磺酸为偶合组分的一般为蓝色或紫色。

例如：

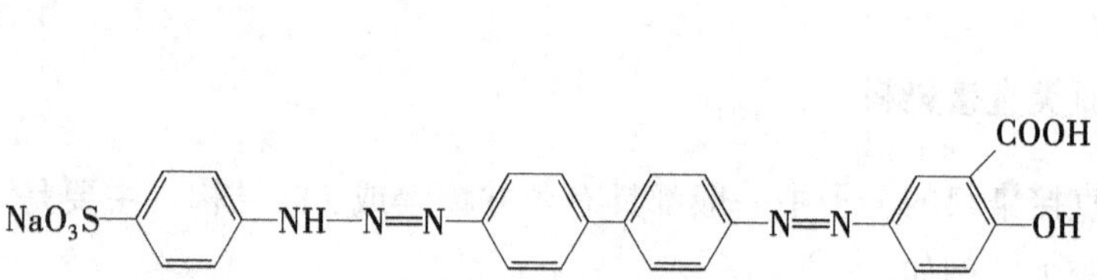

直接黄 GR（C. CI. 22010）

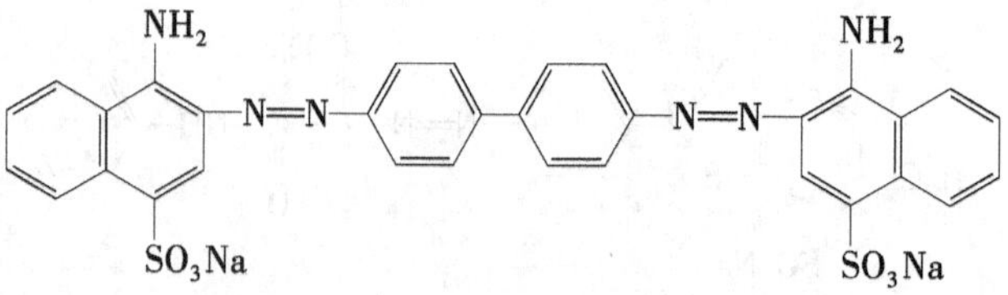

直接大红 4B（C. I. 22120）

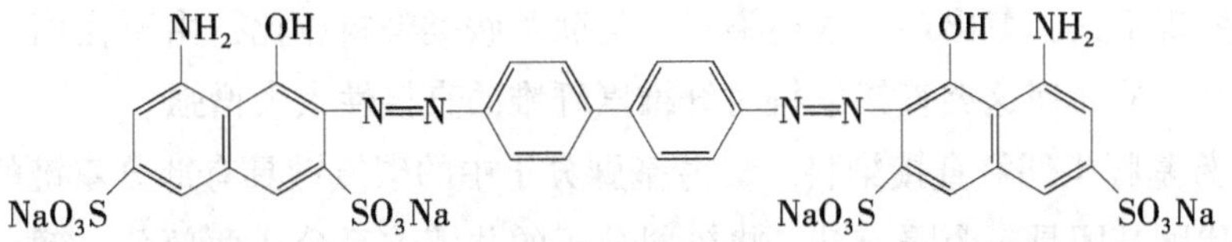

直接蓝 2B（C. I. 22610）

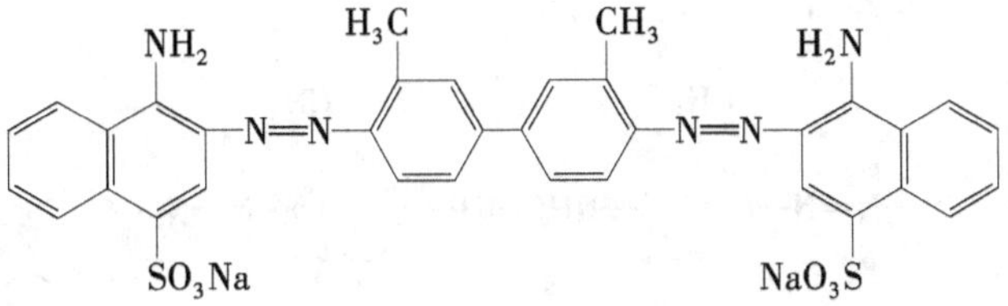

直接桃红 12B（C. I. 29100）

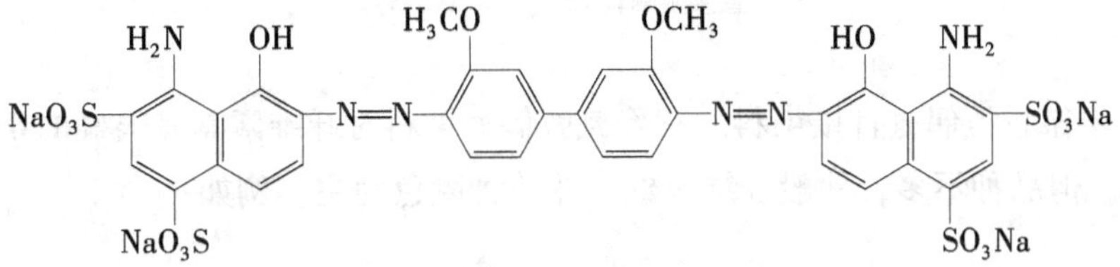

直接大红 N4B

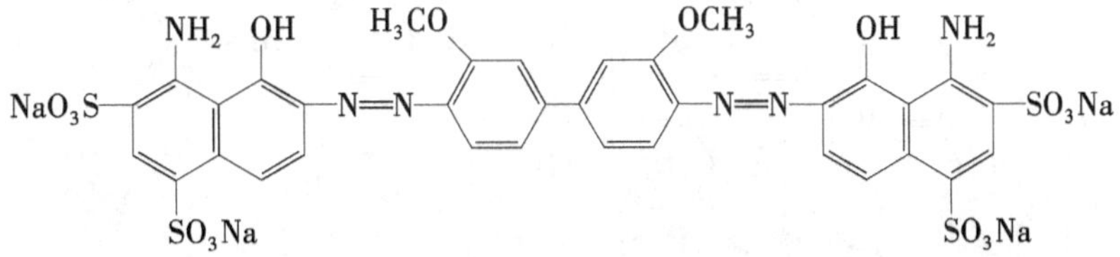

直接湖蓝 6B（C. I. 24410）

但联苯胺类染料具有致癌作用，目前已经逐步被酰替苯胺等中间体所替代。

（2）二苯乙烯类偶氮染料。二苯乙烯类直接染料的结构通式为：

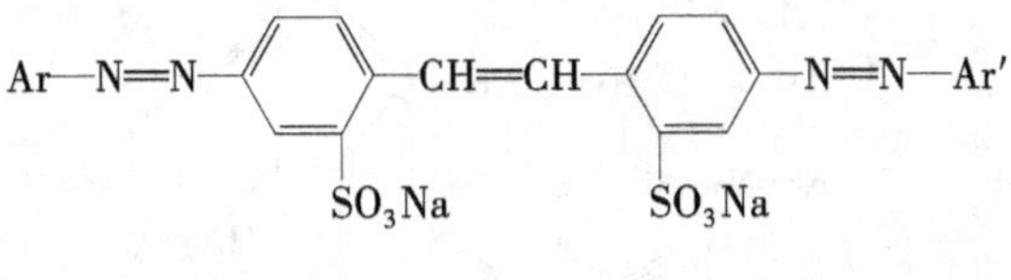

Ar—N≡N—〈〉—CH=CH—〈〉—N≡N—Ar′
　　　　　SO₃Na　　　　　SO₃Na

主要是 4,4′-二氨基二乙烯基-2,2′-二磺酸重氮化后，再与两个偶合剂进行偶合生成的。以黄、橙色为主，具有良好的染色性能，但耐水洗色牢度差。该类染料的结构举例如下：

H_5C_2O—〈〉—N≡N—〈〉—CH=CH—〈〉—N≡N—〈〉—OC_2H_5
　　　　　　　　　　　SO₃Na　　　　　SO₃Na

直接黄（C. I. 24895）

刚果红发现不久，就出现了这类染料。与联苯胺类染料相比，由于在两个苯环之间多了一个乙烯基，从而使这类直接染料对纤维素纤维的直接性大大增强。

（3）二芳基脲类偶氮直接染料。二芳基脲分子中的碳氮键具有部分双键的性质，平面性强，但取代脲基团是一个隔离基，将染料分子的共轭体系分成两部分，颜色较浅。染料具有优异的耐光色牢度，一般以黄、橙、红、蓝等色为主。例如：

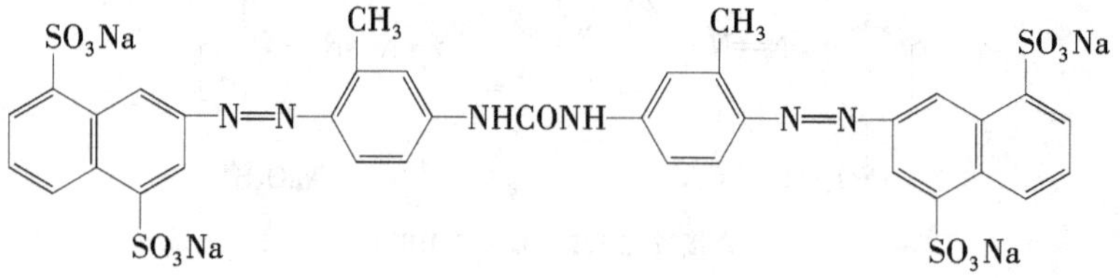

直接耐晒黄 RS（C. I. 29025）

（4）三聚氰胺类偶氮直接染料。三聚氰胺偶氮染料对纤维素具有很好的亲和力，耐日晒色牢度好，但品种不多，一般以绿、红、蓝三种颜色为主。例如：

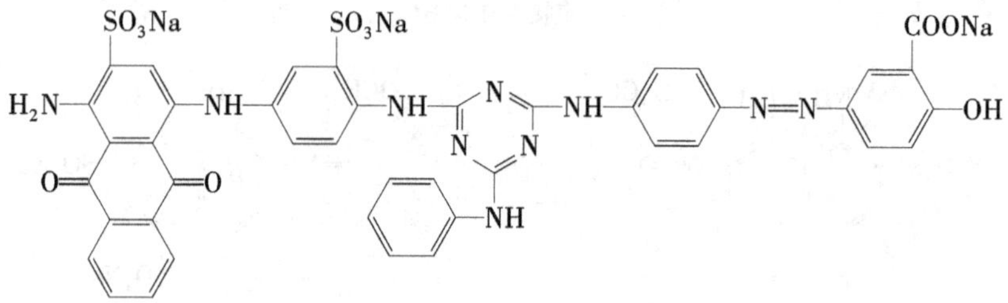

直接耐晒绿 5GLL（C. I. 14155）

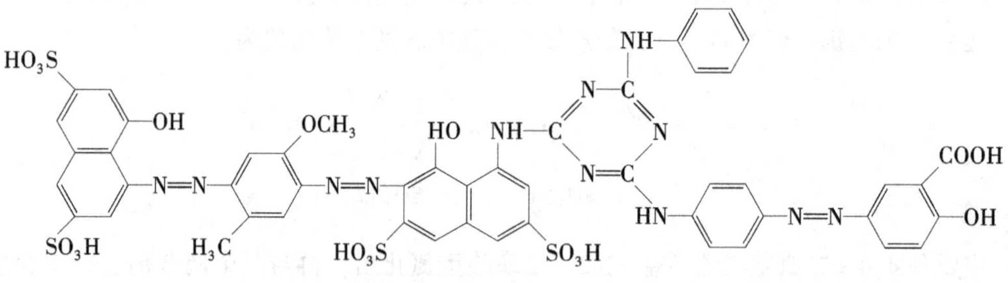

直接耐晒绿 BLL（C. I. 34045）

该染料是后来发展起来的具有优异耐日晒色牢度的直接染料。

2. 所用的偶合组分是二次偶合组分

常用的二次偶合组分主要有双 J 酸和猩红酸等。这类偶合组分的两个羟基的邻位都是重氮盐正离子进攻的位置，但其中一个位置被重氮盐进攻后，另一个位置的亲电偶合能力就会减弱。该类型的染料举例如下：

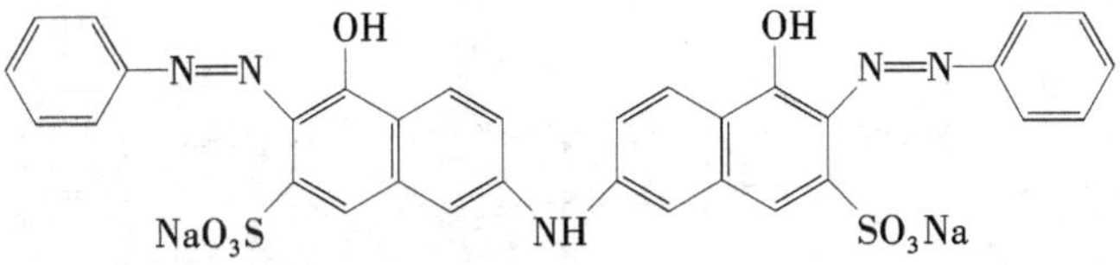

直接艳红 12B（C. I. 直接红 31）　　　　日晒　　　　2 级

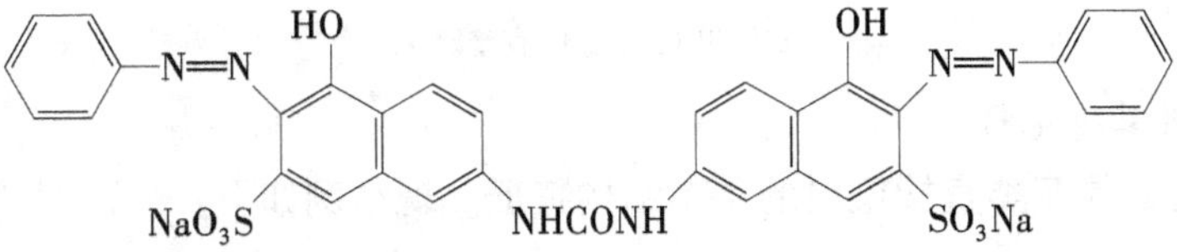

直接橙 S（C. I. 直接橙 26）　　　　日晒　　　　3 级

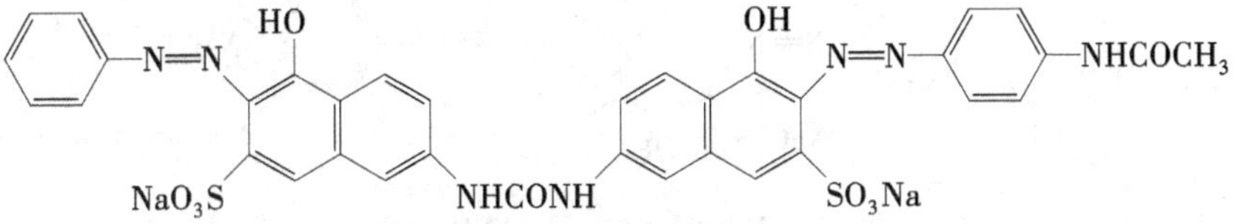

直接耐晒大红 4BS（C. I. 直接红 23）

3. 先合成含有氨基的单偶氮染料，再用光气等缩合成二偶氮类或多偶氮类染料

这类直接染料的分子中大多具有类猩红酸结构，即碳酰二亚胺结构的形式。例如：

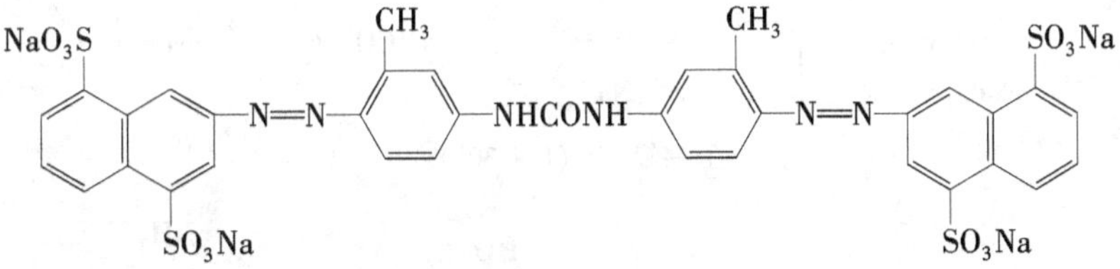

直接耐晒黄 RS（C. I. 直接黄 50）

Sirius 黄 GC（C. I. 直接黄 44，29000）

4. 分子中具有贯穿的共轭体系的直接染料

共轭体系贯穿于整个染料分子的始终。分子中具有庞大的共轭体系。例如：

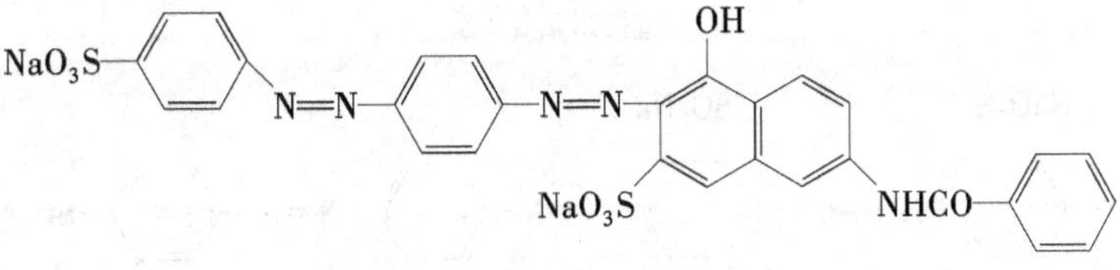

直接耐晒红 4B（C. I. 直接红 8）

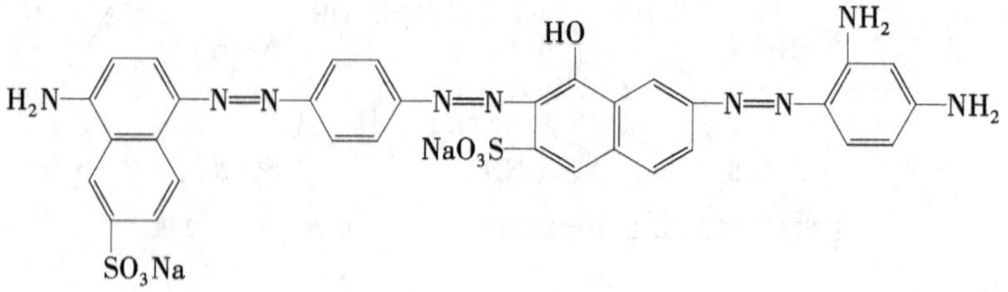

直接黑 FF（C. I. 直接黑 9）

5. 多偶氮类直接染料

一般都具备二偶氮类直接染料的基本结构特征。现举例如下：

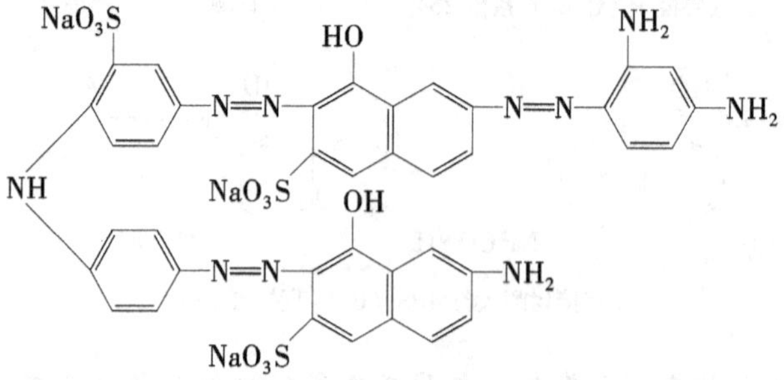

直接黑 M（C. I. 直接黑 150）

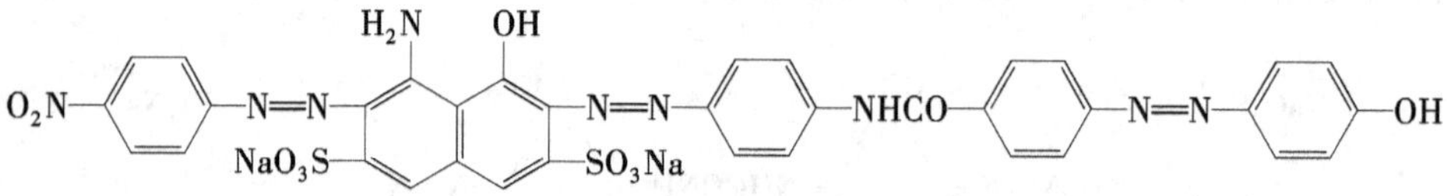

直接绿 NB（C. I. 30295）

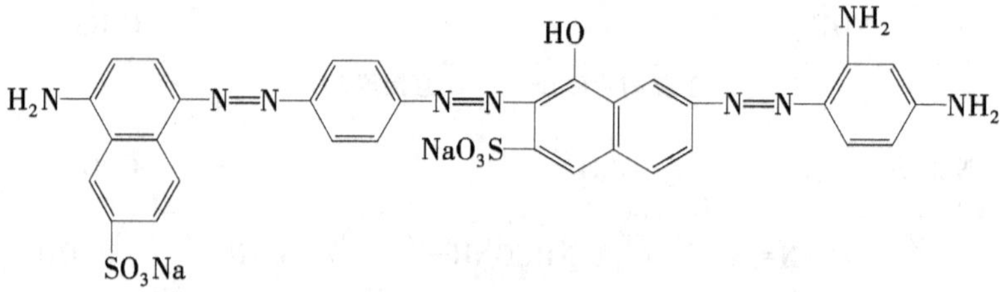

直接黑 FF（C. I. 31560）

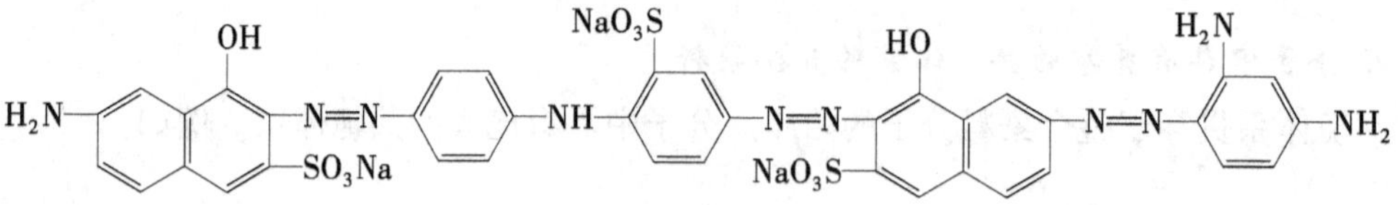

直接耐晒黄 RS

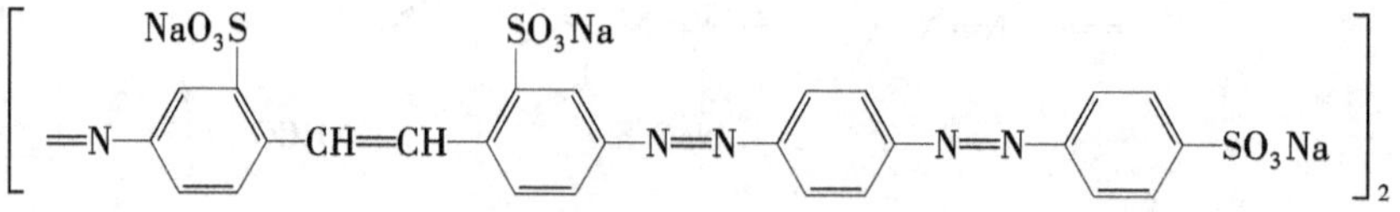

直接耐晒橙 GGL（C. I. 40215）

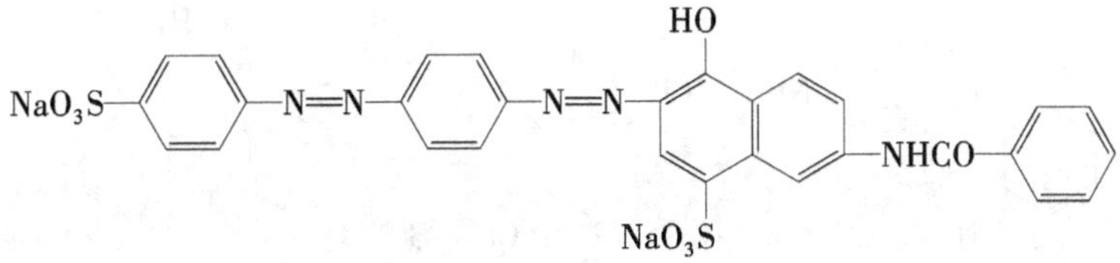

直接耐晒红 4B（C. I. 28160）

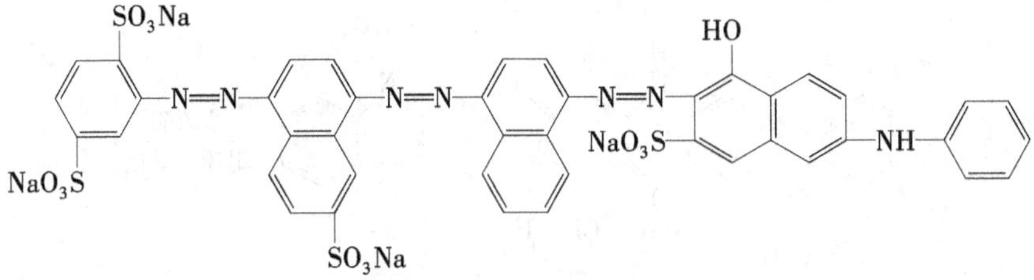

直接天蓝 G（C. I. 34200）

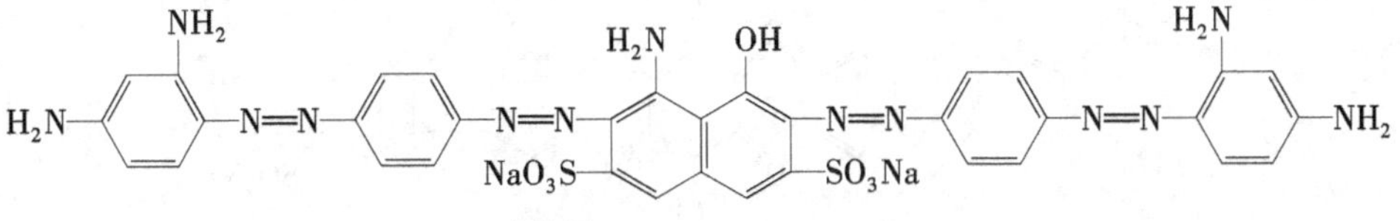

直接黑 L—3BQ（C. I. 35255）

第三节　其他类型的直接染料

直接染料除了偶氮类以外，还有其他类的染料，如二噁嗪类染料、酞菁类染料、直接铜盐染料、直接含铜染料以及直接重氮染料等。现介绍如下：

一、二噁嗪染料

一般是比较鲜艳的蓝色，耐光色牢度好，但耐水洗色牢度差。例如：

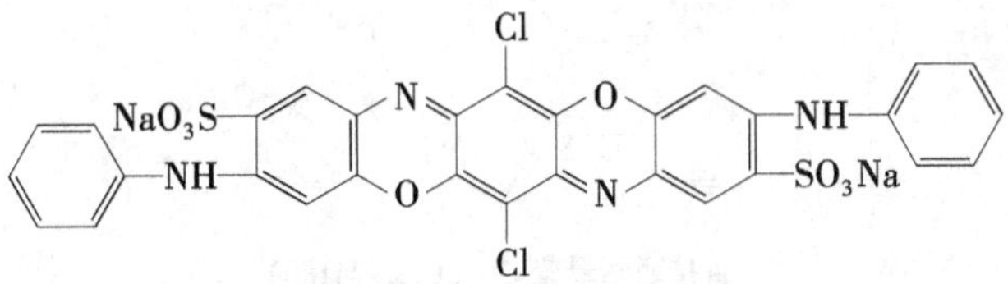

直接耐晒艳蓝 FF2G（C. I. 51300）

这类染料是将 2,3,5,6-四氯苯醌和相应的芳胺缩合，再经硫酸闭环而成的。例如，直接耐晒蓝 FFRL 的合成过程如下所示：

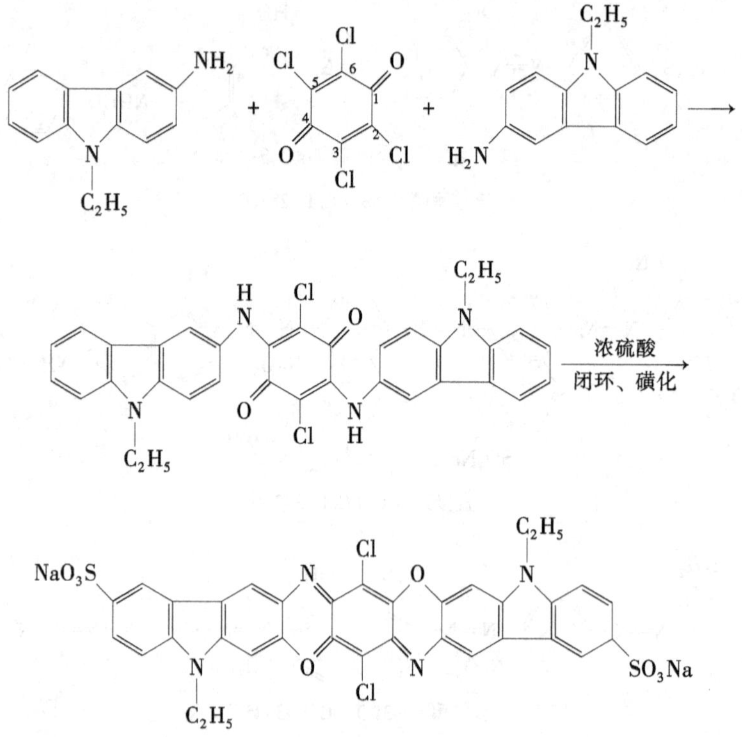

直接蓝 FFRL

二、酞菁系直接染料

主要是铜酞菁的衍生物形式，颜色鲜艳纯正，耐晒色牢度优异。例如：

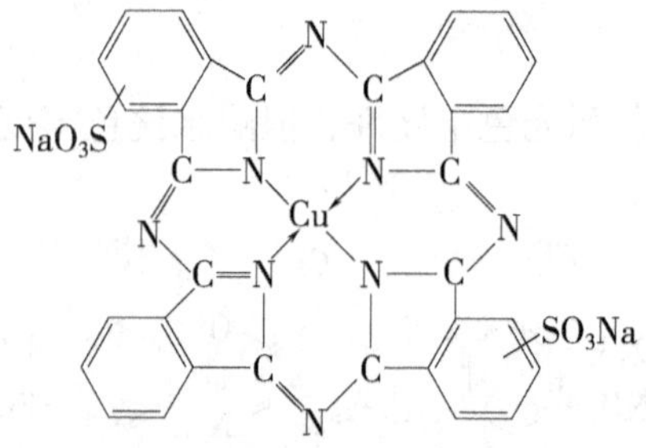

直接耐晒翠蓝 GL（C. I. 74180）

由于酞菁染料属于非线性平面结构，对纤维的直接性低，故上染速率和上染率低。

三、直接铜盐染料

直接铜盐染料是染色后需要进行铜盐后处理才能得到最佳牢度的直接染料。这类染料的特征是在偶氮基两侧的邻位有配位基，或在染料分子的末端具有水杨酸结构，具体结构通式如下：

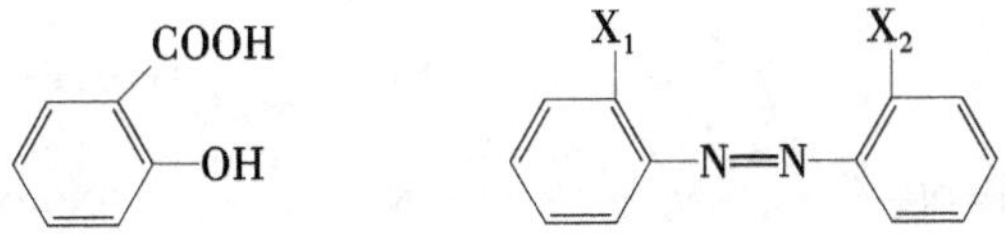

X_1 为—OH，X_2 为—OH、OCH$_3$、—COOH、—OCH$_2$COOH 或—OC$_2$H$_5$

常见的直接铜盐染料有：

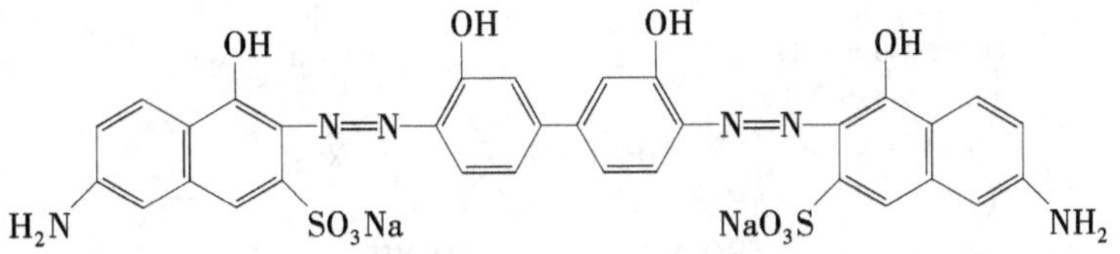

直接铜盐蓝 2RL（C. I. 23165）

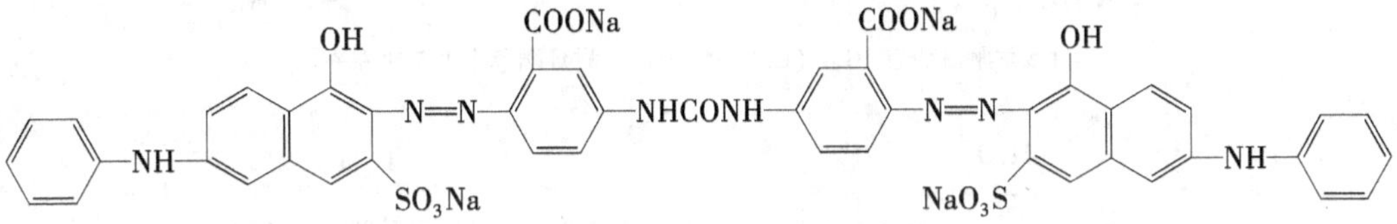

直接铜盐紫 3RL（C. I. 25355）

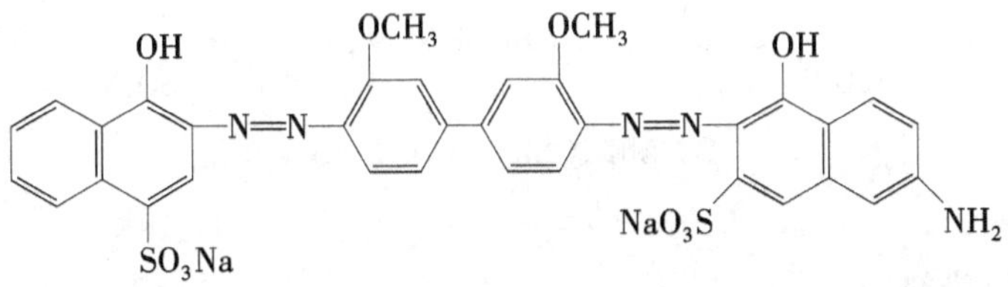

直接铜盐 2R（C. I. 24175）

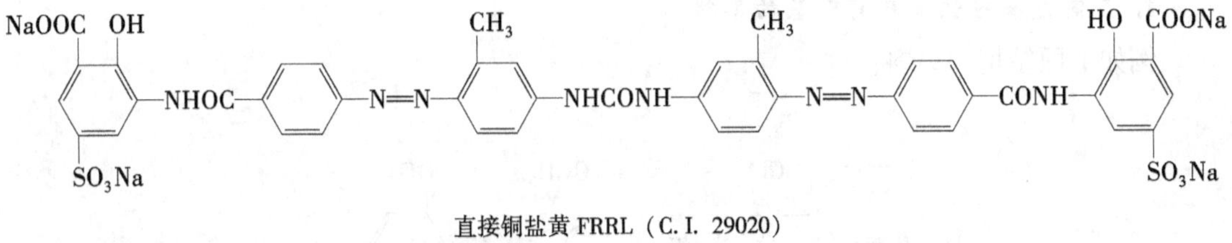

直接铜盐黄 FRRL（C. I. 29020）

这些直接铜盐染料染色后，采用硫酸铜溶液处理，二价铜离子的四个配位体一部分由直接铜盐染料提供，一部分由纤维提供，二价铜离子在直接染料与纤维之间起到连接桥基的作用，铜盐处理后染色物的颜色转深变暗，耐水洗色牢度和耐日晒色牢度都会得到改善。

四、直接含铜染料

有的直接染料在染色前与铜络合后，形成直接含铜染料。例如：

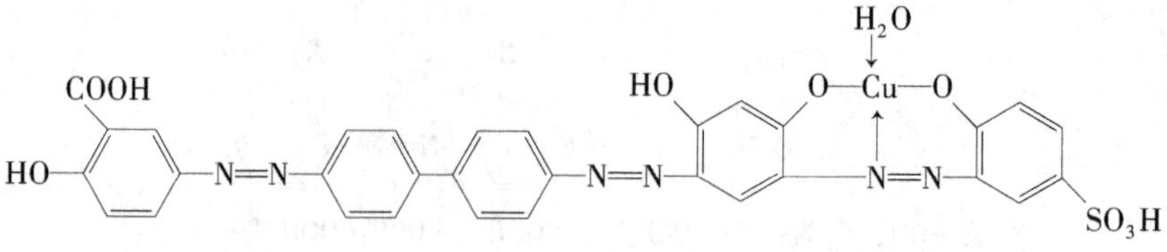

直接耐晒棕 BBR

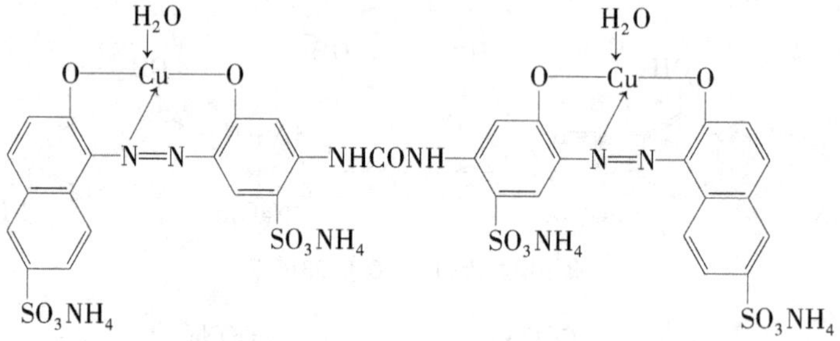

直接耐晒红青莲 RLL （C. I. 25410） 耐日晒色牢度 7 级左右

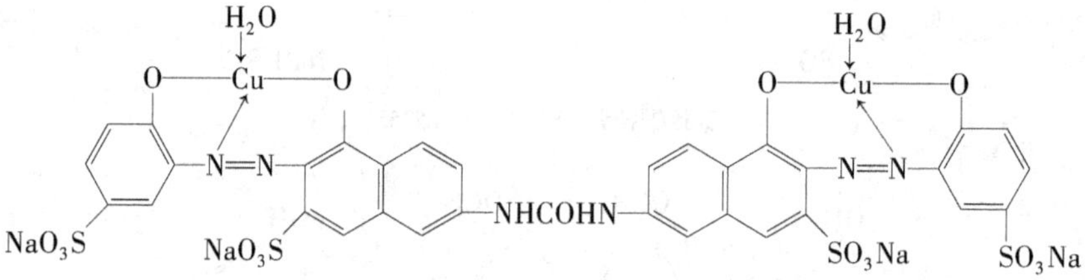

直接耐晒紫 2RLL （C. I. 29225）

五、直接重氮染料

1. 在偶氮基对位上具有氨基的染料

例如下面结构的染料：

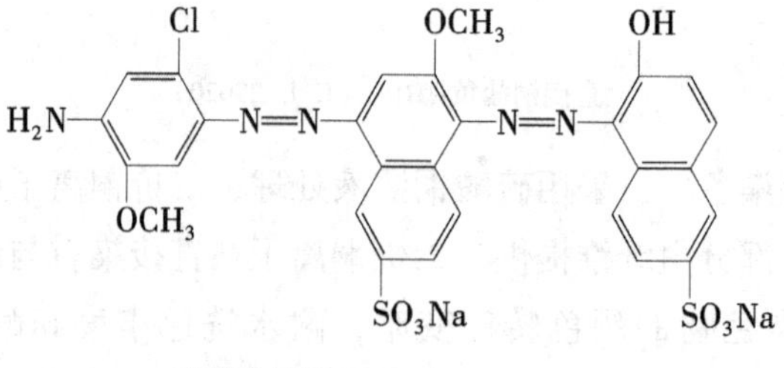

直接重氮蓝 BBLS （C. I. 27115）

2. 在染料分子末端具有间二氨基苯或氨基萘酚结构的染料

例如，下面结构的染料：

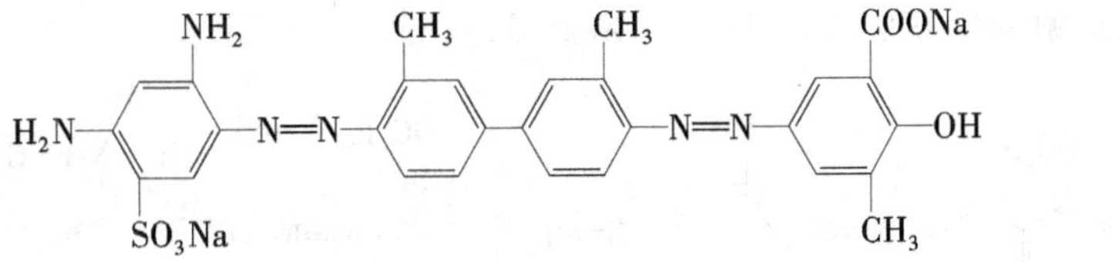

直接重氮橙 GG（C. I. 23365）

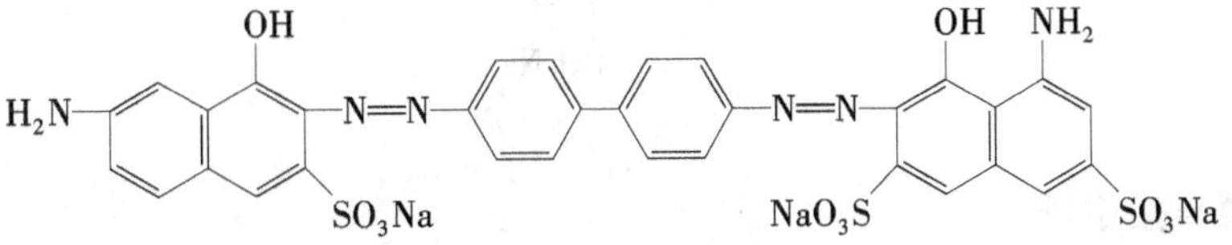

直接重氮黑 BH（C. I. 22590）

　　直接重氮染料染色后，再经过重氮化，与不具有水溶性基团的偶合组分进行偶合，可以增大染料的相对分子质量，增大疏水性的脂肪长链，降低水溶性基团的含量，从而提高染色物的耐水洗色牢度。

第四节　直接染料按染色性能分类

　　直接染料从结构上来说，主要是偶氮类，其次是二噁嗪类、酞菁类、直接铜盐染料和直接含铜染料。不同结构的直接染料其染色性能不同，按照染色性能主要分为 A 类、B 类和 C 类三种：

一、A 类直接染料

　　A 类直接染料的相对分子质量小，分子中水溶性基团的相对含量高，水溶性好，直接性差，扩散性和移染性好，匀染性好，但染色产品的湿牢度差。染色过程中食盐的作用不明显，平衡上染百分率随着温度的升高而降低。因此染色温度不易太高，一般在 70~80℃染色即可。适合染浅色。A 类染料习惯上称为匀染型染料，如直接冻黄 G（C. I. 直接黄12），其结构如下：

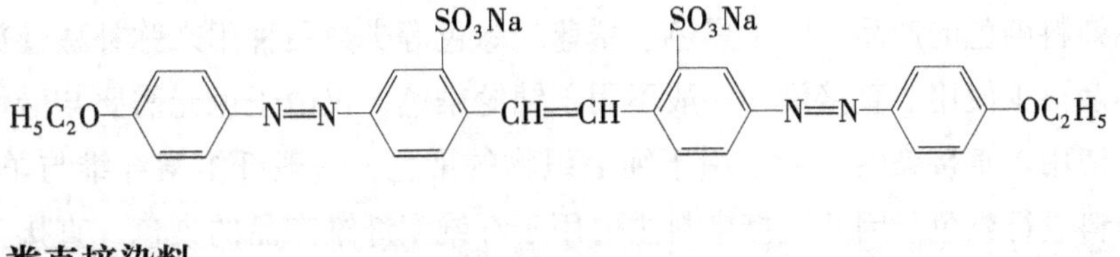

二、B 类直接染料

　　B 类直接染料介于 A、C 两类直接染料之间。分子结构比较复杂，扩散性较差，匀染性较差，移染性较差，而食盐等的促染效果显著，可以通过控制促染剂的用量和加入的时间达到提高上染百分率和匀透的效果，染色温度一般在 80~90℃。B 类染料又称为盐效应染料，如直接耐晒绿 BB（C. I. Direct Green 33），其结构如下：

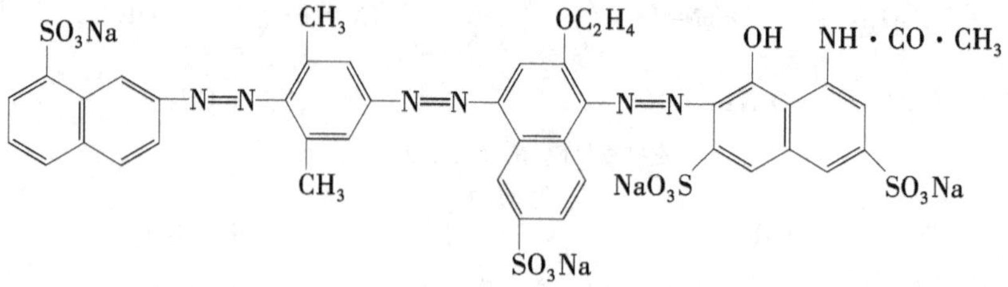

三、C 类直接染料

C 类直接染料的分子结构复杂，对纤维的亲和力高，水溶性基团的相对含量低，水溶性差，直接性高，扩散性和移染性差，匀染性差，但染色产品的湿牢度高。染色时需要借助于较高的温度，提高染料在纤维内部的扩散速率、移染性和匀染性。在实际染色时，上染百分率一般随着温度的升高而增加，但起染的温度不能太高，升温的速率不能太快，否则容易产生不匀不透的现象。C 类染料又称为温度效应染料，如直接黄棕 D3G（C. I. Direct Brown1），其结构如下：

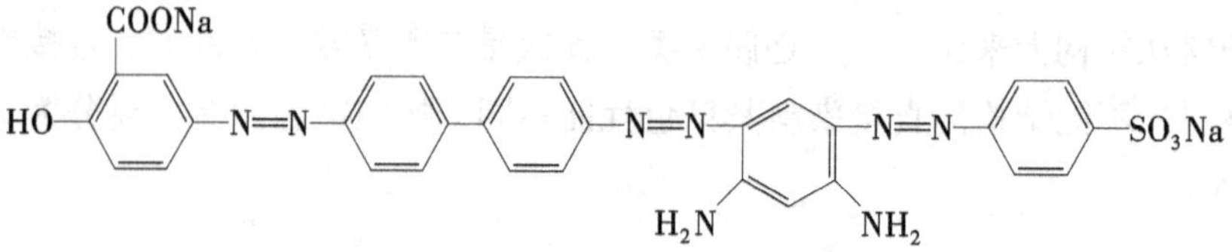

第五节　直接染料的染色

直接染料的分子结构特征主要用于纤维素纤维的染色和印花，一般适用于棉纱、针织品以及需要耐日晒而对耐湿牢度要求比较低的装饰织物如窗帘、汽车坐垫以及工业用布的染色，特别是深色品种。也可以用于蚕丝、锦纶以及羊毛等染色产品染色。蚕丝主要用酸性染料染色，用直接染料染色所得的蚕丝产品色泽不及酸性染料染色那样色光鲜艳，手感也不及酸性染料染色的产品，除了黑色、翠蓝、绿色等少数品种用来弥补酸性染料的色谱不足外，其余很少使用。直接染料一般不用于锦纶染色，仅由于色光需要与酸性染料或中性染料拼混使用。直接染料一般不用于纯毛织物的染色，一般纤维素纤维与羊毛混纺时，采用直接染料进行染色。因此直接染料主要用于纤维素纤维产品的染色。直接染料在纤维内的扩散遵循孔道扩散模型，符合 Freundlich 型吸附等温线。

有关直接染料与纤维素纤维之间的作用力目前有三种学说：第一种是范德瓦耳斯力学说；第二种氢键学说；第三种是直接染料在纤维内部聚集的学说。究竟哪种学说起主要作用，主要与直接染料的具体结构有关。但都是染料与纤维分子间力在起主要作用，其中一种力起主要作用的同时，另一种力或两种力也在起一定的作用。

纤维素纤维是在直接染料的中性或碱性溶液中进行染色的，此时直接染料的色素离子带有负电荷，纤维表面也带有负电荷，染料的色素阴离子是不断克服库仑斥力所产生的能阻，进入范德瓦耳斯力起主要作用的范围之内，借助于范德瓦耳斯力将染料的色素阴离子吸附在纤维的表面并进一步扩散进入纤维的无定形区，完成上染。

此时，向染液中加入食盐等中性电解质。氯负离子受到纤维表面的排斥，钠正离子受到纤维表面的吸引，依靠钠正离子对纤维表面负电荷的遮蔽作用，降低纤维表面负电荷对染料色素阴离子的排斥作用，降低染料向纤维表面转移的能阻，从而增进染料上染，可以提高染料的上染百分率。食盐的这种增进染料上染百分率的作用叫促染。其上染机理示意如图7-1所示。

食盐等电解质的用量取决于染料的水溶性，水溶性基团的数目越多，加入电解质的量就越多。一般为20~50g/L。同时为了控制单分子分散状态的染料被纤维表面吸附的速率，防止产生环染或白芯现象，食盐等促染剂最好分批加入。

在含有食盐电解质的中性或碱性染液中上染纤维素纤维时，绘制距纤维表面不同距离时，纤维表面各种离子浓度以及电位的变化情况，如图7-2所示。

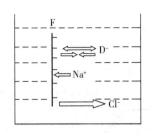

图7-1　直接染料上染纤维素纤维的机理
以及食盐电解质所起的作用

F—纤维　D—直接染料的色素阴离子

Na^+—外加食盐电离的钠正离子

Cl^-—外加食盐电离的氯负离子

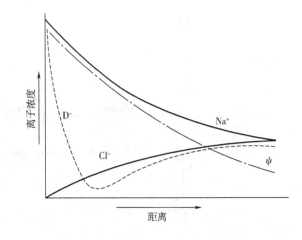

图7-2　纤维/水界面附近的离子分布和电位示意图

从图7-2中可以充分验证上述直接染料上染纤维素纤维的机理以及食盐电解质在染色过程中所起的作用、作用离子及其作用的机理。下面主要介绍一下直接染料的染色工艺。

直接染料应用于散纤维、纱线和织物的染色，主要采用浸染工艺。应用于机织物主要采用连续轧染工艺。

一、浸染

染液的组成主要有染料、纯碱、食盐或元明粉。染色时染料先用温水调成奖状，然后用热水溶解，将染料稀释为染色所需的染液量。加入纯碱的目的是为了将染浴调成弱碱性，40℃以上开始染色，然后逐渐升温至染色所需的温度，继续染色30~60min，然后进行固色等染色后处理。其工艺流程、工艺处方以及工艺曲线如下：

1. 工艺流程

上染→水洗→烘干

2. 工艺处方

染料	X（owf）
食盐等电解质	20~50g/L
浴比	1：（30~40）

3. 染色工艺曲线

A 类

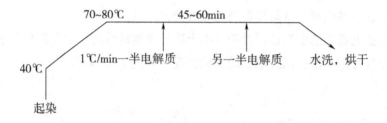

B 类

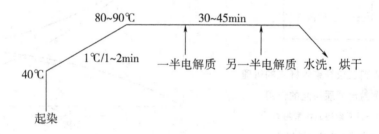

C 类

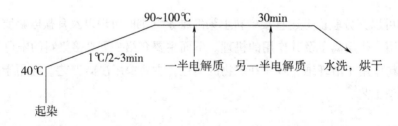

直接染料染色通常采用 B 类和 C 类进行染色，采用 A 类染色时通常需要固色处理。
影响直接染料染色的因素主要有染色的温度、升温的速度、定温染色的温度、定温染

色的时间以及电解质的用量和加入方法。这在第五章中已经加以论述，此处无需赘述。

二、连续轧染

直接染料应用于机织物的染色主要采用连续轧染工艺。其工艺流程为：

浸轧染液 [染料 X（owf），纯碱或磷酸三钠 $0.5 \sim 1.0\mathrm{g/L}$，润湿剂 $2 \sim 5\mathrm{g/L}$，两浸两轧，轧液率 $70\% \sim 80\%$；温度 $40 \sim 80℃$] →汽蒸（$101 \sim 105℃$，$40 \sim 60\mathrm{s}$）→水洗→固色处理（固色剂 Y，冰醋酸或硫酸铜，冰醋酸或铬盐等）→ 烘干

也可以采用轧堆工艺，即浸轧染液后不经过汽蒸，而是打卷，在卷轴缓慢转动的情况下搁置一定时间，再进行染色后处理。

由于直接染料通常用于棉纱的染色，所以经常采用浸染工艺。

三、直接染料染色的缺点及解决办法

直接染料由于是水溶性染料，因此染色物的耐水洗色牢度比较差。通常可以采用以下方法改善其染色物的耐水洗色牢度。

1. 金属盐后处理

对于分子具有与二价铜离子形成络合结构的配位基的直接染料即直接铜盐染料可以采用硫酸铜溶液处理。其工艺处方及条件如下：

醋酸	$5 \sim 15\mathrm{g/L}$
硫酸铜	$5 \sim 20\mathrm{g/L}$

$70℃$处理 $20 \sim 30\mathrm{min}$，然后在 $60℃$下皂洗 $30\mathrm{min}$，再水洗和烘干。

其中醋酸主要为了保持溶液处于弱酸性的条件，强酸性条件下会导致纤维素纤维的水解，碱性条件下会使二价铜离子形成沉淀。直接染料染色物经过二价铜盐处理后，有一部分配位体是由染料提供，有一部分配位体是由纤维提供，因此，二价铜离子在染料和纤维之间起着架桥的作用，提高了染色物的耐水洗色牢度。如果直接染料分子中水溶性基团如羧基参与络合，效果会更明显。与此同时染色物的耐日晒色牢度也得到了改善。

2. 阳离子型的固色剂处理

所有的直接染料染色后都可以采用阳离子型的固色剂处理。阳离子型固色剂通常采用的是季铵盐，其固色条件如下：

固色剂	$12 \sim 30\mathrm{g/L}$
醋酸	$2\mathrm{mL/L}$
pH	$5.5 \sim 6$
温度	$40 \sim 60℃$
浸渍	$20 \sim 30\mathrm{min}$，然后烘干

该溶液采用醋酸的作用就是为了防止固色剂在碱性条件下析出游离胺，导致固色剂失效。阳离子型的固色剂处理的机理一般是由于直接染料分子中含有磺酸基或羧基

等水溶性的阴离子基团，它们会和阳离子型固色剂产生库仑引力结合，相当于封闭水溶性基团，增加染料分子的疏水性部分，降低染料的水溶性，从而提高染色物的耐水洗色牢度。

3. 重氮化后再偶合

这类直接染料的分子中应具有能重氮化的伯胺基，相对分子质量一般较小，容易对纤维上染，染色后在纤维上进行重氮化，再用不含有水溶性基团的偶合组分如吡唑啉酮等进行偶合，相当于增大了染料的相对分子质量，降低了水溶性基团的相对含量，从而提高染色物的耐水洗色牢度。吡唑啉酮的结构如下：

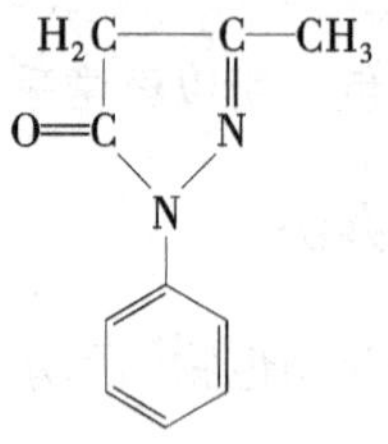

☞ **练习题**

1. 简述直接染料分子最基本的结构特征。
2. 简述直接染料的结构类型。
3. 简述直接染料与纤维素纤维织物之间的染色适应性。
4. 直接染料按染色性能可分为哪几类？
5. 简述直接染料固着在纤维素纤维织物上的作用力。
6. 请写出 A 类、B 类和 C 类直接染料浸染染色的工艺曲线，并标明有关的工艺参数。
7. 简述食盐电解质在直接染料染色中的作用、作用机理及其作用的离子。
8. 简述直接染料连续轧染的工艺流程，并叙述各个工序的目的和作用。
9. 简述直接染料染色的缺点及解决的办法。

第八章　不溶性偶氮染料

第一节　引言

不溶性偶氮染料又称为冰染染料，是一类在冰冷却条件下，在织物上生成的不溶于水的偶氮染料，最早于 1880 年由英国人霍利代发明。直到 1912 年德国 Criesheim-Elektron 公司生产出色酚 AS 以后，霍利代等最先用 2-萘酚为偶合剂，用 1-萘胺、苯胺、对硝基苯胺、3,3′-二甲氧基联苯胺等芳伯胺的重氮盐作为重氮剂合成了几种颜色的染料。

不溶性偶氮染料主要用于纤维素纤维的染色和印花，尤其在印花方面应用最多。该类染料价格低廉，色泽鲜艳，色谱齐全，以橙、红、酱红、蓝、棕、黑为主，其中尤以橙、红、酱红、蓝、棕等浓色为主，特别是大红色十分浓艳，但色泽中缺少鲜艳的绿色。适合于染浓色，不适合于染淡色，染淡色覆盖率差。有些橙、红、酱红、棕色的耐日晒色牢度可以达到 6 级以上，耐水洗色牢度很高，但一般耐摩擦色牢度低，不耐氧漂，染色牢度不及还原染料。耐日晒色牢度随染色浓度的降低而下降很多。工艺复杂。在强碱条件下染色。很少用于蛋白质纤维和合成纤维。

不溶性偶氮染料是由无水溶性基团的偶合组分与芳伯胺的重氮盐在纤维上偶合成的不溶于水的偶氮染料，从而实现对纤维的染色。由于芳伯胺重氮化时以及与偶合剂进行显色时要用冰冷却，所以又叫冰染料。最常用的偶合剂色酚的英文名称为 Naphtol，所以又叫纳夫托染料。

偶合组分通常为酚类，需要在强碱条件下转变成溶于水的酚类钠盐，称为打底液；酚类的钠盐上染之后的纺织品称为打底之后的纺织品。重氮组分芳伯胺需要重氮化后转变成溶于水的重氮盐，称为显色剂。打底之后的纺织品需要用冰冷的芳伯胺重氮盐进行显色，在纤维织物上完成偶合反应，生成不溶性偶氮染料。

因此不溶性偶氮染料的染色过程主要分为色酚钠盐的打底、重氮盐显色、水洗皂煮水洗三个过程。要了解不溶性偶氮染料，就要认识常用的偶合组分和重氮组分。

第二节　偶合组分的结构

不溶性偶氮染料常用的偶合组分主要有色酚 AS 类（邻羟基芳甲酰芳胺类）和色酚AS-G 类（乙酰乙酰芳胺类）。

一、邻羟基芳甲酰芳胺类

主要指色酚 AS 类，色酚 AS 类主要是 2-羟基萘-3-甲酰芳胺及其衍生物。色酚 AS 的结构如下：

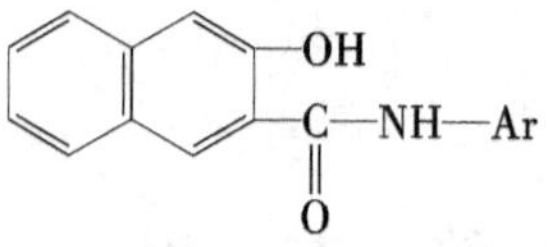

色酚 AS

其中 Ar 大多为苯环，极少数为萘环。分子中不含有水溶性基团，在强碱条件下转变成溶于水的对纤维具有亲和力的色酚钠盐。重氮盐偶合的位置为羟基的邻位。上述两个过程可以表示如下：

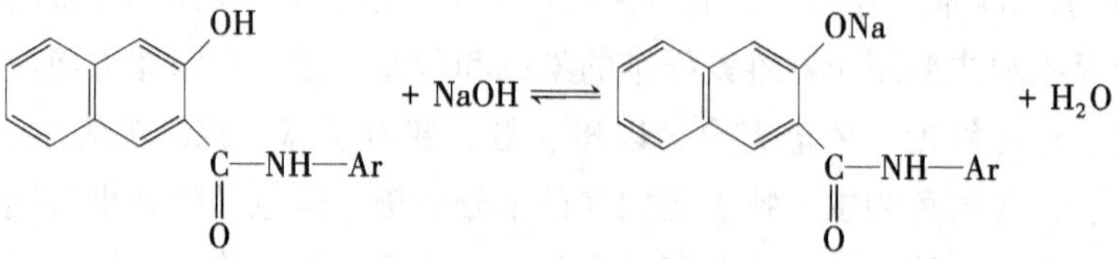

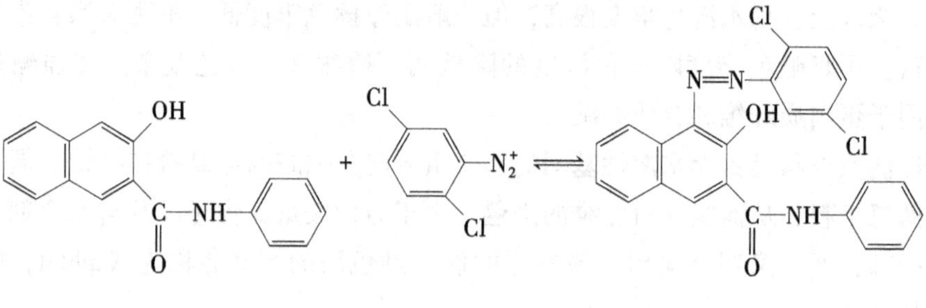

常见的色酚 AS 及其衍生物的结构与偶合的大致位置如下：

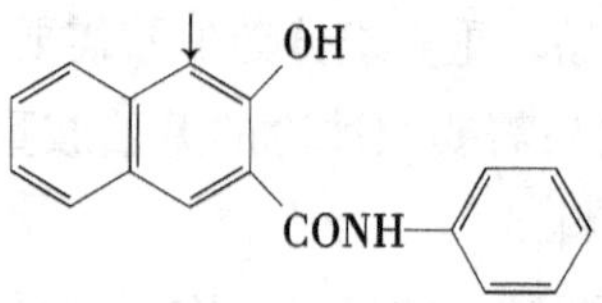

色酚 AS

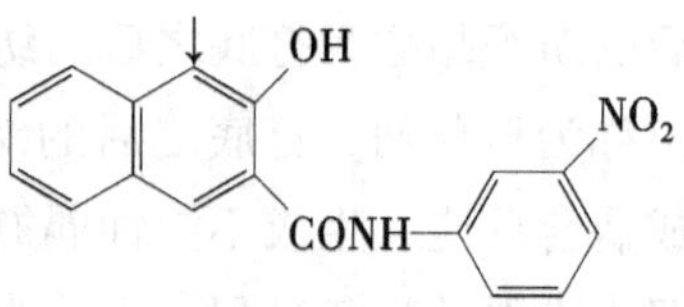

色酚 AS-BS

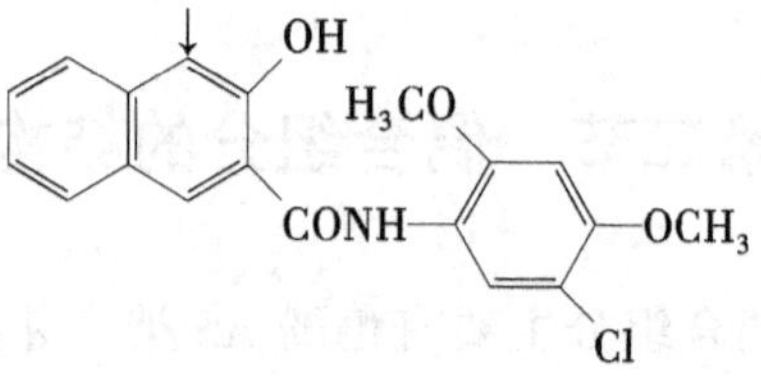

色酚 AS-ITR

下面的色酚 AS 类的衍生物，偶合位置也在羟基的邻位。

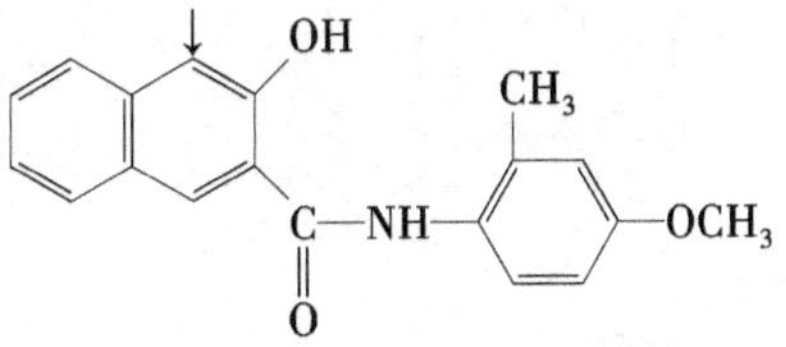

色酚 AS-LT 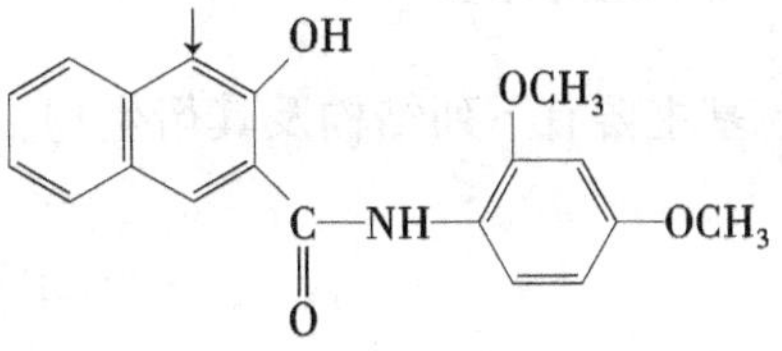   色酚 AS-BG

除此之外，还有含蒽环、呋喃环和咔唑环的邻羟基芳甲酰芳胺类，其偶合位置也在羟基的邻位，如下所示。

（1）含蒽环的邻羟基芳甲酰芳胺类。例如色酚 AS-GR 与蓝色基 BB，都可以得到蓝光绿色。其结构如下：

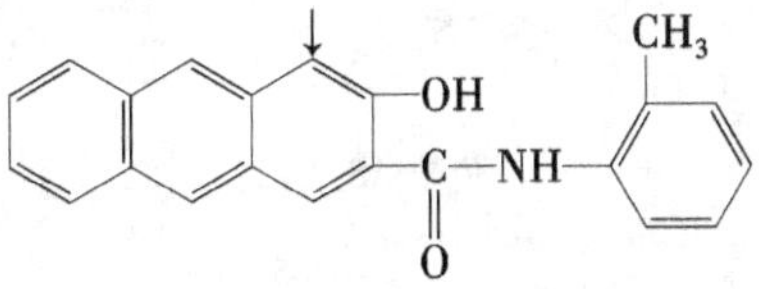

色酚 AS-GR

（2）含呋喃环邻羟基甲酰芳胺。例如 2-羟基苯并呋喃-3-甲酰芳胺，主要用于染棕色。

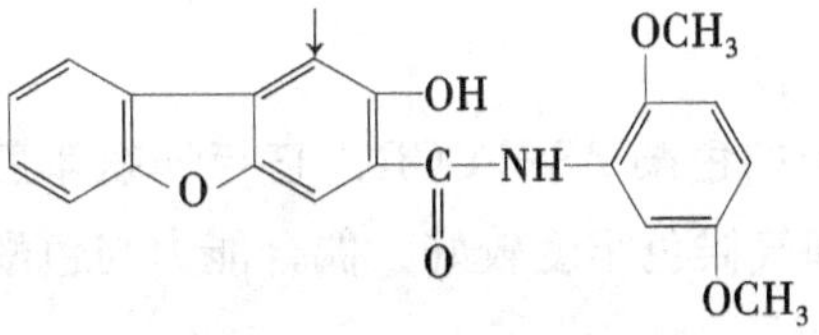

色酚 AS-BT

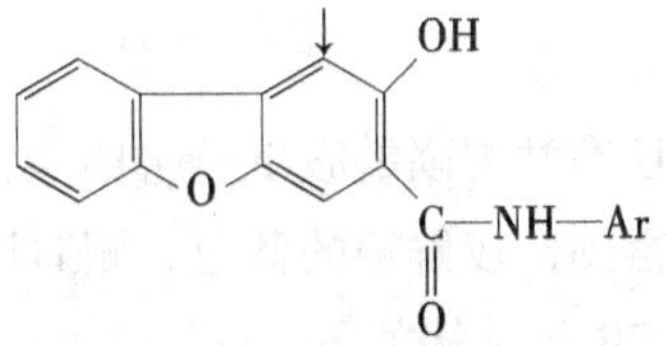

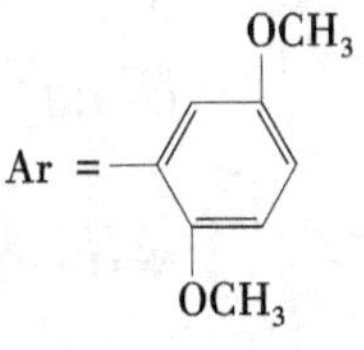

色酚 AS-BT 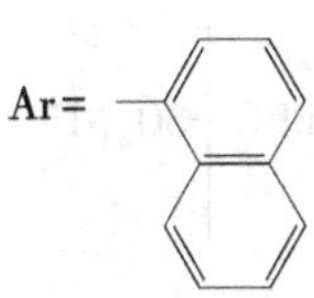   色酚 AS-KN

（3）含咔唑环的邻羟基甲酰芳胺色酚。如主要染黑色的色酚 AS-SG、AS-SR 等。

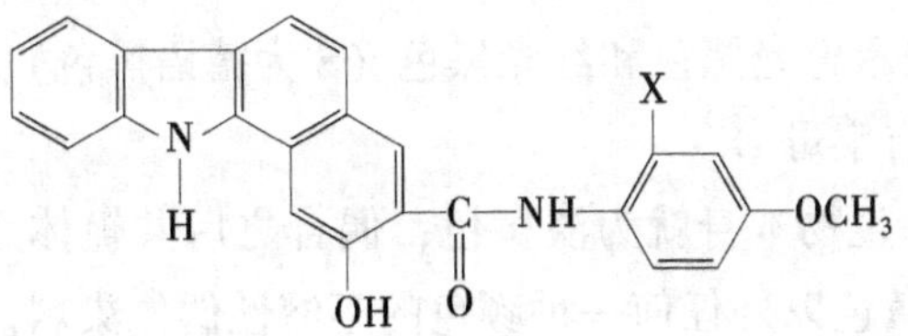

X 为—H   色酚 AS-SG

X 为—CH₃   色酚 AS-SR

二、乙酰乙酰芳胺类

这类色基主要有下列结构及其衍生物：

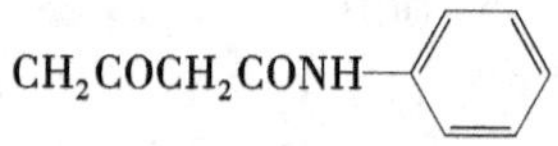

$$CH_2COCH_2CONH \text{—} \bigcirc$$

色酚 AS-G 及其衍生物应用广泛，对纤维素纤维的亲和力较强，但生成的染料耐日晒色牢度较差。偶合能力较强，偶合的位置为结构中活泼的亚甲基。

常见的色酚 AS-G 类衍生物的结构如下：

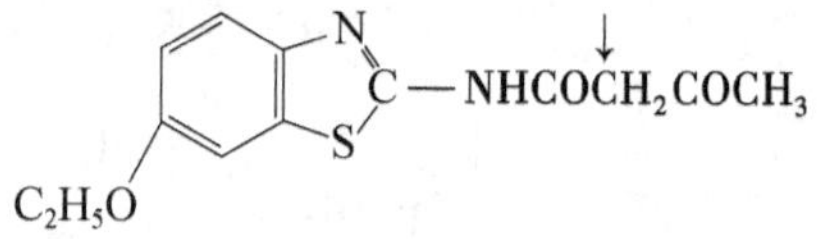

色酚 AS-L4G

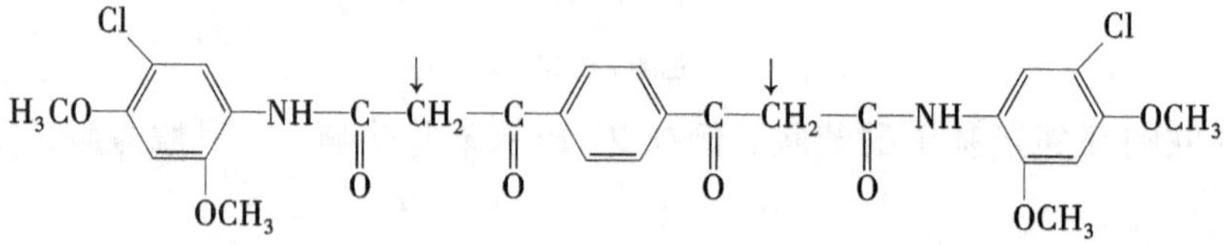

色酚 AS-LG

此外，还有酞菁磺酰胺吡唑啉酮类。例如色酚 AS-FGGR，它与邻氯苯胺等色基重氮盐偶合，可得到比较鲜艳的蓝色，耐日晒和气候色牢度较好，偶合能力与色酚 AS 类接近。色酚 AS-FGGR 的结构如下：

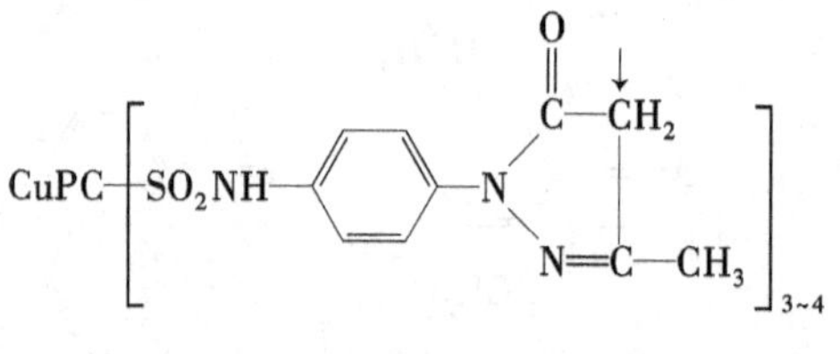

$$\left[CuPC \text{—} SO_2NH \text{—} \bigcirc \text{—} N \begin{smallmatrix} \\ \end{smallmatrix} \right]_{3\sim4}$$

色酚的名称中没有颜色的字样，在"色酚"的后面都加上"AS"；"AS"后面的字母有代表它们主要适用于染得的某种颜色或牢度的含义；例如色酚 AS-TR 主要用于染红色；色酚 AS-ITR 中 ITR 三个字母表示染色牢度可以达到所谓的阴丹士林级的土耳其红；色酚 AS-SG 和 AS-SR 分别表示青光黑色和红光黑色（S 为德语黑色）；酰基乙酰胺类都适合于染黄色，在尾注中都带有字母 G。

由于色酚 AS 及其衍生物本身就为淡黄色，偶合之后共轭体系增加，颜色加深，因此该偶合剂可以合成除了黄色以外任何一种颜色的不溶性偶氮染料。而色酚 AS-G 类主要用来合成不同色光的黄色染料，以弥补色酚 AS 作为偶合剂色谱不全的不足。为了更好地使用偶合组分，需要了解色酚的性质。

第三节 偶合组分的性质

一、溶解性

色酚的酸性很弱,只有在强碱的条件下才能转变成溶于水的,对纤维具有亲和力的色酚钠盐,而且该反应是可逆的。打底时,烧碱的用量应适当过量。可以表示如下:

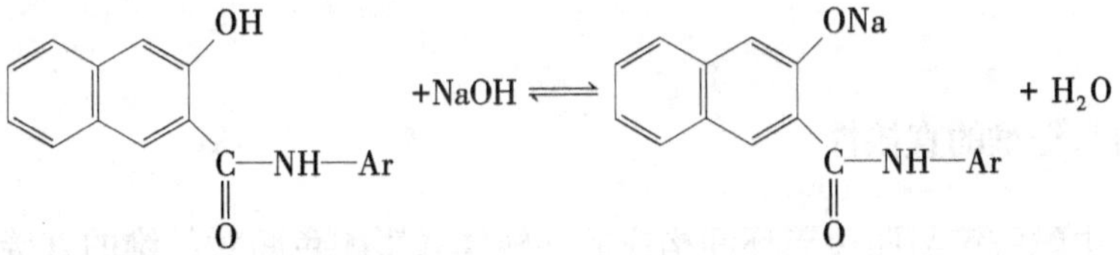

二、色酚钠盐的氧化

强碱条件下,光的催化作用会导致色酚钠盐被空气中的氧氧化,从而失去偶合能力。可以表示如下:

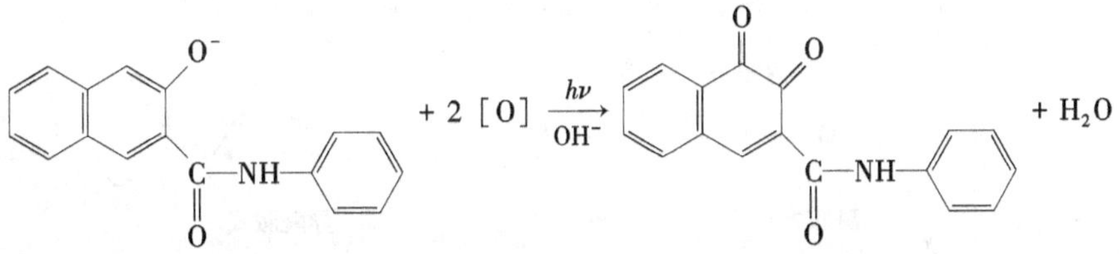

三、亚硝酸的 *N*-亚硝化

色基重氮盐中过量的亚硝酸会导致色酚发生羟基邻位的 *N*-亚硝化反应,使之失去偶合能力。而且亚硝化产物遇到金属离子,会生成棕色的物质。可以表示如下:

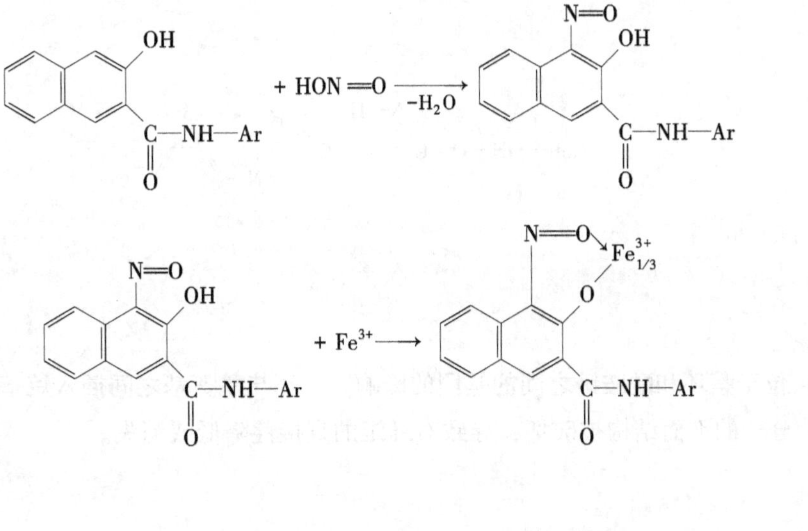

为了提高色酚钠盐的稳定性，可以在色酚打底液中加入甲醛，在羟基的邻位引入临时的羟甲基。显色时遇到重氮盐后，亚甲基脱去，重新恢复偶合能力。可以表示如下：

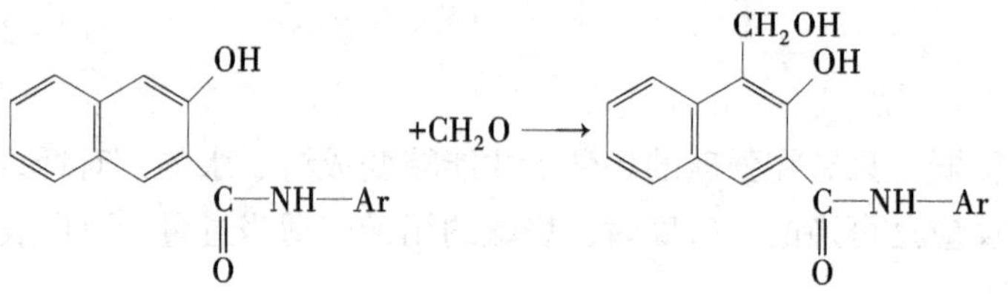

四、色酚与纤维的直接性

色酚分子中酰胺键与两边芳环间构成的共轭体系影响色酚对纤维的直接性。

（1）酰胺键具有不同的烯醇型互变结构，从而沟通了苯环与芳胺环之间的共轭体系，大大提高了吸附量。可以表示如下：

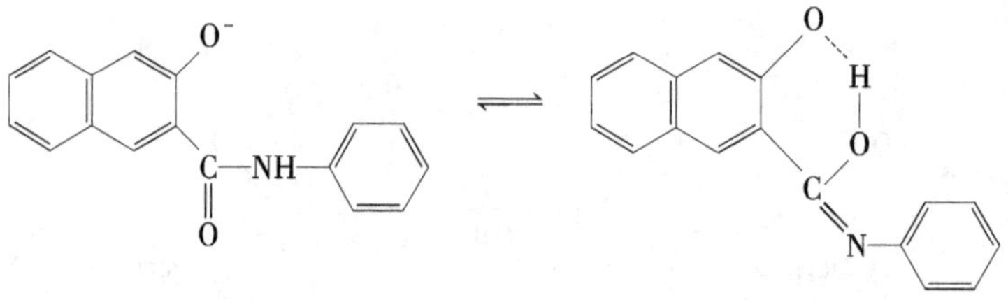

酰胺式　　　　　　　　　　　异酰胺式

（2）酰胺键存在烯醇式和酮式之间的互变异构，使共轭体系成为整体的共轭体系，水溶性基团为氧负离子，能与纤维素纤维中的羟基形成氢键，具有良好的直接性。可以表示如下：

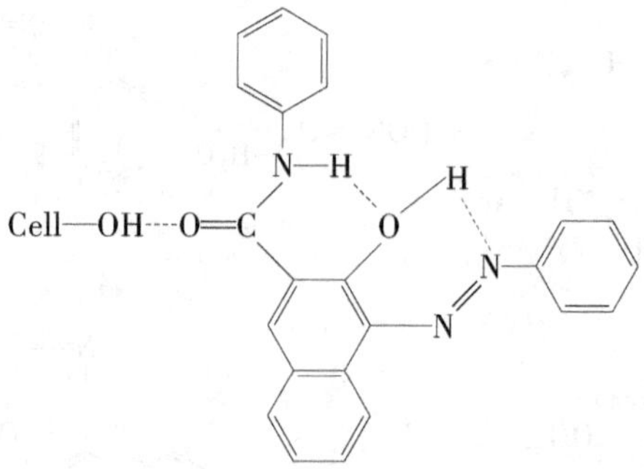

（3）位于萘环和酰胺键之间的基团的影响。萘环与酰氨基之间插入烷基，如下面结构所示，使分子的平面结构被破坏，导致对纤维的直接性降低或消失。

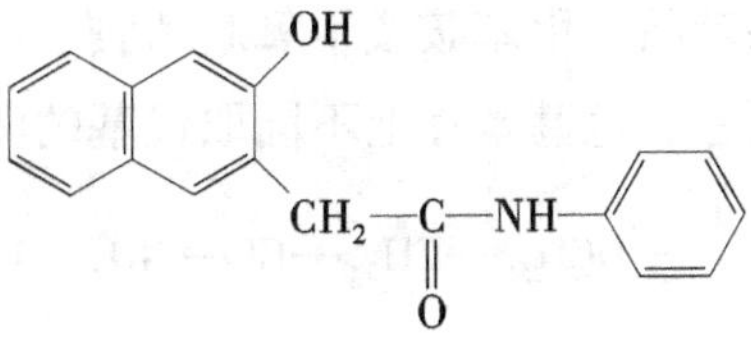

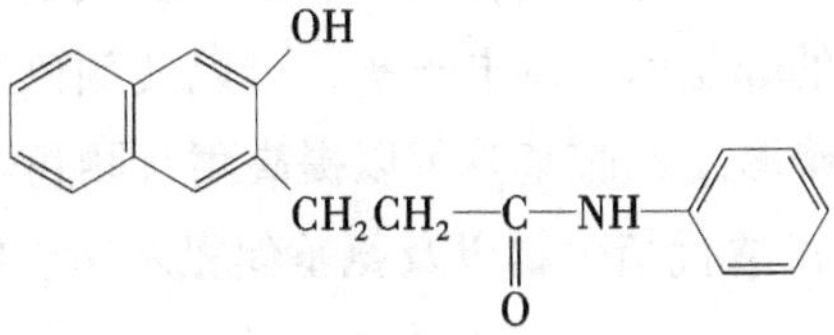

但是下面两个化合物，对纤维素纤维的直接性却有所提高。

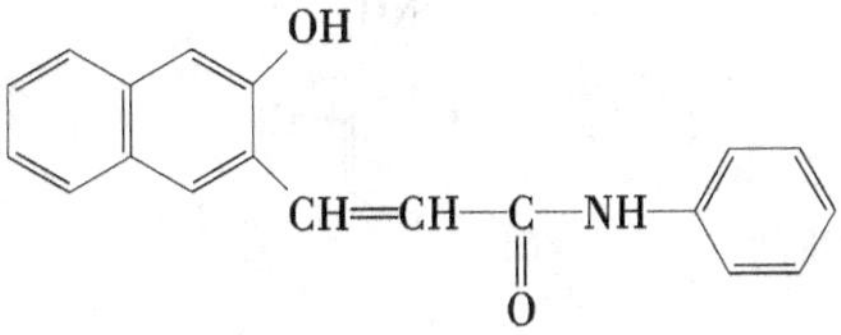

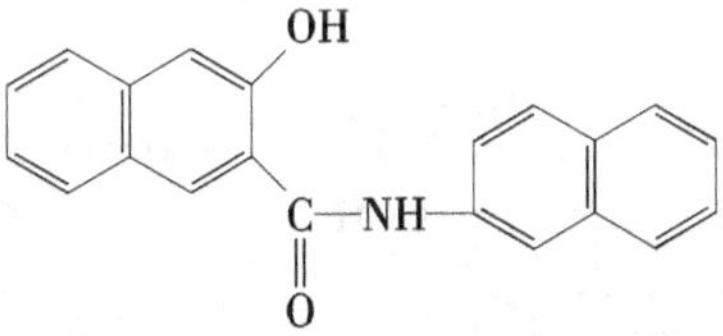

（4）芳香环的结构对其直接性的影响。2-羟基萘-3-甲酰芳胺衍生物的色酚对纤维的直接性随芳胺的不同而不同，苯环上引入—Cl、—OCH$_3$、—NO$_2$都可以增加直接性，对位取代基比邻位和间位的直接性高，对位引入氯原子比其他基团的直接性高。

芳胺为萘胺的色酚直接性比一般苯胺衍生物的直接性高。

蒽、呋喃环、咔唑环邻羟基芳甲酰芳胺类衍生物，具有较长的线性结构和复杂的共轭体系，直接性高。

酰基乙酰芳胺类的直接性一般较低，如果芳环把两个酰基乙酰芳胺结构连接起来，直接性也会有所提高。

第四节　重氮组分

不溶性偶氮染料的重氮组分一般以色基和色盐两种形式存在。

一、色基

色基是不溶于水的芳伯胺。带有氯原子、硝基、氰基、三氟甲基、芳胺基、甲砜基、乙砜基或磺酰氨基等取代基的苯胺、甲苯胺或甲氧基苯胺。

按照与色酚偶合生成的颜色，色基苯环上不同取代基的深色效应顺序如下：

$$—OCH_3>—CH_3>—Cl>—NO_2$$

色基中引入硝基会使生成的颜色发暗，引入氯原子或氰基可使色光鲜明，在氨基的间位引入吸电子基，或在氨基的邻位引入供电子基，可以使颜色鲜明，牢度提高。

引入氟甲基、乙砜基或磺酰二乙胺基等可以提高耐日晒色牢度。常用的色基主要有苯胺及其衍生物、对苯二胺的 *N* 取代衍生物以及氨基偶氮苯衍生物等，具体结构主要有以下几种。

1. 苯胺及其衍生物

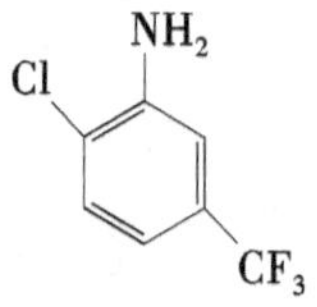

| 橙色基 RD | 大红色基 GG | 红色基 3GL |

| 红色基 KB | 红色基 RC | 红色基 ITR |

| 橙色基 GC | 大红色 | 红色基 B |

| 红色基 G | 枣红色基 GP | 紫色基 B |

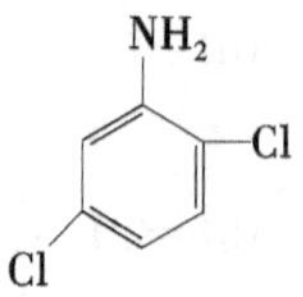

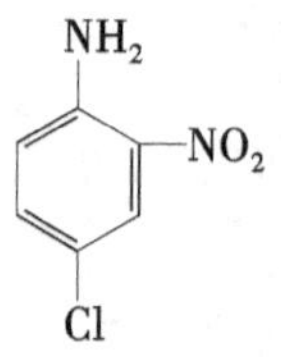

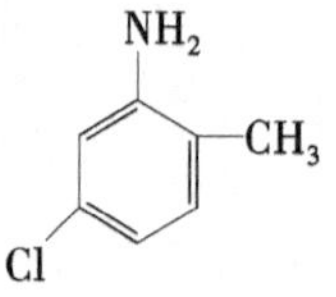

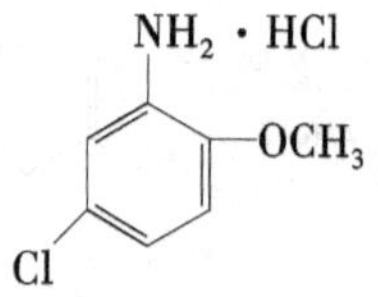

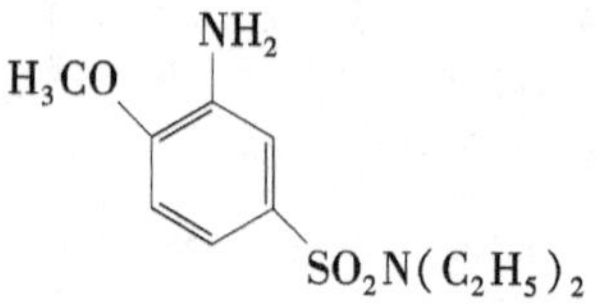

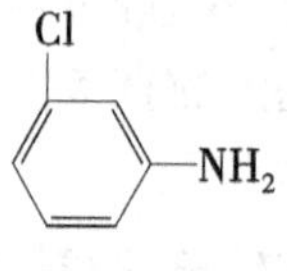

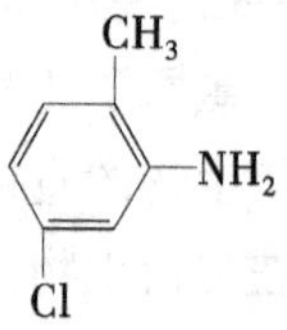

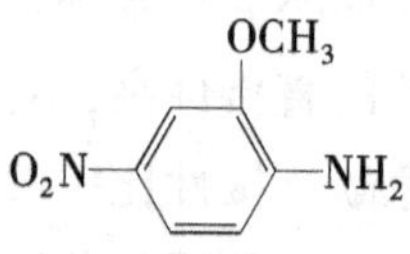

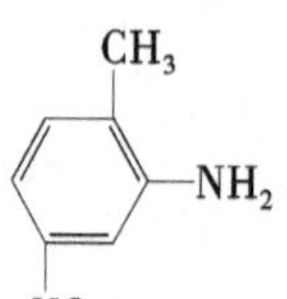

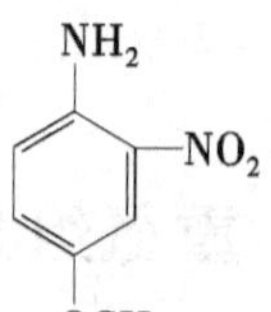

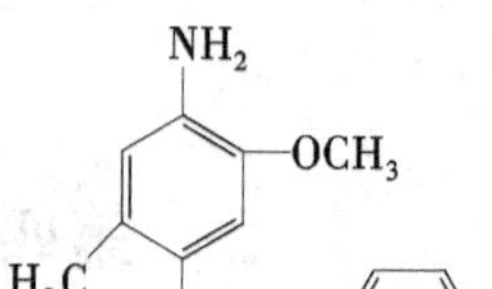

2. 氨基偶氮苯衍生物

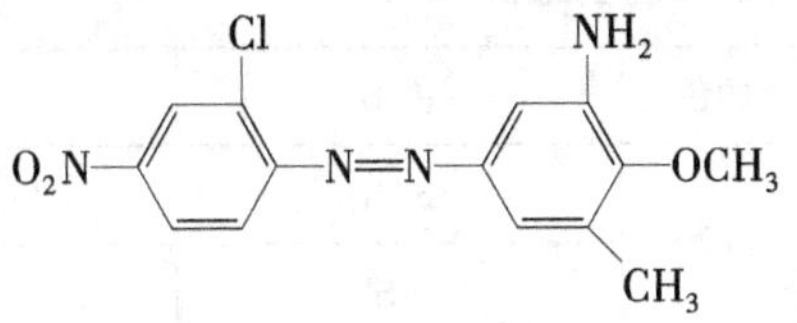

棕色基 V

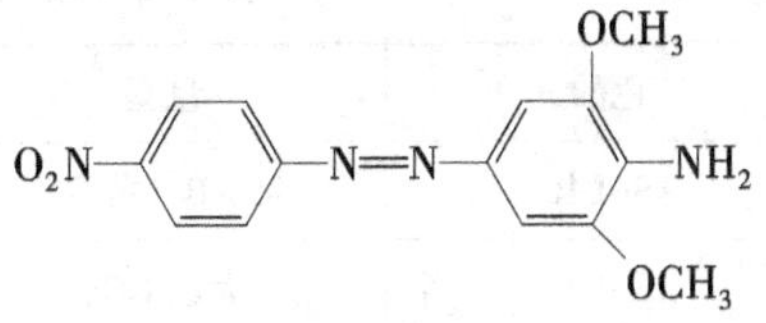

黑色基 K

3. 对苯二胺的 *N* 取代衍生物

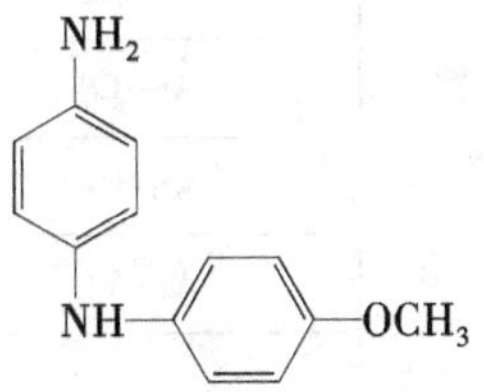

蓝色基 VB

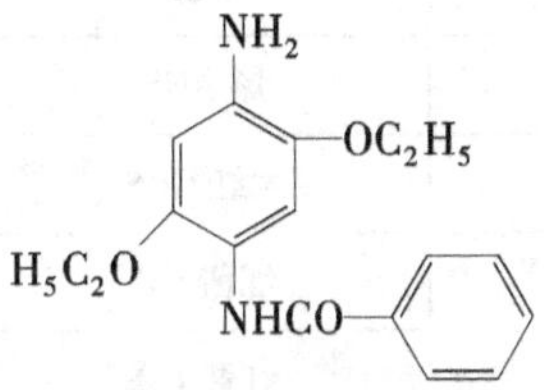

蓝色基 BB

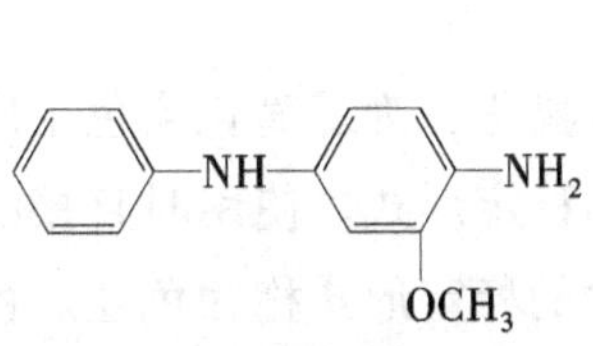

凡拉明蓝色基 FGC

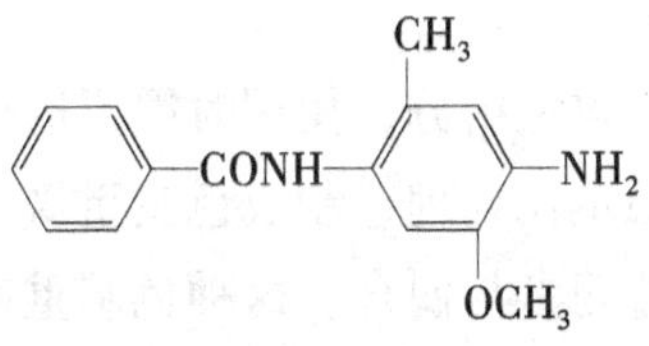

紫色基 B

4. 杂环结构的色基

杂环结构的色基重氮化后与色酚 AS-IRT 偶合后，再用铜盐或钴盐处理，可得到橄榄绿和灰蓝色，具有很高的耐晒色牢度、耐摩擦色牢度和良好的耐氯色牢度。例如：

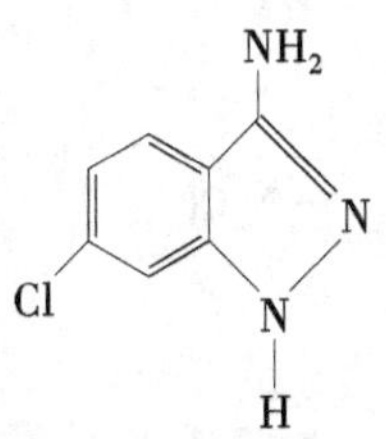

Variongen 色基 1

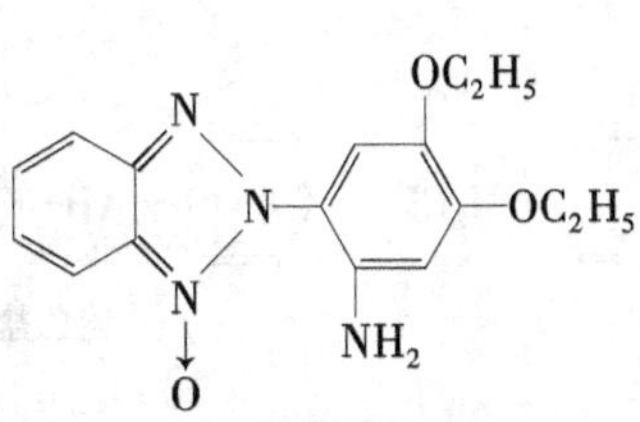

Variongen 色基 2

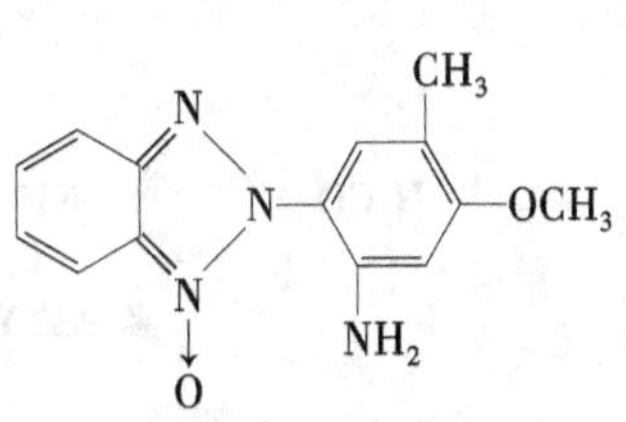

Variongen 色基 3

色基名称中的色称，指的是这种色基与一定的色酚偶合后所生成的不溶性偶氮染料的颜色，并以此来命名。例如，黄色基 GC 常用来与色酚 AS-G 偶合生成绿光黄色。黄色基 GC 与色酚 AS 偶合泽得到红色，但在实际印染加工时很少这样使用。常见的色酚和色基组合如表8-1所示。

表 8-1　常见的色酚和色基组合

颜色	色酚	色基	颜色	色酚	色基
黄色	AS-L4G	红 KB、黄 GC	红酱	AS-RL	红酱 GPC
	AS-L3G	大红 GGS		AS	紫 B
橙	AS	橙 GC	蓝	AS	蓝 VB
桃红	AS-LG	红 HK		AS-TRT	藏青 RT
红	AS-D	红 KB	棕	AS-BT	大红 GGS
黑	AS	黑 LS		AS-BG	红 B
	AS	黑 ANS		AS-LB	红 RC
大红	AS	大红 GGS		AS-OL	棕 V
红酱	AS-BD	红酱 GP		AS-VL	橙 GC
	AS-VL	红酱 GP			

二、色盐

采用色基作为重氮组分，使用时需要进行重氮化，为了简化染色工序，工厂中将色基重氮化后再经过稳定化处理，制成色基重氮盐的稳定形式。使用时直接溶于水就可以转变为活泼形式重氮盐而参与偶合，这种色基重氮盐的稳定形式称为色盐。色盐主要有下面四种形式：

1. 稳定的重氮硫酸盐或盐酸盐

这是一种最简单的重氮盐，如蓝色盐 VB 和枣红色盐 GBC 等。它们是色基重氮化合物的盐酸盐或硫酸盐。这种重氮盐本身比较稳定，不需要其他稳定化处理，只需要混入大量的吸水剂和稀释剂。如加入 50%~70% 的无水硫酸钠就可以使色盐析出，含量约为 20%。例如：

蓝色盐 VB　　　　　　　　　　　　蓝色盐 RT

2. 稳定的重氮金属复盐

重氮化合物能与某些金属离子形成稳定的复盐。复盐的制备过程是将色基重氮化后，加入稍过量的氯化锌，重氮盐与氯化锌的分子比理论上为 2∶1，然后加入食盐将复盐析出。例如：

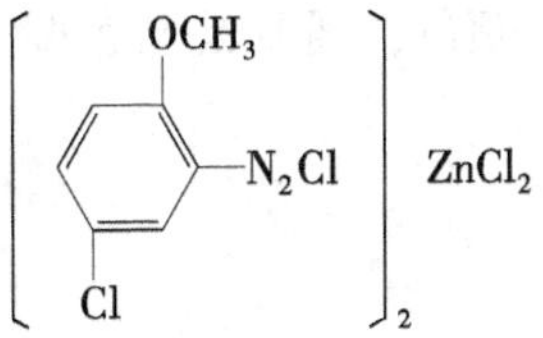

大红色盐 RC

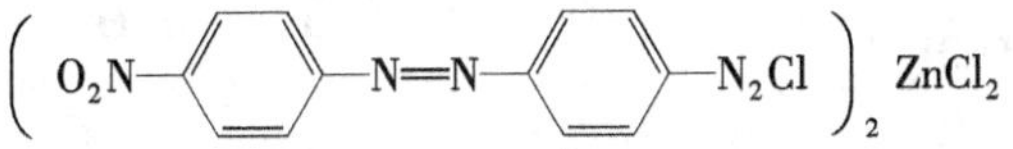

黑色盐 K

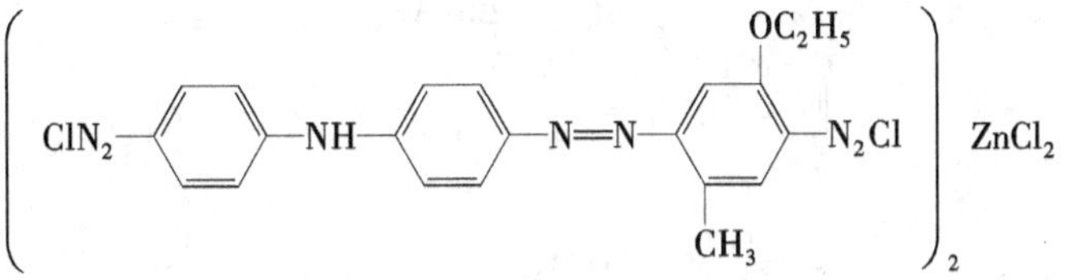

黑色盐 G

3. 稳定的重氮芳磺酸盐

某些不易生成复盐的重氮化合物往往能和芳磺酸作用生成稳定的重氮芳磺酸盐。可从溶液中析出，也容易干燥和磨碎。例如：

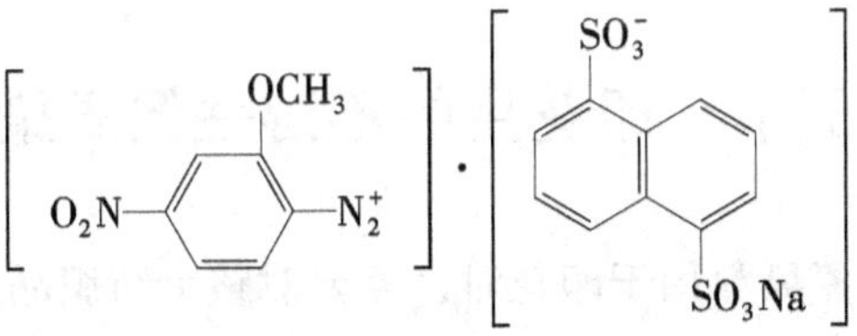

红色盐 B

4. 稳定的重氮氟硼酸盐

有些色基的重氮化合物与氟硼酸作用可生成稳定的重氮盐。例如：

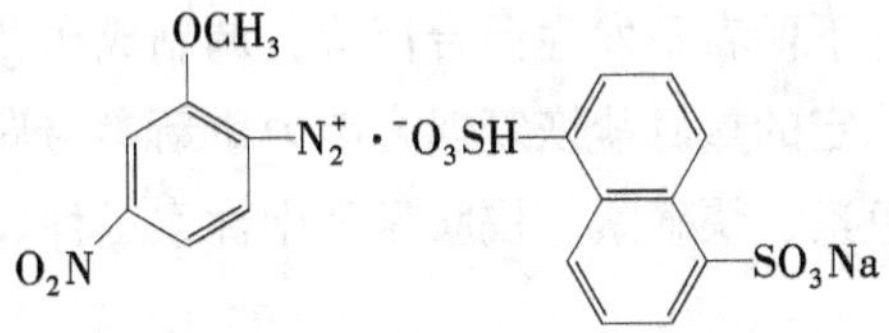

红色盐 B

　无论哪种色基重氮盐的稳定形式，在制备过程中，均需加入无水硫酸钠，使重氮化合物的含量保持在 20% 左右，保证安全地进行研磨、干燥和保存。

　色基的命名以"色基+色称+尾注"的方式作为色基的名称。色盐的命名方法是把相应的色基改为色盐，即"色盐+色称+尾注"。

　由于不溶性偶氮染料的颜色不但取决于色基，也与色酚有关。因此命名中的色称只是该色基与最常搭配的色酚偶合后的颜色，通常是与色酚 AS 偶合后的颜色，与其他色酚偶合颜色会发生改变。例如：

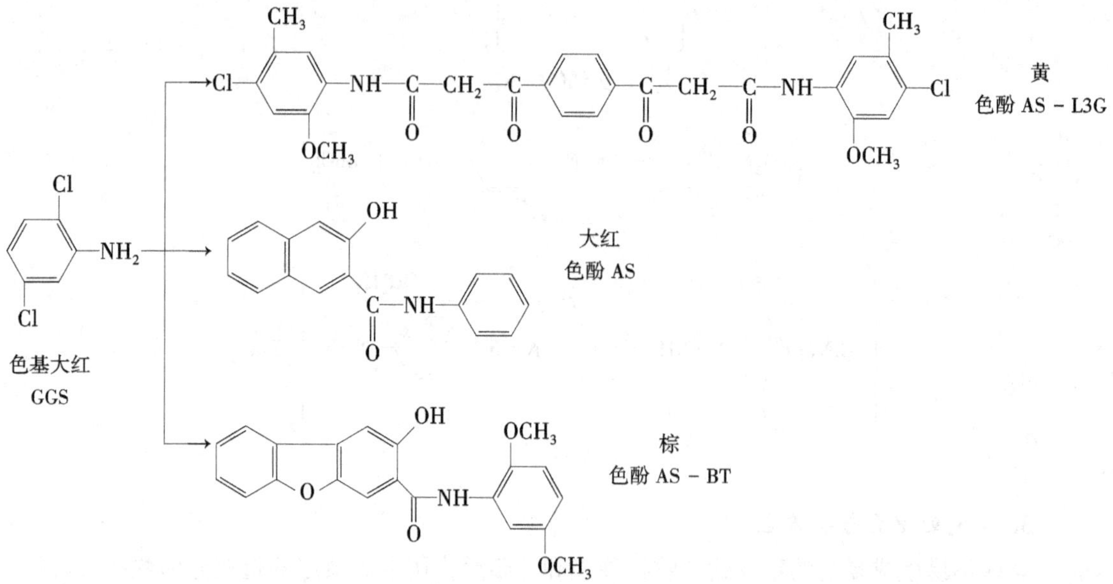

黄
色酚 AS – L3G

色基大红
GGS

大红
色酚 AS

棕
色酚 AS – BT

第五节　印花用的不溶性偶氮染料

由于常用的不溶性偶氮染料用于印花时，需要对整个纺织品进行色酚钠盐的打底，造成未印花处的色酚被浪费，而且难于去除干净，造成白底沾污。同时选用的色酚和色基的种类受到限制，牢度和色谱受到很大影响，工艺过程较长，印花效果受到影响。因此工厂生产了专门用于印花用的不溶性偶氮染料。

所谓的专门用于印花的不溶性偶氮染料就是把色酚和稳定的色基重氮盐按照一定的比例形成的混合物，通常条件下两者不发生偶合反应，调制成印花色浆印到织物上，在汽蒸阶段再创造合理的条件使稳定的重氮盐恢复偶合能力重新参与偶合反应。专门用于印花的不溶性偶氮染料主要有快色素、快磺素、快胺素和中性素三种。

一、快色素

快色素指色酚与色基的反式重氮酸盐按照一定比例所形成的混合物。重氮盐在当量碱的条件下，会变成顺式重氮酸盐，在过量碱存在的条件下会变成失去偶合能力的反式重氮酸盐。芳环上含有多个吸电子基的，在转变成反式重氮酸盐时的 pH 低，需要的碱量少，容易制备色基的反式重氮酸盐。当色酚与色基的反式重氮酸盐按照一定比例所形成的混合物调制成印花色浆印到织物上后，经过酸性汽蒸，会发生上述反应的逆反应，从而使反式重氮酸盐又变成了具有偶合能力的重氮盐参与偶合反应，完成显色印花过程。其制备和显色的原理可以表示如下：

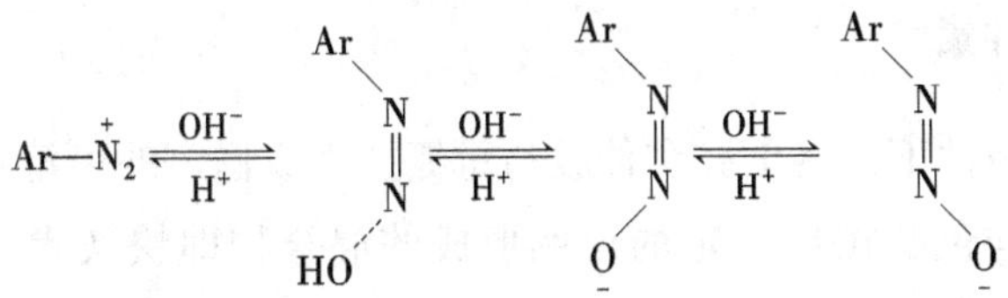

用快色素印花时，在100℃左右进行汽蒸处理，随即在甲酸、醋酸和硫酸等弱酸性条件下显色，也可以使印花的织物通过含酸的蒸汽而显色。快色素受空气中的二氧化碳作用也可以显色。通常是印到织物上去后，经过在酸性条件下进行汽蒸，会发生上述反应的逆反应，重新转变为具有偶合能力的重氮盐参与偶合显色。

二、快磺素

芳香族的重氮盐与亚硫酸钠在中性或微酸性的水溶液中形成芳香族重氮亚硫酸盐，溶于水后成不活泼的芳香族重氮磺酸化合物，与色酚混合后而成。使用时加入中性氧化物经汽蒸即可释放出活泼的重氮硫酸盐，与色酚在织物上偶合显色。其制备机理及显色过程可以表示如下：

$$Ar\text{—}N\text{==}N^+Cl^- \xrightarrow{Na_2SO_3} Ar\text{—}N\text{==}N\text{—}OSO_2Na \underset{汽蒸}{\overset{放置（冷）}{\rightleftharpoons}} Ar\text{—}N\text{==}N\text{—}SO_3Na$$

　　　　　　　　　　重氮亚硫酸盐（不稳定）　　　　　　重氮磺酸盐（稳定）

$$Ar\text{—}N\text{==}N\text{—}SO_3Na \xrightarrow{[O]} Ar\text{—}N\text{==}NOSO_3Na$$

　　　　重氮磺酸盐（稳定）　　　重氮硫酸盐（不稳定）

快磺素就是色酚与色基的重氮磺酸盐按照一定比例形成的混合物。芳环上含有供电子基的易转变成重氮磺酸盐。适用于二苯胺类色基。常用的色基重氮芳磺酸盐的结构如下：

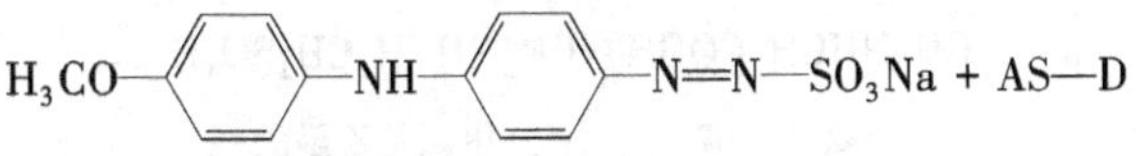

快磺素深蓝 G

快磺素蓝 IB

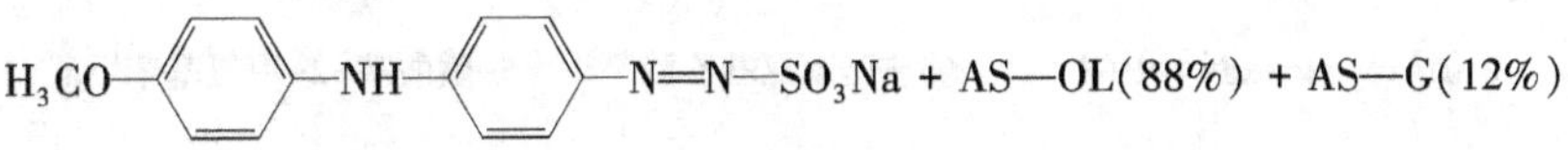

快磺素黑 B

将上述混合物调制成印花色浆印到织物上后，汽蒸处理或经氧化剂处理，均可转变成具有偶合能力的重氮盐，并可与色酚完成显色过程。其显色的机理是上述反应的逆反应。

三、快胺素和中性素

在中性或碱性的条件下，将伯胺和仲胺与重氮盐生成稳定的可溶性重氮氨基化合物或重氮亚氨基化合物，与色酚按照一定的比例形成的混合物即快胺素或中性素。可以表示如下：

$$ArN_2Cl+\begin{cases}Ar'NH_2\\RNH_2\end{cases}\longrightarrow\begin{cases}Ar-N=N-NH-Ar'\\Ar-N=N-NH-R\end{cases}$$

重氮氨基化合物

$$ArN_2Cl+\begin{cases}ArNHR'\\RNHR'\end{cases}\longrightarrow\begin{cases}Ar-N=N-NR'-Ar'\\Ar-N=N-NR'-R\end{cases}$$

重氮亚氨基化合物

将上述混合物调制成印花色浆印到织物上后，经过酸性或中性汽蒸处理，均可转变成具有偶合能力的重氮盐，并可与色酚完成显色过程。

把上述制备重氮氨基化合物所用的胺称为稳定剂。在实际制备快胺素时，一般选择含有磺酸基或羧基的仲胺，如采用伯胺，生成的重氮氨基化合物可以发生重排，会生成两种不同的重氮盐，导致染料的色光发生变化。其反应可以表示如下：

$$2ArN_2Cl+H_2N-R\longrightarrow(Ar-N=N)_2NR\downarrow+2HCl$$

$$Ar-N=N-NH-Ar'\rightleftharpoons Ar-NH-N=N-Ar'$$

$$Ar-N=N-NH-Ar'\longrightarrow ArN_2Cl+H_2N-Ar'$$

$$Ar-NH-N=N-Ar'\xrightarrow{HCl}ArNH_2+Ar'N_2Cl$$

一般常用的稳定剂的结构如下：

CH_3NHCH_2COOH $CH_3NHCH_2CH_2SO_3H$

甲氨基乙酸   甲氨基乙磺酸

4-磺酸基-2-氨基苯甲酸   邻羧基苯氨基乙酸   5-磺酸基-2-甲氨基苯甲酸

制备中性素常用碱性较弱的邻羧基芳仲胺，此稳定剂常用下述芳仲胺：

第六节　不溶性偶染料的染色

　　不溶性偶氮染料主要适用于纤维素纤维的染色，也可适用于二、三醋酯纤维的染色。其染色方法主要有浸染和连续轧染两种。

一、浸染

　　浸染的工艺流程为：

　　　　色酚钠盐的打底→脱液→偶合显色→水洗→皂煮→水洗→烘干

　　色酚打底就是将色酚溶解在烧碱溶液中，转变成溶于水的对纤维具有亲和力的色酚钠盐，同时溶液中要有过量的烧碱，使色酚钠盐的水溶液中保持充分的碱性状态，加入被染物浸渍一定时间，完成色酚钠盐的上染。其工艺处方及染色条件如下：

色酚的量	1~2%（owf）
温度	30℃
时间	30~45min
NaOH	（3.6g/L、2.7g/L 或 5.4g/L）
NaCl	少许
润湿剂 JFC	少许

　　其中烧碱量应适当过量，一般维持在 3.6g/L，酸性较强的色酚，打底液中烧碱的量要多些，可以维持在 5.4g/L；酸性较弱的色酚，打底液中烧碱的量应少些，一般维持在 2.7g/L。食盐电解质起促染的作用，其促染的机理类似于直接染料染纤维素纤维。

　　浸染的纺织品应进行脱液。脱液的目的是为了脱去多余的色酚。防止在显色过程中消耗过多的重氮盐；防止产生大量的浮色，增加后处理的负担；防止沾污烘干设备及显色液；打底之后得到淡黄色的纺织品，不能长期暴露在空气中，应立即进行显色。

　　显色时用冰冷的芳伯胺的重氮盐溶液进行显色。芳伯胺重氮盐显色液中芳伯胺重氮盐的用量相对于色酚钠盐的量应适当过量。对于亲和力大的重氮盐，其用量要比理论用量少一些。一般重氮盐显色液中 pH 为 4~5，如果重氮盐正离子的正电性较差，重氮盐显色液中的 pH 可以稍高一些，可以为 6~7、5.5~6.5 和 7~8.2；同时，显色时为了减少色酚钠盐的脱落，可以在显色液中加一些食盐等强电解质。显色时应使偶合反应尽快进行，其目的是为了减少色酚被溶落下来的机会；减少布上的碱和重氮盐中的酸发生 pH 之间的相互干扰，影响显色过程的顺利进行。

显色后进行水洗、皂煮、水洗，目的是为了去除浮色，使生成的色靛重新发生一定的聚集和分布，以获得均匀的色泽和良好的牢度。

二、连续轧染

连续轧染是工厂常采用的方法。连续轧染的工艺流程为：

浸轧色酚打底液→烘干→冷却→浸轧重氮盐显色液→进入饱和汽蒸箱汽蒸→淋洗、皂煮、水洗→ 烘干→冷却→ 落布

（1）浸轧色酚打底液。一般两浸两轧，轧液率为 70%~80%，打底液的温度为 70~80℃，温度高一些，有利于打底液在短时间内对织物均匀润湿和渗透。除此之外，与浸染相似，打底液中烧碱的量应适当过量；打底液中有时要加入少量的食盐，以利于促染；打底后的纺织品不能长期暴露于空气中。

（2）烘干。烘干的目的是使纤维表面的色酚充分扩散进入纤维内部，即完成色酚钠盐的上染。为了防止烘干过程中产生泳移，一般有两种方法。第一种就是控制烘干设备，先采用远红外均匀快速烘干，烘干至含湿率小于 20% 时，再换烘筒烘干或热风烘干；第二种就是在打底液中加入大分子的防泳移剂。有关防泳移剂及其作用机理将在分散染料染色中详细进行介绍。

（3）冷却。烘干后织物的温度很高，不能直接浸轧重氮盐显色液，因为重氮盐对热的稳定性差，受热容易发生分解。因此，织物在浸轧重氮盐显色液之前，要进行冷却。

（4）浸轧重氮盐显色液。与浸染相同，显色时用冰冷的芳伯胺的重氮盐溶液。芳伯胺重氮盐显色液中芳伯胺重氮盐的用量相对于色酚钠盐的量应适当过量。对于亲和力大的重氮盐，其用量要比理论用量要少一些。一般重氮盐显色液中 pH 为 4~5，如果重氮盐正离子的正电性越差，重氮盐显色液中的 pH 可以稍高一些，可以为 6~7、5.5~6.5 和 7~8.2；同时，显色时为了减少色酚钠盐的脱落，可以在显色液中加点食盐等强电解质。

（5）饱和汽蒸箱汽蒸。饱和汽整箱汽蒸是为了使偶合反应尽快进行，其目的是为了减少色酚被溶落下来的机会；减少布上的碱和重氮盐中的酸之间发生 pH 之间的相互干扰，影响显色过程的顺利进行。

（6）淋洗、皂煮和水洗。以便于去除浮色，使生成的色淀重新发生一定程度的聚集和分布，以获得均匀的色泽和良好的牢度。

☞ 练习题

一、名词解释

1. 不溶性偶氮染料

2. 印花用不溶性偶氮染料

3. 色基中的色称

4. 快色素

5. 快磺素

6. 快胺素和中性素

7. 色基

8. 色盐

二、简答题

1. 简述色酚的性质。

2. 为什么色酚打底后的纺织品不能长期暴露在空气中？

3. 简述色盐的几种形式。

4. 简述制备印花用不溶性偶氮染料的意义。

5. 简述印花用不溶性偶氮染料的组成、制备原理、显色条件及显色机理。

6. 简述不溶性偶氮染料染色的适用对象及染色的优缺点。

7. 简述不溶性偶氮染料轧染的工艺流程、有关的工艺参数、注意事项以及各工序的作用。

8. 简述不溶性偶氮染料浸染的工艺流程、有关的工艺参数以及注意事项。

第九章 活性染料

第一节 活性染料简介

1956 年，英国卜内门公司（ICI）的研究工作者生产了普施安（Pocion）牌号的活性染料。该染料包含了母体和活性基两个部分，并且能与纤维发生反应。

20 世纪 50 年代初，英国学者 Rattee 和 Stephen 发明了在染色过程中可以与纤维形成共价键的活性染料，该染料色泽鲜艳，合成方法和染色工艺简单，成本低廉，被业界称为染料工业的第二个里程碑。在 1956~1957 年期间，英国 ICI 公司生产出了二氯均三嗪类的 X 型活性染料，瑞士的 Ciba 公司生产出了一氯均三嗪类的 K 型染料以及德国 Hoechst 公司生产出了硫酸酯乙基砜类的 KN 型活性染料，开创了染料工业的新纪元。我国 1957 年开始研究活性染料，1958 年三嗪类的活性染料在上海开始投入生产。1959 年乙烯砜类的活性染料也开始投入了生产。

活性染料目前已经成为棉用染料中最重要的一种应用类型。在全世界纤维素纤维染色中消耗的各类品种的染料中，活性染料占 33%，硫化染料占 21%，直接染料占 18%，颜料占 13%，还原染料占 10%，冰染染料占 5%，活性染料居棉用染料之首。

活性染料色泽鲜艳，色谱齐全，应用方便，适应性范围广，牢度优良，成本低廉；活性染料也存在一些问题，特别是利用率低、污水排放量大、深色品种色泽牢度差、电解质用量大等，这不仅阻碍了它的扩大应用，还成为当前亟待解决的生态问题。为了解决这一问题，国内外加强了活性染料染色的研究。

活性染料分子中含有磺酸基或羧基等水溶性基团，是水溶性阴离子型染料，除此之外，活性染料分子中还含有能与纤维中的官能团如—OH、—NH$_2$、—CONH—等发生反应的活性基，是唯一的能与纤维形成共价键的染料。活性染料的结构与其他的染料不同，可以用下面的通式来表示：

$$W—D—B—R$$

式中：W——磺酸基或羧基等水溶性基团；

D——活性染料的母体结构，一般是匀染性的酸性染料、酸性媒染染料或结构简单的直接染料；

B——将染料母体与活性基连接的基团，即桥基，一般为—NH—等。

R——能与纤维中的官能团发生反应的活性基。

例如下列结构的活性染料：

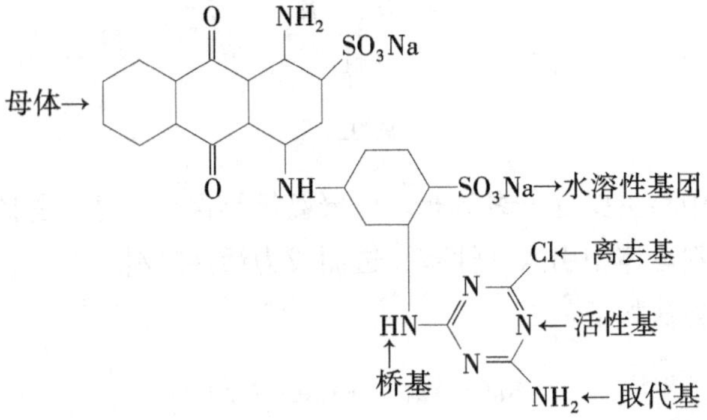

既然活性染料的母体结构一般为直接染料和酸性染料，所以活性染料的结构分类类别与直接染料和酸性染料相同。活性染料的分类一般是按照活性基的不同进行分类的。

第二节　活性染料的分类及其与纤维素纤维之间的反应

活性染料通常是按照分子中活性基的不同进行分类的，主要有下面几种。

一、卤代杂环类活性染料

卤代杂环类活性染料主要有均三嗪类和卤代嘧啶类两种。

1. 卤代均三嗪类活性染料

卤代均三嗪类活性染料的活性基适应性强，在活性染料中占有重要地位。其中最普遍的是二氯均三嗪（Pricion MX，国产 X 型）与一氯均三嗪（Procion H，国产 K 型）两大类。其结构通式分别为：

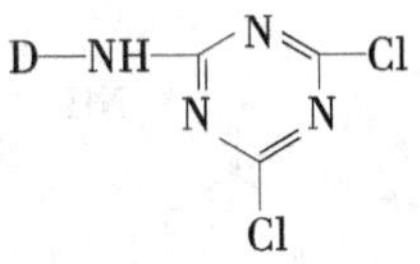

二氯均三嗪，X 型

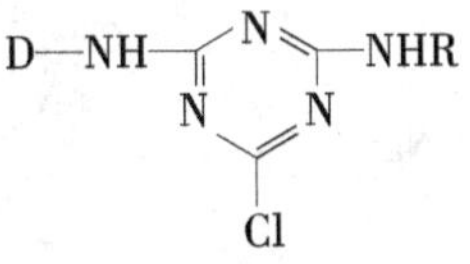

一氯均三嗪，K 型

二氯均三嗪即 X 型活性染料的活性基团上具有两个氯原子，活性强，室温下就可以与纤维素纤维反应，染液的稳定性差，易水解损失，固色率低。

一氯均三嗪即 K 型活性染料活性基团上含有一个氯原子，活性低，在较高的温度下才能与纤维素纤维反应，染液的稳定性好，不易水解损失。

在一氯均三嗪的基础上，采用电负性更强的氟来取代氯，可以增强杂环中碳原子的电负性，使之比一氯均三嗪的活泼性好，这就是 Cibacron F 染料，一般在 40~60℃染色，属于中低温型染色的染料。其结构通式可以表示如下：

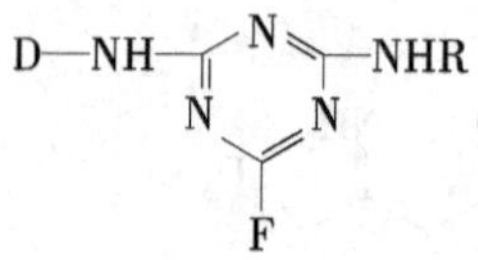

一氟均三嗪

制备这类染料的中料主要是三聚氯氰。三聚氯氰与含有氨基等基团的直接染料和酸性染料作用，可以在染料母体中引入活性基，进而成为活性染料。

三聚氯氰的合成方法如下：

$$NaCN+Cl_2 \longrightarrow CNCl+NaCl$$

$$HCN+Cl_2 \longrightarrow CNCl+HCl$$

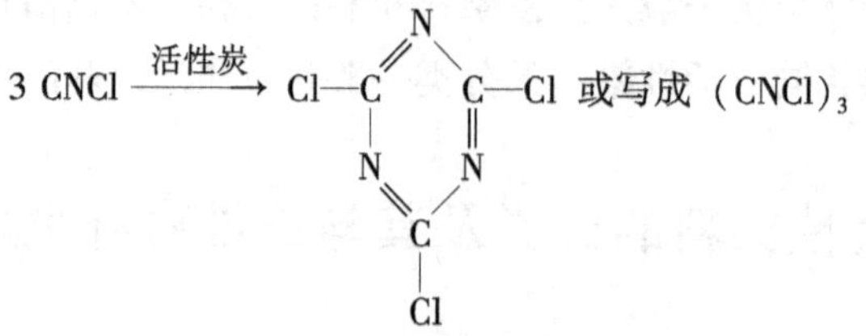

二氯均三嗪型活性染料（简称 X 型活性染料）的合成一般是将具有氨基的染料母体直接与三聚氯氰进行缩合，或者将染料中间体与三聚氯氰缩合，再经重氮化偶合反应来制成。例如：活性艳蓝 X–BR 和活性艳红 X–3B 的合成如下：

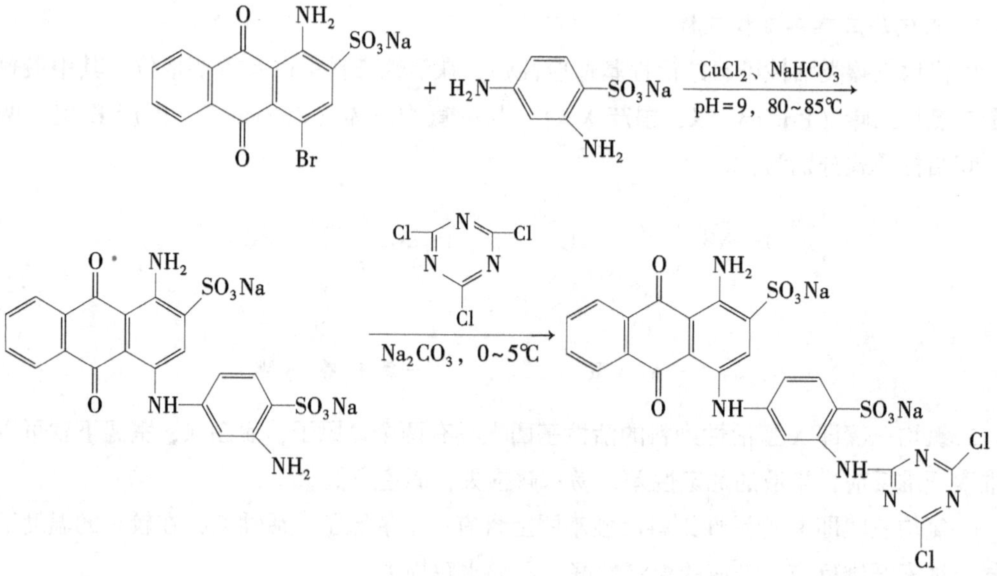

活性艳蓝 X–BR

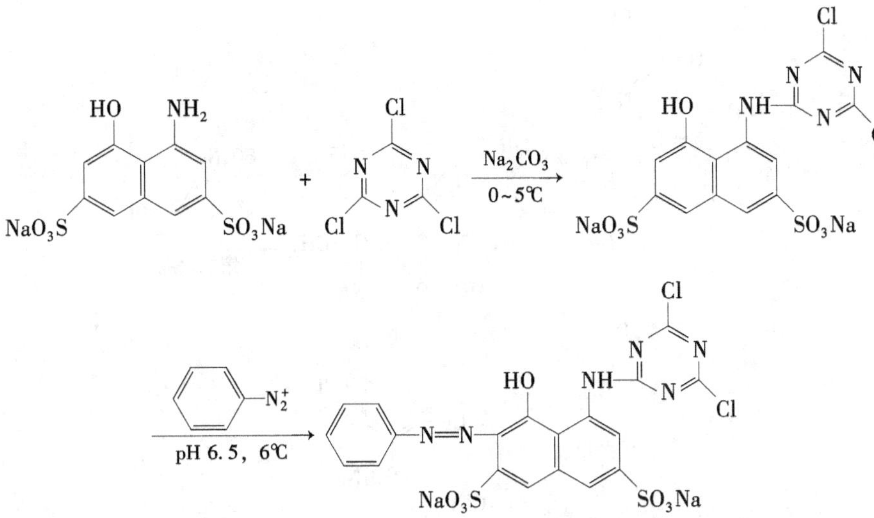

活性艳红 X-3B

一氯均三嗪型染料（即 K 型活性染料）的合成，一种是将二氯均三嗪类活性染料与适当的芳胺（Ar—NH₂）反应；另一种是将芳二胺与一分子三聚氯氰缩合，并经重氮化后，再发生偶合反应，然后再和适当的芳胺缩合。例如：

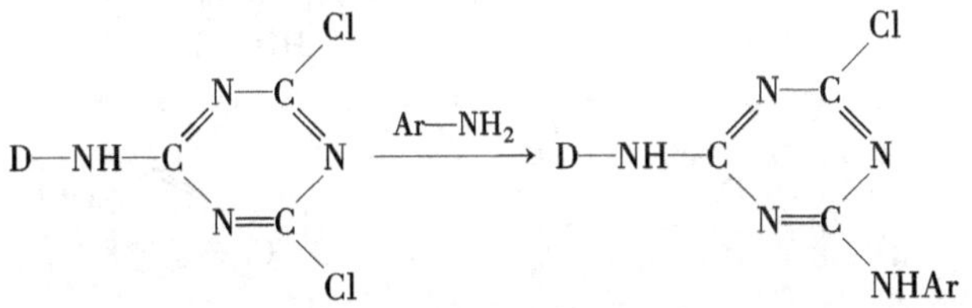

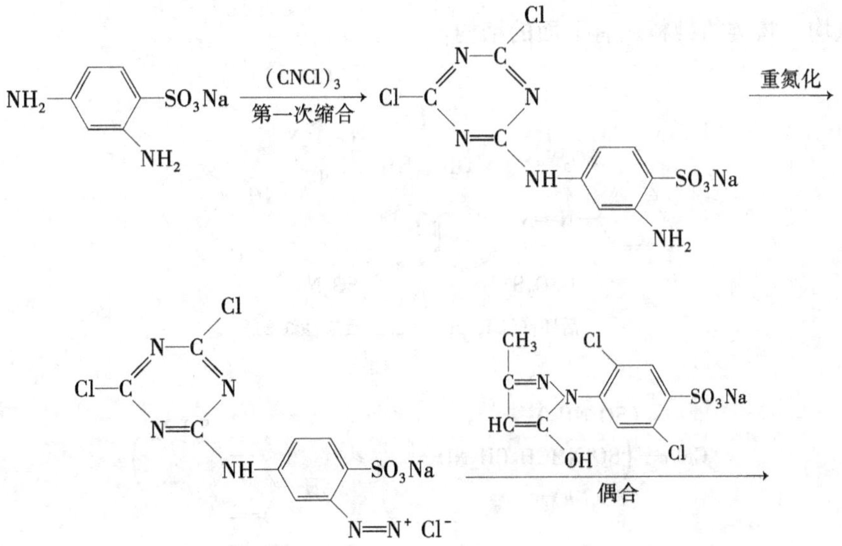

第一次缩合

重氮化

偶合

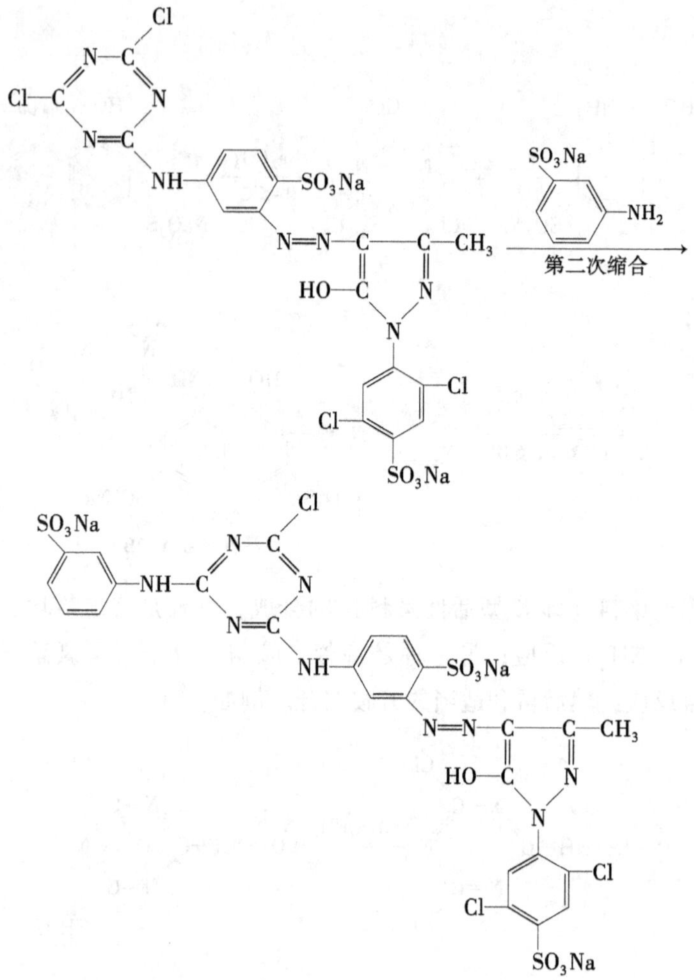

第二次缩合 →

一氯均三嗪类的染料还有下面的结构：

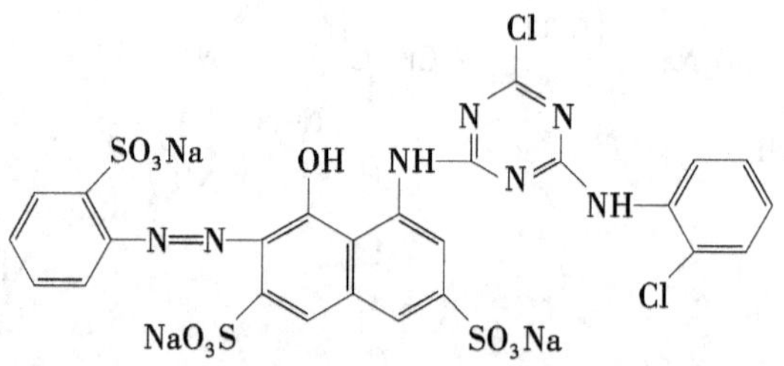

活性艳红 K-2BP（C.I. 反应性红 24）

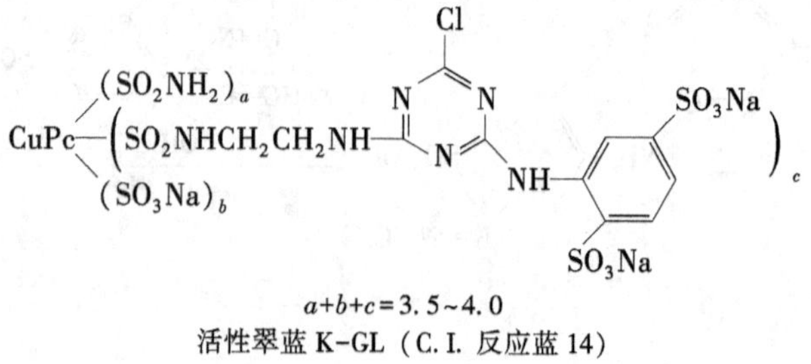

$a+b+c=3.5\sim4.0$

活性翠蓝 K-GL（C.I. 反应蓝 14）

含有酞菁结构的染料一般为翠蓝色，具有较高的耐光色牢度。

2. 卤代嘧啶类活性染料（简称 F 型活性染料）

制备这类染料最常用的中间体是四氯嘧啶，其合成如下：

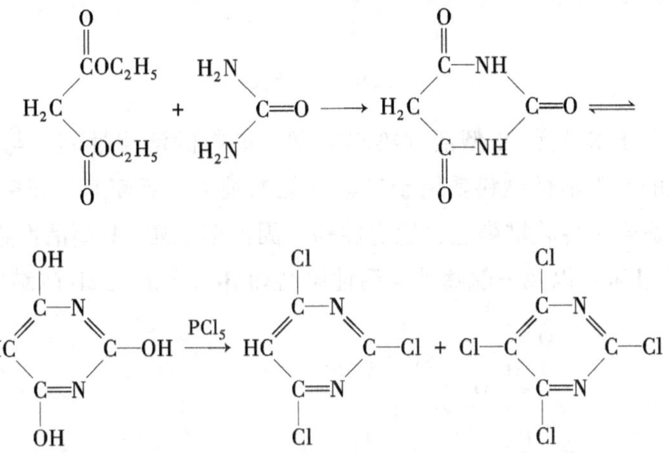

三氯嘧啶　　　　四氯嘧啶

四氯嘧啶和适当的染料母体缩合，可制得三氯嘧啶类活性染料。其他各类卤代嘧啶类活性染料也可以由适当的卤代嘧啶类和母体染料反应来制得。嘧啶类活性染料分子的杂环中含有两个氮原子，杂环上碳原子的正电性弱，二氯嘧啶和三氯嘧啶类活性染料的反应活性比一氯均三嗪的还弱，但稳定性高，在高温下染色，与纤维形成的共价键稳定。其二氯嘧啶和三氯嘧啶类活性染料的结构通式如下：

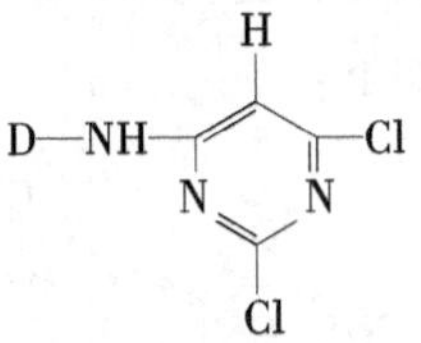

二氯嘧啶 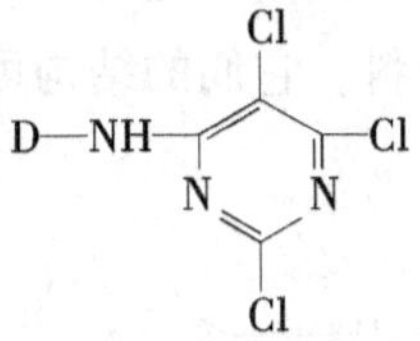　　　　　　　三氯嘧啶

为了提高这类活性染料的反应活性，通常在杂环上引入强吸电子基，以提高染料的反应活性。例如带有甲砜基的一氯嘧啶类的活性染料的结构如下：

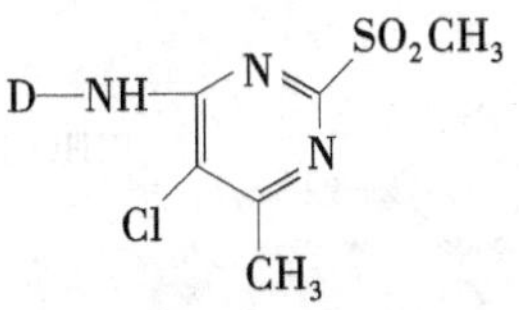

一氯嘧啶类

该类染料化学性质活泼，但比 X 型活性染料的反应性弱，在常温下由于染料水解所造成的损失少。

嘧啶类的染料目前应用最多的为二氟一氯嘧啶类（简称 F 型）。具体结构如下：

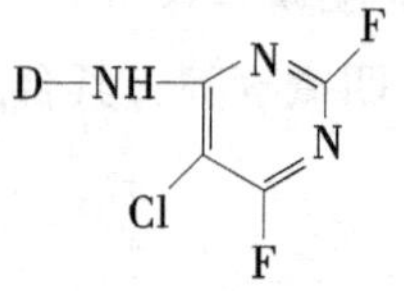

二氟一氯嘧啶类

其反应活性介于 K 型和 X 型活性染料之间。染料的活泼性高，与纤维反应能力强，固色率高，国产的 F 型活性染料就属于二氟一氯嘧啶类。近年来，研究发现 2,4,6-三氯嘧啶活性染料更适合于冷轧堆染色，稳定性高，固色率也高。F 型活性染料如活性深蓝 F-4G（C.I. 反应蓝 104）以及三氯嘧啶类活性染料如 Reactone 红 2B 的结构如下：

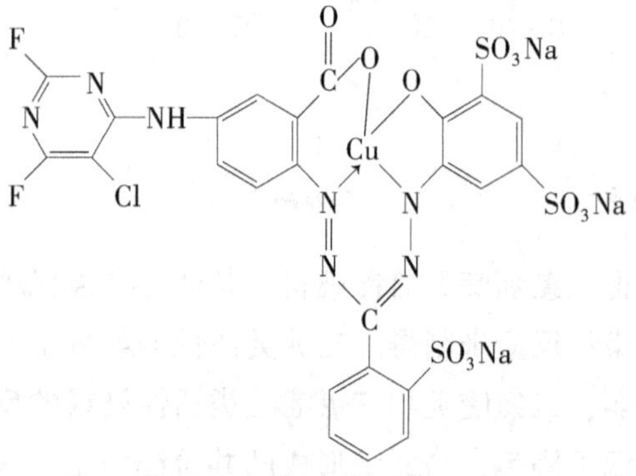

活性深蓝 F-4G（C.I. 反应蓝 104）

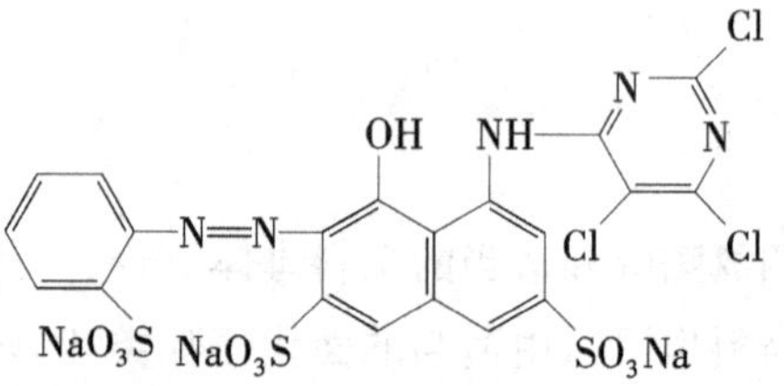

Reactone 红 2B

其他卤代杂环类还有卤代喹噁啉类、卤代酞嗪类、卤代苯并噻唑类以及卤代哒嗪酮类等卤代氮杂环类活性染料。它们的结构可以表示如下：

2,3-二氯喹噁啉

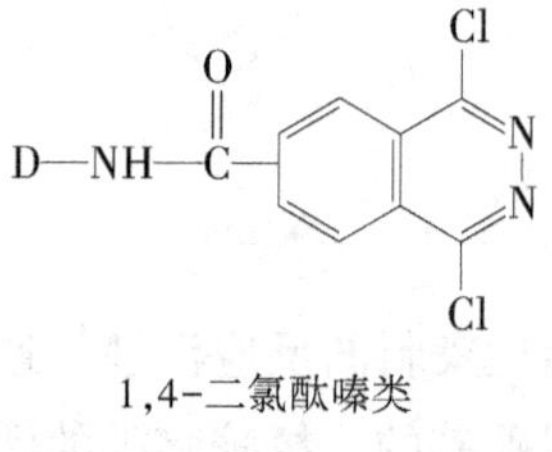

1,4-二氯酞嗪类

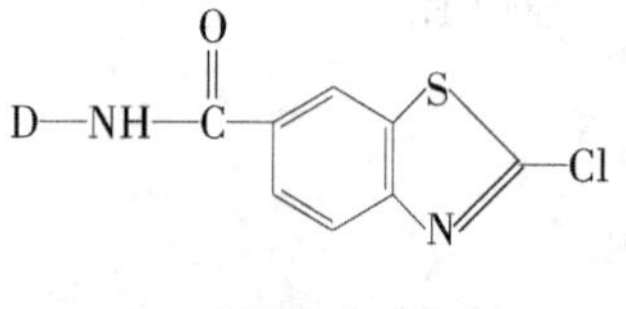

2-氯苯并噻唑类

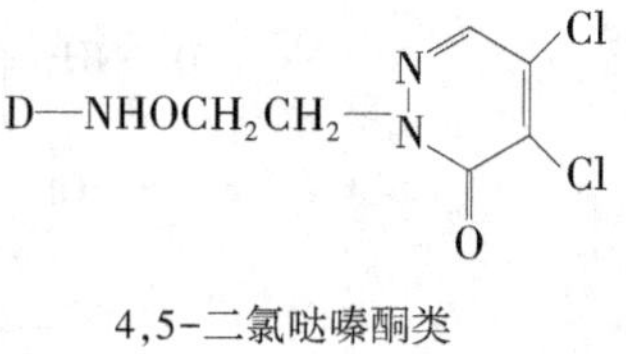

4,5-二氯哒嗪酮类

其中二氯喹噁啉类活性基与二氯均三嗪类的一样，具有较高的活泼性。一般在 40～50℃与纤维素纤维发生固色反应，且对低温碱较为稳定。国产的 E 型、SX 型、S 型以及德司达的丽华实的 E 型（Levafix E）等商品染料都属于此类。例如 Levafix E 翠蓝的结构如下：

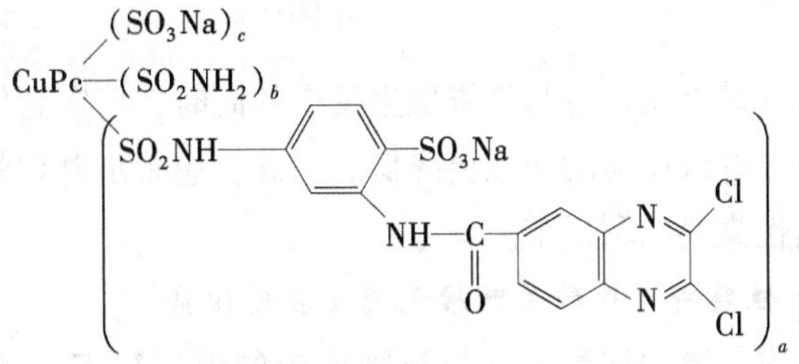

$$(a+b+c \approx 3)$$

Levafix E 翠蓝

3. 卤代杂环类活性染料与纤维素纤维之间的反应

卤代杂环类的活性染料与纤维素纤维之间的反应机理均属于亲核取代反应，生成醚键。以二氯均三嗪类活性染料为例，其与纤维素纤维的反应如下：

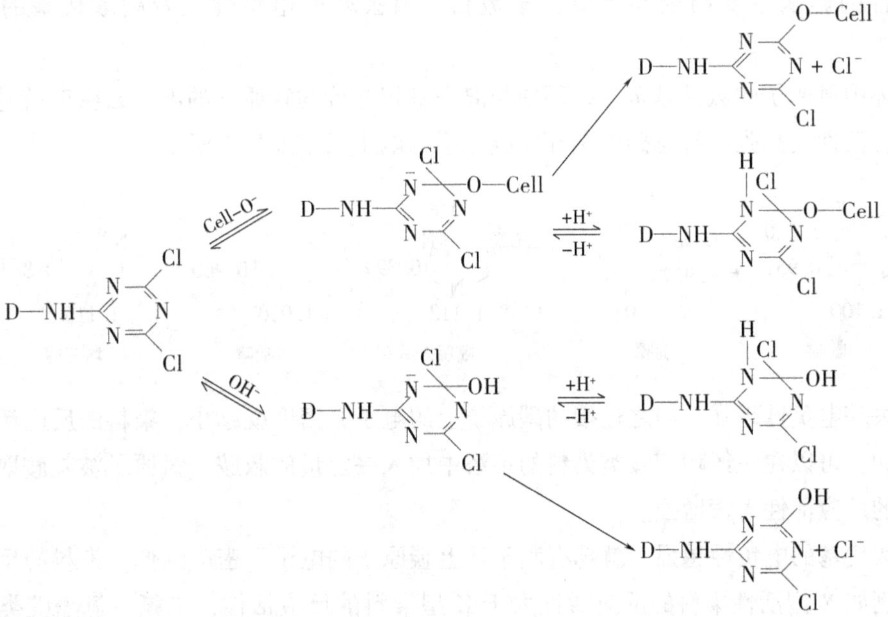

一氯均三嗪类活性染料与纤维素纤维之间的反应如下：

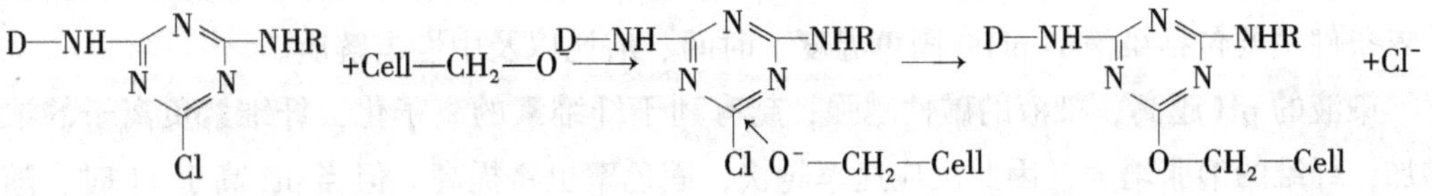

$$D\text{—NH}\underset{\text{Cl}}{\overset{\text{N}}{\bigcirc}}\text{NHR} + OH^- \longrightarrow D\text{—NH}\underset{\text{Cl}\ OH^-}{\overset{\text{N}}{\bigcirc}}\text{NHR} \longrightarrow D\text{—NH}\underset{\text{OH}}{\overset{\text{N}}{\bigcirc}}\text{NHR} + Cl^-$$

可见，活性染料在碱性条件下与纤维发生反应的同时，一定会伴随染料不同程度的水解，水解之后的染料与纤维反应的活性会降低。因此，应制定合理的工艺条件，降低染料的水解速率，提高活性染料的利用率。

4. 影响杂环类活性染料与纤维素纤维之间反应的因素

从反应的机理来看，影响该类染料与纤维反应的因素很多，其中主要包括以下两个方面。

（1）染料性质的影响。染料性质的影响主要包括染料的亲和力、扩散性以及染料反应活性的影响。

染料母体结构对纤维的亲和力越大，直接性越大，染料与纤维之间的反应机会就越多；另外染料的扩散性越好，匀染透染性越好，越有利于染料与纤维之间的反应。染料反应活性的影响主要与杂环上氮原子数目、离去基的电负性以及副取代基的电负性有关。

杂环中氮原子的数目越多，杂环中与离去基相连接的碳原子的电子云密度就越小，染料的反应活性就越强。常见碳氮杂环中碳原子的电子云密度如下所示：

| 0.979 1.010 0.951 1.100 吡啶 | 0.987 0.957 1.049 哒嗪 | 0.926 1.026 0.899 1.112 嘧啶 | 0.960 1.080 吡嗪 | 0.883 1.116 均三嗪 |

离去基电负性越强，与之连接的碳原子上的电子云密度就越小，染料的反应活性就越强。例如，可以在一氯均三嗪类染料的染浴中加入一定量的叔胺，氯原子被叔胺取代，会使染料的反应活性大大增强。

副取代基的电负性越强，就越有利于环上碳原子的电子云密度降低，染料的反应活性越强。例如 X 型活性染料的反应活性大于 K 型染料的反应活性；二氟一氯嘧啶类染料的反应活性要比三氯嘧啶类染料的反应活性大。

（2）染色工艺条件的影响。染色工艺条件即外界因素对染料的反应活性影响也较大。外界条件主要包括染液的 pH、固色温度、时间、浴比以及中性电解质。

染液的 pH 越高，染液的碱性越强，越有利于纤维素的离子化，纤维素负离子的浓度增加，纤维的溶胀增大，因此反应速率越快，固色率也将提高。但当 pH 高于 11 时，随着染液 pH 的增高，染液中［OH^-］比纤维中［$Cell\text{-}O^-$］增加得更快，染料水解的比例将增加；同时，过高的 pH 会使纤维表面的负电荷增加得更多，会降低染料的上染百分率。因此活性染料固色时，过高的 pH 对染色也是不利的。一般来说，反应活性强的染料，选择较弱碱剂。

与其他化学反应一样，反应温度越高，反应速率越快。一般温度每提高 10℃，反应速率提高 2~3 倍。但随着温度的升高，水解反应的速率更快，固色率也会降低，同时还会降低染料的平衡上染百分率。因此在实际染色时应根据染料的反应活性选择合适的固色温度，从而使其在规定的时间内反应充分，获得较高的固色率。一般反应活性越差，固色的温度越高。

染液的浴比越小，上染百分率越高，固色率也越高。但浴比过小会影响染色的匀染性。因此应根据染料匀染性的不同选择合适的浴比。一般匀染性好的染料，可以采用较小的浴比进行染色。

另外，在活性染料染色中要加入食盐电解质进行促染。食盐电解质的加入，可使染料的上染百分率增加，反应速率加快，固色率提高。同时随着染液中食盐电解质浓度的升高，纤维内相 [OH$^-$] 也随之提高，从而提高纤维素的离子化，使纤维素中的 [Cell-O$^-$] 也提高，反应速率加快，固色率提高。但电解质的浓度过高，会降低染料的溶解度，从而降低染料的固色率。因此应根据色泽浓度以及染料本身的聚集程度选择合适的电解质浓度。一般水溶性好，可以加入较多的电解质。而对于溶解性差、聚集程度大的染料，电解质的用量要小。

二、含有负性基的烷基类活性染料

这类活性染料主要包括 β-羟乙基砜硫酸酯以及结构中引入各类酰氨基、取代氨基的乙烯砜氨基衍生物。主要有国产 KN 型、Eeverzol 系列，以及德司达的 Remazol 系列，科莱恩的 Drimarene S 型，日本住友的 Sumifix 系列等。其中国产的 KN 型主要就是 β-羟乙基砜硫酸酯类的活性染料。其反应活性介于 X 型和 K 型活性染料之间，一般在 60℃ 左右较弱的碱性介质中染色。其结构通式可以表示如下：D—SO$_2$CH$_2$CH$_2$OSO$_3$Na。例如活性艳蓝 KN-R（C.I. 反应性蓝 19）的结构如下：

活性艳蓝 KN-R（C.I. 反应性蓝 19）

这类染料合成时最重要的中间体是苯胺间位或对位的 β-羟基乙砜苯胺硫酸酯。

其合成过程可以表示如下：

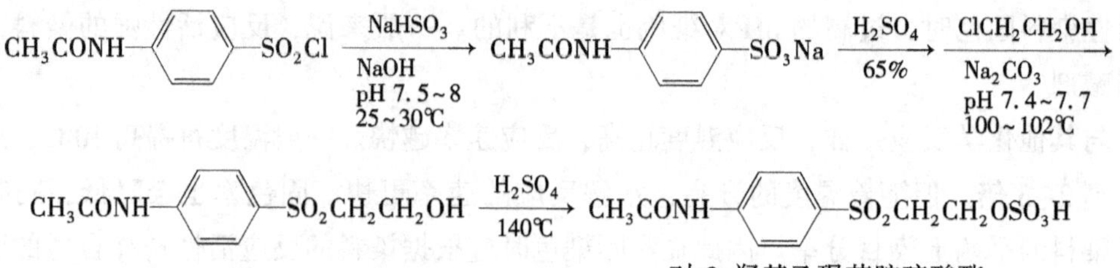

$$CH_3CONH\!-\!\!\langle\bigcirc\rangle\!-\!SO_2Cl \xrightarrow[\substack{NaOH \\ pH\ 7.5\sim8 \\ 25\sim30℃}]{NaHSO_3} CH_3CONH\!-\!\!\langle\bigcirc\rangle\!-\!SO_3Na \xrightarrow[65\%]{H_2SO_4} \xrightarrow[\substack{Na_2CO_3 \\ pH\ 7.4\sim7.7 \\ 100\sim102℃}]{ClCH_2CH_2OH}$$

$$CH_3CONH\!-\!\!\langle\bigcirc\rangle\!-\!SO_2CH_2CH_2OH \xrightarrow[140℃]{H_2SO_4} CH_3CONH\!-\!\!\langle\bigcirc\rangle\!-\!SO_2CH_2CH_2OSO_3H$$

对 β-羟基乙砜苯胺硫酸酯

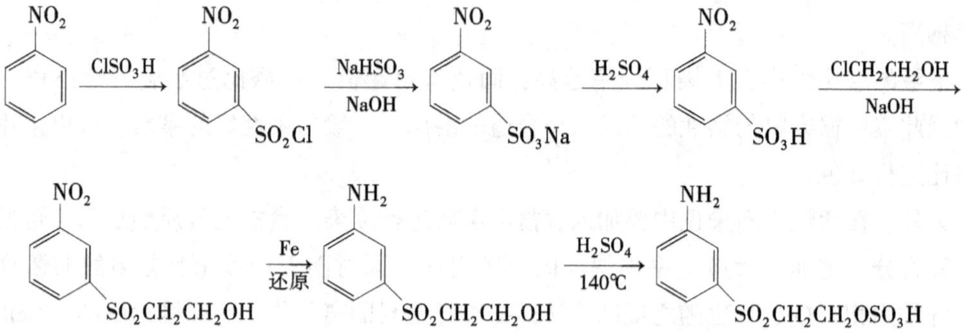

将所得芳胺衍生物重氮化，再和适当的偶合组分偶合，便可制得偶氮类活性染料。其反应如下：

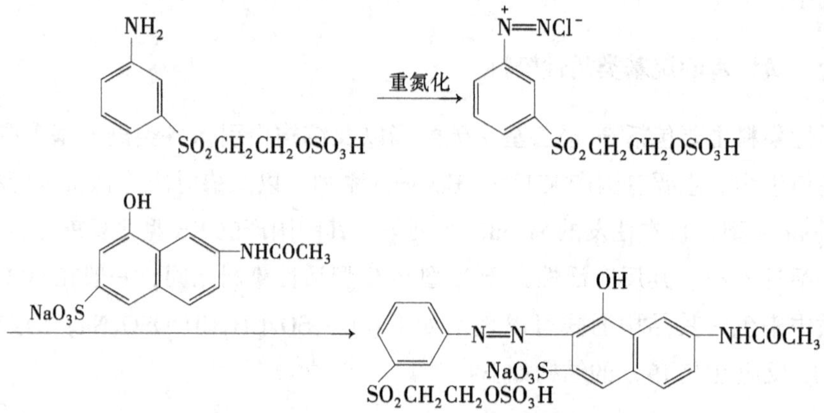

艳红色染料

将 β-羟基乙砜苯胺中料和母体染料（或发色体系）缩合再制成硫酸酯，例如和溴氨酸缩合可制得蓝色的蒽醌类活性染料。

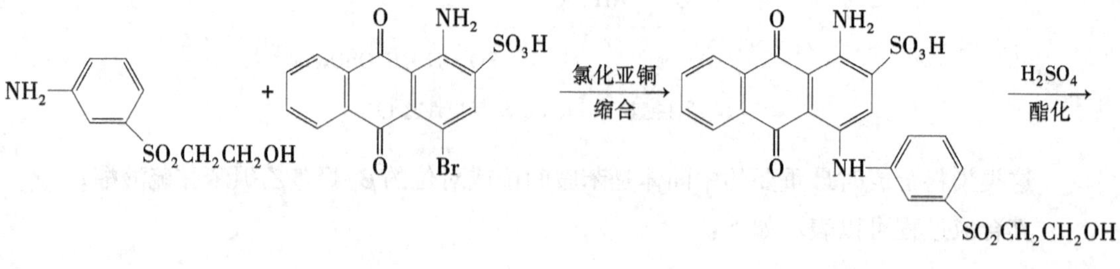

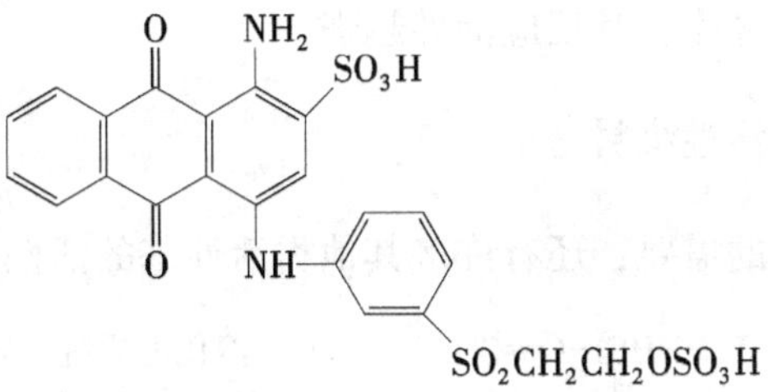

活性艳蓝 KN-R（C. I. 活性蓝 19）

例如，此类染料还有如下的结构：

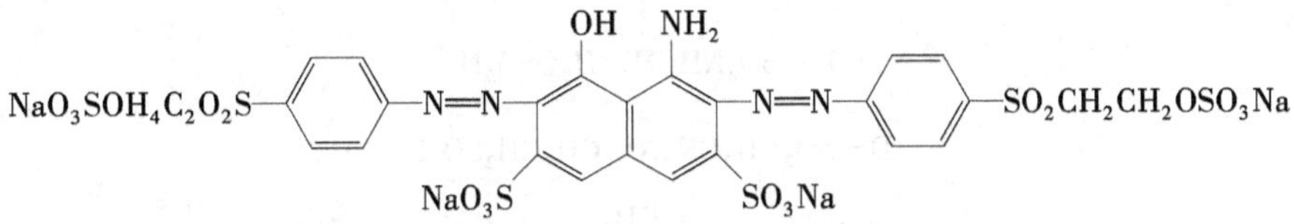

活性黑 KN-4R（C. I. 反应性黑 5）

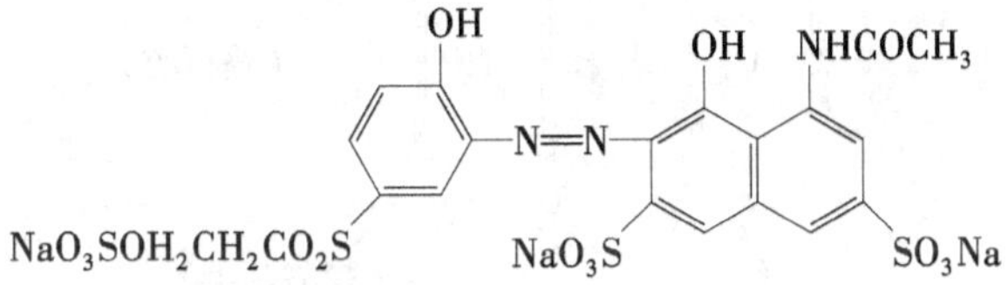

活性艳紫 KN-4R（C. I. 反应紫 5）

其他含有负性基烷基类的活性染料还有以下几类：

$$D-NH-\overset{\overset{\displaystyle O}{\|}}{C}-CH_2CH_2-X_1$$

（X=Cl 或 OSO_3H）

$$D-SO_2CH_2CH_2N\ (C_2H_5)_2$$

$$D-\underset{}{\overset{\overset{\displaystyle CH_3}{|}}{N}}-SO_2CH_2CH_2OSO_3H$$ 等。

含有负性基的烷基类与纤维素纤维之间的反应机理均属于消去亲核加成反应，生成醚键。以β-羟基乙砜硫酸酯类活性染料为例可以表示如下：

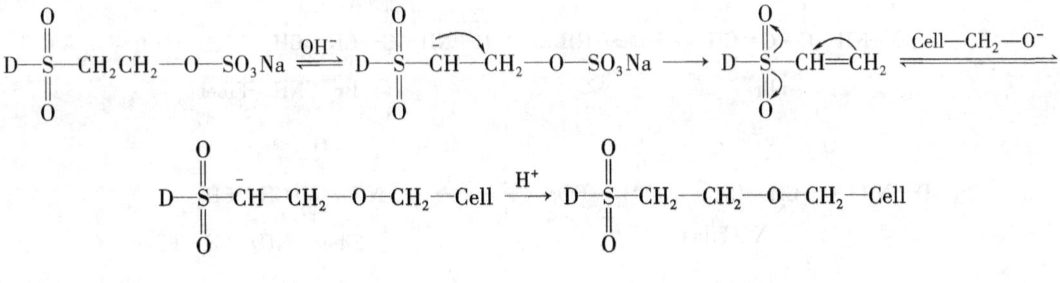

其中负性基的吸电性越强，其反应活性越强。

三、其他类活性基的活性染料

为了适应于不同用途的需要，还有许多其他类活性基的活性染料。例如：

$$D-NHC-C=CH_2 \quad (\alpha-溴代丙烯酰胺)$$
$$\underset{O}{\|} \quad \underset{Br}{|}$$

$$D-NH-CH_2-CH-CH_2$$
$$\underset{O}{\diagdown}$$

$$D-SO_2NHCH_2CH_2OSO_3H$$

$$D-SO_2CH_2CH_2N-CH_2CH_2SO_3H$$
$$\underset{CH_3}{|}$$

叠氮类结构 （叠氮类）

（膦酸基类）
$$P(OH)_2$$
$$\underset{O}{\|}$$

其中 α-溴代丙烯酰胺类活性基的活性染料主要有 Lanasol 系列活性染料，以及国产染料中的 PW 型。这类染料主要用于羊毛、真丝及其混纺织物以及锦纶等的印染加工。色谱齐全，颜色鲜艳，性能优异，具有高的反应性，较高的耐日晒色牢度（5~6 级）以及优良的湿处理牢度。

由于结构中的酰氨基的吸电性，使乙烯基产生极化，从而可与亲核试剂发生亲核加成反应。可与纤维素纤维发生亲核加成反应。用于蛋白质纤维或锦纶的印染加工时，蛋白质纤维中的亲核性基团与 α-溴代丙烯酰胺活性基发生亲核加成反应，并形成氮丙啶环状结构；三元环结构易被催化开环，并与纤维上未反应的亲核基团进一步反应，形成稳定的乙烯亚胺类纤维——染料交联产物。可以表示如下：

$$D-NH-\underset{O}{\overset{\|}{C}}-\underset{Br}{\overset{|}{C}}=CH_2 + Fiber-NH_2 \longrightarrow D-NH-\underset{O}{\overset{\|}{C}}-\underset{Br}{\overset{|}{CH}}-\underset{NH-Fiber}{\overset{|}{CH_2}} \longrightarrow$$

$$D-NH-\underset{O}{\overset{\|}{C}}-\underset{N-Fiber}{\overset{CH-CH_2}{\diagdown}} + NH_2-Fiber \xrightarrow{pH=4.5} D-NH-\underset{O}{\overset{\|}{C}}-\underset{Fiber-NH}{\overset{|}{CH}}-\underset{NH-Fiber}{\overset{|}{CH_2}}$$

膦酸基类活性基由原 ICI（现 Dystar）公司为解决涤棉混纺织物的印染加工而研发的，可以在微酸性或中性条件下反应。在弱酸性的条件下可以实现分散染料和活性染料的同浴加工，大大简化染色工序。国产的 P 型染料就属于此类。磷酸基中的磷原子通常与染料母体中芳环碳原子相连，具有良好的水溶性和耐水解特性。与纤维素纤维的固色反应通常需要催化剂，经高温焙烘脱水生成磷酸酐，继而与纤维素纤维的羟基反应，生成纤维磷酸酯而固色。反应释放的 1 分子磷酸基染料可继续参与固色反应。可以表示如下：

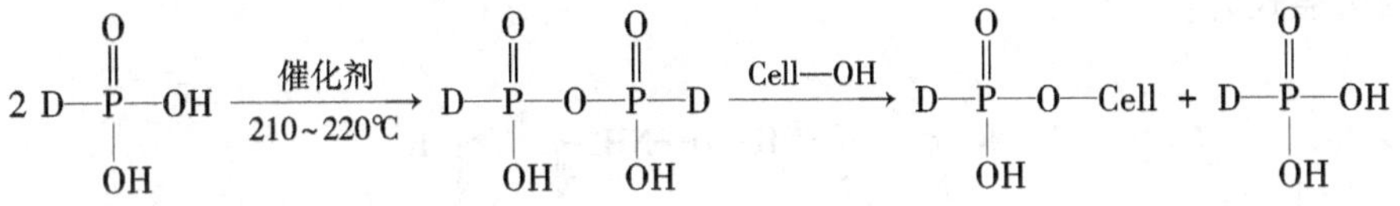

$$2 D—P(=O)(OH)—OH \xrightarrow[210\sim220℃]{催化剂} D—P(=O)(OH)—O—P(=O)(OH)—D \xrightarrow{Cell—OH} D—P(=O)(OH)—O—Cell + D—P(=O)(OH)—OH$$

四、双活性基或多活性基类活性染料

为了提高活性染料的利用率和固色率，提高染色产品的各项色牢度，目前已经合成许多双活性基或多活性基的活性染料。其中最常见的是双活性基的活性染料。

国产双活性基的活性染料主要有上海染化八厂的 M 型（MCT/VS），上海万得的 Megafix B 型（MCT/VS），台湾永光的 Eeverzol ED 系列（MCT/VS）以及 ME、EF、KE 型（MCT/VS）、KE 型（MCT/MCT）、KP 型（MCT/MCT）等。主要有以下几个品种：

1. 单侧型染料

其结构通式为：

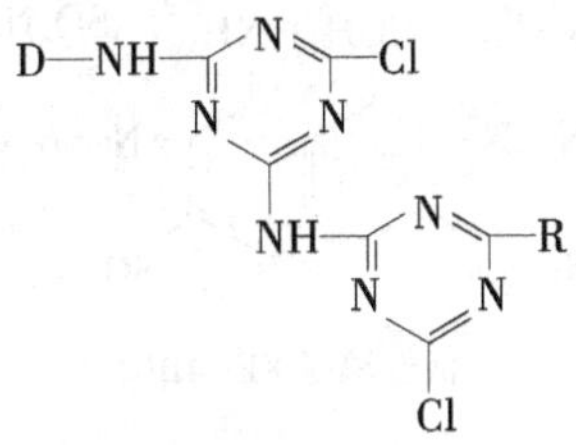

单侧型的双活性基活性染料一般为一氯均三嗪/乙烯砜（MCT/VS）单侧型，是目前双活性基活性染料的主要品种。例如：

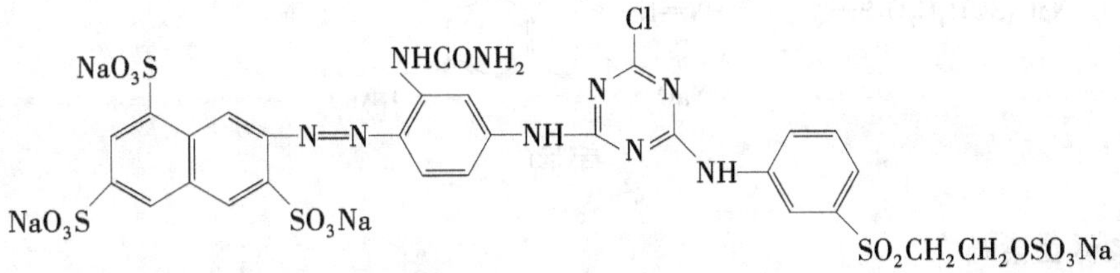

活性黄 M-3RE（C. I. 反应黄 145）

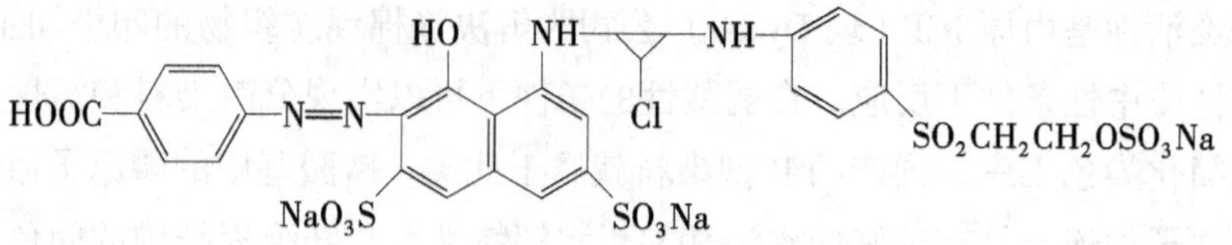

活性艳红 M-3B

2. 两侧型染料

其结构通式为：

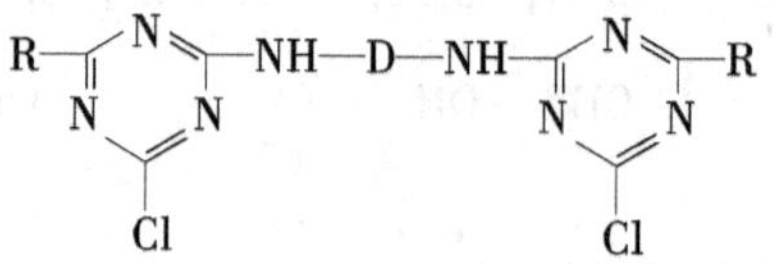

两侧型双活性基活性染料分为两侧型同种或异种双活性基。例如：

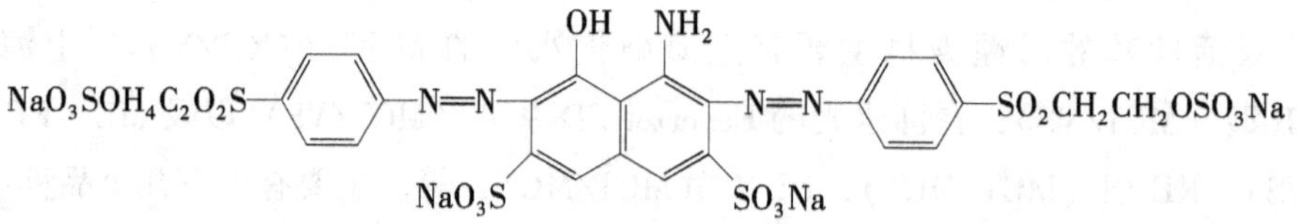

活性黑 KN-B

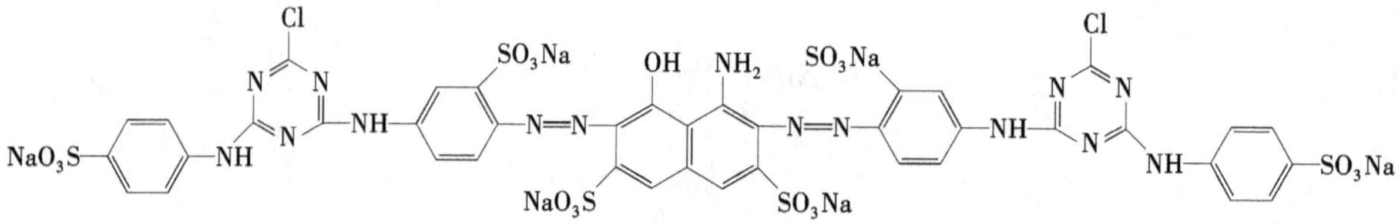

活性墨绿 KE-4BD

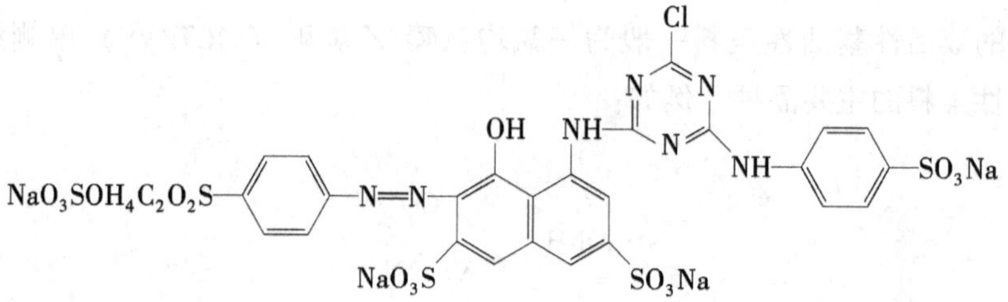

活性红

3. 架桥型染料

其结构通式为：

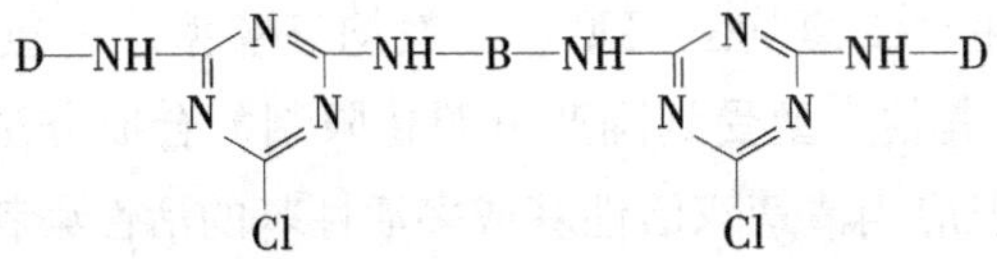

架桥型的双活性基活性染料采用分子中的桥基将两个简单分子活性染料的活性基相互连接而成，染料母体通常位于两侧。主要以双一氯均三嗪活性基为主。例如：

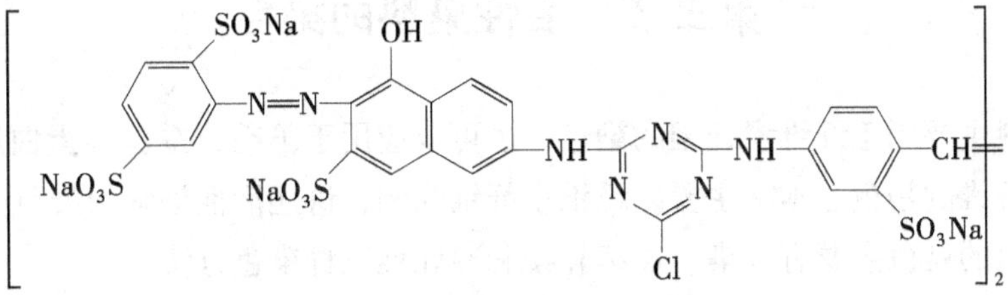

活性橙 KE-2G

4. 复合型染料

其结构通式为：

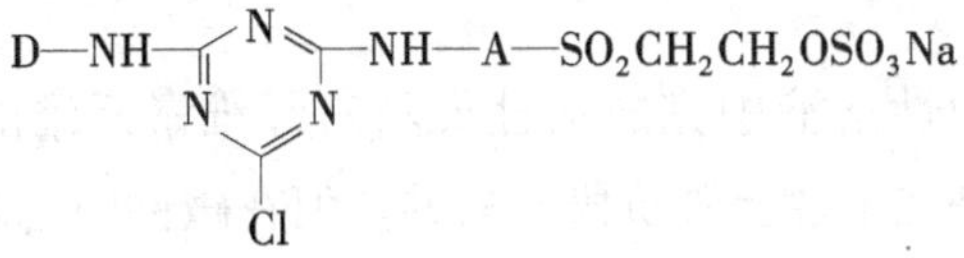

目前主要活性基的活性染料品种及固色率见表 9-1。

表 9-1 各类活性染料即固色率比较

染料商品名称	活性基	固色率（%）
Procion MX，国产 X 型	二氯均三嗪	50~70
Procion H，国产 K 型	一氯均三嗪	55~75
Levafix E	二氯喹噁啉	50~70
Drimarene K，R	二氟一氯嘧啶	70~85
Drilnarene X	三氯嘧啶	55~75
Remazol，国产 KN 型	乙烯砜	55~75
Procion HE，国产 KE，KD 型	两个一氯均三嗪	75~90
Sumifix Supra，国产 M、ME 型	一氯均三嗪+乙烯砜	60~80
Cibacron F	一氟均三嗪	50~70
Cibacron C	一氟均三嗪+乙烯砜	85~95
Procion T，国产 P 型	膦酸型	70~85
Lanasol	β-溴代丙烯酰胺	85~90
Kayacelon React	烟酸均三嗪	60~80

就国内而言，主要生产二氯均三嗪型、一氯均三嗪型、一氯均三嗪+二氯均三嗪型、一氯均三嗪+乙烯砜型，其他类型受到国产资源化限制，合成方法以及经济方面等原因而未真正形成工业规模。但应当清楚双活性基或多活性基的活性染料是未来发展的趋势。

常用各类活性染料的反应性强弱如下：

二氯均三嗪类＞二氯喹喔啉类＞甲砜基嘧啶类～乙烯砜类＞一氯均三嗪类～氯化嘧啶类～丙烯酰胺类

第三节　活性染料的染色

活性染料主要用于纤维素纤维的染色，也可以应用于羊毛、蚕丝等蛋白质纤维的染色以及聚酰胺纤维的染色。本文主要以纤维素纤维为例，讲述活性染料的染色工艺。

活性染料的染色主要有浸染、连续轧染和冷轧堆三种染色方法。

一、浸染

活性染料浸染的工艺流程为中性上染→碱性固色→水洗、皂煮、水洗。

1. 中性上染

中性上染指的是在中性溶液中完成活性染料对纤维素纤维的上染，直至上染达到平衡。大部分活性染料都是在中性上染阶段上去的。但在碱性固色阶段，由于染料与纤维发生化学反应，使上染阶段的平衡被破坏，有一部分染料是在碱性固色阶段上去的。一般直接性高的活性染料在碱性固色阶段上去的少，直接性低的染料在碱性固色阶段上去的较多。

活性染料上染的工艺处方及工艺参数如下所示：

染料	x（owf）
盐	10~20g/L
浴比	1：（30~50）
温度	20~60℃
时间	30~45min
pH	6~7

其中上染温度的选择一般是反应快的温度低，反应慢的温度高。例如，X型（20~30℃）；KN型（40~50℃）；K型（50~60℃）；上染时间一般为30~45min。

2. 碱性固色

碱性固色的工艺处方为：

碱	10~20g/L
pH	9~10
温度	20~90℃
时间 min	30~45min

其中固色温度的选择一般也是反应快的温度低，反应慢的固色温度高。例如，X 型（20~30℃）；KN 型（60~70℃）；K 型（80~90℃）。碱剂一般选择为碳酸钠（15~20g/L），反应快的可选择碱性较弱的碱剂如碳酸钠和磷酸三钠等；反应慢的可选择碱性较强的碱剂如烧碱或烧碱和碳酸钠的混合物等。固色时间的选择一般为反应快的时间短；反应慢的时间长。一般为 30~45min。盐用量的选择一般为直接性高的少加盐，小浴比的少加盐，固色温度低的少加盐，一般为 20~30g/L。

在碱性固色阶段，已经上染的活性染料在碱性的条件下，与纤维素纤维发生化学反应。活性染料分子中含有的活性剂的种类不同，其反应活性也不同。

其中卤代杂环类如 X 型、K 型以及嘧啶类的活性染料与纤维素纤维间发生的是亲核取代反应。可以表示如下：

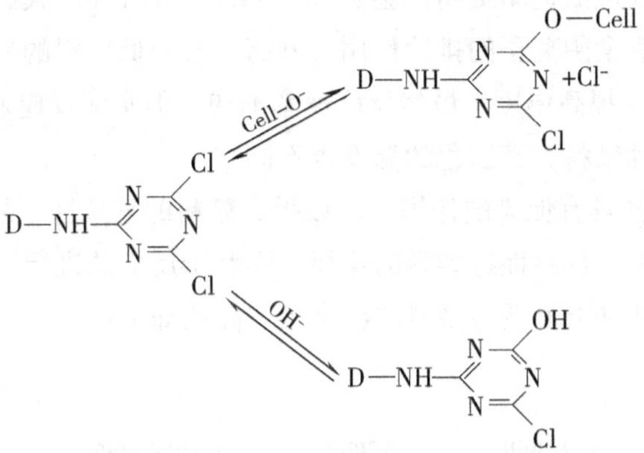

乙烯砜类的如 KN 型活性染料与纤维素纤维之间发生消去亲核加成反应。反应过程可以表示如下：

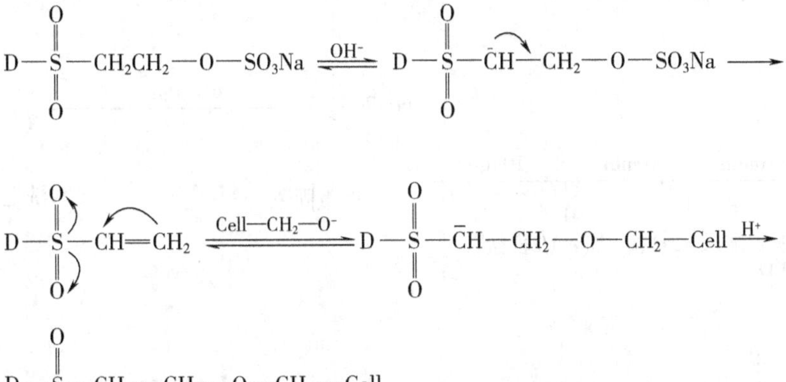

染料活性基的结构、染料的直接性、染料的扩散性、pH、温度以及食盐电解质等都会影响活性染料与纤维素纤维之间的反应。

（1）染料活性基结构的影响。染料活性基的结构不同，其反应的速率也不同。例如，根据反应机理，X 型活性染料的反应活性大于 K 型染料的反应活性。常见含有各种活性基的活性染料的反应活性为：二氯均三嗪>二氯喹喔啉类 >甲砜代嘧啶类>乙烯砜类>一氯均三嗪类>氯代嘧啶类>丙烯酰胺类。

（2）染料直接性的影响。染料的直接性越高，纤维上的染料量越多，越有利于染料与纤维间的反应，固色率越高。

（3）染料扩散性的影响。染料的扩散性越好，匀染透染越好，在一定时间内与纤维素负离子接触的机会越多，反应快，固色率高。

（4）pH 的影响。活性染料与纤维素纤维之间的反应属于亲核反应，纤维素负离子作为亲核试剂。合适的 pH 为 9~10。pH 太低，纤维素负离子的浓度低，反应速率太慢。pH太高，有利于纤维素负离子的生成，但也有利于羟基负离子的生成，不但染料与纤维之间反应速率提高，水解反应的速率提高得会更多。同时，由于 pH 太高，纤维素纤维表面的负电位升高，对染料色素阴离子的排斥作用会升高，会降低染料的平衡上染百分率。

（5）温度的影响。提高温度，虽然反应速率加快，但水解反应速率提高得更快，因此含有不同活性基的活性染料，其固色的温度也不同。

（6）盐的影响。盐具有促染的作用，可以提高染料的直接性，从而有利于反应的顺利进行。若盐的用量过多，也会促进染料的聚集，不利于反应的进行。

综上所述，常见几种类型活性染料的浸染工艺曲线如下：

X 型

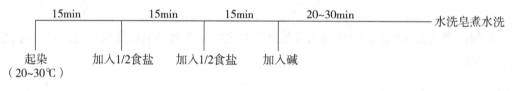

KN 型

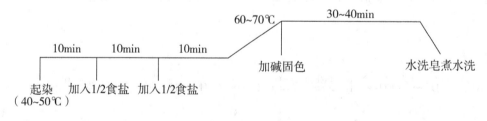

K 型

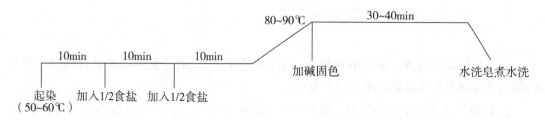

其他双活性基活性染料的浸染工艺曲线类似于 K 型活性染料的。工艺处方和相关的工艺参数为：

染色工艺处方为：

染料用量	x（owf）
盐	5~50g/L
浴比	1：（30~50）
温度	20~60℃
时间	30~40min
pH	6~7

固色工艺处方为：

碱	5~50g/L
pH	9~10
温度	20~90℃
时间	30~40min

皂煮工艺处方：

肥皂	1~2g/L
纯碱	1~2g/L
浴比	1：（15~20）
温度	90~95℃
时间	15~20min

二、连续轧染

连续轧染适用于大批量的加工，生产效率高。连续轧染工艺主要有一浴法和两浴法两种。

1. 一浴法连续轧染

一浴法连续轧染的工艺流程为

浸轧染液→烘干→汽蒸或焙烘→水洗、皂洗、水洗

一浴法染色所用碱剂一般为碳酸氢钠，碱性较弱，只有在汽蒸或焙烘的阶段，由于高温碳酸氢钠分解，变成碳酸钠，碱性增强，才能促使活性染料与纤维之间发生固色反应。

一浴法染色所适用的染料一般为一氯均三嗪类、乙烯砜类以及卤代嘧啶类等，反应性弱或中等的，在汽蒸或焙烘前一般不发生固色反应。

其中浸轧染液采取室温两浸两轧，纯棉织物的轧液率一般为 70%~80%，涤棉混纺织物一般为 60%~70%；烘干的过程完成了活性染料的上染。为了防止产生泳移，一般先用远红外均匀快速烘干，烘干至含湿率小于 20%时，为了降低成本，再换烘筒烘干或热风烘干；汽蒸或焙烘阶段，如果是纯棉织物，一般采用 100~102℃、汽蒸 1~3min；但如果为

涤棉混纺织物，一般在 180~200℃ 焙烘 30~40min 或在 160℃ 常压高温蒸汽中汽蒸 4min，在完成了活性染料固色的同时，也完成了分散染料对涤纶的上染。焙烘或常压高温蒸汽汽蒸用于分散染料和活性染料一浴法对涤棉混纺织物的染色；最后水洗、皂洗、水洗，主要目的是为了去除浮色，如水解的染料、未反应的染料以及染料与纤维之间的共价键断裂后的染料等。从而提高染色物的牢度。

2. 两浴法连续轧染

将织物先浸轧染液，烘干上染后再浸轧含有碱剂的固色液，然后汽蒸使染料固着在纤维上。其工艺流程为：

浸轧染液→ 烘干→浸轧碱液固色液（内加元明粉 20~30g/L）→ 汽蒸（100~103℃，1~3min）→水洗→ 皂煮→ 水洗→烘干

适用于反应性强的染料和碱性强的碱剂。X 型活性染料通常选用 Na_2CO_3（5~20g/L）作为碱剂；K 型活性染料通常选用 $NaOH + Na_2CO_3$ 作为碱剂；KN 型活性染料通常选用 HCOONa 代替 $NaHCO_3$ 作为碱剂。在碱剂固色液中，为了防止染料的脱落，有时加入少量的食盐。

其中浸轧染液是为了使染料均匀地分布在纤维织物上；烘干是为了完成染料的上染；浸轧碱液时，为了防止染料的脱落，碱液中可以加入元明粉 20~30g/L；然后通过汽蒸或焙烘完成染料与纤维之间的固色反应；最后去除浮色，提高染色产品的牢度。

三、冷轧堆

冷轧堆工艺就是将织物浸轧染液后不经烘干和汽蒸或焙烘，而在室温堆置（打卷并缓慢转动）一定时间，以使染料完成吸附、扩散和固色反应，此种染色方法称为冷轧堆工艺。适用于反应性强、亲和力低、扩散速率快的染料。其优点是设备简单，能耗低，染料利用率高，匀染性好，适用于小批量多品种的生产。其工艺流程为：

浸轧染液→打卷后转动堆置→水洗、皂煮、水洗

碱剂强弱的顺序（碱液浓度 10g/L，温度为 25℃）如下：

碱剂种类	氢氧化钠	>磷酸三钠	>硅酸钠	>碳酸钠	>碳酸氢钠
pH	13.4	11.4	10.4	10.3	8.4

根据染料选择碱剂。X 型选择纯碱；K 型选择烧碱；KN 型和 M 型介于两者之间，选择磷酸三钠或硅酸钠和氢氧化钠的混合碱。

室温浸轧染液，必须严格控制轧液率，一般棉织物的轧液率控制在 70%~80%，黏胶纤维织物的轧液率控制在 90% 左右。浸轧织物后，织物打卷一定要平整，布层之间要保证无气泡。堆置时，布卷要用塑料薄膜包覆、密封，并不停地缓缓转动，防止布卷表面及两侧水分蒸发或由于染液向下流淌而造成染色不匀。在堆置的过程完成染料的上染、固色。

打卷堆置时间取决于染料的反应性和碱剂的强弱。一般二氯均三嗪类活性染料用小苏打作为碱剂需要堆置48h，用碳酸钠作为碱剂需堆置6~8h；一氯均三嗪类活性染料和一氟均三嗪类活性染料用烧碱和硅酸钠混合碱需分别堆置16~24h和6~8h；乙烯砜类活性染料用烧碱和硅酸钠混合碱需堆置8~12h。另外，酞菁类活性染料由于扩散慢，需要适当增加碱剂的用量和堆置时间。

为了缩短反应性低活性染料的堆置时间，也可以采用保温堆置的方法，即在打卷时用蒸汽均匀加热织物，成卷后放入保温箱中堆置。堆置后可再在平洗机上进行水洗等染色后处理。

在采用活性染料进行染色时，往往要进行拼配色。这就需要了解活性染料的特征值。只有特征值相同或相似的活性染料才可以在一起进行拼配色。其中活性染料的特征值可以在浸染的上染速率曲线上体现出来，如图9-1所示。

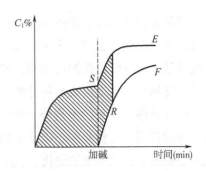

图9-1 活性染料的上染速率曲线

（1）S 值。也叫染料的第一次上染百分率。反映了染料对纤维直接性和亲和力的大小。是活性染料未加碱只加盐的染色条件下的上染百分率。S 值过高或过低均会造成染色不匀不透的现象。

（2）E 值。也叫染料的第二次上染百分率或活性染料的吸尽率。指的是加碱后水洗、皂煮、水洗之前染料的上染百分率。因为有一部活性染料是在加碱固色之后上去的。若 S 值过小，E 值过大，要分批加碱，否则会产生不匀不透的现象。

（3）R 值。指的是加碱5min后的固色率。反映了染料对纤维的反应性能及固色率的大小。

（4）F 值。染色结束即水洗、皂煮、水洗之后染料的固色率，反映了染料的利用率。

第四节　活性染料与纤维形成共价键的稳定性

活性染料与纤维素纤维生成的酯键或醚键，在一定条件下都可以发生水解，导致染料—纤维之间共价键的断裂，这也是造成活性染料利用率低的原因。

一、卤代杂环类活性染料与纤维之间共价键的稳定性

以均三嗪类活性染料为例，叙述活性染料与纤维之间共价键对碱和酸的稳定性。

碱性条件下水解的机理是溶液中的羟基负离子进攻均三嗪环上酯键活化中心碳原子，发生亲核取代反应，导致染料—纤维之间的共价键断裂。可以表示如下：

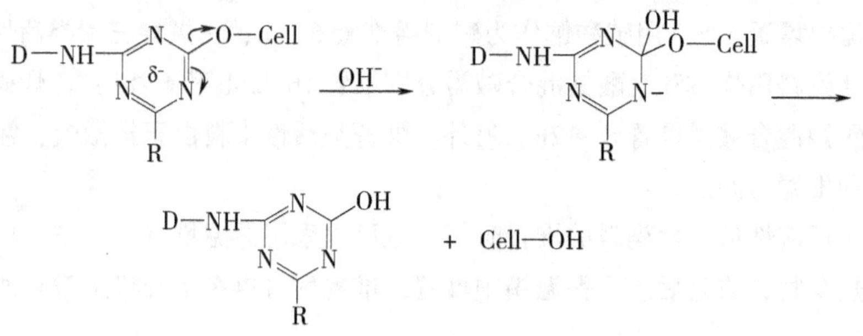

(R=Cl，F，NHCH₃，NHC₂H₅等)

可见，卤代杂环类活性染料与纤维素纤维之间的共价键在碱性条件下的断裂机理是成键反应的逆反应，也属于亲核取代反应，这与反应活泼性有点矛盾，解决这一矛盾的最好方法就是采用电负性强的离去基，增强染料与纤维之间的反应活性。反应结束后环上的电子云密度增加，会提高染料与纤维之间共价键的稳定性。

酸性条件下水解的机理分为两步。第一步为均三嗪环上电负性强的氮原子吸收质子氢，使均三嗪环上活化中心碳原子的正电荷性增强；第二步为溶液中的羟基负离子进攻活化中心碳原子，发生亲核取代，引起染料—纤维之间共价键的断裂。可以表示如下：

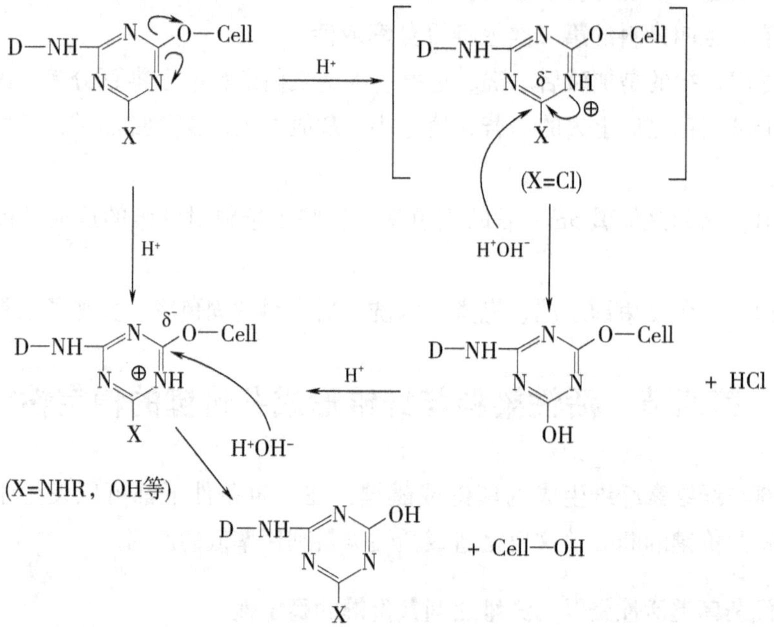

(X=NHR，OH等)

二、含有负性基烷基类的活性染料与纤维之间共价键的稳定性

这类染料与纤维素纤维之间生成的醚键，在酸性条件下比较稳定。在碱性条件下 α-

碳原子上的氢容易发生离解消除反应，引起碳氧键（Cell—O—D）醚键发生断裂水解。可以表示如下：

$$D-\overset{O}{\underset{O}{S}}-CH_2CH_2-OCell \xrightarrow[-H_2O]{OH^-} \left[D-\overset{O}{\underset{O}{S}}-\overset{-}{C}HCH_2-OCell \right]$$

$$\longrightarrow D-\overset{O}{\underset{O}{S}}-CH\overset{\delta^+}{=}CH_2 + Cell-OH$$

$$D-\overset{O}{\underset{O}{S}}-CH\overset{\delta^+}{=}CH_2 \xrightarrow{H\cdot OH^-} D-\overset{O}{\underset{O}{S}}-CH_2CH_2-OH$$

常见活性染料与纤维素纤维之间共价键的稳定性比较见表 9-2。

表 9-2 各种活性染料与纤维之间共价键的稳定性比较

活性染料类型	共价键的稳定性	
	酸性条件	碱性条件
乙烯砜类	4~5 级	2~3 级
一氯均三嗪类	3 级	4 级
二氯均三嗪类	2~3 级	3~4 级
二氯喹噁啉类	2~3 级	3~4 级
三氯嘧啶类、二氟一氯嘧啶类	4 级	4~5 级

各类活性基的活性染料与纤维之间共价键的稳定性顺序如下：

碱性条件下：嘧啶结构型（F 型）≥一氯均三嗪型（K 型）≥二氯均三嗪型（X 型）~β-羟乙基砜硫酸酯类（KN 型）。

酸性条件下：嘧啶结构型（F 型）~β-羟乙基砜硫酸酯类（KN 型）≥一氯均三嗪型（K 型）>二氯均三嗪型（X 型）。

第五节 活性染料的性能改进与发展

自从 1956 年第一个活性染料问世至今，活性染料工业化生产已有半个多世纪。近年来活性染料的发展，主要选择新型的活性基团以提高活性染料的固色率；改进旧品种，提高应用性能；开发适合于混纺织物一浴法染色的新品种；开发新型母体结构，开发活性染料的新剂型及液状活性染料等方面。主要有以下几个方面：

一、发展新型活性基团

20 世纪 80 年代，国外生产的商品活性染料活性基团见表 9-3。这些基团都是为特殊用途而设计的，其中酸性介质中固色的有反应性高、固色率高或混纺织物同浴一步染色用活性基团。

表 9-3　具有不同活性基团的活性染料

开发时间（年）	公司	商品名	活性基团
1976	ICI	Procion T	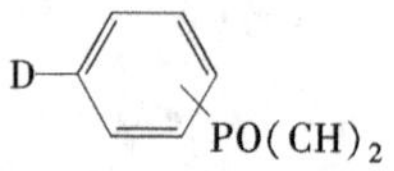 D—〈苯环〉—PO(CH)₂
1977	BASF	Basilen P	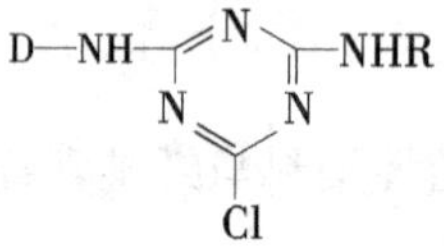 D—NH—〈三嗪环，N，N〉—NHR，下位 Cl
1978	BASF	Basilen E	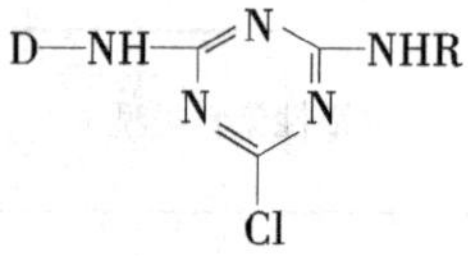 D—NH—〈三嗪环〉—NHR，下位 Cl
1978	Sandoz	Drimarene P	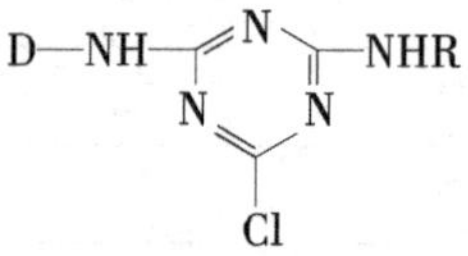 D—NH—〈三嗪环〉—NHR，下位 Cl
1978	Ciba-Geigy	Cibacron F	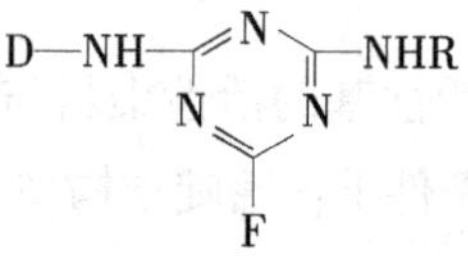 D—NH—〈三嗪环〉—NHR，下位 F
1980	BASF	Basilen M	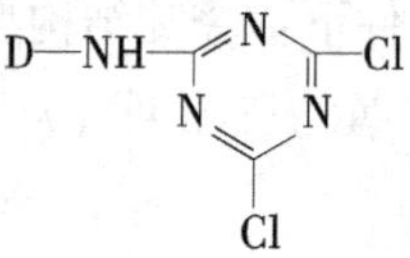 D—NH—〈三嗪环〉—Cl，下位 Cl
1980	住友	Sumifix Supra	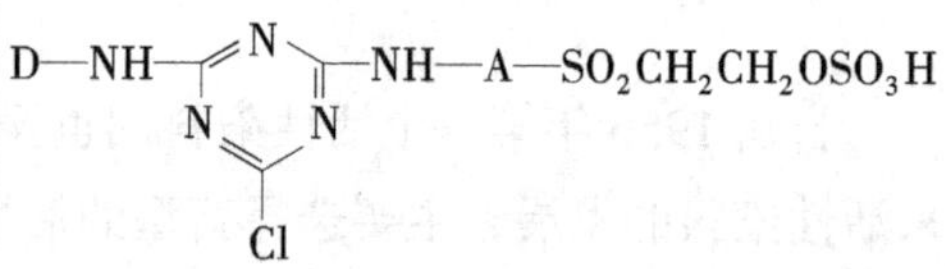 D—NH—〈三嗪环〉—NH—A—SO₂CH₂CH₂OSO₃H，下位 Cl

续表

开发时间（年）	公司	商品名	活性基团
1981	化药	Yacion Navy ESNG	$D-NH-\underset{\underset{Cl}{}}{\overset{N}{\diagdown}}-NH-O-SO_2CH_2CH_2OSO_3H$
	Bayer	Levafix PN	$D-NH-\underset{\underset{CH_2}{Cl}}{\overset{N}{\diagdown}}-F$
1983	BASF	Axidol Blue SGXW Acidd Brill Blue 3RX—W	$D-NH-\underset{\underset{Cl}{}}{\overset{N}{\diagdown}}-NHR$
	ICI	Procion Red MX	$D-NH-\underset{\underset{Cl}{}}{\overset{N}{\diagdown}}-Cl$
1984	化药	Dayacelon React	$D_n\left[-NH-\underset{\diagdown}{\overset{N}{\diagdown}}-NHR\right]_m$ $N-N-COOH$ $n,\ m=1\sim2$
	三菱 Hoechst	Diamira S—N Remazol SN	$D-NH-\underset{\underset{Cl}{}}{\overset{N}{\diagdown}}-NH-A-SO_2CH_2CH_2OSO_3H$ $D-NH-\underset{\underset{Cl}{}}{\overset{N}{\diagdown}}-NH-A-SO_2CH_2CH_2OSO_3H$ $D-SO_2CH_2CH_2OSO_3H$

二、一浴一步法混纺织物染色用活性染料

1983 年，日本化药公司提出了一类 Kayacelon React 染料。这类染料能在中性介质中一浴一步法浸染涤棉混纺织物，其活性基团是一氯均三嗪与烟酸反应生成的季铵盐，与纤维素纤维反应的机理与一氯均三嗪或二氯均三嗪染料的反应机理相同，据报道，这类活性染料的反应活泼性比乙烯砜型及二氟一氯嘧啶高，但不如二氯均三嗪和喹噁啉型活泼。

三、新型多活性基团活性染料

活性染料印花和染色的固色率偏低，通常固色率为 60% ~ 70%，为了提高固色率，除了在印染加工中采用固色剂或交联剂之外，采用多活性基染料染色也是提高固色率较好的途径。

四、新型染料母体结构

从染料的结构看，活性染料多数母体结构为偶氮型、蒽醌型和酞菁型。为了提高色泽鲜艳度，补充色谱，使之更齐全，提高坚牢度性能，改进应用方法，节约能源，降低价格，近年来，在工业生产中出现了一系列新型活性染料母体结构，较为重要的是吡啶酮、甲䐶和双氧氮蒽等类型。这三个系列的染料都有很高的摩尔消光系数，光谱很纯，色泽鲜艳，染色性能和色牢度性能比较好。用双氧氮蒽系活性染料代替昂贵的蒽醌系染料，具有相当好的市场前景。

五、液状活性染料

由于液状活性染料容易水解，所以在技术上有较高的要求，一般有三种体系：一是以水为基础，是理想的液状染料，但大多数活性染料在水中溶解度不大，要制成高浓度，需采用特殊的制备工艺。二是以溶剂为基础，涉及溶剂的回收和劳动保护问题，也可以采用水和溶剂混合体系来制备液状染料。三是把活性染料悬浮于水中，成为分散体系。一般来说，活性高的染料以制成分散体为宜，而活性低的染料配成水溶液较好。

六、活性分散染料及阳离子型活性染料

活性分散染料与阳离子型活性染料均是近年来研究的新型染料品种，以不同的染色机理同时上染两种纤维如涤/棉和毛/腈纤维。用单一染料染混纺织物，超越了一种纤维需要专用染料的传统观念，既可以简化印染工艺流程，又可以减少染料品种，有利于生产和应用。

👉 练习题

一、名词解释

1. 活性染料

2. 活性染料的吸尽率

3. 活性染料的固色率

二、简答题

1. 简述活性染料的结构通式及各部分所代表的含义。

2. 写出几种常见活性染料，如 X 型、K 型、KN 型以及 F 型活性染料的结构简式。

3. 卤代均三嗪类活性染料与纤维素纤维之间的反应机理如何？影响反应的因素有哪些？

4. β-羟基乙砜硫酸酯类活性染料与纤维素纤维之间的反应机理如何？

5. 简述活性染料的适用对象和染色的优缺点。

6. 比较下列活性染料与纤维素纤维生成的 D—F 共价键的水解稳定性大小。

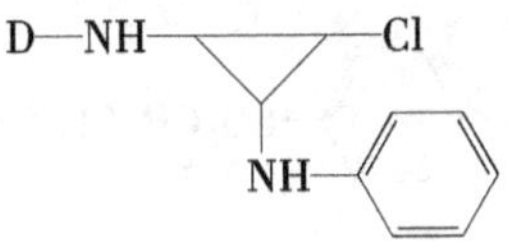

D—NH——Cl（NH—苯基）　a

D—NH——Cl（Cl）　b

D—NH——F（NH—苯基）　c

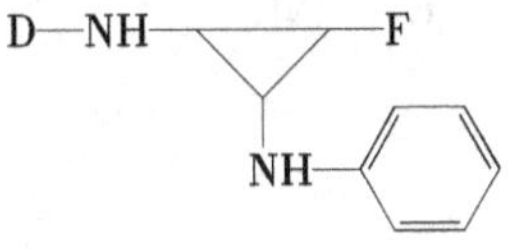

7. 下列活性染料属于国产活性染料中的哪一种？具有哪些结构特征和应用性能？试以反应方程式写出它与纤维素纤维的反应机理，并试述染料与纤维共价键的水解稳定性。

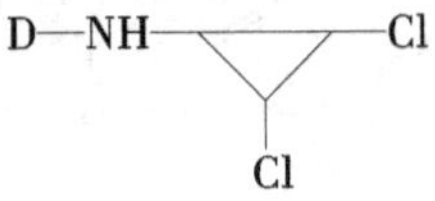

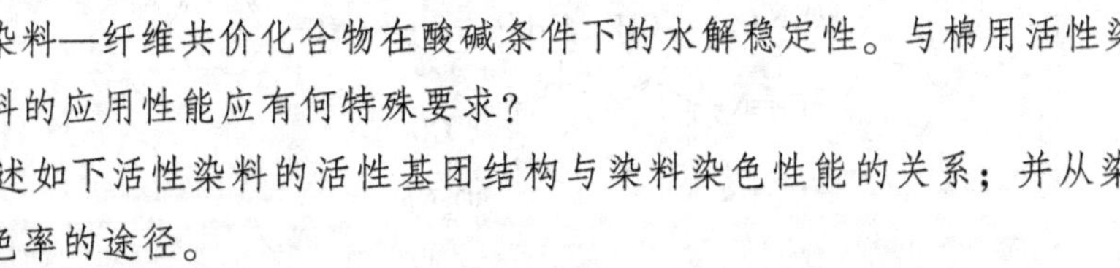

结构式：含 SO_3Na、OH、NH、$N=N$、Cl、SO_3Na、NaO_3S、$SO_2CH_2CH_2OSO_3Na$ 等基团的萘系偶氮染料

8. 写出国产 X、K、KN 型活性染料与纤维素纤维共价键结合的反应历程，并比较它们所形成的染料—纤维共价化合物在酸碱条件下的水解稳定性。与棉用活性染料相比，对毛用活性染料的应用性能应有何特殊要求？

9. 试阐述如下活性染料的活性基团结构与染料染色性能的关系；并从染料结构讨论提高染料固色率的途径。

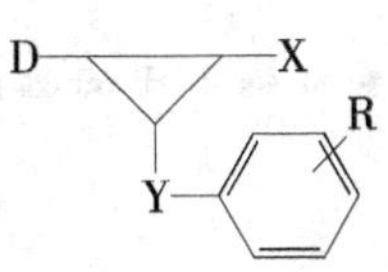

D——X（Y—苯基—R）

式中：X = —F、—Cl、—SO$_2$CH$_3$；Y = —O—、—NH—；R = —SO$_3$Na、—CH$_3$

10. 指出下列棉用染料按应用分类的类别名称和染料分子结构特征。写出这些染料在染色过程中所涉及的反应方程式，并比较这些染料在棉织物上的染色坚牢度。

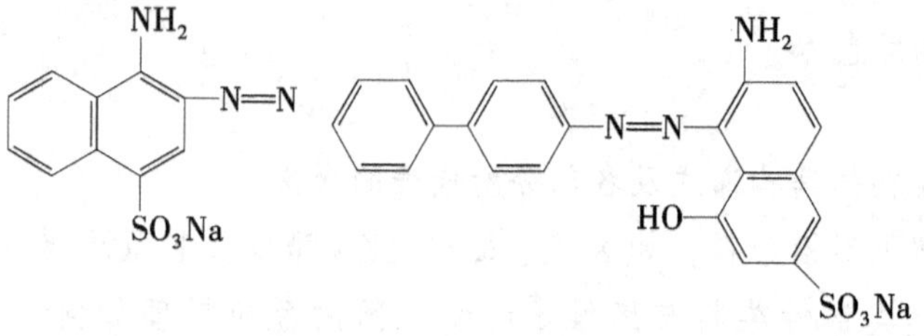

a

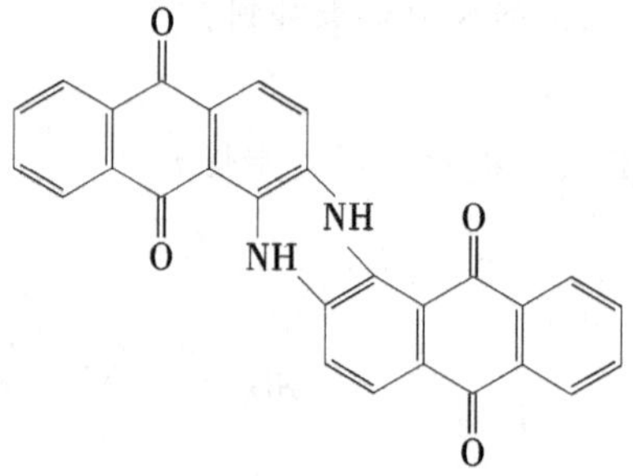

b

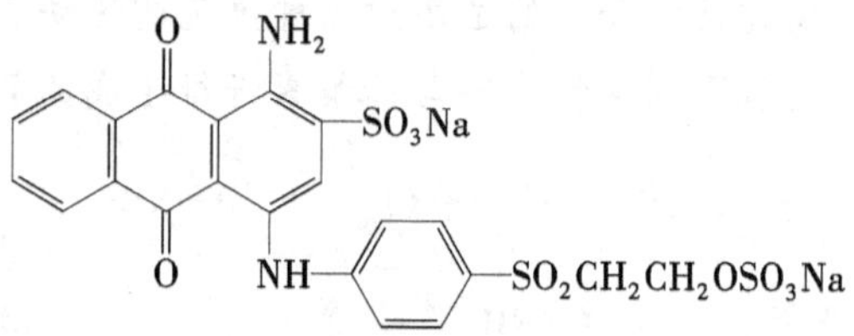

c

11. 简述还原染料和活性染料常规染色过程。写出下列染料在染色过程中涉及的化学反应（或反应机理）及影响因素。

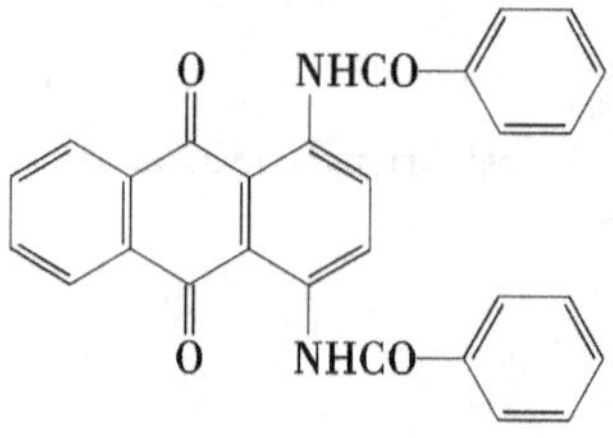

a

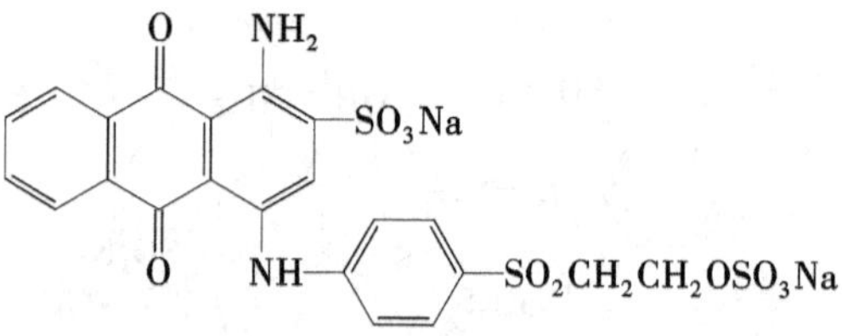

b

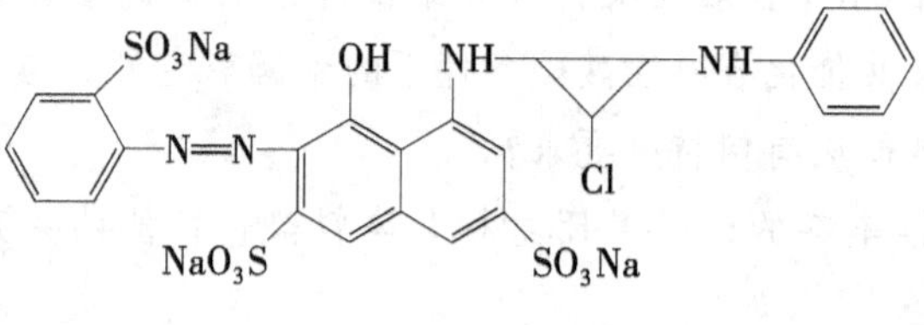

c

12. 试比较下列活性染料和纤维素纤维生成的染料—纤维共价键水解稳定性大小。

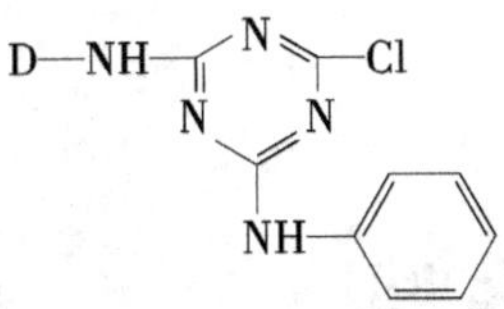

a

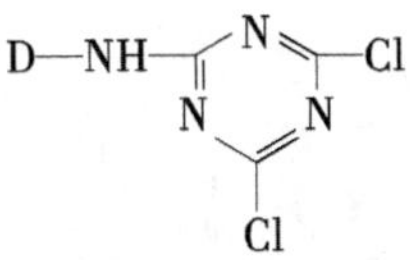

b

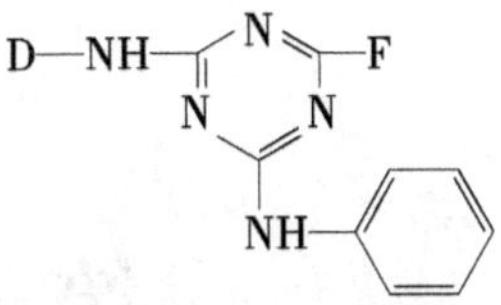

c

13. 绘出几种常见类型 X 型、K 型和 KN 性活性染料的浸染工艺曲线，并标明相关的工艺参数。

14. 写出活性染料连续轧染的工艺流程，并叙述各个工序的作用。

15. 叙述活性染料冷轧堆染色工艺，并简单说明冷轧堆染色工艺的优缺点。

第十章 还原染料

第一节 引言

人类使用的第一个天然还原染料——靛蓝（Indigo），据史料记载，始于中国殷周时代。1897年，按照 K. Heumann 方法在德国首先进行了合成靛蓝的生产。1901年，R. Bahn 合成了第一个蒽醌还原染料，定名为阴丹士林（Tndanthrene），国内也叫士林染料。

还原染料即士林染料，分子中不含有磺酸基或羧基等水溶性基团，缺少亲水性的基团，不溶于水，但分子中至少含有两个或两个以上的羰基。染色时，在碱性保险粉等还原剂存在条件下，还原染料能被还原成溶于水的对纤维具有亲和力的隐色体钠盐，上染到纤维上后（称隐色体的上染），再利用空气中的氧或其他氧化剂如过氧化氢等的氧化作用，转变成原来的不溶性的还原染料母体而固着在纤维上（称为显色过程），具有这种结构特征的染料，叫作还原染料。

其过程可表示如下：

$$
\underset{\substack{\text{染料母体}\\\text{（不溶于水）}}}{O=C\diagdown D\diagup C=O} \quad \overset{[H]}{\underset{[O]}{=\!=\!=}} \quad \underset{\substack{\text{隐色酸}\\\text{（不溶于水）}}}{HO-C\diagdown D\diagup C-OH} \quad \overset{NaOH}{\underset{H^+}{=\!=\!=}} \quad \underset{\substack{\text{隐色体钠盐}\\\text{（溶于水）}}}{{}^-O-C\diagdown D\diagup C-O^-}
$$

还原染料主要用于纤维素纤维织物的染色和印花，也可以应用于维纶的染色和印花，少数相对分子质量小的还原染料也可以应用于聚酯纤维的染色和印花。

还原染料的各项染色牢度优异，是其他染料所无法比拟的。耐日晒色牢度多数可以达到8级，一般也能达到6~7级。色谱齐全。色泽鲜艳，主要以蓝、紫、绿、棕、橄榄和灰绿为主，黄、橙、红色的品种不多，尤其是鲜艳的绿色是其他染料的色谱所无法比拟的。但还原染料成本高，染料和还原剂的价格均较贵，染色工序复杂，匀染性差，某些黄、橙、红色的品种具有光敏脆损现象。

还原染料的结构复杂，主要分为靛类还原染料、蒽醌类还原染料、杂环类还原染料以及暂溶性还原染料等。近年来又出现了新的衍生物，如带有活性基的活性还原染料。

第二节 靛类还原染料

靛类还原染料分子中具有的共同共轭体系如下面结构所示：

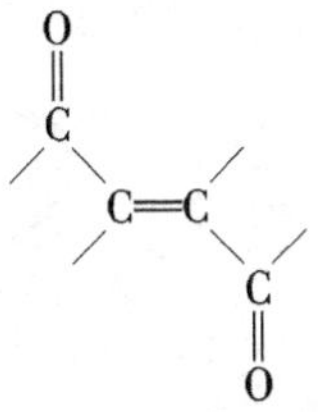

色泽鲜艳，但牢度尤其是耐日晒色牢度不及蒽醌类的还原染料。主要包括靛蓝及其衍生物、硫靛及其衍生物，其中又可分为对称靛类的还原染料和不对称靛类的还原染料。对称靛类的和不对称靛类的还原染料如下所示：

对称靛类的还原染料如下：

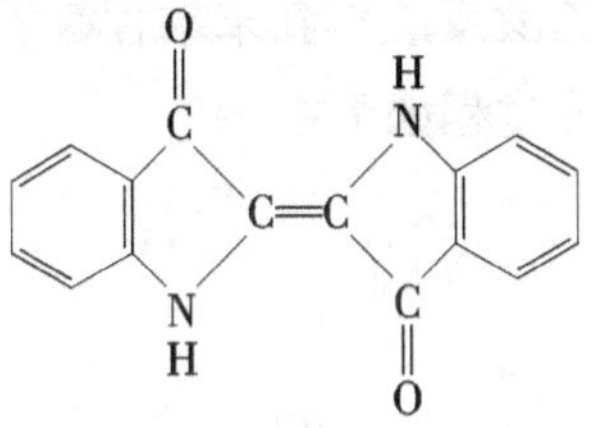

靛蓝类 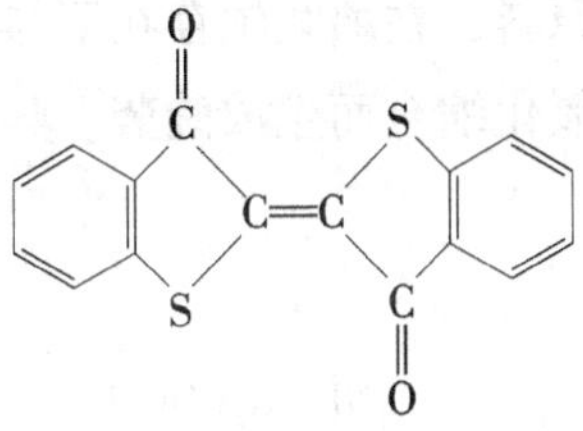　　　　　　　　　硫靛类 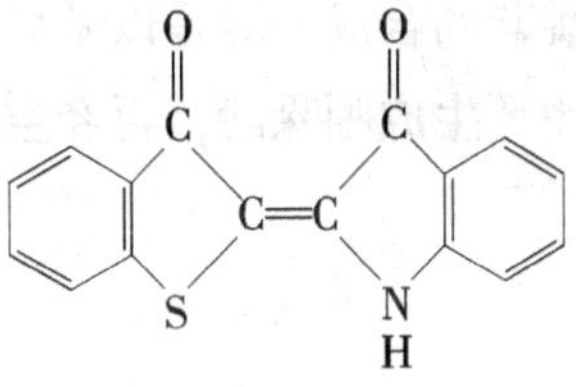　　　　　　　　靛蓝和硫靛混合类

不对称靛类的还原染料如下：

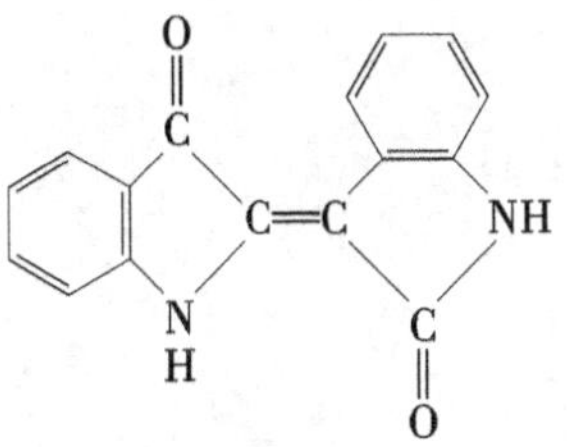

靛红类 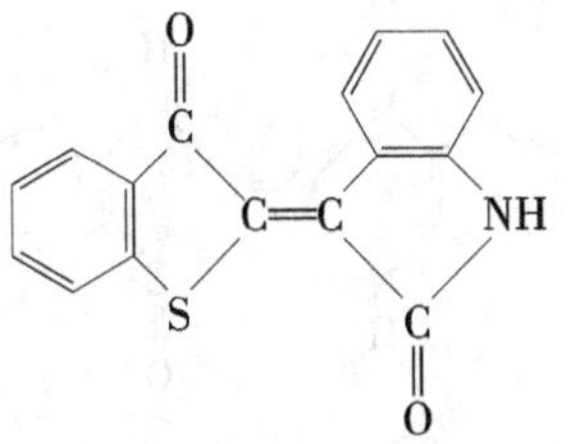　　　　　不对称靛蓝、硫靛类 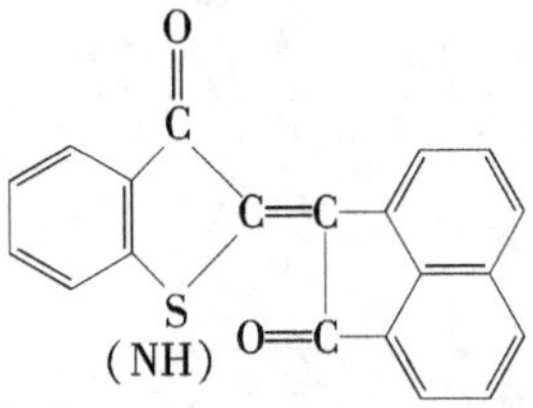　　　　　半靛类

还原后的隐色体溶液基本是无色、淡黄色或杏黄色，即还原后颜色变浅。靛蓝的还原如下：

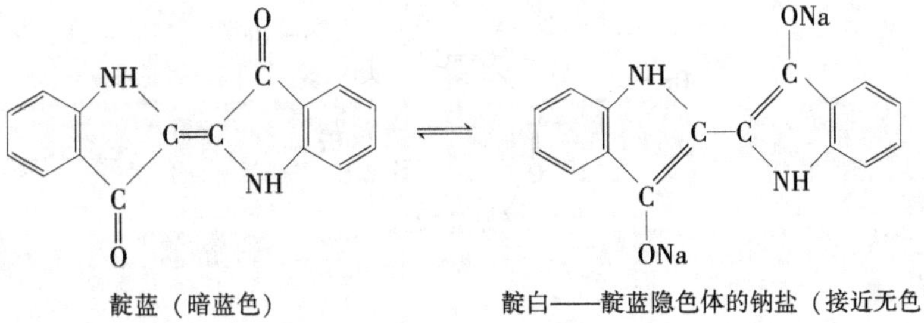

靛蓝（暗蓝色）　　　　　　　靛白——靛蓝隐色体的钠盐（接近无色）

一、靛蓝及其衍生物

靛蓝的基本结构如下：

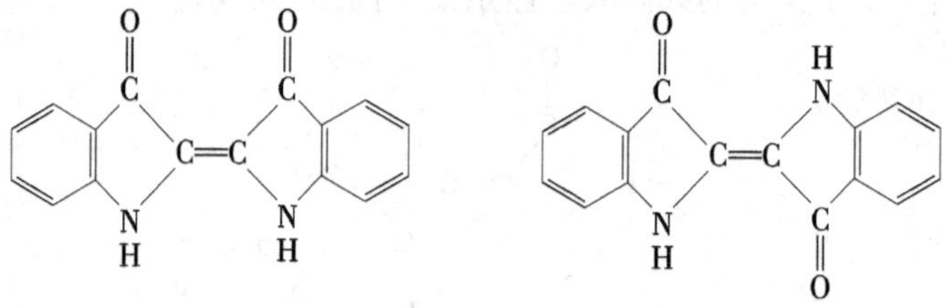

顺式　　　　　　　　　反式

由于反式结构能形成分子内氢键，因此一般以反式结构存在。靛蓝在水、醇、醚、苯、稀酸和碱溶液中几乎不溶，但溶于浓硫酸中，溶于沸腾的苯酚、硝基苯和苯胺中。靛蓝的熔点高（390~392℃），能升华且不易分解。

靛蓝的合成一般是以苯胺为原料，在醋酸钠存在下与氯乙酸反应得到苯基甘氨酸，碱熔融闭环生成吲哚酚，再经空气氧化缩合而生成靛蓝。其合成过程如下：

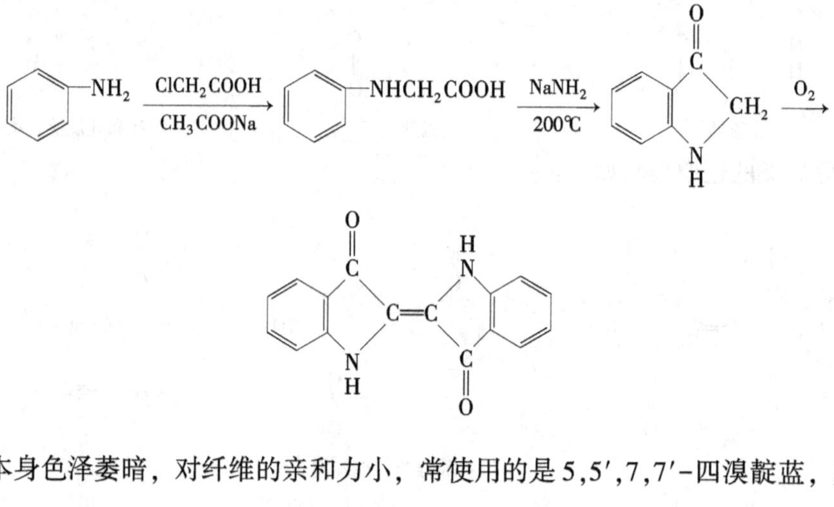

靛蓝本身色泽萎暗，对纤维的亲和力小，常使用的是 5,5′,7,7′-四溴靛蓝，其基本结构如下：

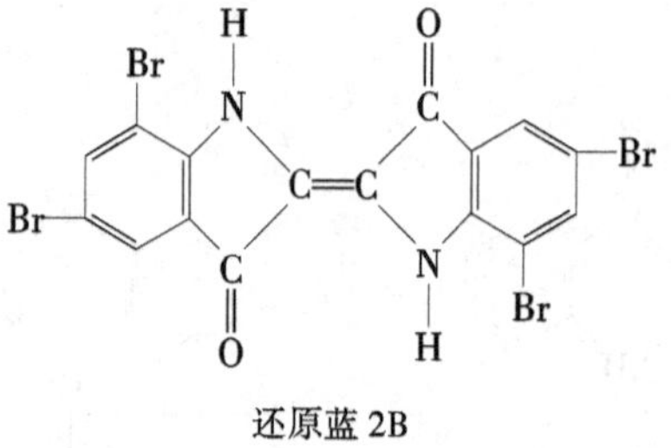

还原蓝 2B

二、硫靛及其衍生物

硫靛的基本结构如下：

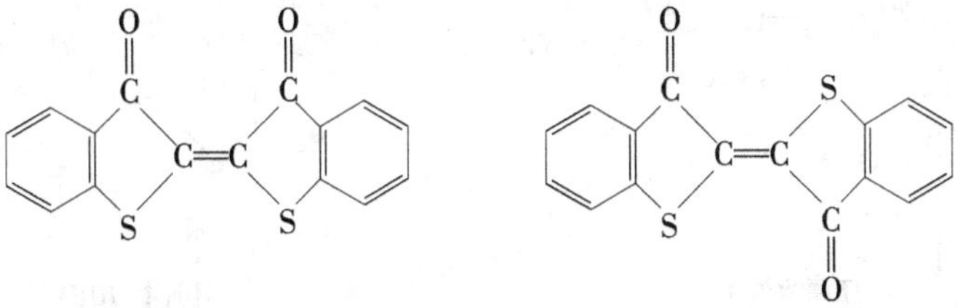

顺式   反式

由于不能生成分子内氢键，因此硫靛以顺式和反式两种形式存在。硫靛色泽不够鲜艳，耐日晒色牢度差，而其衍生物的颜色特别漂亮，是还原染料中不可缺少的产品。还原桃红 R 的结构如下：

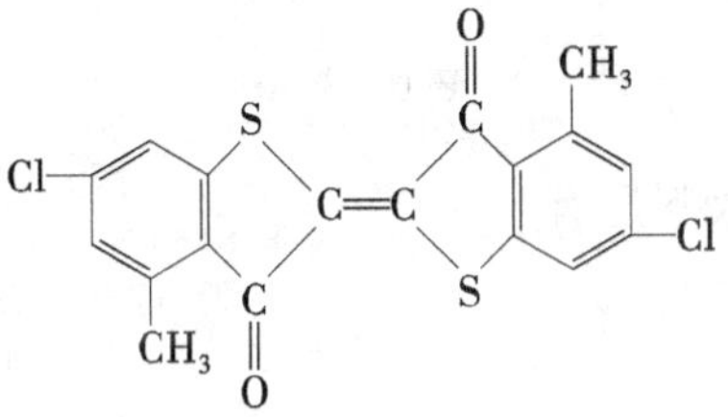

还原桃红 R

它是以硫甲苯胺为原料，经硫化、缩合、重氮化、氰化、水解和氧化而成的。其合成过程如下：

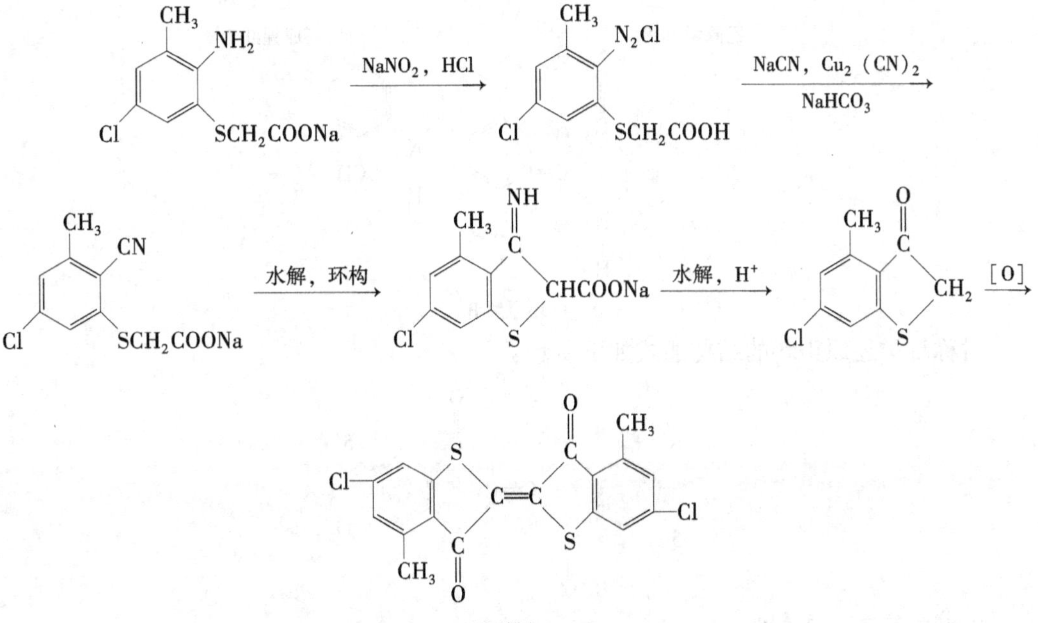

还原桃红 R

常见的对称靛类还原染料还有：

还原桃红 R

还原棕 RRD

还原红紫 RH

常见的不对称靛类还原染料还有：

还原紫 BBF

还原猩红 R

还原黑 B

对称靛类还原染料的结构通式如下所示：

X 为杂原子，且多为—NH—、—S—、—O—。

其颜色与结构之间的关系如下：

1. 杂原子对染料颜色的影响

杂原子的供电性越强，染料的颜色就越深，如表 10-1 所示。

表 10-1　几种对称靛类的最大吸收波长

X	染料名称	λ_{max}（nm）（乙醇，10mg/L）	lgε
—NH—	靛蓝	606	4.23
—S—	硫靛	543	4~5
—O—	氧靛	432	4~5

2. 苯环上取代基对染料颜色的影响

（1）5,5′位为杂原子的共轭位，在杂原子的共轭位上含有供电子基，且供电子基的供电性越强，染料的颜色越深。

（2）6,6′位为羰基的共轭位，在羰基的共轭位上含有吸电子基，且吸电子基的吸电性越强，染料的颜色越深。

苯环上取代基对染料颜色的影响见表 10-2。

表 10-2　苯环上取代基对染料颜色的影响

最大吸收波长（nm）\取代基\有吸电子基的共轭位	①（四氯乙烷中）		②（二甲基甲酰胺中）	
	5，5′-	6，6′-	5，5′-	6，6′-
—NO₂	580	635	513	567
—H	605	605	543	543
—Cl	620	590	556	539

第三节　蒽醌类还原染料

凡是分子中含有蒽醌结构或多环酮结构的统称为蒽醌类还原染料。多数是由蒽醌及其衍生物合成的。该结构的还原染料各项色牢度优异，色谱齐全，颜色鲜艳，还原后的隐色体对纤维的亲和力很高，是还原染料的主要品种。而且还原后隐色体的溶液一般颜色变深，例如：

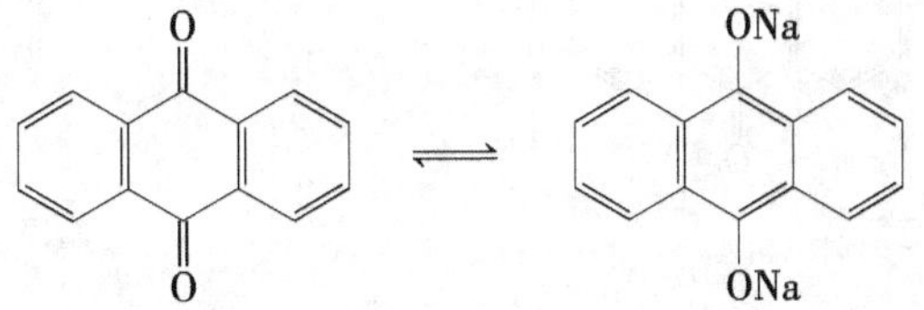

蒽醌（浅黄色）　　　　蒽醌隐色体钠盐（红色）

蒽醌类的还原染料结构复杂，具体介绍如下。

一、蓝蒽酮类还原染料

典型蓝蒽酮类还原染料还原蓝 RSN 的结构如下：

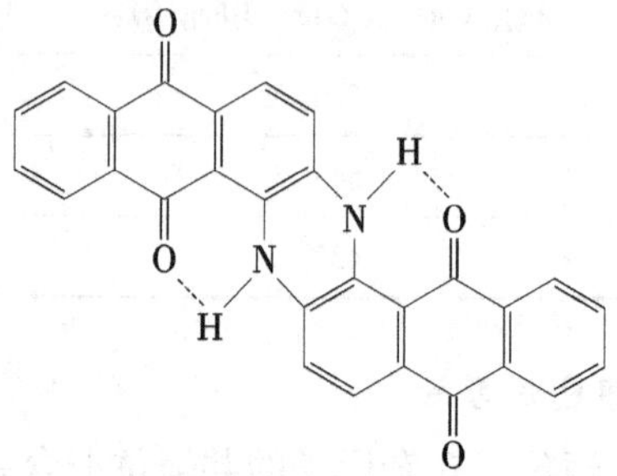

由于分子内可以形成氢键六元环，有助于加速激化态分子内部的电子转移，由于能量的传递，减少了可能发生的光化学反应，使其具有很好的耐日晒色牢度。

这类染料的合成是采用两分子的 2-氨基蒽醌在氮气下碱熔脱氢缩合、闭环合成。可以表示如下：

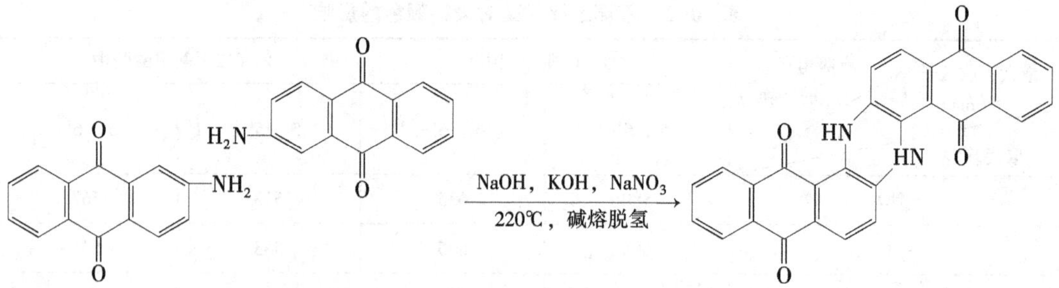

这类染料不溶于水、乙醇、醋酸、甲苯等大部分有机溶剂，能溶于吡啶和浓硫酸溶液中。性质稳定，在空气中加热到 470℃ 也不分解。但蓝蒽酮类还原染料不耐氯，遇到次氯酸钠或漂白粉，则由鲜艳的蓝色转变为暗绿色。其反应过程可以表示如下：

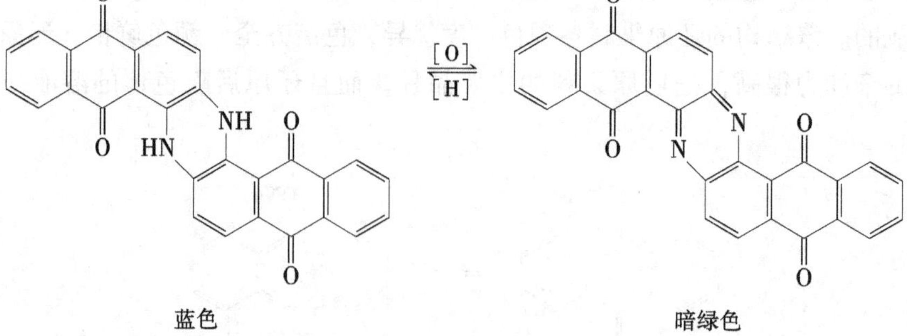

蓝色   暗绿色

但蓝蒽酮的卤素衍生物具有很好的耐氯色牢度。如还原绿 BB 的结构如下所示：

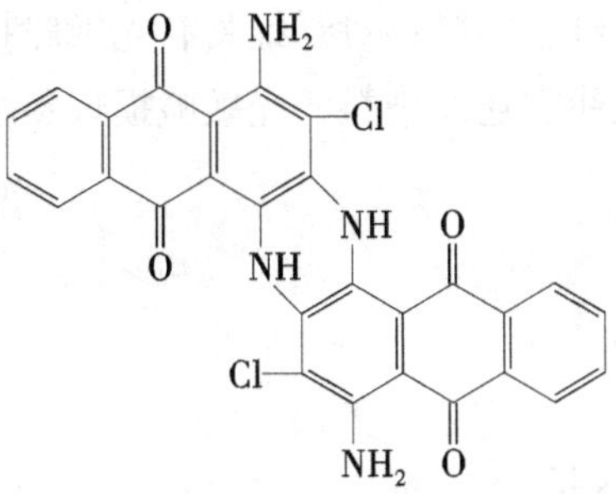

二、酰氨基或亚氨基类还原染料

酰氨基类还原染料分子中应至少含有两个或两个以上的酰氨基，位置处在蒽醌的 α 位。分子结构简单，以黄、橙、红、紫为主，颜色鲜艳，有一定的耐水洗和耐氯色牢度。但这类染料的浅色品种多数都有光敏脆损现象，而且酰氨基在碱性条件下和高温条件下会发生水解，所以适用于冷染。例如：

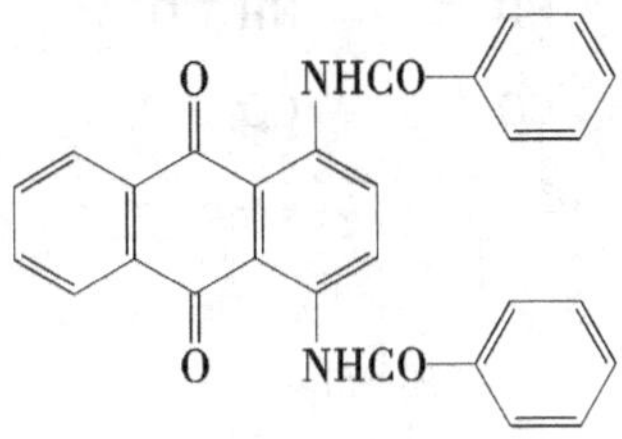

还原红 5GK

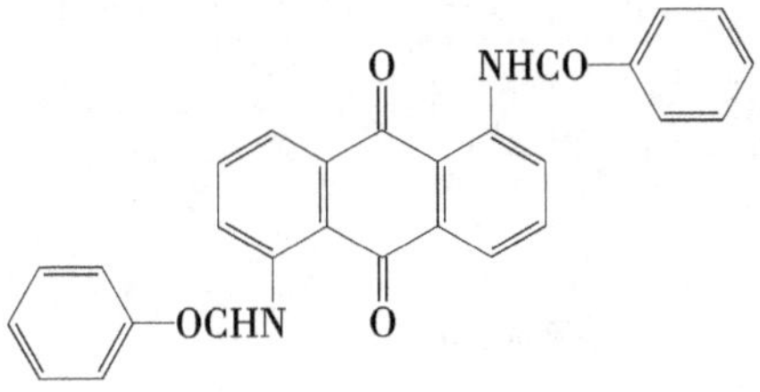

还原黄 5GK

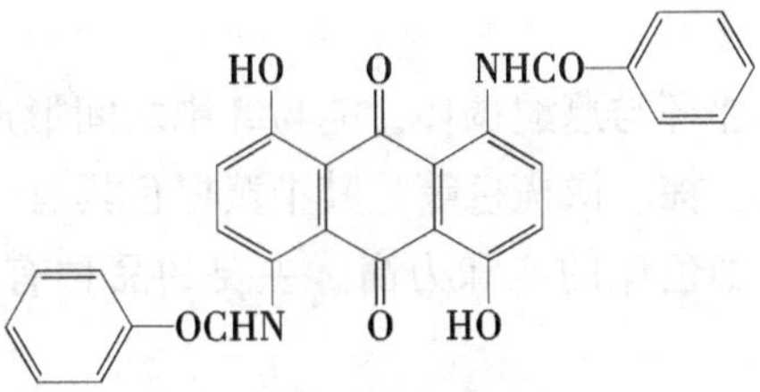

阴丹士林艳紫 BP

亚氨基类还原染料是蒽醌与蒽醌之间用亚氨基连接起来的化合物，常含有 2~3 个蒽醌核。在碱性条件下加热，容易发生水解，故只适用于冷染。例如：

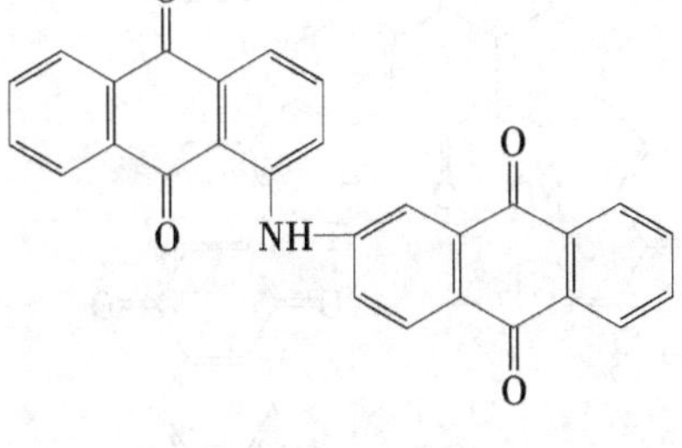

还原橙 6RTK

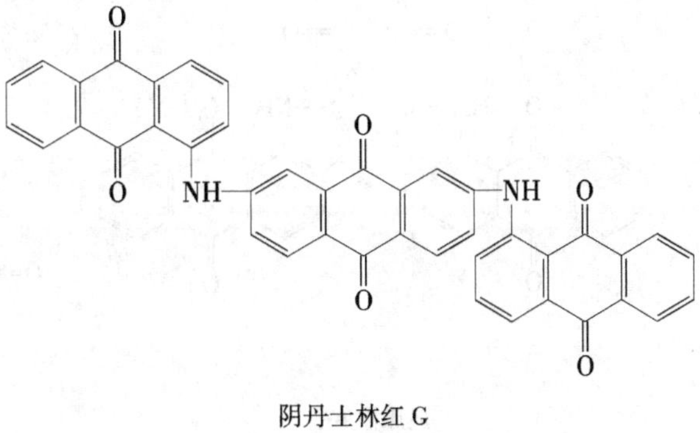

阴丹士林红 G

这类染料中许多黄、橙、红色的染料对纤维具有光敏脆损现象。以三聚氰胺为酰化剂缩合得到的酰氨基和亚氨基蒽醌类还原染料的光敏脆损现象会大大改进。例如：

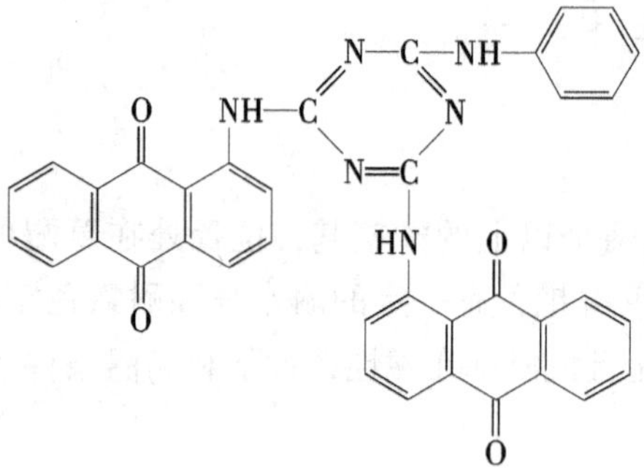

还原黄 2GR

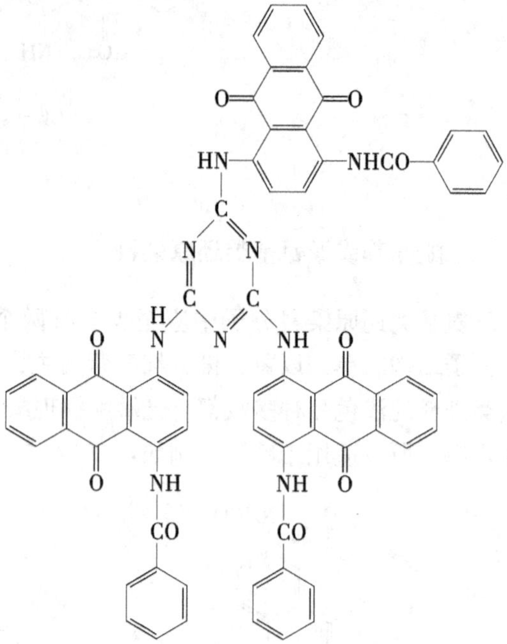

还原红 4B

三、咔唑类还原染料

这类染料结构中含有咔唑环与蒽醌稠环，能与纤维之间形成氢键，亲和力大。匀染性良好，主要有黄、橙、咔叽、棕、橄榄色等。其中黄橙色具有一定光敏脆损性，一般含有一个、两个、四个咔唑环。隐色体的亲和力高。主要的品种有还原棕 BR、还原咔叽 2G，其结构如下：

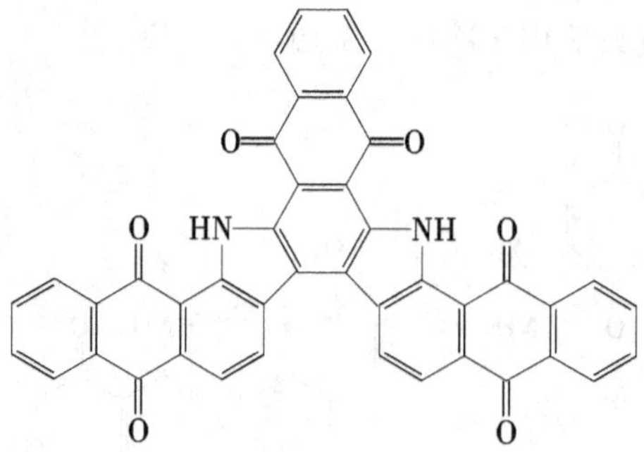

还原棕 BR

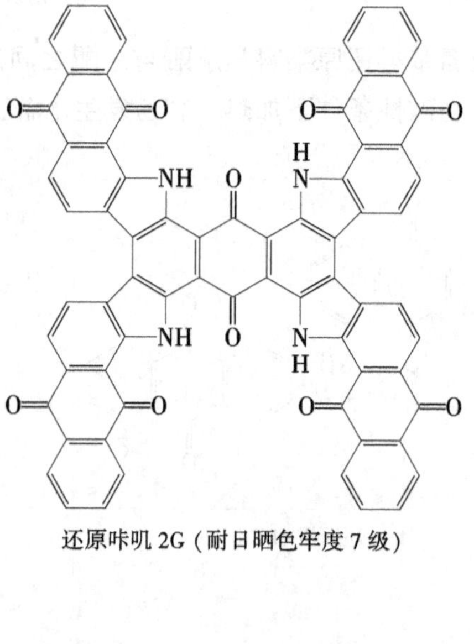

还原咔叽 2G（耐日晒色牢度 7 级）

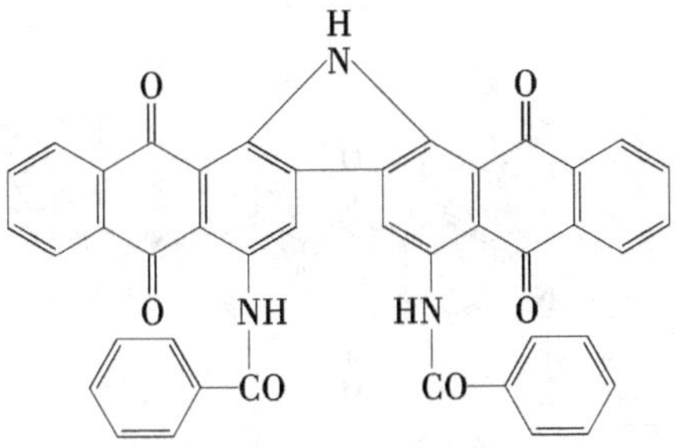

还原橄榄绿 R（耐日晒色牢度 7 级） 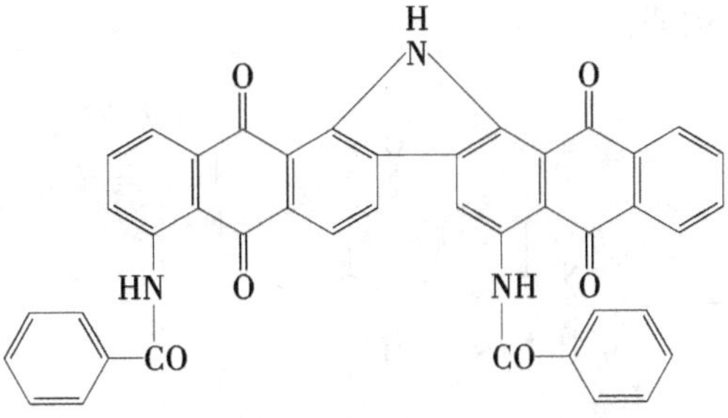　　　　还原棕色 R（耐日晒色牢度 7~8 级）

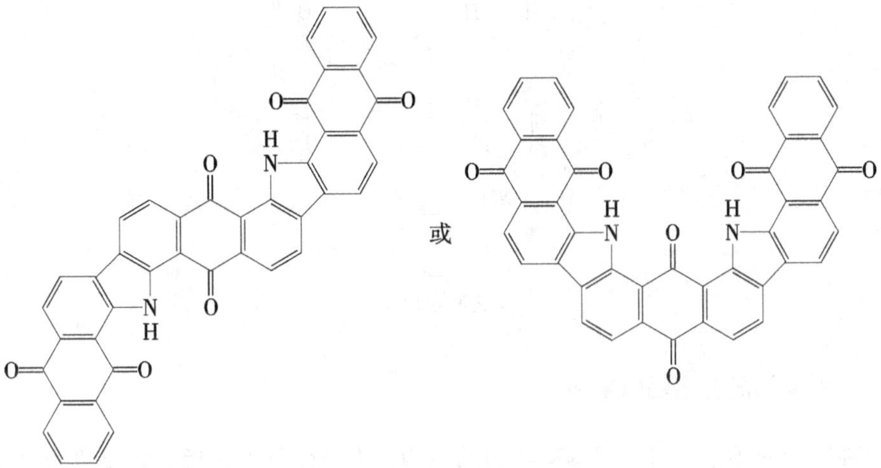

或

还原黄 3RT

四、蒽醌噁二唑类还原染料

这类结构的还原染料是全面色牢度优良的还原染料。有红、紫、藏青和灰色等，补充了还原染料红色色谱的不足。例如：

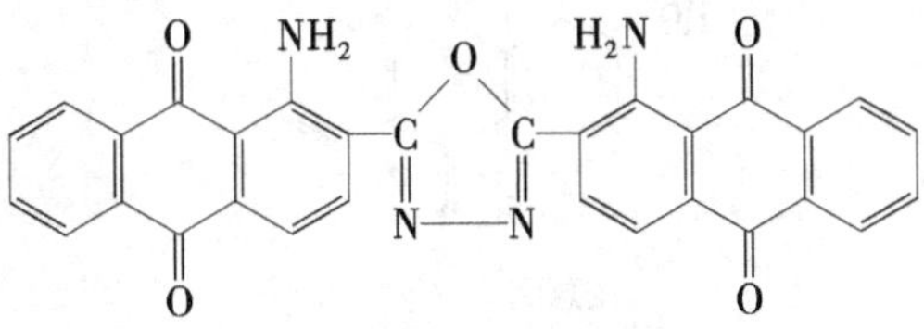

还原红 F3B 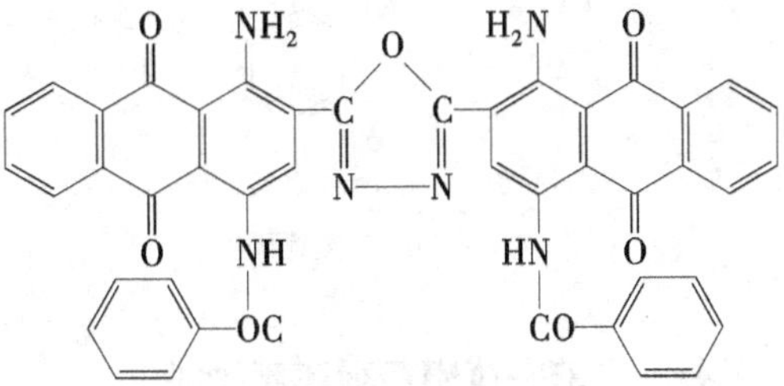　　　　　　　　　　　　还原蓝 ER

五、蒽醌噻唑类还原染料

这类结构的还原染料一般来说对纤维素纤维具有良好的亲和力，色泽鲜艳，价格便宜，但耐日晒色牢度差，具有严重的光敏脆损现象。通常应用于拼色，可降低光敏脆损现象。例如：

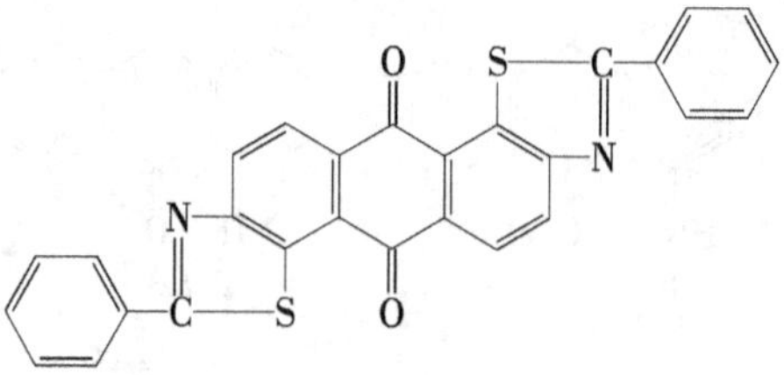

还原黄 GC

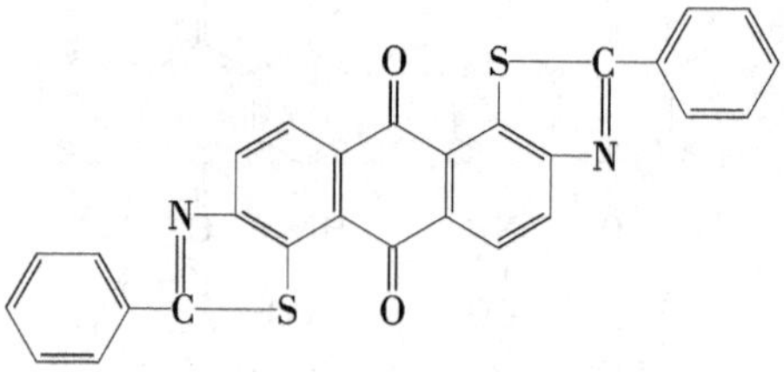

还原黄 GCN

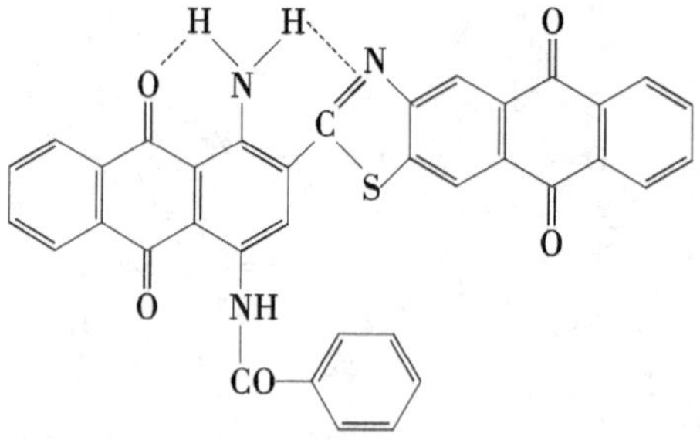

还原蓝 CLG

六、黄蒽酮和芘蒽酮还原染料

这两种结构的还原染料不仅具有类似的结构，而且颜色也接近。黄蒽酮及其衍生物多数为黄色，而芘蒽酮及其衍生物多数为橙色。但它们的性质截然不同，主要表现在芘蒽酮类染料具有严重的光敏脆损现象，而黄蒽酮类染料则没有。其结构如下：

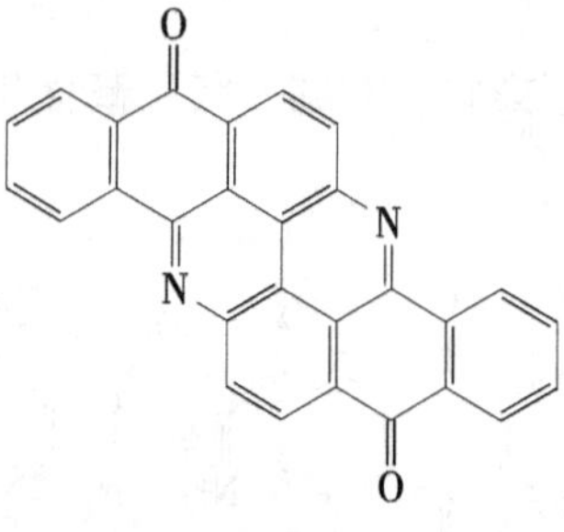

黄蒽酮

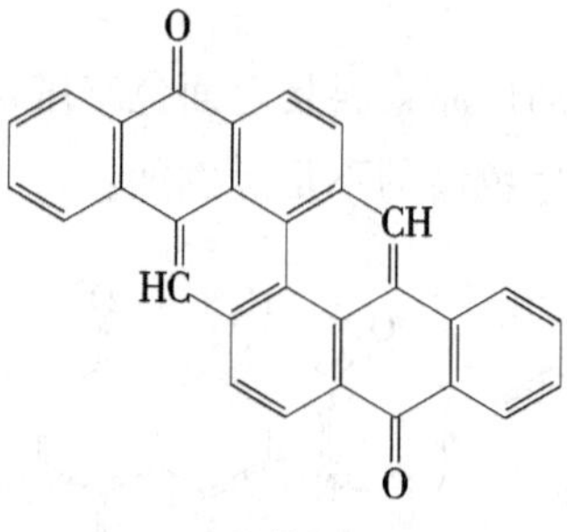

芘蒽酮

七、二苯嵌蒽酮系列还原染料

这类结构的还原染料一般都是用苯嵌蒽酮合成的。苯嵌蒽酮的合成过程为：

$$\left.\begin{array}{l}\text{甘油脱水} \rightarrow \text{丙烯醛} \\ \text{蒽醌还原} \rightarrow \text{蒽酮}\end{array}\right\} \text{缩合} \rightarrow \text{苯嵌蒽酮}$$

$$CH_2OHCH_2OHCH_2OH \xrightarrow{H_2SO_4} CH_2{=}CH{-}CHO+2H_2O$$

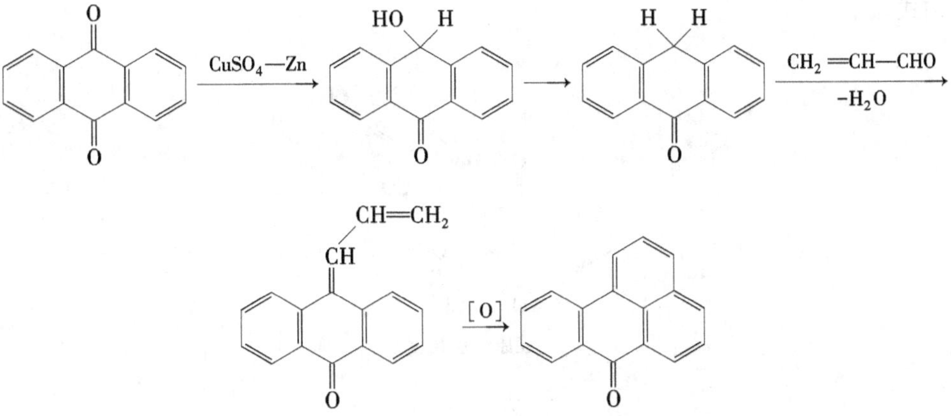

两个苯嵌蒽酮分子在不同位置连接起来，形成两种异构体，即紫蒽酮和异紫蒽酮。

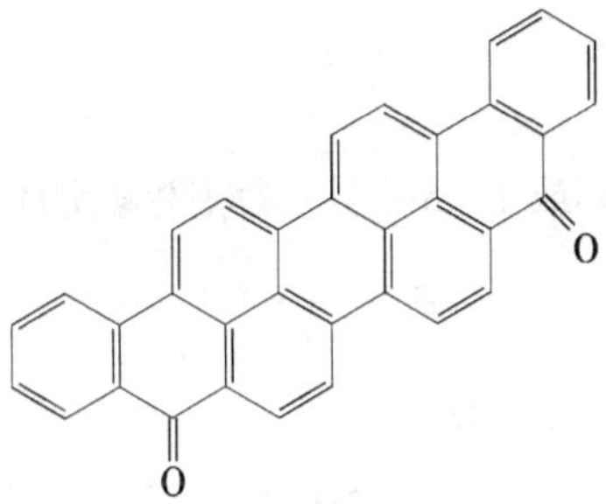

紫蒽酮 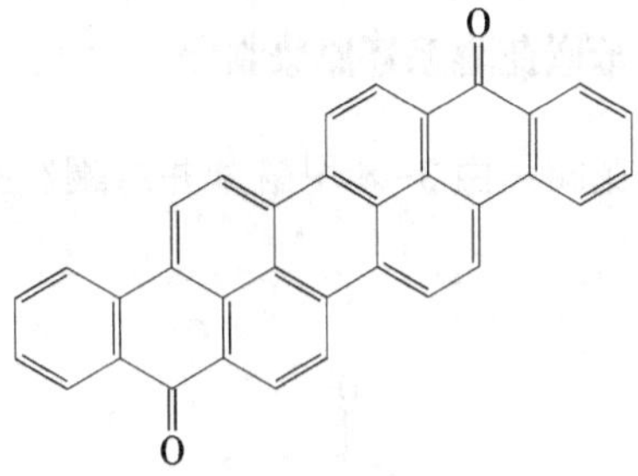　　　　　　　　　　　　　　异紫蒽酮

紫蒽酮即还原深蓝 BO，是一种暗红色或深蓝色还原染料，色泽不鲜艳，但染色牢度却很好。紫蒽酮的衍生物中以二甲氧基紫蒽酮最为重要，即还原艳绿 B，它的精制品称为还原艳绿 FFB，其结构式如下：

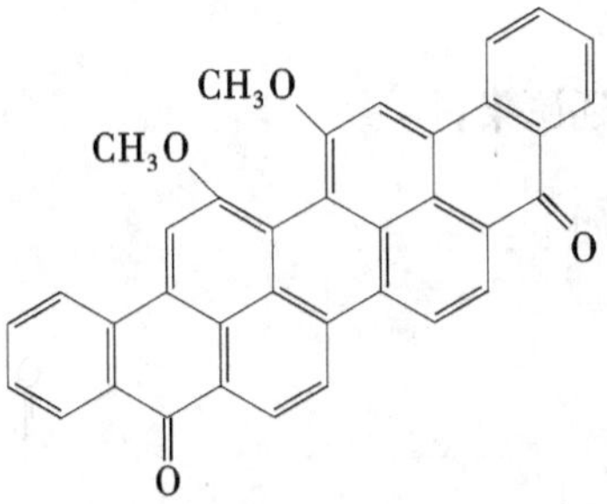

还原艳绿 FFB

异紫蒽酮即还原紫 R。将它卤化成二溴异紫蒽酮，即得到还原亮紫 3B；如将它卤化成二氯异紫蒽酮，就是还原亮紫 RR。它们的色泽均比母体明亮。

八、吖酮系蒽醌类还原染料

这类结构的还原染料大多数是红色或紫色，少数为绿色、蓝色或棕色。还原红紫 RRK

的结构式如下：

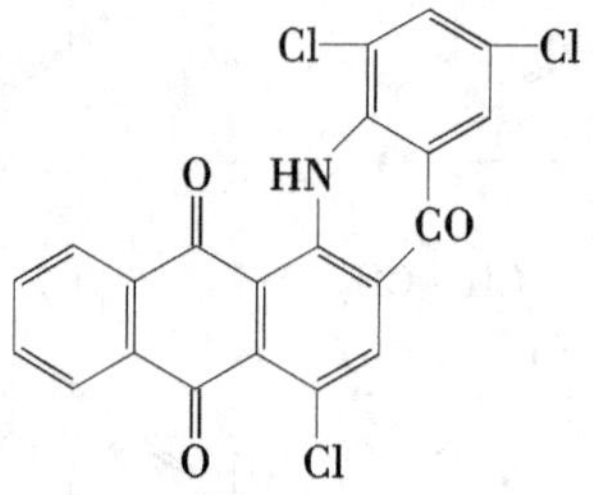

还原红紫 RRK

第四节 杂环类还原染料

一、二苯嵌芘醌系还原染料

二苯并芘醌是由 3-苯甲酰苯并蒽酮经脱氢闭环或 1，5-二甲酰萘脱氢闭环制得。其结构如下：

还原金黄 GK（光敏脆损性）

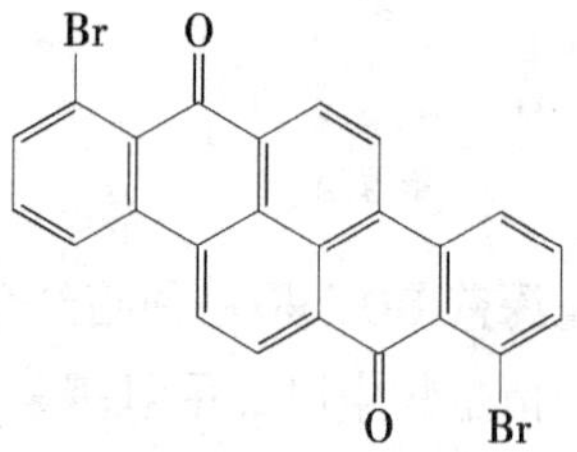

还原金黄 RK（光敏脆损性）

二、黄缔蒽酮的卤化物系还原染料

黄缔蒽酮类还原染料结构如下：

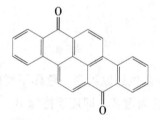

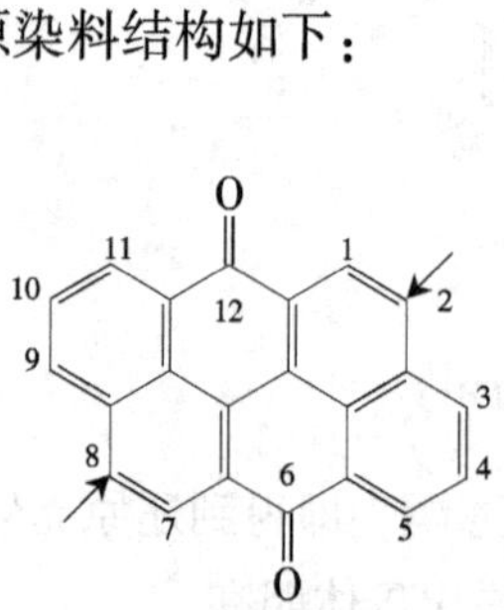

黄缔蒽酮

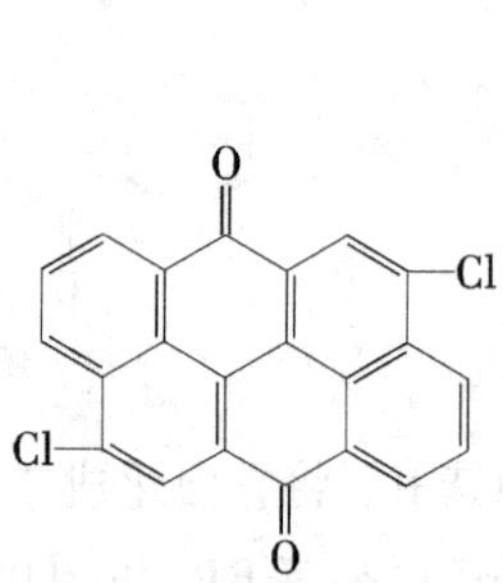

还原艳橙 GK

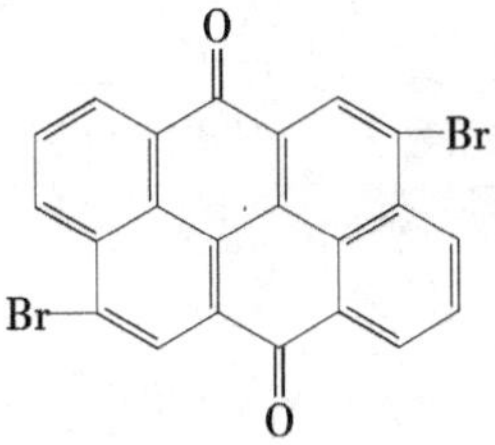

还原艳橙 RK 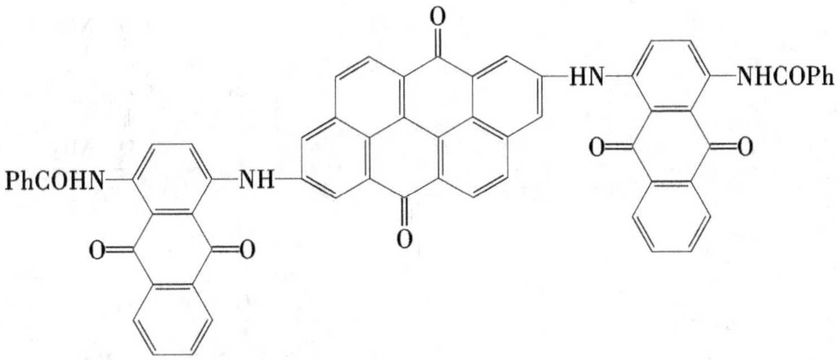　　　　　　　　　　　还原灰 BG

黄缔蒽酮的 2，8 位是最活化的位置，对纤维有光敏脆损性，对纤维的直接性低，因此一般不用做染料，在 2，8 位上接上两个氯原子，就是还原艳橙 GK；接上两个溴原子，就是艳橙 RK，是比较重要的产品，两者的光敏脆损性均有所降低。还原艳橙 RK 的合成过程如下：

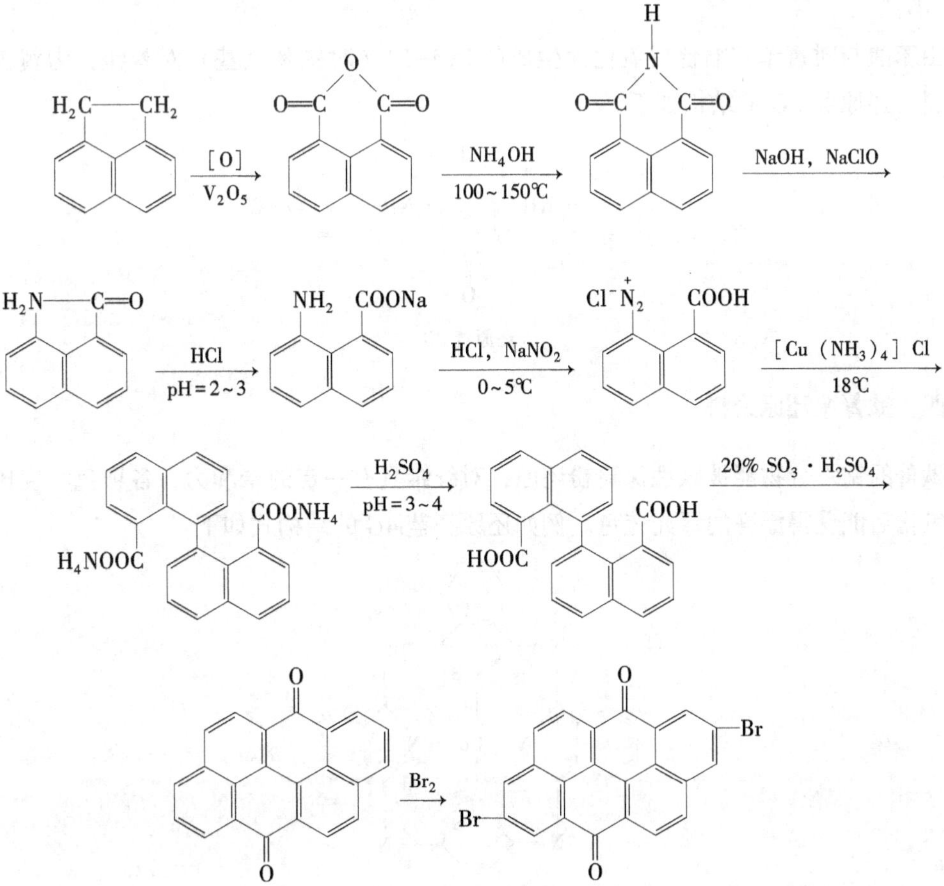

还原灰 BG 的合成过程如下：

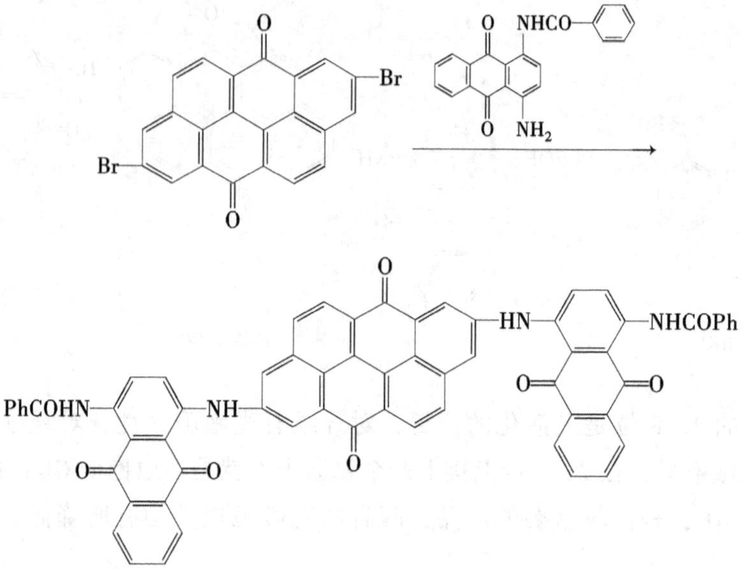

三、其他醌系还原染料

由苯醌与对氯苯胺缩合后氧化而生成的 2,5-二（对氯苯氨基）对苯醌，为黄色的还原染料。还原黄 CG 的结构如下：

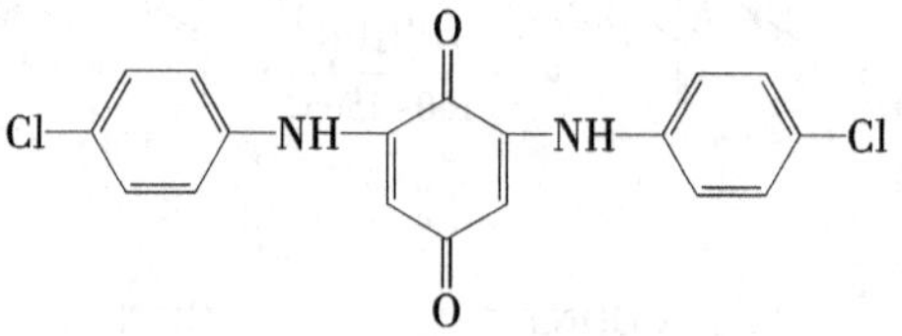

还原黄 CG

四、酞菁系还原染料

酞菁的钴络合物能被碱性保险粉还原，对纤维具有一定的亲和力，各项色牢度比较优良，氧化后能获得漂亮的绿光蓝色。例如还原亮蓝 4G 的结构式如下：

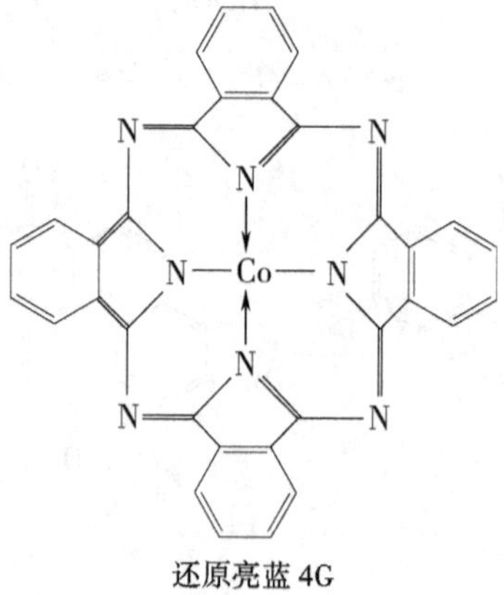

还原亮蓝 4G

五、硫化系还原染料

这类结构的还原染料一般与硫化染料相似，但所含的硫键比硫化染料坚牢和稳定。色光比硫化染料鲜亮，且耐氯性好，介于硫化染料和还原染料之间。例如：

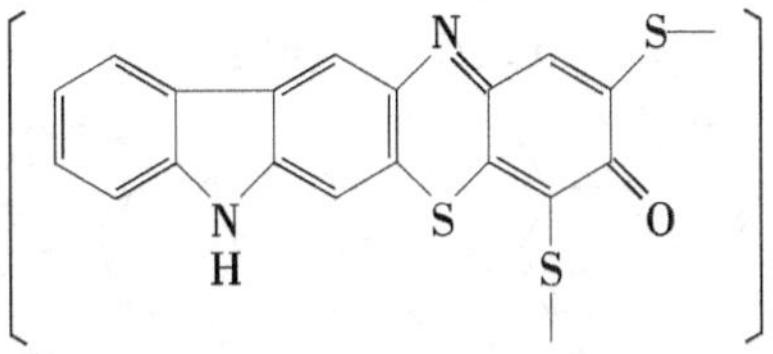

海昌蓝

第五节　暂溶性还原染料

暂溶性还原染料又叫印地科素染料，就是还原染料隐色体的硫酸酯盐，它溶于水，对纤维具有亲和力，上染纤维后，再经过氧化而重新转变成原来的不溶性还原染料而固着在纤维上。既简化了染色工序，又扩大了还原染料的适用范围。暂溶性的还原染料价格昂贵，主要用于纤维素纤维淡色产品的染色和印花，也可以应用于羊毛等蛋白质纤维的染色和印花。将还原染料溶于吡啶和氯磺酸的溶液中，加入少量铁粉，染料被还原成隐色酸，同时进行酯化，反应完毕后加入碳酸钠蒸去吡啶，滤去铁泥，盐析，就能制得暂溶性还原染料。第一个暂溶性还原染料就是印地科素 O，其结构如下：

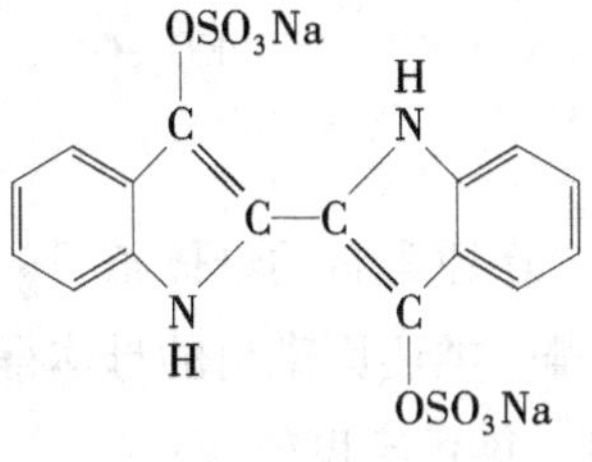

印地科素 O

蒽醌类还原染料隐色体的硫酸酯盐叫溶蒽素；靛类还原染料隐色体的硫酸酯盐叫溶靛素，统称为印地科素（Indigoso）。

溶蒽素绿 IB 的合成过程如下：

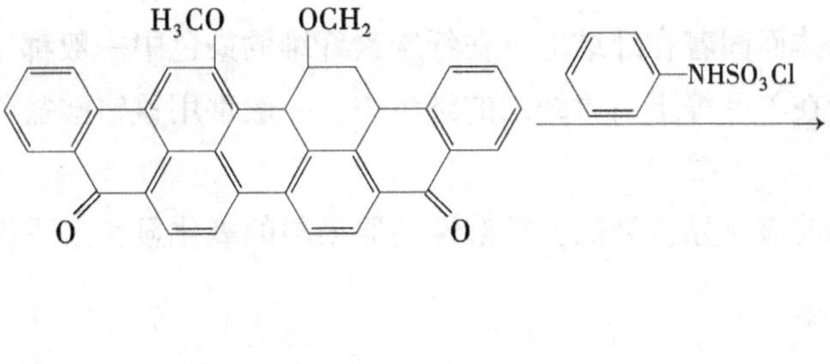

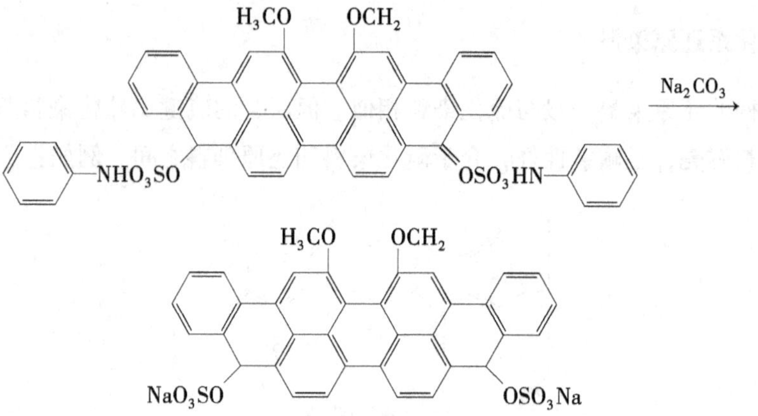

该类染料的命名中，色称指的是染料氧化显色成还原染料后所呈现的色泽，并非暂溶性还原染料本身的色泽，仅有少数是相同的。例如溶蒽素 IBC 是黄色的，染得的颜色是蓝色。溶蒽素 IBC 的结构如下：

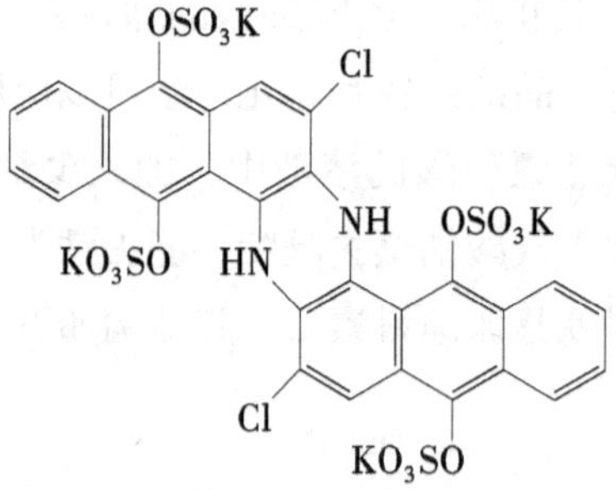

字尾中表示的色光都是和原来还原染料的母体相同，表示色光之前的字母，代表相当于哪一类还原染料的坚牢度或由哪一类还原染料的母体得来。

I——母体为阴丹士林的牢度，染色牢度较高；

H、A——母体为"亚士林级"的染料，染色牢度较高；

O——母体为靛蓝类的还原染料；

T——母体为硫靛类的还原染料。

暂溶性还原染料在碱溶液中比较稳定，即使加热也不会发生分解。在冷的稀酸中只要没有氧化剂的存在，一般也是比较稳定的。但是在有氧化剂存在的情况下，就会转变成原来的还原染料的母体而固着在纤维上。在纤维素纤维的染色中一般都用亚硝酸钠作为氧化剂进行氧化显色，在羊毛等蛋白质纤维的染色中，一般都用重铬酸盐作为氧化剂进行氧化显色。

以纤维素纤维的氧化显色为例，暂溶性还原染料的氧化显色过程实际上是亚硝酸和空气中的氧进行接触的情况下进行的，其过程可以表示如下：

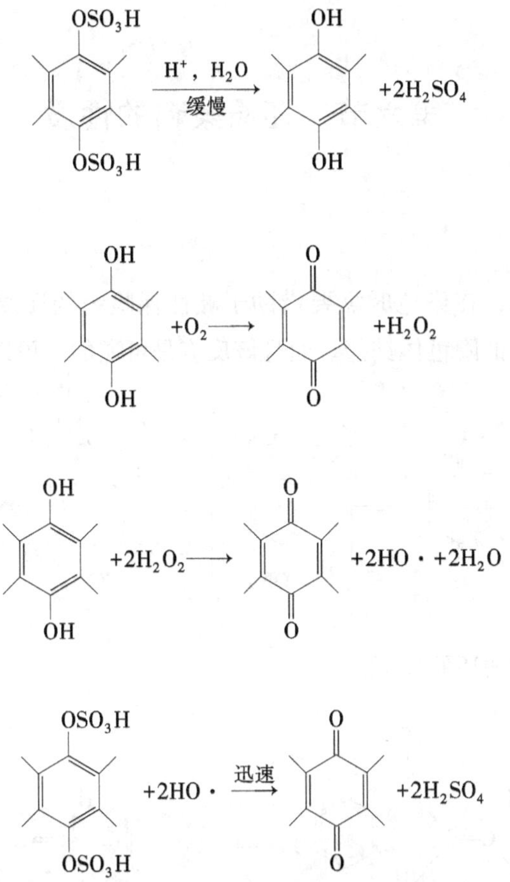

而且在亚硝酸和空气接触的显色体系中，构成了生成氢氧自由基的链锁反应。即过氧化氢和亚硝酸作用可以生成过氧亚硝酸；过氧亚硝酸分解，会生成氢氧自由基和亚硝酸自由基；亚硝酸自由基和亚硝酸作用又生成了过氧亚硝酸，于是构成了生成氢氧自由基的链锁反应；当染料全部被氧化显色后，亚硝酸自由基就会和多余的氢氧自由基发生反应生成硝酸，致使链终止。显色过程结束。上述过程可以表示如下：

$$H_2O_2+HONO \Longrightarrow H_2O+HOONO$$
$$HOONO \longrightarrow HO\cdot+\cdot ONO$$
$$HONO+\cdot ONO \longrightarrow HOONO+\cdot NO$$
$$\cdot ONO \longrightarrow \cdot NO_2$$
$$HO\cdot+\cdot NO_2 \longrightarrow HONO_2$$

可见，上述显色过程是隐色体的硫酸酯先发生缓慢水解，变成隐色酸；隐色酸再被空气中的氧氧化，同时生成过氧化氢，过氧化氢也可以氧化隐色酸，同时产生氢氧自由基；

而氢氧自由基却可以直接将隐色体的硫酸酯盐直接氧化为原来的还原染料母体,并且不受该染料水解的限制。可见,氢氧自由基是使隐色体硫酸酯盐氧化为原来还原染料母体的主要成分。

第六节　还原染料的性质

一、还原性

还原染料不溶于水,在染色时需要借助于碱性保险粉的还原作用将之转变成溶于水的、对纤维具有亲和力的隐色体钠盐。而且该反应是可逆的。可以表示如下:

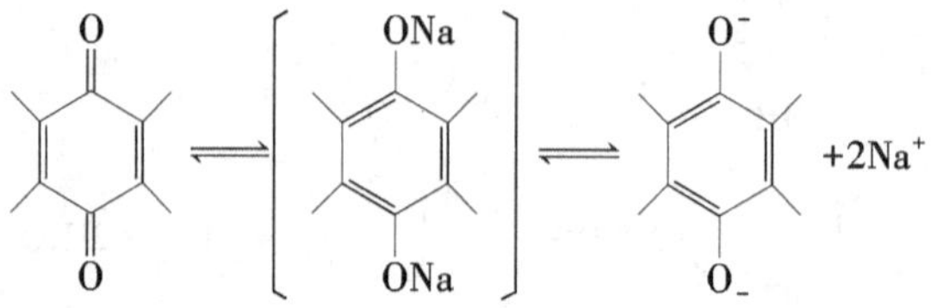

例如,靛蓝和蒽醌的还原如下:

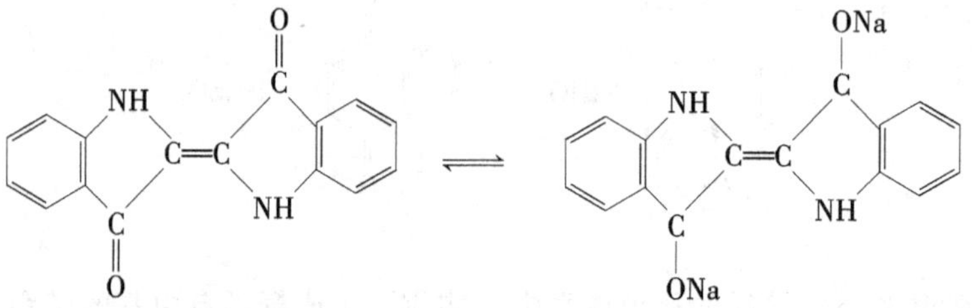

靛蓝(暗蓝色)　　　　　　靛白——靛蓝隐色体钠盐(接近无色)

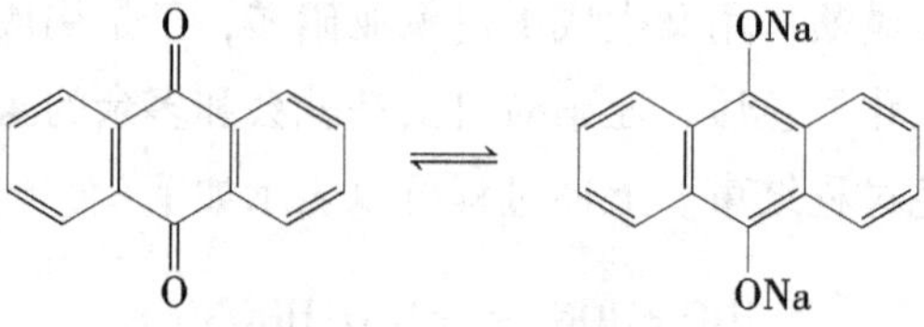

蒽醌(浅黄色)　　　　　蒽醌隐色体钠盐(红色)

可见,靛类还原染料还原后颜色变浅,蒽醌类还原染料还原后颜色变深。在还原时要很好地控制还原条件,否则会产生以下的旁支反应。

1. 过度还原

例如,还原蓝 RS 在通常情况下只有两个羰基被还原,但如果反应物浓度过大或温度过高,四个羰基会全部被还原,即发生了过度还原现象。如下所示:

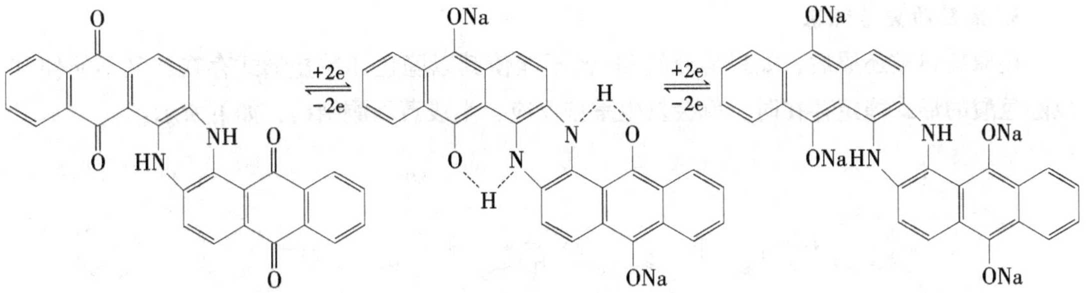

通常还原（暗蓝色）　　　　　　过度还原（棕色）　　　　　（棕色四钠盐）

生成的棕色四钠盐水溶性很好，大大降低染料对纤维素纤维的亲和力，降低染料的平衡上染百分率。

2. 酰氨基的水解和脱卤现象

还原时，如果温度过高或反应物浓度过大，会造成酰氨基的水解，导致染料的色光、染色性能以及染色牢度发生变化。如下所示：

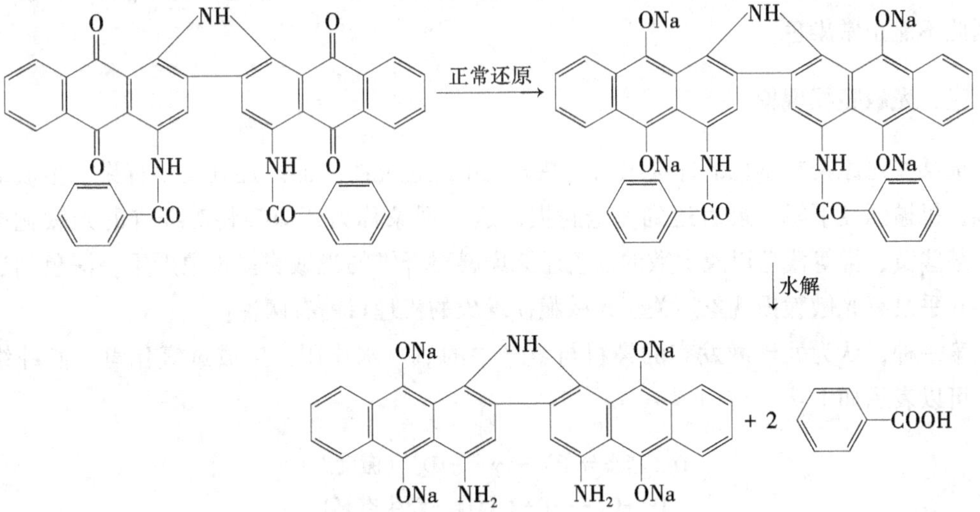

正常还原

水解

当还原条件过于剧烈时，会发生脱卤现象，即引起染色物色光发生变化，染色性能下降。脱卤后染料的色光变红，耐氯色牢度变差。可以表示如下：

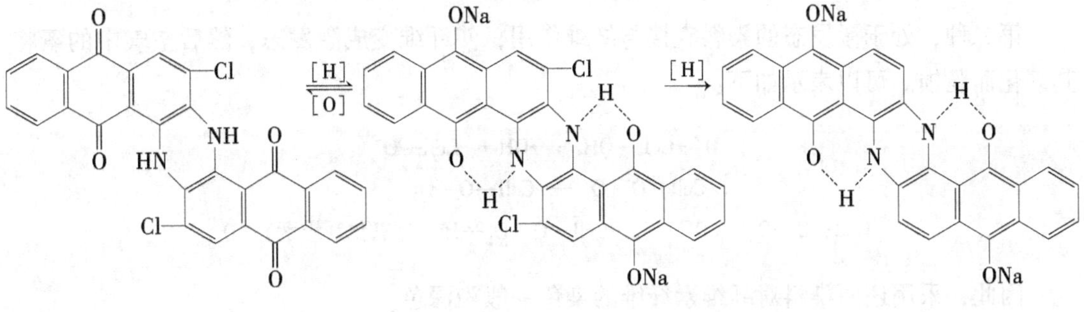

3. 染料的重排现象

还原染料被还原后，如果溶液的 pH 既不能使其以隐色体钠盐形式存在，又不能使其以隐色酸的形式稳定存在时，就会发生重排反应，生成蒽酚酮结构，如下所示：

而且很多染料的这种重排现象是不可逆的。因此，在实际还原时要很好地控制还原条件，防止还原染料发生过度还原、酰氨基水解、脱卤以及重排现象的发生，保证染色过程的顺利进行。

二、结晶现象

如果染料隐色体的溶解度小，而浓度又过大，则可能发生隐色体的结晶和沉淀现象，会因此不能正常染色。

三、光敏脆损现象

被某些还原染料染色的纤维织物，在大气中经过光线的照射逐渐发生解聚，生成氧化纤维，机械强度下降，最后达到完全脆损，这一现象称为还原染料对纤维的光敏脆损现象。某些黄、橙等浅色以及少数的红色还原染料对纤维的光敏脆损现象严重，深色的还原染料几乎没有光敏脆损现象。关于光敏脆损现象的机理目前有两种：

第一种，认为处于激发态的染料与空气中的氧、水作用，生成过氧化氢，使纤维脆损。可以表示如下：

$$D（基态分子）+h\gamma \longrightarrow D^*（激发态）$$
$$D^*+O_2 \longrightarrow D+2[O]（新生态氧）$$
$$[O]+H_2O \longrightarrow H_2O_2$$
$$Cell—OH+[O] \longrightarrow Cell—O—O—H（氧化纤维素）$$
$$Cell—OH+H_2O_2 \longrightarrow Cell—O—O—H+H_2O$$

第二种，处于激发态的染料直接与纤维作用，使纤维变成激发态，然后空气中的氧将其氧化而脆损。可以表示如下：

$$D^*+Cell—OH \longrightarrow DH·+Cell—O^-$$
$$Cell—O^-+O_2 \longrightarrow Cell—O—O_2·$$
$$Cell—O—O_2·+DH· \longrightarrow Cell—O—O_2—H（过氧化纤维素）+D$$

因此，采用还原染料对纤维素纤维的染色一般染深色。

第七节　还原染料的染色

还原染料主要适用于纤维素纤维的染色；也可以用于涤纶、维纶、羊毛等纤维的染色。

还原染料的一般染色方式主要有隐色体染色、悬浮体染色和隐色酸染色，但隐色酸染色现在很少使用。按照染色方法主要有浸染和连续轧染两种。

一、普通还原染料的染色

1. 浸染

隐色体染色实际上就是浸染。它是将还原染料事先用碱性保险粉还原成溶于水的对纤维具有亲和力的隐色体钠盐，使染料在充分的还原状态和溶液具有一定的碱性条件下对纤维素纤维上染，上染后再经过氧化显色使隐色体重新转变成原来的不溶性还原染料而固着在纤维上，之后经过水洗皂煮水洗，完成整个染色过程。其工艺流程为：

染料的还原→隐色体的上染→氧化显色→水洗→皂煮→水洗→烘干

（1）还原染料的还原。还原染料还原的过程中，如果还原条件不当，会产生许多旁支反应，如过度还原、酰氨基的水解、卤基脱去以及异构化等。温度、反应物的浓度等对还原染料的还原影响较大。

温度越高，反应速率越快。但由于受到保险粉的氧化分解的限制，还原温度一般不超过60℃。

反应物的浓度越大，反应速率越快。在实际还原染料的还原时，根据反应物的浓度不同，将还原染料的还原方式分为两种，一种是干缸还原，另一种是全浴还原。

所谓的干缸还原，就是在染色前，先将染料放在比较小的容器中，在染料和碱性保险粉的浓度都比较高的情况下还原，然后再将隐色体钠盐溶液加入染浴中，而不是直接在染浴中进行还原。干缸还原适合于还原速率比较低的染料的还原。

所谓的全浴还原，就是直接在染浴中所进行的还原。全浴还原适合于还原速率比较高的染料的还原。

一个还原染料是否容易被还原，一般可以通过测定其隐色体的电位来衡量。所谓的还原染料隐色体的电位，是将一定浓度的还原染料用碱性保险粉溶液还原成隐色体，在一定的条件下用氧化剂赤血盐 [$K_3Fe(CN)_6$] 滴定，染料被氧化开始析出时所测得的铂电极和饱和甘汞参比电极之间的电动势。它标志着还原染料被还原的能力。一般还原染料隐色体的电位越高，还原染料染料就越容易被还原，容易还原的一般采用全浴还原；对于隐色体电位低的不容易还原的染料，则采用干缸还原。

染料还原后，还原染料的隐色体钠盐水溶液中要有过量的烧碱和保险粉，目的是为了使还原染料保持充分的还原状态，而且在隐色体钠盐上染纤维素纤维织物的过程中织物一定不要露出液面，否则隐色体在未扩散进入纤维内部之前就会发生氧化，产生环染和白芯现象。

还原染料还原时常用的还原剂是保险粉（又称连二硫酸钠），它是白色粉末状的物质，它的化学性质很活泼，在空气中受潮会迅速分解，放出热量，甚至产生绿色火焰燃烧；在酸性的条件下，会释放出二氧化硫；在碱性条件下，具有很强的还原能力。随温度的升高，还原能力升高，但染料的氧化分解加快。超过60℃时，染料的分解更快，因此保险粉应在温度不超过60℃的情况下使用。

除了温度、反应物的浓度以及染料本身的结构对还原速率的影响之外，染料晶粒的大小也对其还原产生影响。因此，对还原染料的商品化加工提出了更高的要求。

（2）隐色体的上染。还原染料隐色体的上染，根据浸染时所需要的染浴温度、保险粉和烧碱的浓度随染料性质的不同分为甲法染色、乙法染色和丙法染色。具体如下：

	上染温度（℃）	烧碱浓度（g/L）	保险粉浓度（g/L）
甲法：	50~60	10~16	4~12
乙法：	45~50	5~9	3~10
丙法：	20~30	4~8	2.5~9

染料的品种不同，可以采用不同的上染方法。一般染料的相对分子质量大的、扩散性能差的、还原染料隐色体的电位越低的，上染的温度应高些，隐色体钠盐的水溶液中烧碱和保险粉的浓度要大一些，适合采用甲法染色；如果染料的相对分子质量小的、扩散性好的、隐色体的电位高的，上染的温度可以低一些，隐色体钠盐的水溶液中烧碱和保险粉的浓度可以低一些，适合采用丙法染色；介于两者之间的适合于乙法染色。适合其中一种上染方法，并不代表不能用其他的上染方法，只不过不是最佳的上染方法而已。因此，在实际上染时，应根据具体的染料结构与性能，选择其中的一种最合适的方法完成上染。

（3）氧化显色。氧化显色一定要在碱性条件下进行，一方面，只有隐色体的钠盐才能很快地氧化，而隐色酸氧化的速率很慢；另一方面，防止生成蒽酚酮结构而影响染料的上染和产品的色泽。氧化的方式一般有三种。第一种是利用空气中的氧在室温下氧化15~20min，或在淋洗的过程中发生氧化，大多数的还原染料隐色体的氧化都采用这种氧化方式；第二种是对于氧化速率快的即隐色体的电位低的隐色体氧化，为了防止发生过氧化反应，影响染料的色光，采用碳酸氢钠溶液淋洗后再利用空气中的氧进行氧化显色；第三种是对于氧化速率比较慢的即隐色体的电位比较高的隐色体氧化，为了防止长期暴露在空气中，被空气中的酸性气体酸化，可以采用30%的过氧化氢或2~3g/L的过硼酸钠的氧化剂溶液处理，加速其氧化显色的过程。

（4）水洗皂煮水洗。一方面可以去除浮色，另一方面可使生成的还原染料母体重新发生一定的聚集和分布，获得均匀地色泽和良好的牢度。

浸染的方法容易产生不匀不透的现象。主要是由于还原染料隐色体的初染率很高，加上溶液中存在的促染剂钠正离子的浓度大造成的。但采用连续轧染工艺却可以克服上述缺点。

2. 连续轧染

悬浮体染色实际上就属于连续轧染。将染料细粉调成悬浮液，均匀地浸轧在织物上，使细小的染料颗粒透入纱线和纤维的空隙当中，在织物上还原上染，然后经过氧化显色，最后经过水洗、皂煮、水洗、烘干、冷却和落布，完成上染过程。其工艺流程为：

织物浸轧悬浮液→远红外均匀快速烘干（然后烘筒烘干或热风烘干）→透风冷却→浸轧碱性保险粉还原液→饱和汽蒸（20~30s）→氧化显色→水洗、皂煮、水洗→烘干→冷却→落布

该方法可以用于筒子纱染色，也可以克服隐色体染色时的不匀不透现象。

织物浸轧悬浮液是为了使染料均匀地分布在织物的纤维或纱线的组织空隙中；烘干时为了防止产生泳移现象，先用远红外均匀快速烘干，烘干至含湿率小于20%时，为了降低成本，再换烘筒烘干或热风烘干，主要为了去除水分；烘干后的织物不能直接用来浸轧烧碱保险粉溶液，因为保险粉受热会发生分解失效，所以烘干后要冷却；冷却后，浸轧烧碱保险粉还原剂，立即进入饱和汽蒸箱汽蒸，使还原染料在织物上完成还原和上染；然后氧化显色，其显色的条件类似于浸染工艺。可以延长织物在空气中穿行的路线，利用空气中的氧进行氧化显色，也可以在第一个水洗槽中加入双氧水或过硼酸钠等弱氧化剂加速其氧化显色过程，当然也可以在水洗槽中加入碳酸钠，降低其氧化显色速率；最后经过水洗、皂煮、水洗、烘干、冷却和落布完成整个染色过程。

需要指出的是，还原染料一般用于染深色，因为很多浅色的品种对纤维素纤维织物存在光敏脆损现象。

为了简化染色工序，使还原染料能适应羊毛等蛋白质纤维的染色，扩大还原染料的适用范围，染料合成厂将还原染料制成了其隐色体的硫酸酯盐即暂溶性还原染料，又叫印地科素类染料。该染料由于价格昂贵，主要用于纤维素纤维淡色产品的染色。

二、暂溶性还原染料的染色

暂溶性还原染料的染色可以分为浸染和连续轧染两种染色方法。

1. 浸染

暂溶性还原染料浸染的工艺流程为：

上染→氧化显色→水洗皂煮水洗

其中上染是纤维素纤维在加有亚硝酸钠的中性或弱碱性的溶液中进行上染，上染的机理与直接染料的上染机理相同，上染的温度一般是20~50℃，时间为20~30min。对于亲和力低的，可在染液中加入少量的食盐进行促染。上染之后进行氧化显色。

氧化显色是在亚硝酸和空气接触的条件下即酸性氧化剂存在的条件下进行。一般是将上染之后的纺织品浸在稀硫酸中，由于亚硝酸与稀硫酸反应就会生成亚硝酸，再与空气中

的氧接触，就可以完成氧化显色过程。显色速率高的一般在40℃下显色10min，显色速率慢的，可以在60℃下进行显色10~15min。

显色之后通过水洗、皂煮和水洗去除浮色，提高染色产品的匀染性和色牢度。

2. 连续轧染

暂溶性还原染料轧染的工艺流程为：

浸轧染液→烘干→浸轧稀硫酸→透风氧化显色→水洗、皂煮、水洗

其中染液中加有碳酸钠和亚硝酸钠，形成弱碱性染液，采用两浸两轧，轧液率为70%~80%。为了短时间内均匀润湿和渗透，染液的温度为60℃。然后经过烘干完成染料的上染。之后室温下浸轧稀硫酸，以便于生成亚硝酸。通过在空气中穿行，与空气中的氧接触，对于显色速率快的可以在25℃显色10min，对于显色速率慢的可以在65℃下显色10~15min，完成氧化显色过程。最后经过水洗、皂煮和水洗去除浮色，获得均匀的色泽和良好的色牢度。

☞ **练习题**

一、名词解释

1. 还原染料

2. 暂溶性还原染料

3. 还原染料隐色体的电位

4. 干缸还原和全浴还原

5. 暂溶性还原染料或印地科素类染料

二、简答题

1. 讨论靛类和稠环酮类还原染料的结构特征，并比较它们的性能和优缺点。

2. 以苯为基本原料合成四溴靛蓝，写出合成路线，并注明反应条件。

3. 简述还原染料的性质。

4. 制备暂溶性还原染料的意义是什么？

5. 简述还原染料的三种染色方式。

6. 简述还原染料的一般染色工艺流程。

7. 简述还原染料连续轧染的工艺流程、各工序的作用、有关的工艺参数及其注意事项。

8. 简述还原染料浸染的工艺流程。为什么还原染料浸染时易产生不匀不透的现象？如何才能获得匀染的效果？

9. 简述暂溶性还原染料浸染的工艺流程、相关的工艺参数及其注意事项。

第十一章　硫化染料

第一节　引言

硫化染料从诞生至今已经有 100 年的历史了，1893 年由 Croissan 和 Bretonniere 制备了第一个硫化染料，它们将含有有机纤维的材料，如木屑、麸子、废棉花和废纸等用硫化碱和多硫化碱加热制得的。1893 年 R. Vikal 将对氨基苯酚与硫化钠和硫磺熔融制成硫化染料，他还发现，将某些苯系和萘系衍生物与硫或硫化钠共融，可制得多种黑色硫化染料。此后，人们在此基础上研制出了蓝色、红色和绿色的硫化染料，同时制备方法和染色工艺也大有改进，水溶性硫化染料、液体硫化染料和环保型硫化染料相继出现，使硫化染料获得了蓬勃的发展。

硫化染料是目前应用较广泛的染料之一，据报道，全世界硫化染料的产量达十几万吨，而其中最重要的品种为硫化黑染料。目前硫化黑染料的产量占硫化染料总量的 75%～85%，由于其合成简单、价格低廉、各项色牢度较好、无致癌性，深受各印染厂的青睐。在棉及其混纺织物的染色中应用广泛。以黑色和蓝色系列应用最为广泛。

硫化染料的分子中不含有磺酸基或羧基等水溶性基团，不溶于水，分子中具有复杂的硫结构，分子中的硫有杂环硫和链状硫两种存在形式。杂环存在的硫结构稳定，链状存在的硫结构不稳定，在硫化钠或多硫化钠等还原剂的作用下，可以被还原，使硫化染料转变成溶于水的、对纤维具有亲和力的隐色体钠盐，上到纤维上后，再经过氧化重新转变成原来的不溶性硫化染料而固着在纤维上。

硫化染料的生产一般有两种方法。第一种是焙烘法，将原料芳香族的胺类、酚类或硝基化合物类等与硫磺或多硫化钠在高温下焙烘，如在 200～250℃ 焙烘熔融，可以制得黄、橙、棕色的硫化染料，硫化完毕，可以直接将产物粉碎，混拼成成品，或者将产物溶于热烧碱溶液中，除去剩余的硫磺，吹入空气使染料氧化析出，过滤，最终得到具有较高纯度的产品；第二种是煮沸法，将原料芳香族的胺类、酚类或硝基化合物与硫化钠在水中或有机溶剂中加热至沸，可以制得黑、蓝和绿色的硫化染料。硫化完毕，有的吹入空气使染料氧化析出，有的直接蒸发至干，粉碎拼混成为产品。

硫化染料的染色特点因染料的种类不同而不同。硫化染料的耐水洗色牢度好、适用性强，虽然耐摩擦色牢度和鲜艳度不及活性染料，但其沾色牢度和耐日色晒牢度比活性染料好，且硫化染料染色时食盐的用量少，水的用量也少。但硫化染料的储存稳定性较差，在储存过程中，链状的硫断裂，被空气中的氧氧化后，生成硫的氧化物，遇到空气中的水蒸气等转变为酸，如果在染色物上会引起纤维强力的损伤。

另外，硫化染料是含有硝基和氨基的有机化合物与硫或硫化钠在高温中反应制得的。许多硫化染料没有一定的化学分子式，或者具体的结构还不十分清楚。

第二节　普通硫化染料

硫化染料的结构通式为：D—S—S—D。使用前需要借助于还原剂的还原作用，转变成溶于水的状态用于纤维素纤维的染色。

硫化染料一般可以按合成时所用中料的不同进行分类。主要分为以下几种：

第一种，由对氨基甲苯、2,4-二氨基甲苯等中料通过焙烘法可制得黄、橙和棕色硫化染料。

例如，硫化黄 2G 就是用对氨基甲苯与硫磺焙烘得到的。硫化黄 2G 分子结构中具有苯并噻唑结构。它是用对氨基甲苯和硫磺焙烘得到的 2-（对氨基苯）-6-甲基苯并噻唑，再与联苯胺、硫黄在 190~220℃ 焙融硫化可得硫化黄 2G。继续与硫黄焙烘会进一步发生缩合，生成具有两个、三个苯并噻唑结构单元的缩合物。其合成过程如下：

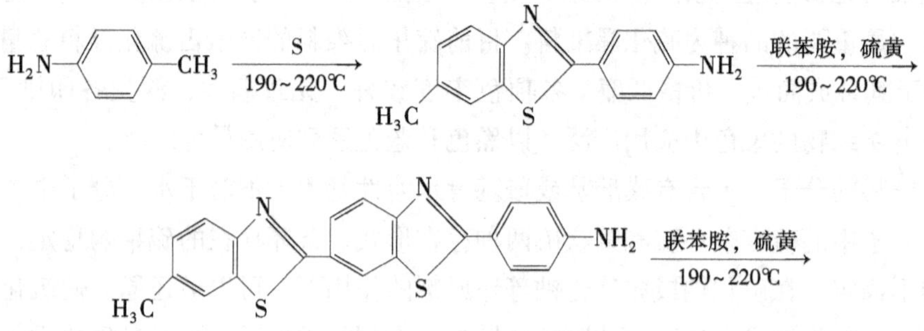

硫化黄 2G

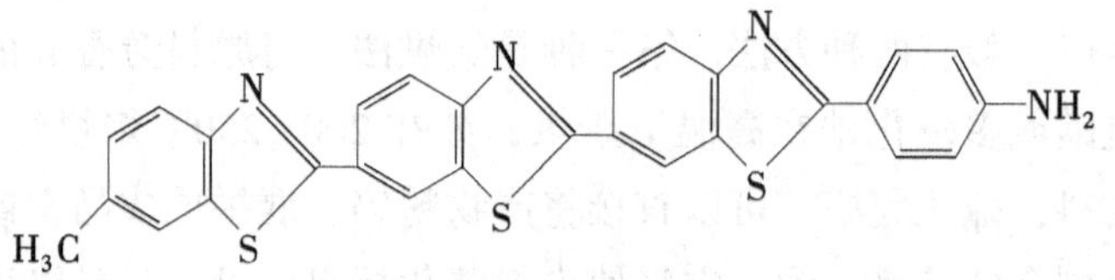

合成这类硫化染料常用的中料有 4-羟基二苯胺类如 4-氨基-4′-羟基二苯胺的 N-取代和苯环取代衍生物以及相应的萘氨基苯酚中料。它们的结构如下：

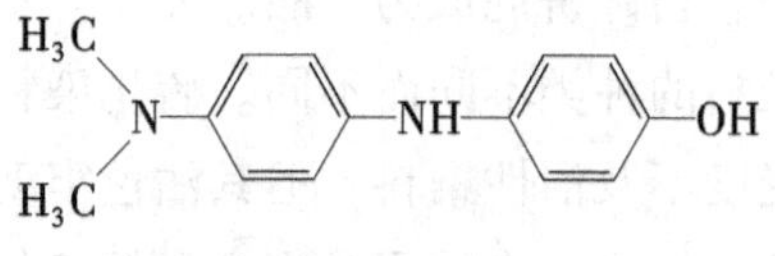

硫化艳蓝 CLB 中料

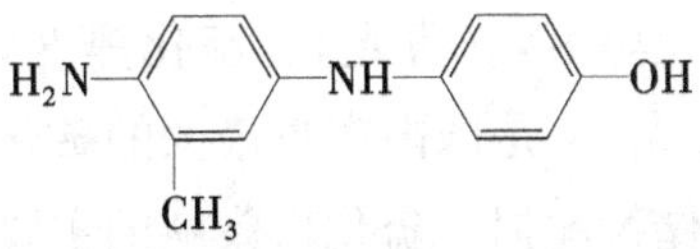

硫化蓝 RN、BN、BRN 中料

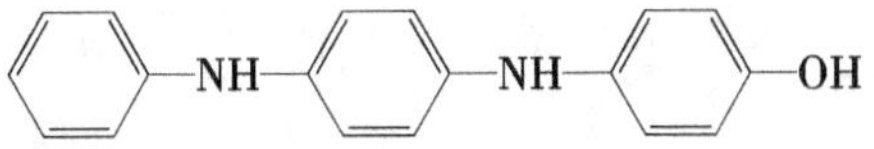

硫化新蓝 BBF 中料

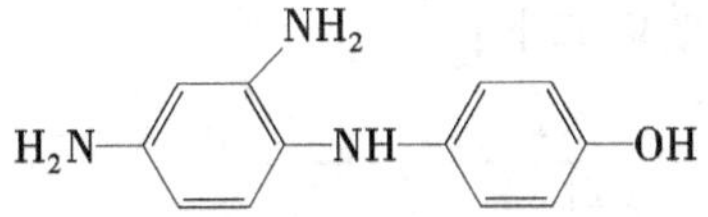

硫化深蓝 3R、RL 中料

　　用 4-氨基-4′-羟基二苯胺类中料可制得各种蓝色硫化染料。硫化过程是在水溶液进行的。这类染料中最重要的为硫化蓝，其耐日晒色牢度和耐皂洗色牢度较好，使用量大，仅次于硫化黑。采用 4-（2-萘氨基）苯酚在丁醇中用多硫化钠硫化，可制得耐氯漂色牢度好的黑色硫化染料。这个黑色的硫化染料对纤维的储藏脆损现象不明显，它主要用于纤维素纤维织物的印花。

　　第二种，由吩嗪衍生物为中料一般可以合成暗红色和暗紫色的硫化染料。例如，将2,4-二氨基甲苯和对氨基苯酚制得的吩嗪在水溶液中硫化可制得硫化红棕 3B，其合成过程如下：

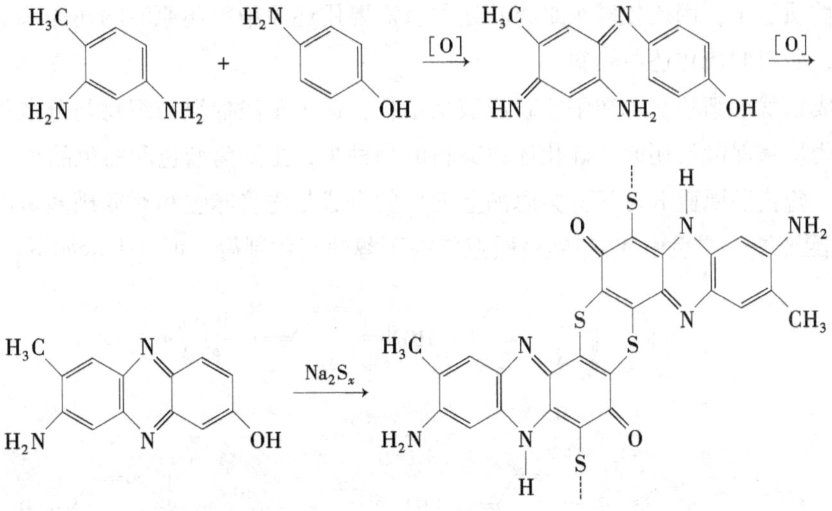

硫化红棕 3B

　　第三种，由 2,4-二硝基苯酚为中料与硫化钠在水溶液中沸煮可以合成硫化黑染料。

根据色光和性能不同，分为硫化黑 BN（青光）、硫化黑 RN（红光）、硫化黑 BRN（青红光）、以及硫化黑 B2RN（青红光）。是国内产量最大的硫化染料，价格低廉，耐日晒和皂洗色牢度较好，但一般易产生储藏脆损。硫化黑染料的主要结构如下：

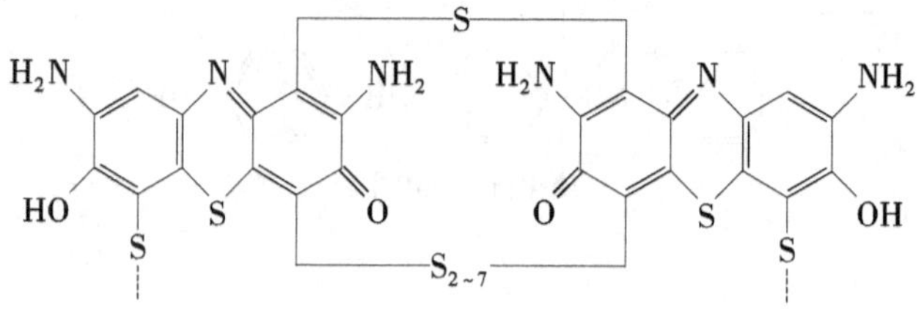

其中硫化黑 B2RN 染料的结构如下：

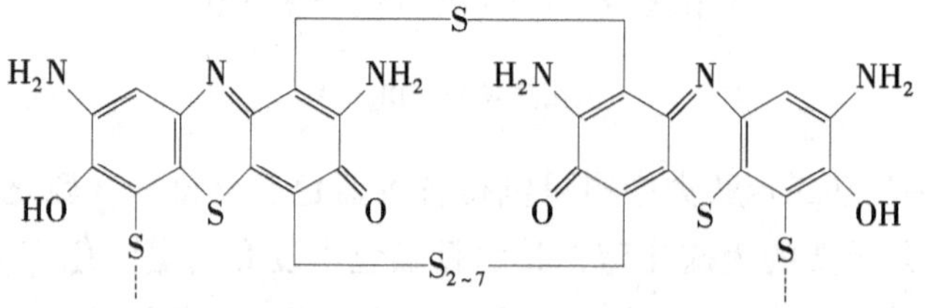

第三节　硫化还原染料及硫化缩聚染料

一、硫化还原染料

硫化还原染料一般是用多硫化钠在丁醇溶液中经沸煮硫化制得的一种硫化染料。该结构的染料性质稳定，用硫化碱很难将其还原，需要用还原染料还原时的还原剂碱性保险粉才能还原，所以叫硫化还原染料。

常制成粉状、细粉状、超细粉状或液状染料，适用于涤棉混纺织物与分散染料同浴染色，可以用烧碱保险粉还原。硫化还原染料的品种少，主要为蓝色和黑色品种。

例如，硫化还原蓝 R（又称为海昌蓝 R）的合成是先将咔唑和对亚硝基苯酚反应合成 N-咔唑对醌亚胺，之后由 N-咔唑对醌亚胺在丁醇中硫化制得。可以表示如下：

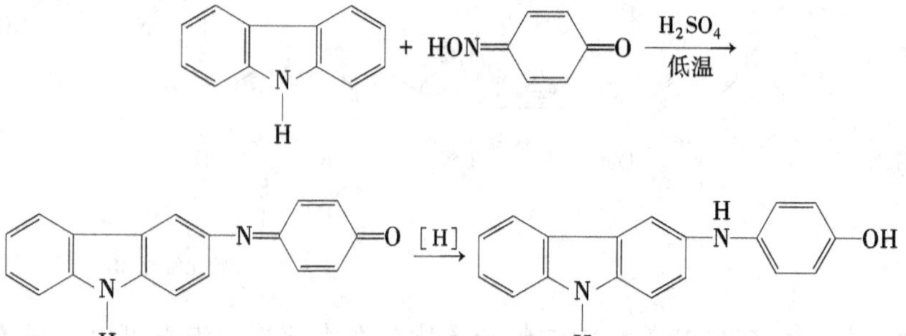

硫化还原蓝 R 可能的结构式为：

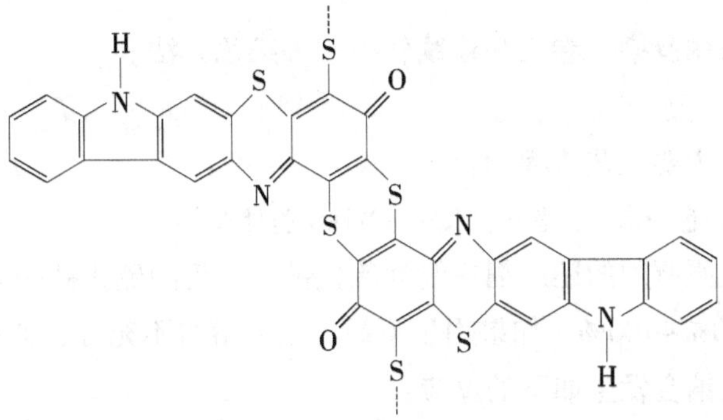

其色光优异，耐晒及耐水洗色牢度较高。

二、硫化缩聚染料

硫化缩聚染料也可称为水溶性硫化染料。染料的结构通式为 D—SSO_3Na。分子中具有硫代硫酸根的硫化染料，溶于水，上染纤维后，在固色剂如硫化钠或二硫化钠存在的情况下，将亚硫酸根脱去，在染料分子之间发生缩聚而成二硫键或多硫键，从而使染料最终转变成不溶于水的形式而固着在纤维上。

此类染料的特点是染料分子结构中有水溶性基团，溶解性好，匀染性好。通常是将普通的硫化染料与亚硫酸钠或亚硫酸氢钠反应，生成染料的硫代硫酸盐，在20℃时的溶解度为150g/L，主要用于连续轧染工艺。水溶性的硫化染料在室温下就能很快地溶解，耐高温性能优良。

硫代硫酸根可以直接连接在共轭发色体系上，也可以连接在芳环的烷基上。例如，下面结构的染料是硫代硫酸根直接连接在共轭发色体系上的硫化缩聚染料：

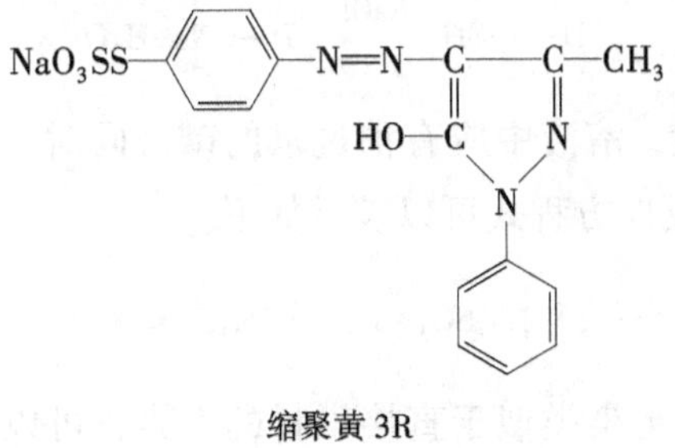

缩聚黄 3R

第四节　硫化染料的染色

硫化染料以及硫化缩聚染料主要用于纤维素纤维特别是棉织物深色产品的染色，如蓝色和黑色。也可以用于维纶染色。

一、普通硫化染料的染色

硫化染料一般采用浸染、卷染和连续轧染三种染色方法。

1. 浸染

硫化染料浸染的主要工艺流程为：

还原→上染→氧化显色→水洗、皂煮、水洗→碱性防脆处理

其中硫化染料还原所用的还原剂一般为硫化钠，市售的硫化钠一般为50%。其用量对染料的用量一般为70%~100%。如果用量不足，还原溶解不充分，如果用量过量，会降低染料的上染量。硫化钠会发生如下的反应：

$$Na_2S + H_2O \longrightarrow NaHS + NaOH$$
$$2NaHS + 3H_2O \longrightarrow Na_2S_2O_3 + 8\,[H]$$
$$2NaHS \longrightarrow Na_2S + S + 2\,[H]$$
$$Na_2S + S \longrightarrow Na_2S_2$$

生成的初生态的氢[H]具有很强的还原能力，可以使硫化染料还原，引起分子链的断裂，将其转变成小分子的、溶于水的、对纤维具有亲和力的隐色体钠盐。

$$D—S—S—D' \underset{[O]}{\overset{[H]}{\rightleftharpoons}} D—SH + D'—SH$$

$$D—\overset{\overset{O}{\|}}{\underset{\underset{O}{\|}}{S}}—\overset{\overset{O}{\|}}{\underset{\underset{O}{\|}}{S}}—D' \underset{[O]}{\overset{[H]}{\rightleftharpoons}} D—SH + D'—SH + 2H_2O$$

$$D—N{=}\!\!\bigcirc\!\!{=}O \underset{[O]}{\overset{[H]}{\rightleftharpoons}} D—NH{-}\!\!\bigcirc\!\!{-}OH$$

$$D——SH \xrightarrow{NaOH} D—SNa + H_2O$$

为了保持染料的水溶性，溶液中应有稍过量的碱。同时，若溶液中有游离的硫产生，可加Na_2SO_3加以去除，其反应方程式可以表示如下：

$$Na_2SO_3 + S \longrightarrow Na_2S_2O_3$$

硫化染料隐色体钠盐的上染类似于直接染料的上染，可以加入食盐电解质进行促染。一般在90℃或沸煮条件下上染30~40min。上染完毕进行氧化显色。

硫化染料的隐色体氧化显色一般在淋洗或透风过程中，利用空气中的氧就可以进行氧化显色。氧化快的可用小苏打降低pH，从而减缓氧化速率；氧化速率慢的，可以在水中加一些双氧水等弱氧化剂加速其氧化显色的过程。最后经过水洗、皂煮和水洗去除浮色，获得均匀的色泽和良好的色牢度。

另外，由于硫化染料的染色物在长期储存的过程中，染料分子中链状的硫容易被氧化成二氧化硫、三氧化硫，进一步变成硫酸从而对纤维造成一定的损伤，产生储存脆损。特别是硫化黑染料这种现象尤为严重，因此，硫化染料染色后，通常要进行碱性防脆处理。所谓的碱性防脆处理，就是将硫化染料的染色物经过碱性化合物如醋酸钠、尿素或碳酸钠的溶液处理，使染色物带有一定的碱性物质，可以中和储存过程中产生的硫酸，达到碱性防脆处理的目的。但这种碱性防脆处理一般都是暂时性的。由于硫化染料的染色物存在这一缺点，使硫化染料应用受到了一定的限制。主要用来染蓝色或黑色。

2. 卷染

以硫化黑为例，硫化染料的卷染工艺处方如下：

染料	10%~11%（owf）
50%硫化钠	80%（按染料重）
纯碱或磷酸三钠	适量
浴比	1:3

工艺曲线如下：

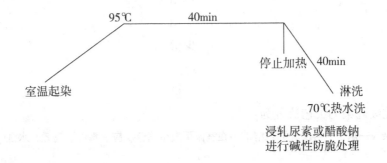

3. 连续轧染

硫化染料连续轧染的工艺流程为：

还原→织物浸轧硫化染料的隐色体溶液→饱和蒸汽中汽蒸→稀过氧化氢或过硼酸钠的水溶液氧化显色→充分热水洗→皂煮→冷水洗 → 烘干→冷却落布

还原时常采用硫化钠还原剂；浸轧硫化染料的隐色体溶液，温度为 70~80℃，采用两浸两轧，轧液率为 70%~80%；饱和蒸汽汽蒸是在 101~103℃ 下，汽蒸 50s；显色之后经过水洗、皂煮、水洗去除浮色，提高染色产品的色牢度。

二、硫化缩聚染料的染色

硫化缩聚染料的分子中具有硫代硫酸根，溶于水，对纤维具有亲和力，上到纤维上去后，无论硫代硫酸根连接在发色体系上还是连接在烷基链上，在所谓固色剂存在的条件下都可以脱去，从而在染料分子间生成二硫键或多硫键的连接，从而使两个或两个以上的染料分子连接成不溶性的染料而固着在纤维上。

常用的固色剂可以是二硫化钠或多硫化钠等，也可以用硫脲作为固色剂，前者在室温下就可以起固色反应，而后者需要在高温下或焙烘的条件下才能起固色作用。因此，硫化缩聚染料的连续轧染工艺根据所用的固色剂的固色温度不同，分为一浴法连续轧染和两浴法连续轧染。

一浴法连续轧的工艺处方如下：

染料的用量	3%（owf）
硫脲	4%（按染料的重量）
pH	7~8

有时可以加少量的尿素。

一浴法连续轧染的工艺流程为：

浸轧溶液后→烘干→汽蒸或焙烘（101~103℃，5min）→水洗、皂煮、水洗

两浴法连续轧染的工艺处方如下：

染料	10%~11%（owf）
二硫化钠	80%~100%（按染料的重量）
浴比	1:3
pH	7~8
Na_2SO_3	少量
Na_2CO_3	适量
尿素	少量

两浴法连续轧染的工艺流程为：

织物浸轧染液→烘干→再浸轧固色溶液→在室温下发生固色反应→水洗、皂煮、水洗

☞ **练习题**

一、名词解释

1. 硫化染料

2. 硫化还原染料

3. 硫化缩聚染料

二、简答题

1. 简述硫化染料、还原染料的还原和氧化之间的区别。

2. 简述硫化染料染色的缺点及解决的措施。

3. 简述硫化染料浸染的工艺过程、相关的工艺参数及其注意事项。

4. 简述硫化染料连续轧染的工艺过程、各工序作用、相关的工艺参数及其注意事项。

5. 简述硫化缩聚染料连续轧染的工艺流程。

第十二章　酸性染料

第一节　引言

我国的酸性染料早在 1964 年即有产品问世。随着我国纺织印染工业的发展及外贸出口需求量的增长，近年来我国酸性染料发展迅速。酸性染料的分子中含有磺酸基或羧基等水溶性基团，是一种水溶性的阴离子型染料，相对分子质量小，分子的直线性和平面性不强，可以在酸性、弱酸性或中性的条件下上染蛋白质纤维和聚酰胺纤维等。由于最初发现这类染料时是在酸性条件下进行染色的，所以叫酸性染料。

酸性染料的分子结构特征如具有水溶性、相对分子质量小、平面性差等适合于羊毛、蚕丝、皮革等蛋白质纤维的染色和印花，也适用于锦纶的染色。此外还可以应用于墨水、造纸等的着色。酸性染料色谱齐全，染色方便；但色泽不太鲜艳，染色物的湿牢度较差，随品种的差异有很大不同。

酸性染料一般可以按照染色性能或染料的结构两种方法进行分类。

1. 按照染色性能来分

主要分为强酸浴染色的酸性染料（又叫匀染型酸性染料）、弱酸浴染色的酸性染料和中性浴染色的酸性染料。

（1）强酸性浴染色的酸性染料。又叫匀染性酸性染料，相对分子质量小，水溶性基团的相对含量高，溶解性好，在常温染浴中基本上以单分子分散状态的形式存在，对纤维的亲和力大，扩散性好，移染性好，在 pH 为 2.5~4 之间进行染色，匀染性好，但染色产品的湿牢度差。

（2）中性浴染色的酸性染料。相对分子质量大，分子中水溶性基团的相对含量低，溶解性差，在常温染浴中以胶体的分散状态存在，对纤维的亲和力大，扩散性能差，移染性差，在 pH 为 6~7 之间的条件下进行染色，匀染性差，但染色产品的湿牢度好。

（3）弱酸性浴染色的酸性染料。染色性能介于上述的二者之间，染色的 pH 应在 4~5 之间，在常温染浴中基本上以胶体的状态存在，匀染性较差，但其产品的湿牢度较好。

2. 按照结构分类

主要是偶氮类，其次是蒽醌类，还有少数是三芳甲烷类、呫吨类等。

除此之外，还可以根据分子中是否含有与金属离子能成螯合结构的配位基以及是否与金属离子形成了螯合结构将酸性染料分为普通酸性染料、酸性媒染染料、酸性含金属染料。

第二节　酸性染料的分类

酸性染料按照结构来分主要分为：偶氮类、蒽醌类、三芳甲烷类、呫吨类和硝基类等。偶氮类酸性染料品种最多，其次是蒽醌类，其他的品种极少。

一、偶氮类酸性染料

酸性染料的品种主要以偶氮类为主。而偶氮类酸性染料则主要以单偶氮染料为主，只有少数为二偶氮类或多偶氮类，且品种比较少。偶氮类酸性染料颜色包括黄、橙、红、蓝和黑色等。

1. 单偶氮类酸性染料

主要为黄、橙、红色及蓝色等品种。

（1）黄色品种。以苯胺及其衍生物作为重氮组分，以吡唑啉酮作为偶合组分一般可以合成黄色的单偶氮酸性染料。所得的染料色泽鲜艳，耐日晒色牢度优良，匀染性较好。一般以腙式结构的形式存在。习惯上用偶氮的形式来表示。例如酸性嫩黄 2G 的结构及合成过程如下：

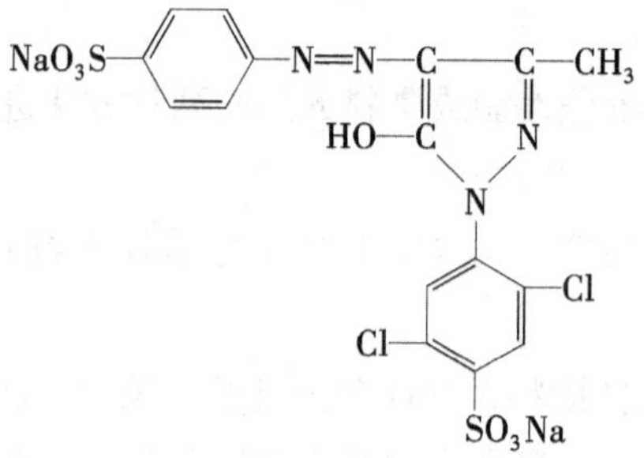

酸性嫩黄 2G

酸性嫩黄 2G 的合成过程如下：

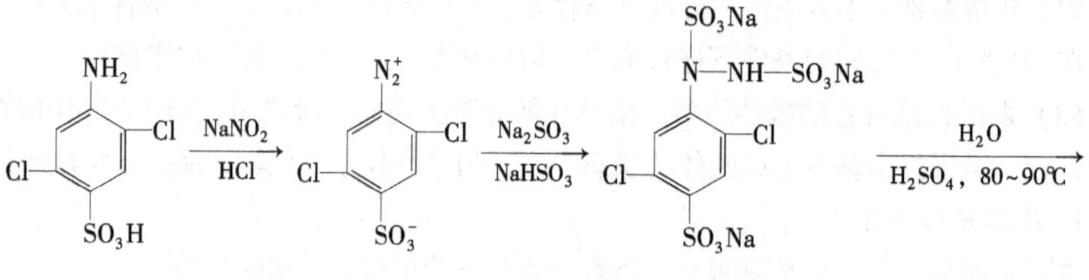

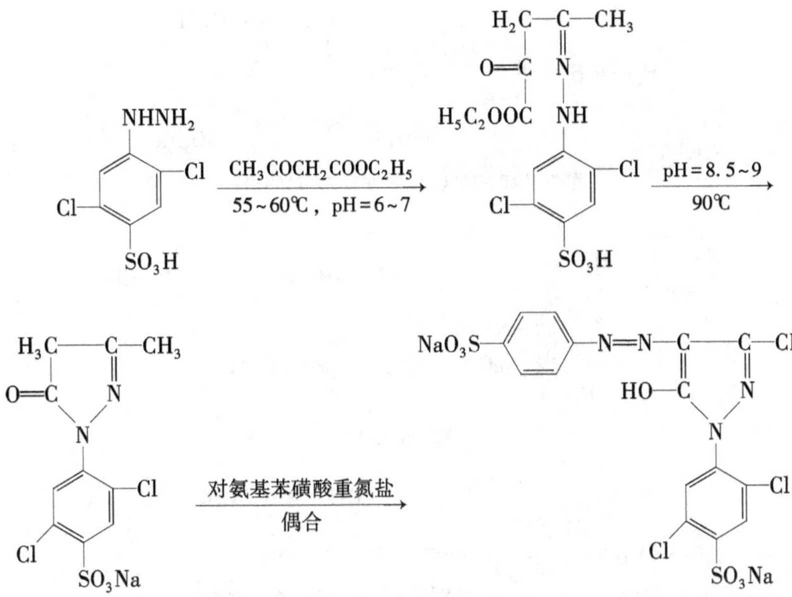

（2）橙色品种。以苯胺的衍生物作为重氮组分，萘系的衍生物作为偶合组分一般可以合成橙色的单偶氮酸性染料。所得的染料颜色鲜艳，耐日晒色牢度中等。例如：

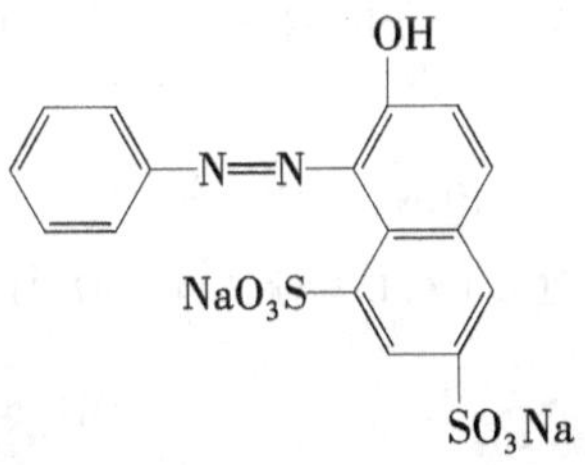

酸性橙 G（ C. I. Acid Orange 10，16230 ）

（3）红色品种。以苯胺的衍生物作为重氮组分，H 酸作为偶合组分；或以萘系的衍生物作为重氮组分，萘系的衍生物作为偶合组分，一般可以合成红色的单偶氮酸性染料。例如：

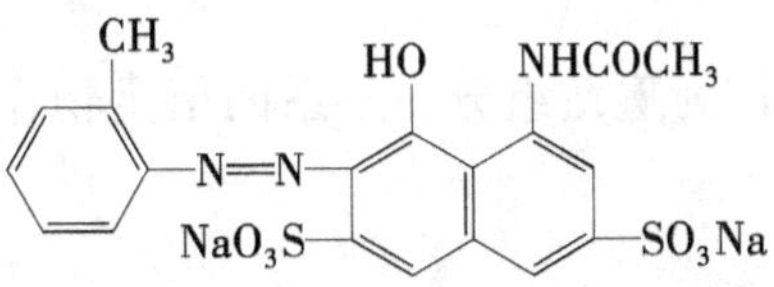

酸性红 3B（ C. I. Acid Red 35，18065 ）

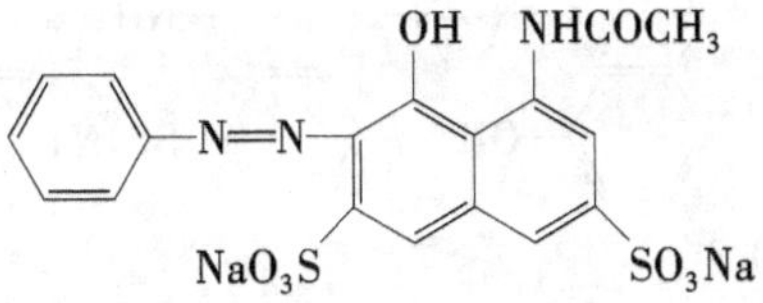

酸性红 G（C. I. 酸性红 1，18050）

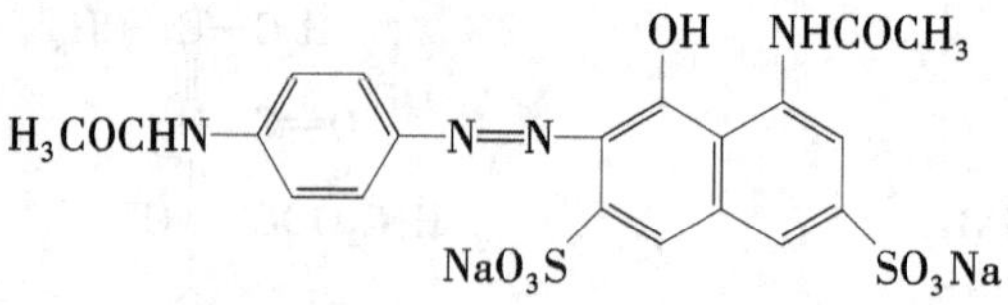

酸性品红 6B（C. I. 酸性紫 7，118050）

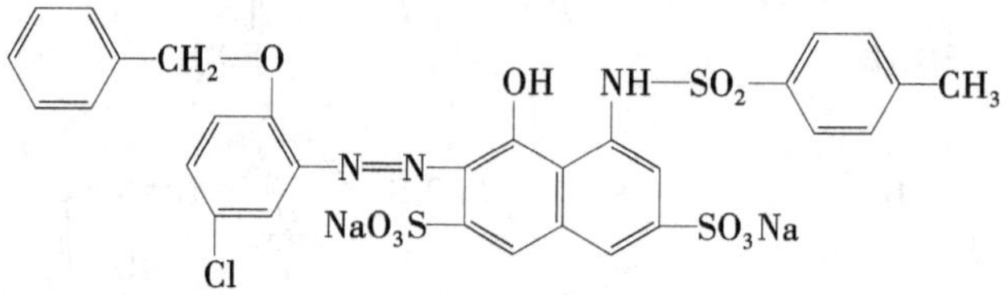

弱酸性艳红 3B

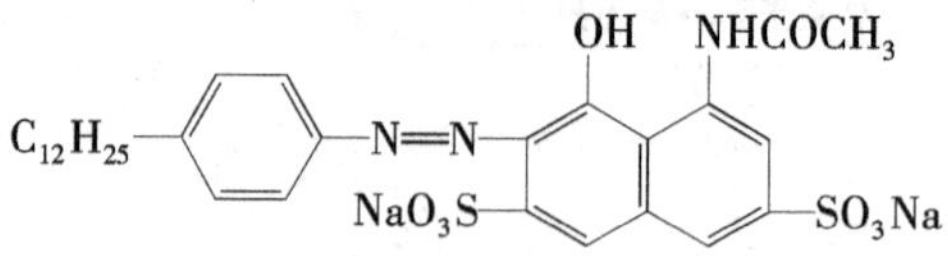

弱酸性桃红 BS

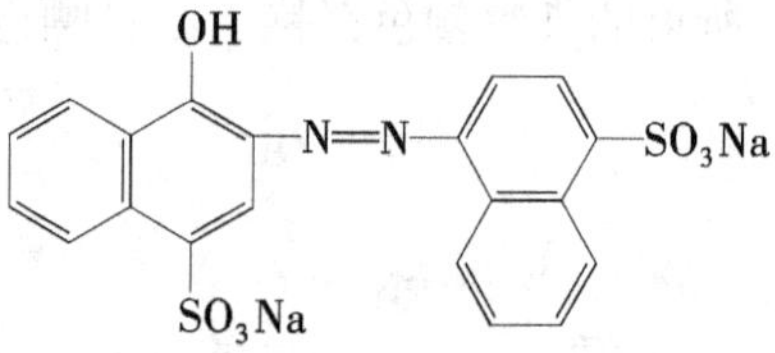

红 B（C. I. 酸性红 14，14720）

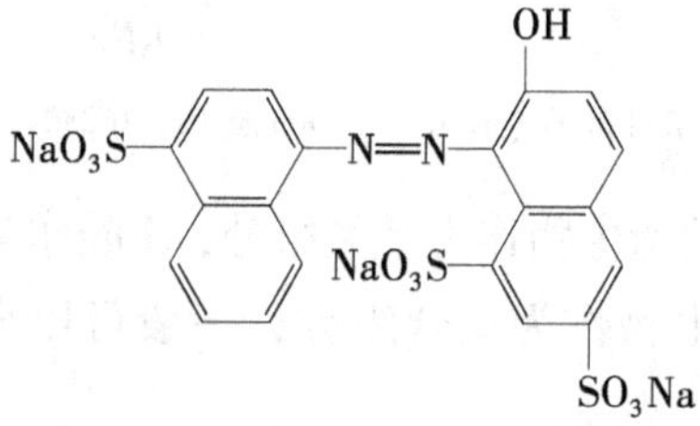

酸性红 3R（C. I. 酸性红 18，16255）

（4）蓝色品种。以 H 酸作为重氮组分，萘系的衍生物作为偶合组分一般可以合成蓝色的单偶氮酸性染料。例如：

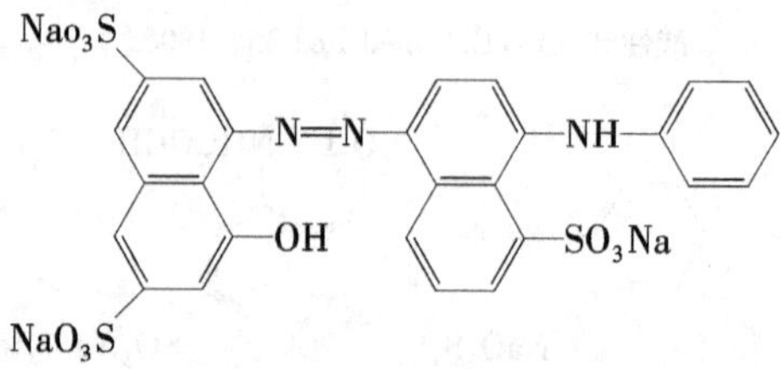

酸性蓝 R

2. 二偶氮类酸性染料

两个偶氮染料由共轭体系贯穿，湿牢度较好，颜色较深。主要由下面三种途径合成。

（1）$A_1 \rightarrow Z \leftarrow A_2$。$A_1$ 和 A_2 均为重氮组分，可以是芳伯胺，也可以是芳伯胺的重氮盐。Z 是二次偶合组分。常用的二次偶合组分通常为间苯二酚、间苯二胺以及 H 酸等。主要合成棕色、蓝色、绿色以及黑色染料。例如：

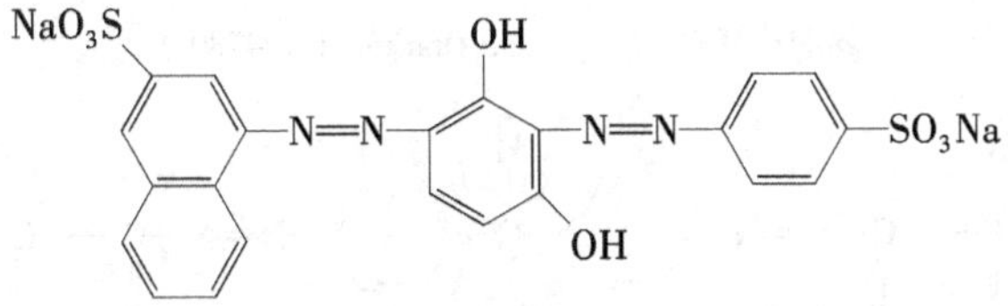

酸性棕 SRN

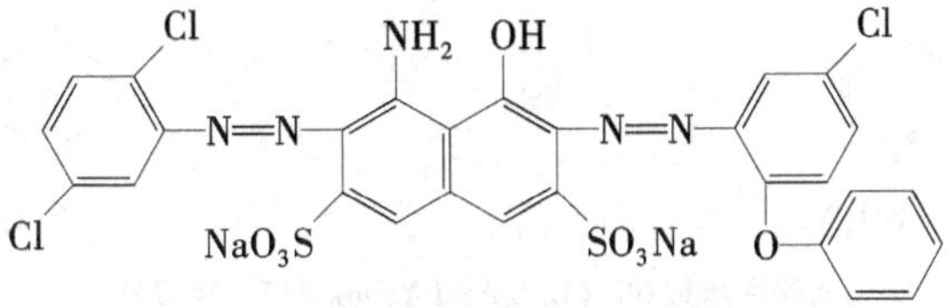

酸性坚牢绿 BBL

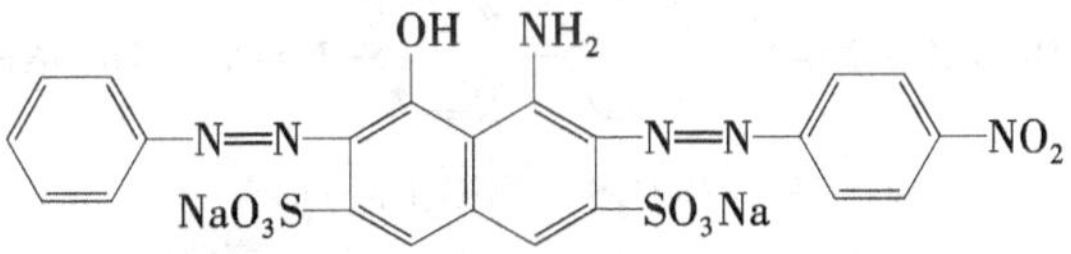

酸性黑 10B（C. I. Acid Black 1，20470）

（2）$A \rightarrow M \rightarrow B$。A 为重氮组分，M 通常为苯胺、1-萘胺及其磺酸衍生物，作为偶合组分进行第一次偶合。先合成含有氨基的单偶氮染料，将 NH_2 重氮化后再与另一个偶合组分 B 进行二次偶合。主要合成蓝色和黑色染料。例如：

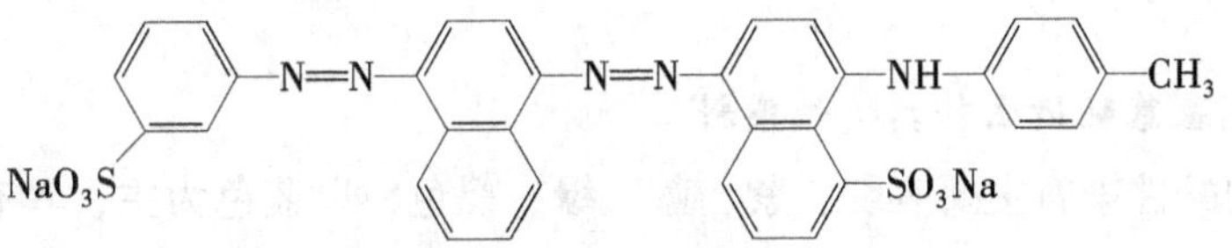

弱酸性深蓝 GR

（3）$B_1 \leftarrow Z \rightarrow B_2$。$Z$ 是二次重氮组分。常用的二次重氮组分通常为两个—NH_2 不在同一个苯环的联苯胺类，且两个苯环中间具有亚甲基或苯亚甲基等能破坏染料分子平面结构的基团，或联苯胺的 2,2′ 位有取代基，将两个—NH_2 重氮化后与两个偶合组分 B_1 和 B_2 进行偶合生成二偶氮类的酸性染料。主要合成黄色、橙色以及红色的染料。例如：

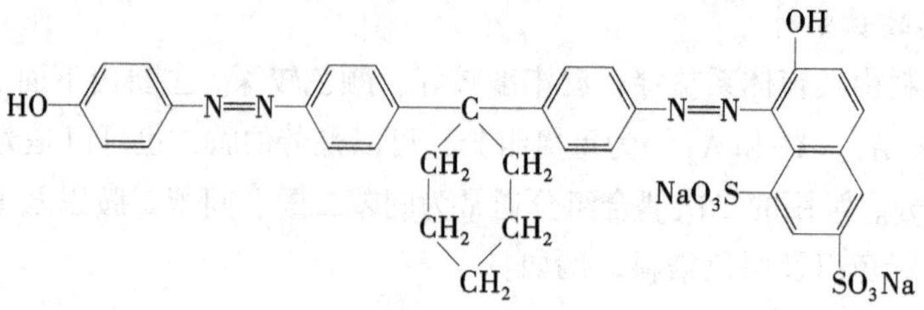

弱酸性橙 GS（C. I. Acid Orange 33，24780）

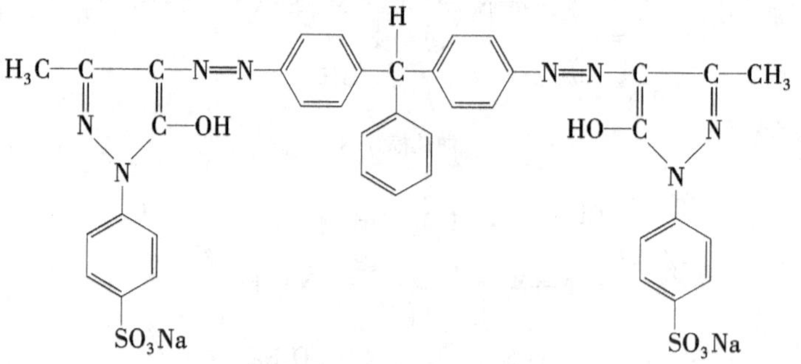

弱酸性嫩黄 6G（C. I. Acid Yellow 117，24820）

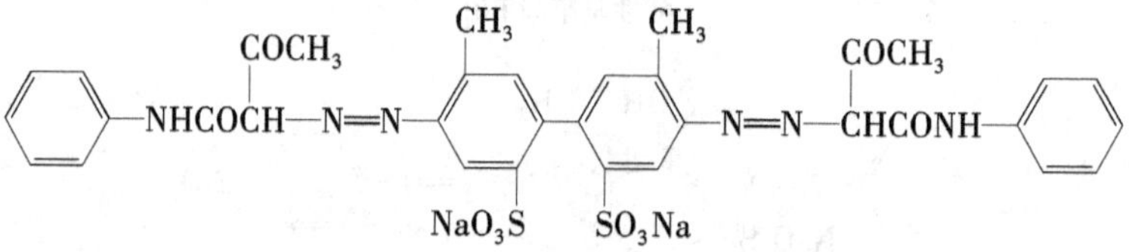

弱酸性黄 6G（C. I. Acid Yellow，23900）

二、蒽醌类酸性染料

蒽醌类酸性染料是 19 世纪 90 年代发展起来的。这类染料具有良好的耐日晒色牢度，有红、紫、蓝、绿、黑等品种，其中尤以蓝色品种为最多。从结构特征来分，主要有以下几种。

1. 1,4-二氨基蒽醌衍生物类酸性染料

这类结构的酸性染料主要有红、紫、蓝、绿、黑色，以蓝色为主，具有良好的耐日晒色牢度，耐水洗色牢度随染料的结构变化很大。常用的中料主要有 1-氨基-4-溴蒽醌-2-磺酸（即溴氨酸）、1-氨基-4-溴蒽醌以及 1,4-二羟基蒽醌等。

例如：

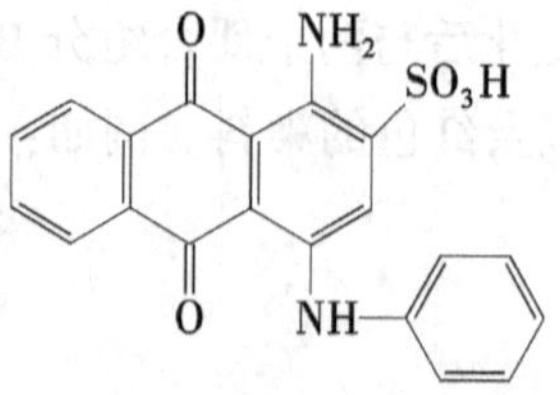

酸性蓝 R

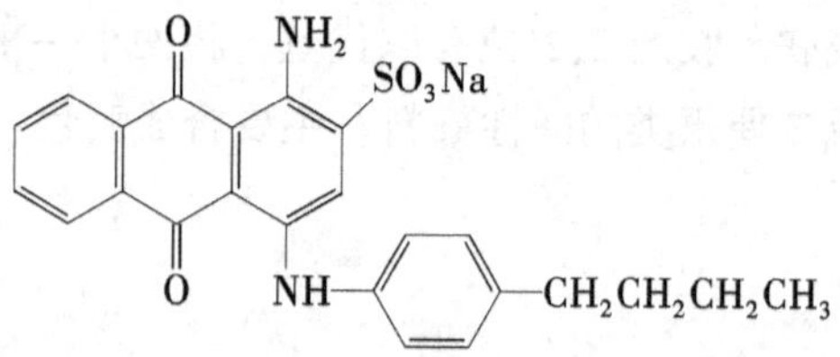

酸性蓝 N-GL

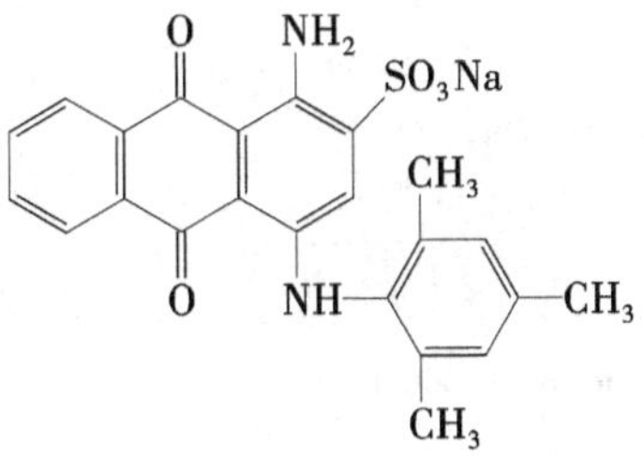

酸性艳天蓝 BS

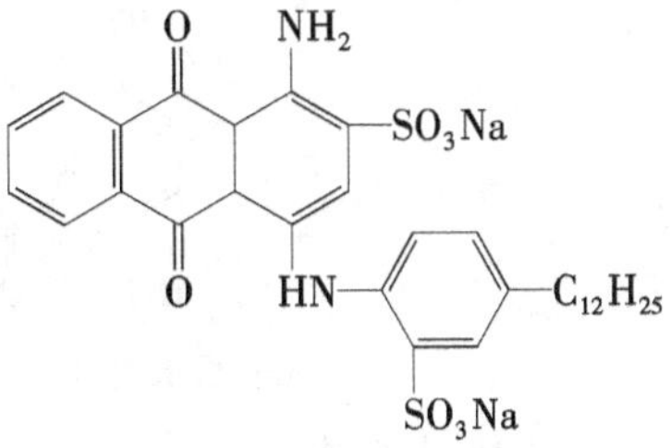

弱酸性艳蓝 RS

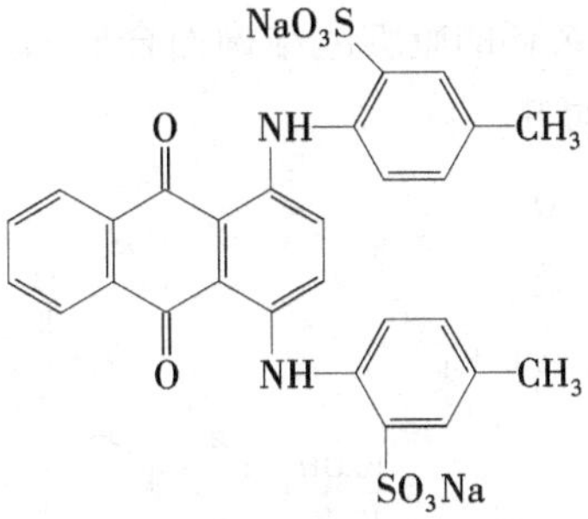

酸性蓝绿 G

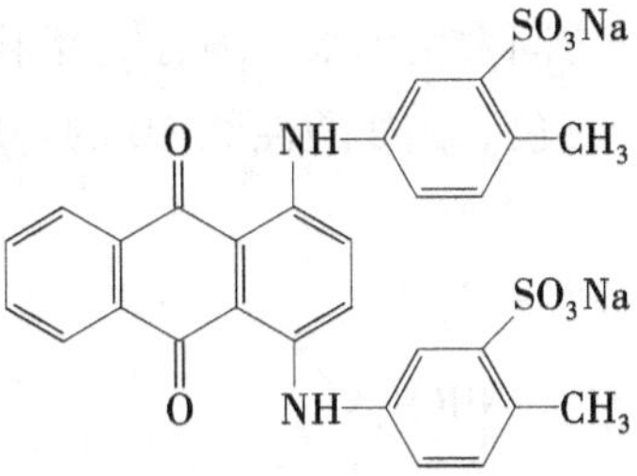

酸性直接绿 G

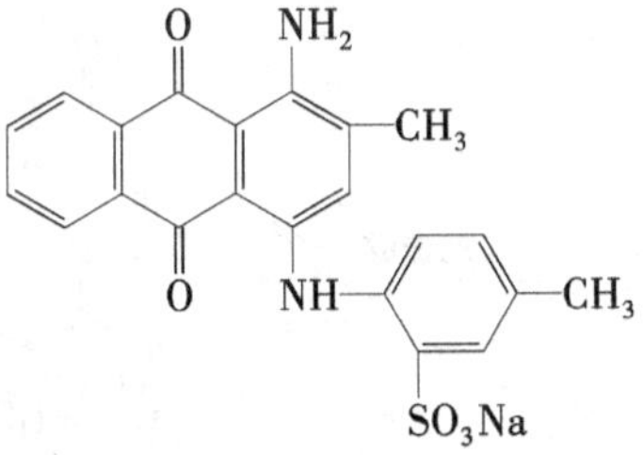

酸性蓝 2R （C. I. Acid Blue 47，62085）

2. 羟基、氨基蒽醌类酸性染料

这类结构的酸性染料品种较少，主要是紫色和蓝色。有良好的匀染性和耐日晒色牢度。例如：

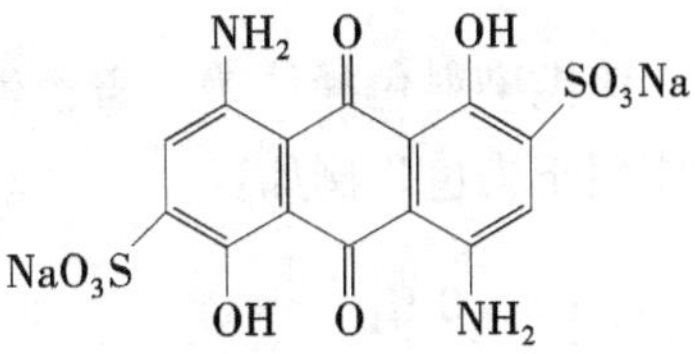

酸性宝蓝 B

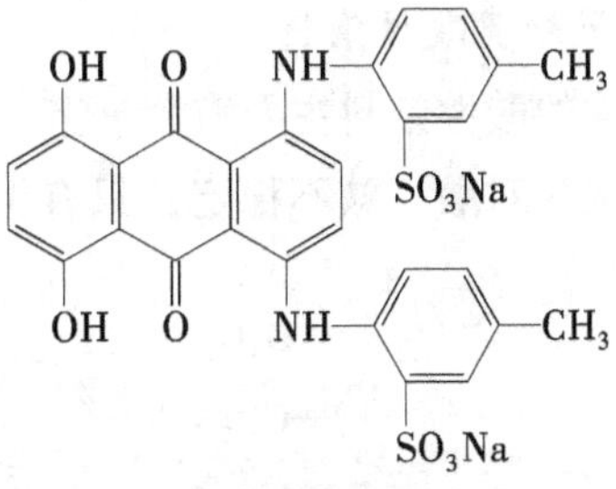

酸性蓝绿 5G

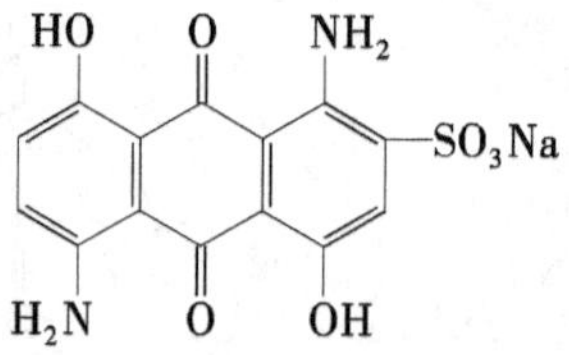

酸性墨水蓝 SE（C. 1. Acid Blue 43，63000）

3. 杂环蒽醌类酸性染料

杂环蒽醌类的酸性染料一般是通过 1-氨基蒽醌类衍生物的一个氨基经过乙酰化后，与相邻的羰基之间发生脱水，缩合闭环形成含氮杂环的吡啶酮结构而合成的。这类染料主要是黄、橙、红色。例如酸性红 3B 的合成过程如下：

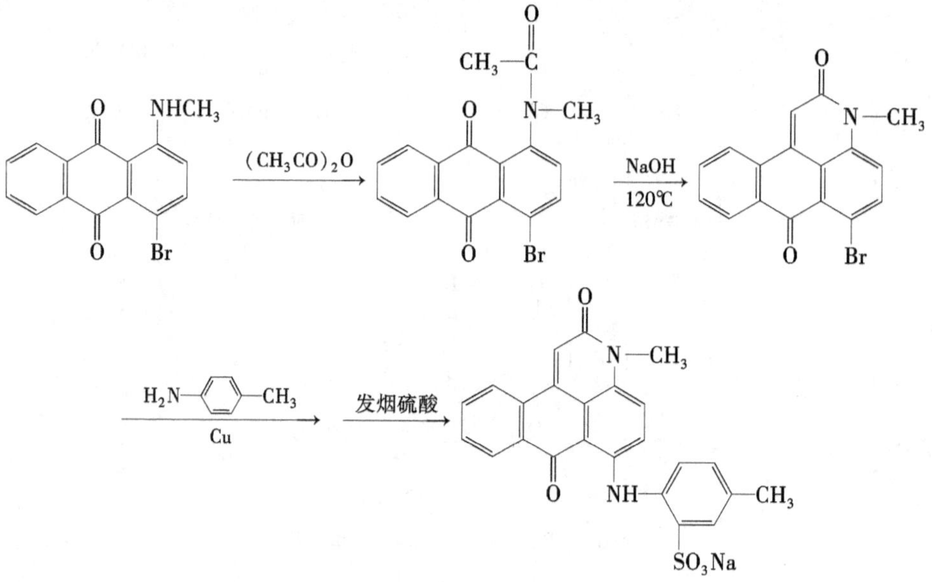

酸性红 3B

三、其他类酸性染料

1. 三芳甲烷类酸性染料

这类结构的酸性染料主要有紫、蓝、绿等色，该类染料色泽鲜艳，着色能力强，但不耐晒、不耐洗，对酸、碱不稳定，只有少数品种应用于染色。例如：

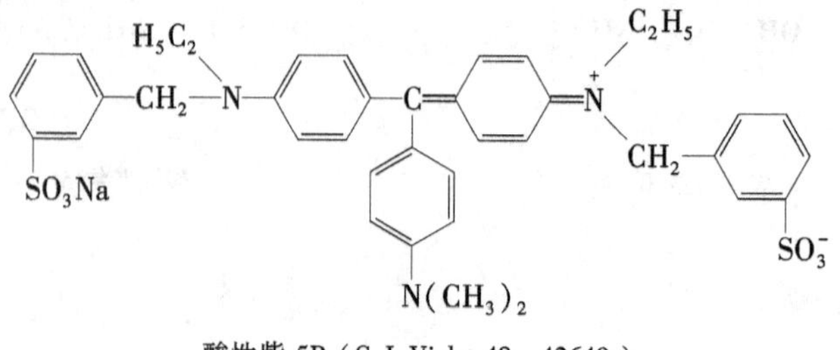

酸性紫 5B（C. I. Violet 49，42640）

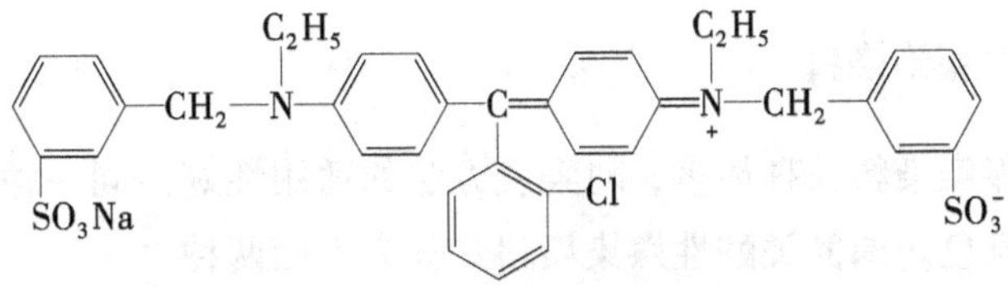

酸性艳绿 6B

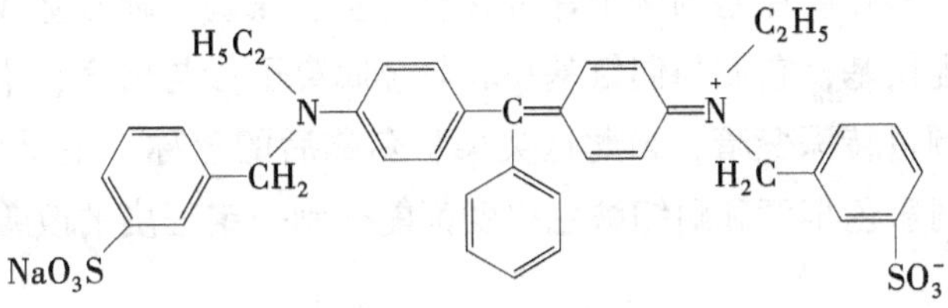

酸性绿 2G

2. 咕吨类酸性染料

咕吨类酸性染料分子中具有氧蒽结构，主要为红紫色、紫色品种，色牢度差，很少应用于染色。例如：

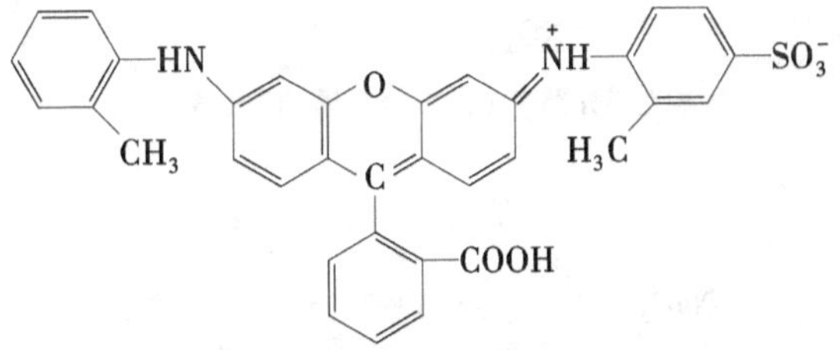

酸性紫 R

3. 硝基类酸性染料

该染料色牢度很低，很少应用于染色。例如：

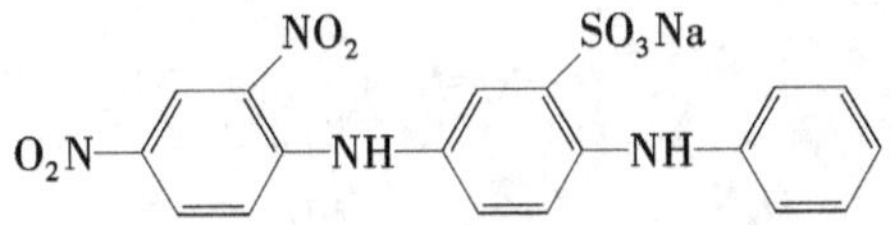

酸性橙 E

第三节　酸性媒染染料

酸性媒染染料是一种特殊结构的酸性染料，分子中除了具有酸性染料的最基本结构特征外，还具有能与金属离子形成稳定络合物的基团，这类染料叫作酸性媒染染料。

酸性媒染染料染色后再用媒染剂进行处理，染色物的耐水洗色牢度、耐光色牢度等都会有所提高，但染色物的颜色转深变暗，染色过程复杂，仿色比较困难。酸性媒染染料主要是偶氮类，少数为蒽醌类、三芳甲烷类和咕吨类等。

一、偶氮类酸性媒染染料

偶氮类的酸性媒染染料品种最多，对染色方法的适用性好，同一种染料往往可以用不同的媒染方法进行染色。偶氮类酸性媒染染料又分为下面两种。

1. 偶氮基参与络合的酸性媒染染料

这类酸性媒染染料在偶氮基的两个邻位含有羟基、氨基、磺酸基或羧基等能与金属离子形成络合结构的配位基，它们与偶氮基一起与金属离子参与络合，络合前后，染料的颜色变化较大，一般颜色转深变暗，因此这类染料名称后的色称，主要是指络合后的颜色。而且络合后染料的耐氯色牢度和耐缩绒色牢度都能得到一定程度的改善。该类染料的结构举例如下：

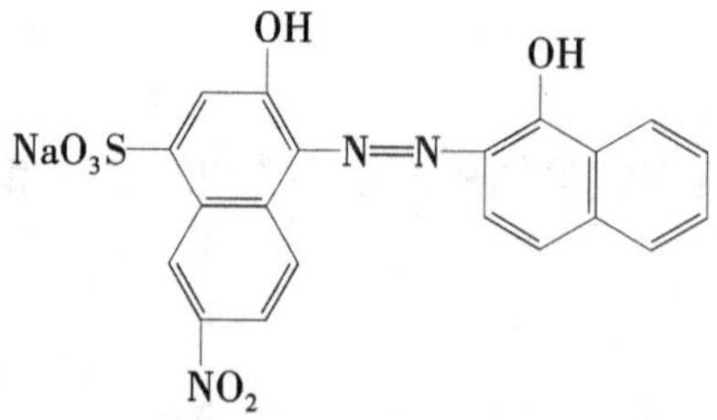

酸性媒介黑 T（C.I. 媒染黑 11，14645）

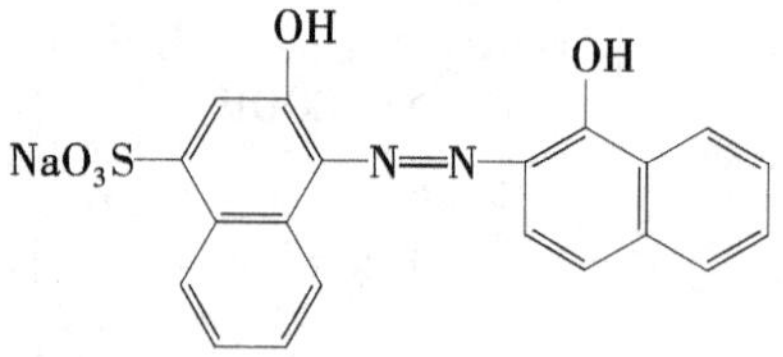

酸性媒介黑 R（C.I. 媒染黑 17，15705）

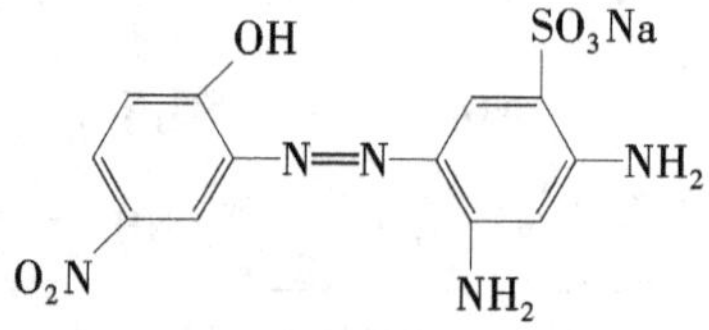

酸性媒介棕 RH（C.I. 媒染棕 33，13250）

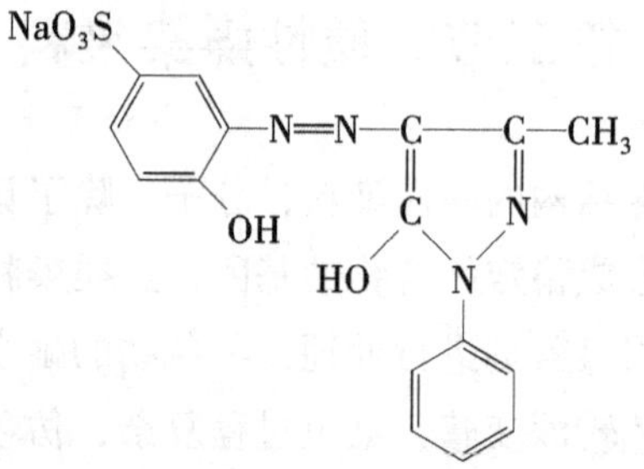

酸性媒染红光橙 RL

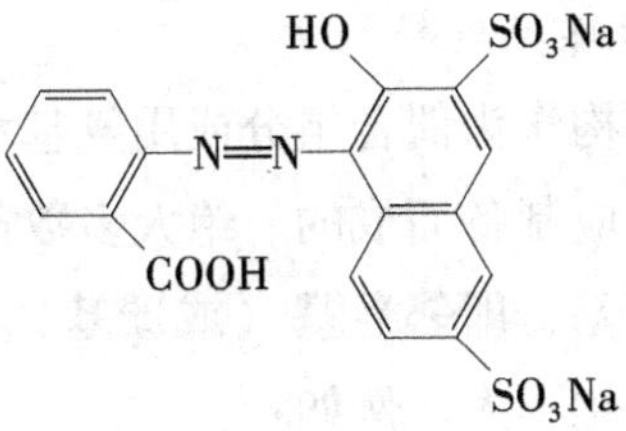

酸性媒染红 B

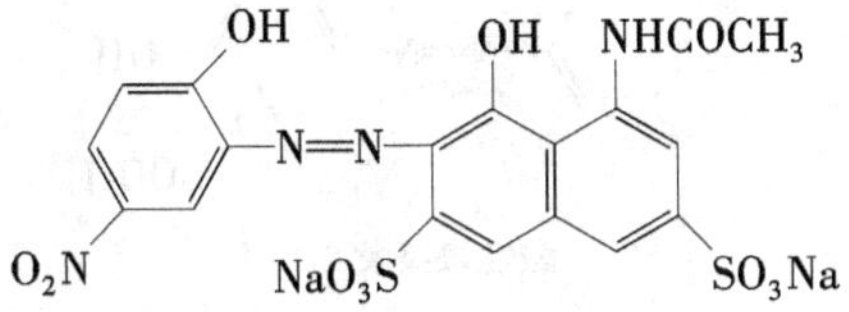

酸性媒染坚牢绿 G

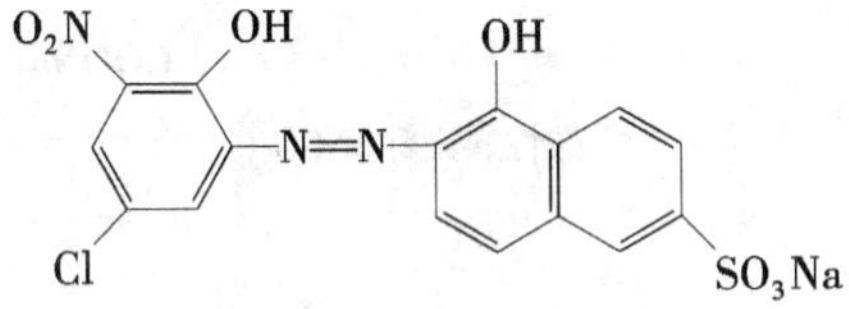

酸性媒染蓝黑 2BX

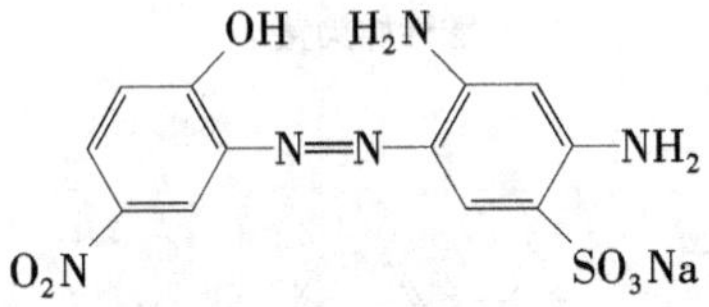

酸性媒染红光棕 RH

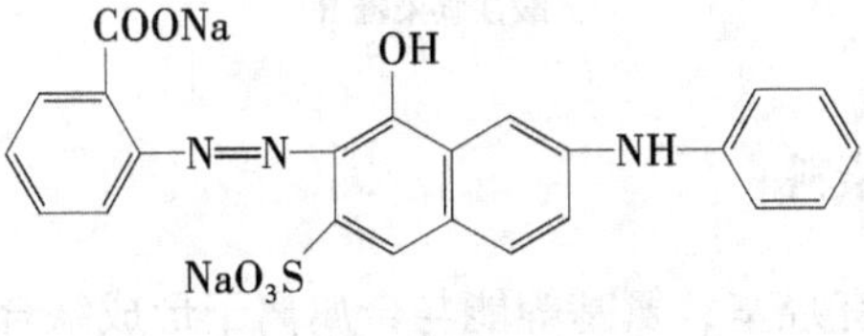

酸性媒染黄光棕 PGA

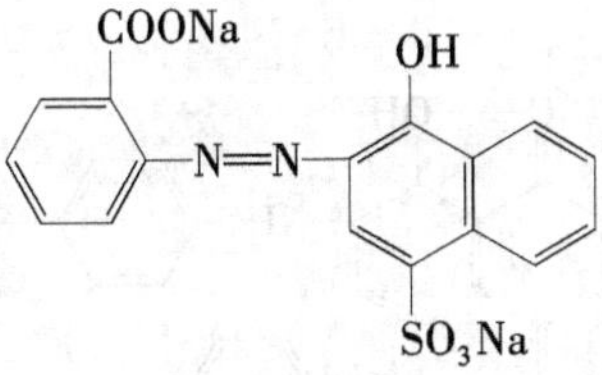

酸性媒染紫 RE

2. 配位基在分子末端的酸性媒染染料

这类染料大多数以水杨酸结构作为偶合组分或用氨基水杨酸作为重氮组分，与相应的重氮组分或偶合组分进行偶合反应制备而成的。绝大多数黄、橙色的酸性媒染染料就属于此类染料。这类染料一般只有端基，即邻羟基（或巯基）、羧基参与络合，偶氮基不参与络合，络合前后，染料的颜色变化不大。例如：

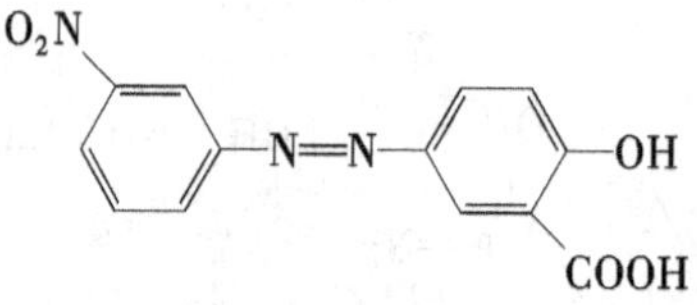

酸性媒染黄 2G

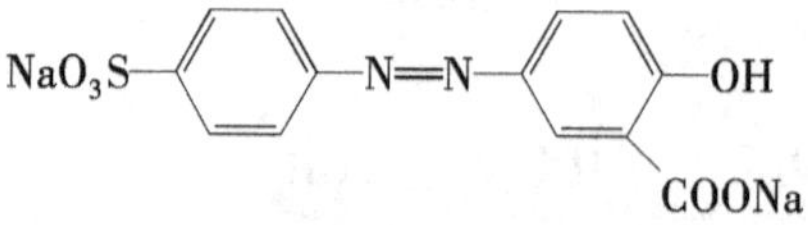

酸性媒染深黄 GG

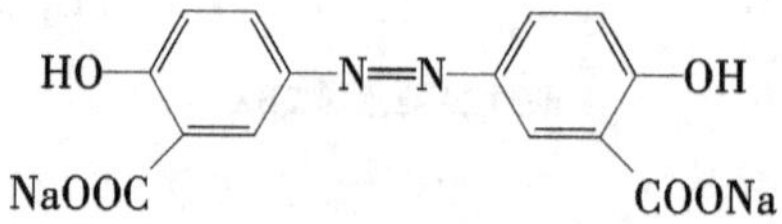

酸性媒染黄 A

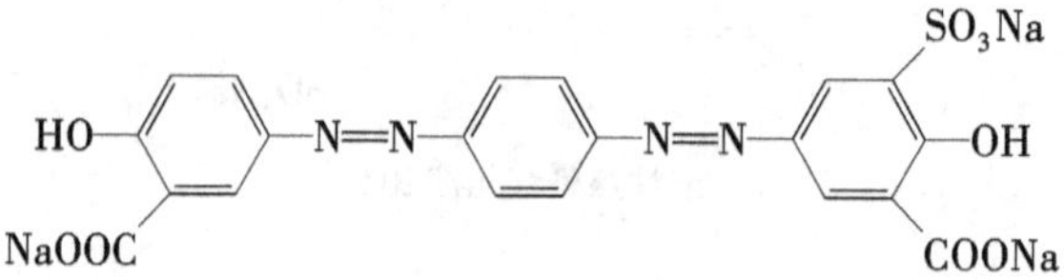

酸性媒染橙 R

二、蒽醌类酸性媒染染料

在蒽醌类的 α 位上含有羟基、氨基等能与金属离子形成络合结构的配位基，它们能够一起与蒽醌的羰基参与络合反应。如酸性媒染蓝黑 B 的结构式及其合成过程如下。

酸性媒染蓝黑 B 的结构式：

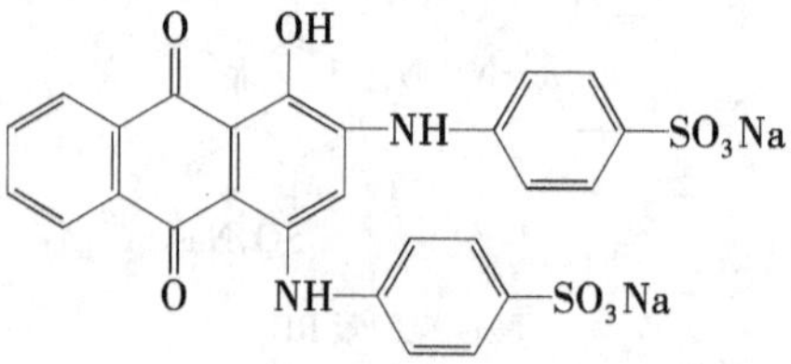

酸性媒染蓝黑 B 的合成过程：

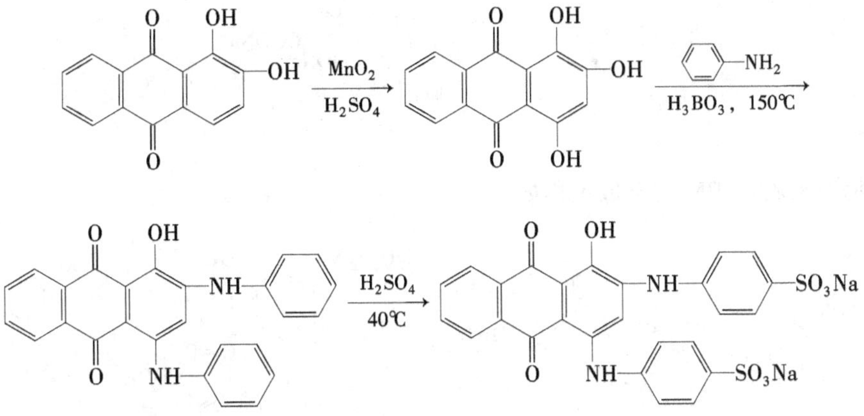

三、三芳甲烷类酸性媒染染料

此类染料一般都具有水杨酸结构。举例如下：

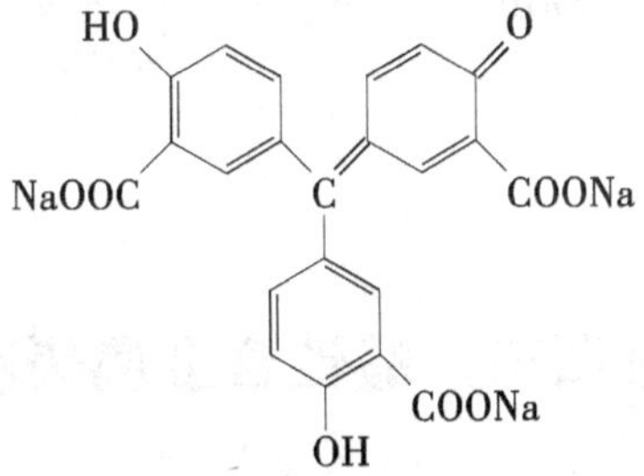

酸性媒染黄 CG

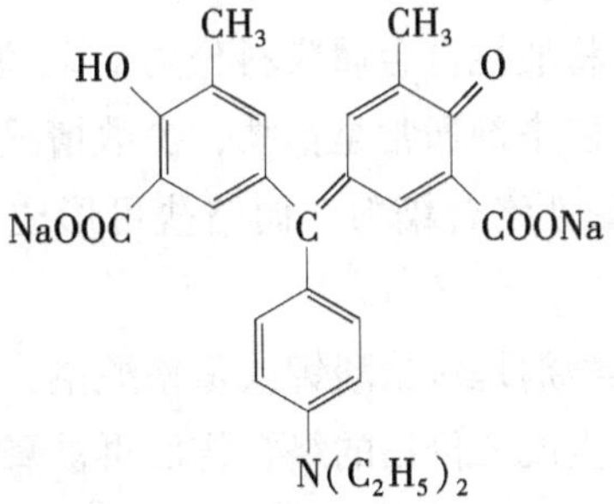

酸性媒染紫 R

四、呫吨类酸性媒染染料

一般也具有类似水杨酸的结构，且多为较鲜艳的红色。举例如下：

酸性媒染桃红 3BM 的结构式：

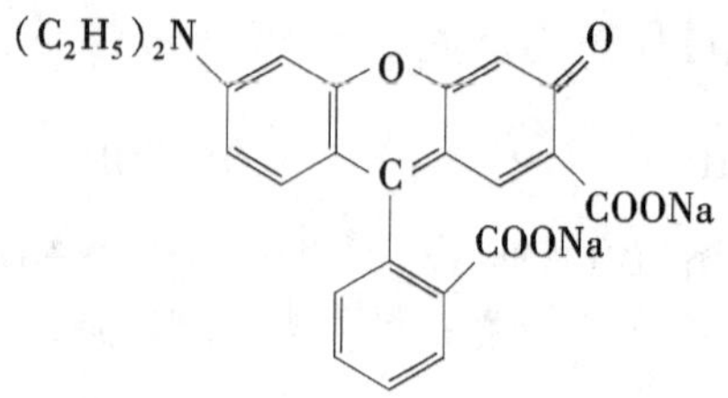

酸性媒染桃红 3BM 的合成过程如下：

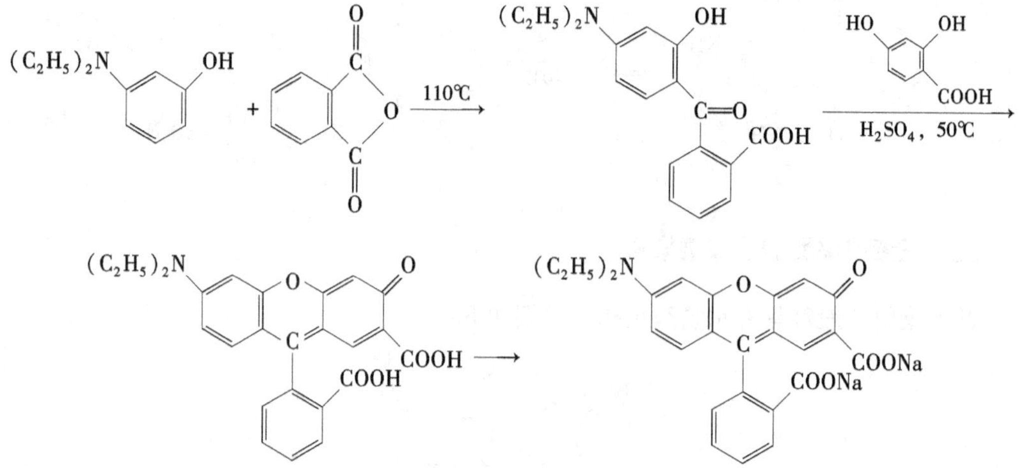

第四节　酸性含金属染料

由于酸性媒染染料的色谱较难控制，所以染料厂预先用金属盐将酸性媒染染料与金属离子络合，制成酸性含金属染料，也叫酸性含媒染料。并根据酸性含金属染料分子中金属离子与染料母体之间的比例，将酸性含金属染料分为 1∶1 型和 1∶2 型两种酸性含金属染料。其中的金属盐叫媒染剂，媒染剂通常是铬盐，少数情况下是钴盐和锰盐。后两者酸性含金属染料主要形成 1∶2 型酸性络合染料，而铬盐可形成 1∶1 型和 1∶2 型两种酸性含金属染料。

在酸性染料中最常用的媒染剂是重铬酸钾或重铬酸钠，它们在羊毛上首先被还原成四价铬，然后被还原成二价铬，生成二价铬的络合物后再被氧化成三价铬络合物（其中三价铬的配位数是 6）。

对于有偶氮基参与络合的酸性媒染染料，由于一个染料分子中可以提供三个配位体，因此能形成 1∶1 和 1∶2 型两种酸性含金属染料；而对于水杨酸结构的染料，由于一个染料分子中能提供两个配位体，从理论上说能够形成 1∶1、1∶2 和 1∶3 型三种酸性含金属染料。

水杨酸结构的酸性媒染染料与金属的络合情况如下：

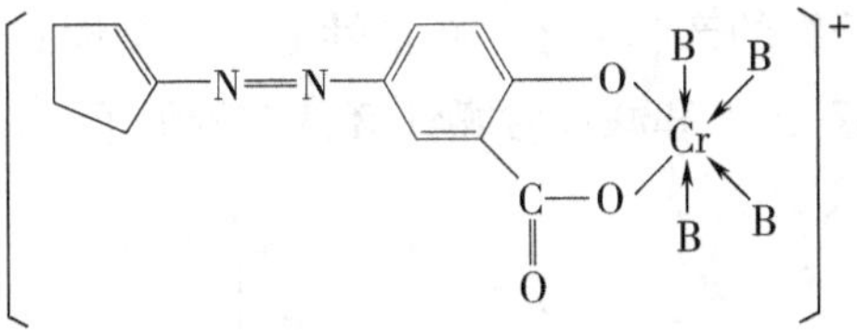

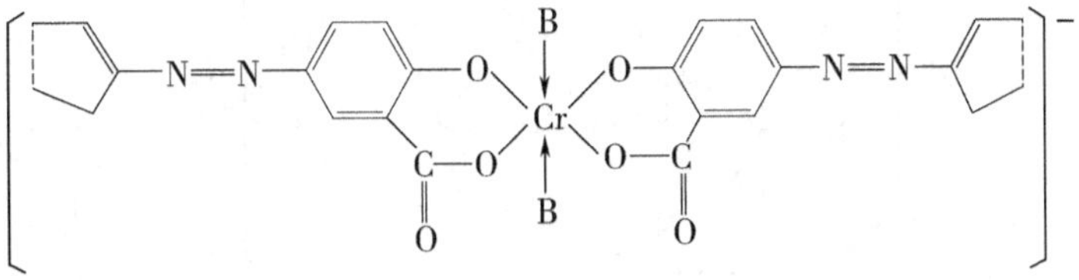

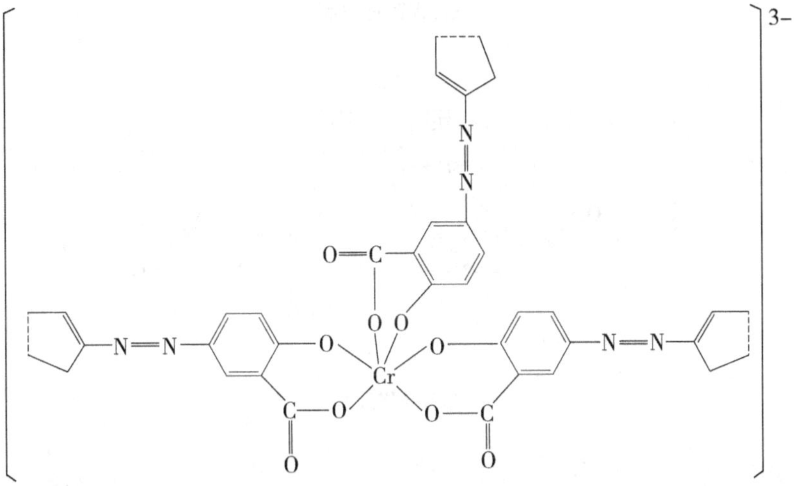

媒染的络合过程其实是一个释放质子的过程，提高 pH 有利于媒染络合过程的进行。因此在 pH 较低的酸性条件下，主要生成 1∶1 型酸性含媒染料，在 pH 较高的中性条件下，主要生成 1∶2 型酸性含媒染料，而 1∶3 型的酸性含金属染料一般只有在强碱条件下才能形成。在什么条件下形成酸性含金属染料，就需在什么条件下进行应用，否则会发生歧化反应。例如，1∶1 型酸性含金属染料是在酸性条件下合成的，故应在酸性条件下进行应用。如果在中性条件下进行应用，会发生所谓的歧化反应，生成 1∶2 型；而 1∶2 型酸性含金属染料是在中性条件下形成的，就应当在中性条件下进行应用，如果在酸性或碱性条件下应用，则会生成 1∶1 或 1∶3 型的酸性含金属染料，即发生歧化反应，能够导致染料色光发生变化。1∶3 型酸性含媒染料是在强碱条件下生成的，但对于羊毛等蛋白质纤维的染色不可以在强碱条件下使用。因此酸性含媒染料根据分子中金属离子与染料母体之间的比例分为 1∶1 型和 1∶2 型酸性含金属染料两种。

一、1∶1 型酸性含媒染料

1∶1 型的酸性含媒染料也叫酸性络合染料。该染料相对分子质量比较小，水溶性基团的相对含量高，溶解性好，对纤维的亲和力小，扩散性好，移染性好，匀染性好，但染色物的湿牢度差。例如酸性含媒蓝 GGN 和酸性含媒红 R 的结构如下：

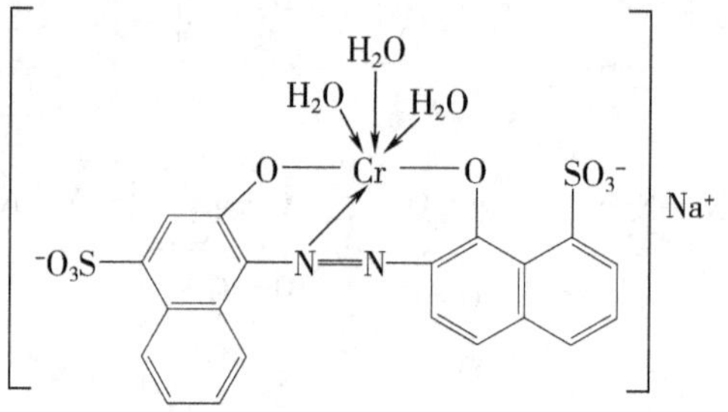

酸性含媒蓝 GGN

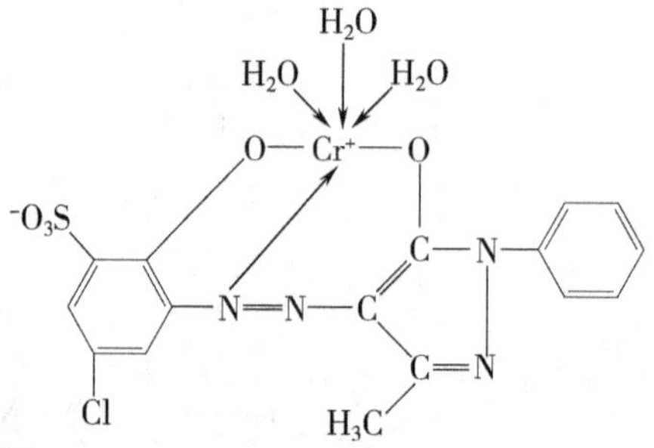

酸性含媒红 R

二、1：2 型酸性含媒染料

1：2 型的酸性含媒染料又叫中性络合染料。该染料相对分子质量大，水溶性基团的相对含量小，溶解性差，对纤维的亲和力大，扩散性差，移染性差，匀染性差，但染色物的湿牢度好。例如酸性含媒灰 BL 的结构如下：

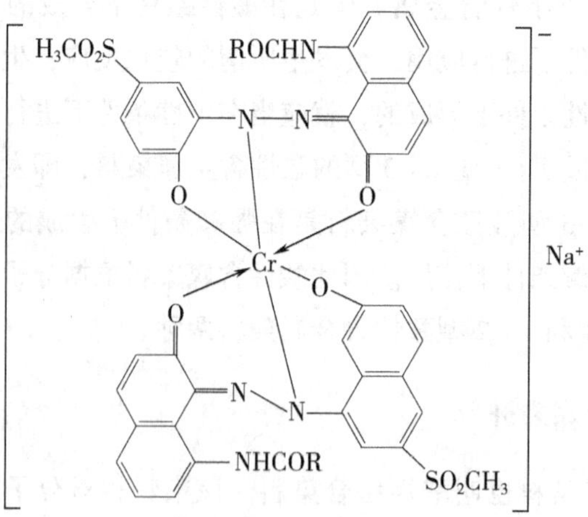

由于中性络合染料的湿牢度好，所以近年来一般都采用中性络合染料。但由于该染料的合成中要用到剧毒的重铬酸钾或重铬酸钠等试剂，易对环境造成污染，因此，使用该染料时要有一定的范围。而且无论对于酸性媒染染料或是酸性含金属染料，在使用时都应有一定的限制。

第五节　酸性染料的染色

一、酸性染料对羊毛的染色

酸性染料主要用于蛋白质和聚酰胺纤维的染色。按照染色性能主要分为强酸性染色的酸性染料（即匀染型的酸性染料）、弱酸性染色的酸性染料和中性浴染色的酸性染料。为了更好地学习酸性染料对羊毛的染色工艺，下面介绍一下羊毛对酸碱吸附的性能。

1. 羊毛对酸碱的吸附

羊毛纤维对酸碱的吸附性可以用下式表示。

$$NH_3^+—W—COOH\ (II) \Longleftrightarrow NH_3^+—W—COO^-\ (I) \Longleftrightarrow NH_2—W—COO^-\ (III)$$

众所周知，羊毛纤维在水中羧基离解成羧基负离子，氨基则接受质子变成氨基正离子，相当于羧酸对胺的滴定，当溶液处于某一 pH 时，羧基和氨基全部离子化，但由于羊毛纤维分子中几乎含有等当量的氨基和羧基，此时，—NH_3^+ 和 —COO^- 的数量相等，羊毛纤维仍然维持电荷中性，羊毛处于（I）式的状态，把此时羊毛纤维所处的溶液介质的 pH 叫羊毛纤维的等电点，一般在 pH 为 4 左右。

在等电点时，如果向水溶液中加酸，随着溶液的 pH 下降到等电点以下，—COO^- 接受溶液中的质子重新变成—COOH，这时羊毛便开始带有正电荷，进一步降低溶液的 pH，羊毛继续吸收质子，直至溶液的 pH 到 1 左右，全部—COO^- 转变成—COOH，滴定又达到一个终点，这时羊毛处于（II）的状态。把从等电点开始一直滴定到羊毛纤维中所有的—COO^- 转变成—COOH 的整个过程所吸附质子的克当量数叫羊毛纤维的吸酸饱和值。羊毛纤维的吸酸饱和值一般与羊毛纤维中的氨基含量相当，为 0.8～0.9 克当量/千克羊毛。可见在这个过程中，羊毛纤维处于强酸性介质中，羊毛纤维表面带正电荷，酸性越强，羊毛表面的正电荷越多。

如果继续用酸滴定，则羊毛纤维中的—CONH—开始吸收质子，引起肽键的断裂，导致羊毛纤维的损伤，这种吸附称为羊毛对酸的超当量吸附。可见，羊毛对酸的稳定性也是相对的。

在等电点时，如果提高溶液的 pH，会有一部分—NH_3^+ 转变成—NH_2，此时羊毛开始带有负电荷，随着 pH 的升高，羊毛所带的负电荷量越多。但由于羊毛不耐碱，可能没有滴定到全部的—NH_3^+ 转变成—NH_2 时，羊毛纤维中的肽键就会发生碱性条件下水解，引起羊毛纤维强力的损伤。可见，当羊毛处于弱酸浴或中性浴的条件下，会带有负电荷。pH越高，羊毛所带的负电荷量越多。

2. 酸性染料对羊毛的染色机理

（1）匀染型酸性染料染羊毛纤维的染色机理。匀染型的酸性染料是在 pH 为 2.5~4 的情况下进行染色的，羊毛带有正电荷，染料与纤维之间主要靠库仑引力结合，当然染料与纤维分子间作用力也起着一定的作用。此时在染液中加入食盐或元明粉，可以起到匀染的作用。作用的离子为氯离子或硫酸根离子。以氯离子为例，其作用机理可以用下面的方程式来表示：

$$NH_3^+—W—COO^-+H^+ \Longleftrightarrow \quad NH_3^+—W—COOH+Cl^- \Longleftrightarrow$$

$$NH_3^+Cl^-—W—COOH +D^- \Longleftrightarrow NH_3^+D^-—W—COOH$$

可见，在 pH 为 2.5~4 时，随羊毛对质子的吸附，必伴随有等当量的 Cl^- 或 D^- 进入羊毛纤维的内部；由于 Cl^- 的扩散速率大于 D^- 的扩散速率，优先进入羊毛纤维的内部与 NH_3^+ 结合；随后 D^- 进入羊毛纤维的内部，由于 D^- 与 NH_3^+ 除了有强的库仑引力外，还有强的范德瓦耳斯力的作用，最终 Cl^- 被 D^- 取代；Cl^- 起到的是延缓上染时间的作用即匀染的作用。

（2）弱酸性和中性浴染色的酸性染料对羊毛的染色机理。弱酸浴染色的酸性染料是在 pH 为 4~5 的条件下进行染色的，中性浴染色的酸性染料是在 pH 为 6~7 的条件下进行染色的。在弱酸性或中性的条件下，羊毛表面带有负电荷，主要依靠的是染料和纤维之间的分子间作用力如范德瓦耳斯力等不断克服库仑斥力，进入范德瓦耳斯力起主要作用的范围，依靠范德瓦耳斯力进行上染。此时如果在染液中加入电解质，电解质起到的是增进染料上染即促染的作用。

可见，在不同 pH 介质中，羊毛表面所带的电荷不同，上染的机理不同，食盐等电解质所起的作用不同，作用的离子不同，作用的机理也不同。

由于羊毛通常都是以散毛、毛条或纱线的形式进行染色，因此通常采用浸染的染色工艺。

3. 酸性染料对羊毛染色的工艺曲线

三种类型的酸性染料浸染的工艺曲线如下所示：

（1）匀染型。

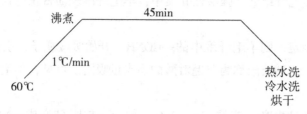

相对密度 1.84 的硫酸 3%~5%（owf）；

硫酸钠　10%~20%（owf）；

pH=2.5~4

（2）弱酸性。

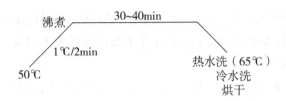

30%的醋酸 3%~5%（owf）

硫酸钠 10%~15%（owf）

pH = 4~5

（3）中性浴。

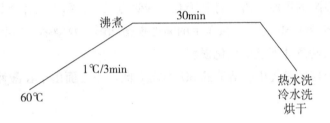

2%~5%的醋酸铵或硫酸铵（owf）

pH = 6~7

可见，羊毛纤维起染的温度一般在50~60℃。温度太低，羊毛溶胀不充分，不利于上染。温度太高，容易产生不匀不透的现象。

另外，由于匀染型酸性染料的相对分子质量小，溶解性好，聚集倾向小，扩散性好，与纤维的亲和力小，移染性好，所以染色时升温的速率可以快一些，但定温染色时间一定要长一些。而中性浴染色的酸性染料正好相反，为了匀染和透染，升温的速率一定要慢，定温染色时间没必要延长。

二、酸性媒染染料的染色

酸性染料由于分子中含有磺酸基或羧基等水溶性基团，相对分子质量小，因此染色物的牢度一般较低。所以对于分子中具有能与金属离子形成螯合物的配位基的酸性染料，可以采用媒染剂处理，以提高染料的耐水洗色牢度。同时也可改善染色物的耐日晒色牢度。但往往颜色会转深变暗。

常用的媒染剂一般为重铬酸钾（$K_2Cr_2O_7$）或重铬酸钠；有时也用铬酸钾（K_2CrO_4）和铬酸钠。两者可以随溶液的pH不同而相互转化，可以表示如下：

$$Na_2Cr_2O_7 \xrightarrow{\text{NaOH}} Na_2CrO_4 + H_2O$$

$$2Na_2CrO_4 \xrightarrow{H_2SO_4} Na_2Cr_2O_7 + H_2O$$

可见，在酸性条件下，主要以重铬酸盐的形式存在；在碱性条件下，主要以铬酸盐的形式存在，但其中的铬都是正六价的。由于羊毛蛋白质纤维不耐碱，所以羊毛染色所用的媒染剂通常为重铬酸盐。

实践表明，六价铬上到羊毛纤维上去，经过一系列的变化就会转化为三价铬的螯合物。如果直接采用三价铬会使螯合速率异常的缓慢。这一过程是一个大量消耗质子的过程。可以表示如下：

$$Cr_2O_7{}^{2-} + 14H^+ + 6e \longrightarrow 2Cr^{3+} + 7H_2O$$

因此媒染螯合的过程通常要加入具有还原作用的甲酸。其中甲酸主要有三方面的作用。第一，利用甲酸的还原作用，有利于 Cr^{6+} 转变为 Cr^{3+}；第二，补充螯合过程中消耗的大量质子，防止溶液的 pH 过高导致羊毛的碱性损伤和影响媒染剂在羊毛上的吸附；第三，防止羊毛纤维在酸性条件下遭受氧化损伤。

另外，媒染处理的过程中，溶液的 pH 不能太低，一方面由于在酸性条件下可以发生如下反应：

$$K_2Cr_2O_7 + 4H_2SO_4 \longrightarrow K_2SO_4 + Cr_2(SO_4)_3 + 4H_2O + 3[O]$$

生成的新生态的氧 [O] 具有很强的氧化作用，会导致羊毛发生氧化损伤，加入具有还原作用的甲酸可以降低羊毛的这种损伤；另一方面，由于 pH 太低，羊毛带有的正电荷量太多，会使吸附速度太快，易产生染色不匀不透现象。

与此同时，温度一般控制在 70~80℃，重铬酸根才能很好地吸附，然后再沸煮还原螯合。染料与铬离子的螯合反应，一般在较低的 pH 条件下，生成 1∶1 型的螯合结构，在较高的 pH 条件下，生成 1∶2 型的螯合结构。酸性媒染染料对羊毛的染色工艺分为预媒染色法、同浴媒染法、后媒染色法。

1. 预媒染色法

工艺曲线如下：

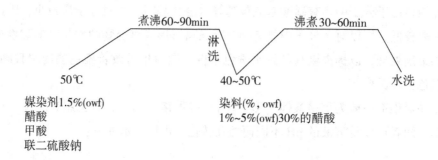

预媒染色法仿色容易，颜色可及时控制，适合于染淡色和中色，但过程复杂。由于工艺流程长，目前很少使用。

2. 后媒染色法

工艺曲线如下：

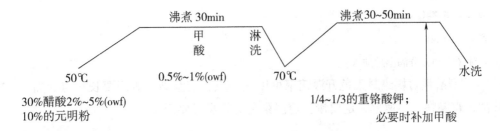

后媒染色法匀染性好，适合于散毛和毛条的染色，但仿色困难。

3. 同浴媒染法

工艺曲线如下：

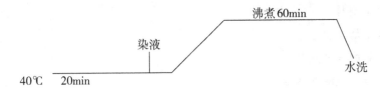

$2\% \sim 5\%$ 的 $K_2Cr_2O_7$ + $(NH_4)_2SO_4$

$pH = 6 \sim 8.5$

同浴媒染法染色过程短。但受染料品种的限制，不适合于染浓色。所适用的染料一般在近中性的条件下能够均匀上染，溶解性好，在染浴中不会生成沉淀，不易被重铬酸盐氧化。

三、酸性含媒染料的染色

酸性含媒染料主要分为 1：1 型酸性含媒染料和 1：2 型酸性含媒染料。

(1) 1：1 型酸性含媒染料的染色工艺曲线如下：

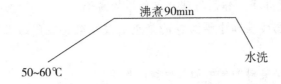

$5\% \sim 8\%$ 硫酸；$pH = 2 \sim 2.4$

浴比 1：30

染料（织物充分润湿后加入）

(2) 1：2 型酸性含媒染料的染色工艺曲线如下：

室温（℃）

2%~5%醋酸铵；pH＝6~7

浴比　1∶30

染料（织物充分润湿后加入）

1∶1型酸性含媒染料染色升温速率可以快一点，定温染色时间要长一点。而1∶2型的酸性含媒染料升温速率一定要慢，定温染色时间没必要延长。

👉 **练习题**

一、名词解释

1. 酸性染料

2. 酸性媒染染料

3. 酸性含金属染料

4. 羊毛纤维的等电点

5. 羊毛纤维的吸酸饱和值

二、简答题

1. 简述酸性染料按照染色性能的分类，并叙述其性能上的区别。

2. 简述常见的酸性媒染染料的结构特征。

3. 简述1∶1型和1∶2型酸性含金属染料的染色性能差别。

4. 酸性染料按结构分类有哪几种类型？

5. 酸性染料和直接染料都是水溶性阴离子型染料，简述这两种染料结构上的差别、染色性能上的差别以及染色产品的性能差别等。

6. 简述酸性染料上染的机理。

7. 简述强酸性、弱酸性和中性浴色的酸性染料对羊毛纤维上染的机理。并说明盐等电解质在各自染色中的作用、作用机理及其作用的离子。

8. 写出强酸性、弱酸性和中性浴色的染色的酸性染料染色的工艺曲线，标明有关的工艺参数并略加解释。

9. 简述在酸性媒染染料染色中加入甲酸的作用。

10. 写出1∶1型和1∶2型酸性络合染料的染色工艺曲线，标明有关的工艺参数并略加解释。

11. 简述酸性染料染色的缺点。应如何解决？

第十三章 阳离子染料

阳离子染料是随着化工的发展而产生的，20 世纪 50 年代，随着丙烯腈纤维的出现，瑞士 Geigy 公司和德国的 Bayer 公司相继开发出用于丙烯腈纤维染色用的阳离子染料。我国在 60 年代初也相继研究开发生产了第一代多种阳离子染料。70 年代又开发出第二代 X 型阳离子染料，扩大了色谱范围，改进了染色性能，考虑了三原色之间的配伍性。70 年代试制生产了第三代 M 型阳离子染料，称之为迁移型阳离子染料，可适用于各种丙烯腈纤维的染色。

世界上生产染料的发达国家，其生产的阳离子染料和碱性染料产量的总和只占染料总产量的 10% 以下。20 世纪 90 年代中统计我国阳离子染料产量有 2 千吨/年，而且还部分出口。阳离子染料以 X 型三原色和阳离子桃红 FG 即艳红 5GN 为产量较大的品种。近年来国内外致力于研究开发染色性能优良、专用性、结构新的品种以及老产品工艺改进、节能降耗、三废治理等领域。

阳离子染料又称碱性染料或盐基染料。分子中一般不含有磺酸基或羧基等水溶性基团，是四价铵盐正离子与小分子的盐酸根、硫酸根、磷酸根形成的盐，溶于水后可电离出色素阳离子。染料的阳离子能与腈纶中的第三单体的酸性基团结合而使纤维着色。主要适用于腈纶的染色和印花。阳离子染料强度高，色泽鲜艳，色谱齐全，染色简单，耐光色牢度好。

第一节 阳离子染料的分类

阳离子染料的分类是按照分子中四价铵盐正离子所处的位置进行分类的。可分为隔离型的阳离子染料和共轭型阳离子染料。

一、隔离型阳离子染料

染料分子上的四价铵盐正离子通过隔离基和染料的发色团的共轭体系相连接，正电荷是固定在季铵盐的氮原子上。其结构通式可以表示如下：

$$D—CH_2CH_2—\overset{CH_3}{\underset{CH_3}{\overset{|}{\underset{|}{N^+}}}}—CH_3$$

该染料的特点是给色量稍低，色光不是十分鲜艳，但耐热、耐晒、耐酸碱，稳定性好。由于正电荷定域，匀染性欠佳。一般色光偏暗，摩尔吸光系数低，常用于染中、淡色。主要有隔离型偶氮类阳离子染料和隔离型蒽醌类阳离子染料。隔离型偶氮类阳离子染料如阳离子红 GTL，其结构如下：

$$\left[O_2N-\underset{Cl}{\bigcirc}-N=N-\bigcirc-N\underset{C_2H_4N^+(CH_3)_3}{\overset{CH_3}{\diagdown}}\right]Cl^-$$

阳离子红 GTL 为暗红色粉末，溶于水。呈暗红色，在浓硫酸中呈红光橙色，稀释后呈红色，染腈纶呈暗红色。采用 N−甲基苯胺羟乙基化、氯化、氨化；2−氯−4−硝基苯胺重氮化，与上述氨化物偶合，再经甲基化、过滤、干燥制得。用于腈纶及其混纺织物的印染，也可以用于改性腈纶、涤纶的染色和粗制织物的印花。其合成过程如下：

$$\bigcirc-NHCH_3 + H_2C\overset{O}{\diagdown}CH_2 \longrightarrow \bigcirc-N\underset{CH_2CH_2OH}{\overset{CH_3}{\diagdown}} \xrightarrow{POCl_3}$$

$$\bigcirc-N\underset{CH_2CH_2Cl}{\overset{CH_3}{\diagdown}} \xrightarrow{N(CH_3)_3} \left[\bigcirc-N\underset{C_2H_4H^+(CH_3)_3}{\overset{CH_3}{\diagdown}}\right]Cl^- \xrightarrow{O_2N-\underset{Cl}{\bigcirc}-N_2^+Cl^-}$$

$$\left[O_2N-\underset{Cl}{\bigcirc}-N=N-\bigcirc-N\underset{C_2H_4N^+(CH_3)_3}{\overset{CH_3}{\diagdown}}\right]Cl^-$$

该类染料着色力差，具有优良的耐日晒色牢度和 pH 稳定性，但不及共轭阳离子染料那样浓艳。

隔离型蒽醌类阳离子染料如阳离子蓝 FGL 的结构如下：

$$\left[\begin{array}{c} \text{蒽醌结构} \\ O\quad NHCH_3 \\ O\quad NHCH_2CH_2CH_2\overset{+}{N}(CH_3)_3 \end{array}\right]CH_3SO_4^-$$

隔离型蒽醌类阳离子染料在腈纶上没有烟气褪色现象，耐日晒色牢度高，但摩尔吸光系数低，颜色偏暗。其合成过程如下：

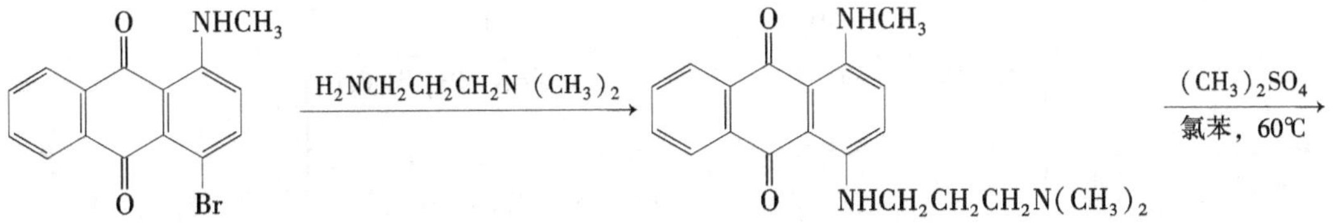

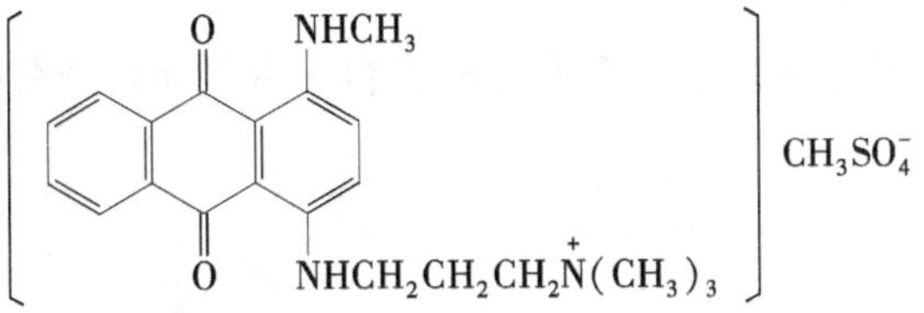

二、共轭型阳离子染料

染料分子中的四价氨基正离子是染料发色团共轭发色体系的组成部分，正电荷不是固定在某一原子上，是离域的。这类染料的特点是色泽十分艳丽，着色力高，摩尔吸光系数高，颜色浓艳，但有些产品耐光耐热性能差。

共轭型阳离子染料品种多，约占阳离子染料总量的90%，结构复杂。主要有三芳甲烷类、杂环类、菁类、苯乙烯菁类、氮杂菁和氮杂半菁类、二氮杂苯乙烯菁类和萘酰胺类等。其中后几种染料由于耐碱耐酸、耐日晒色牢度等各项性能指标优良，颜色浓艳而明亮，故在腈纶的印染加工中使用广泛。下面主要介绍一下共轭型阳离子染料的结构分类。

1. 三芳甲烷类阳离子染料

中心一个碳原子连接三个芳环，具有平面对称结构，与中心碳原子连接的碳碳单键具有部分双键的性质。如孔雀绿的结构如下；

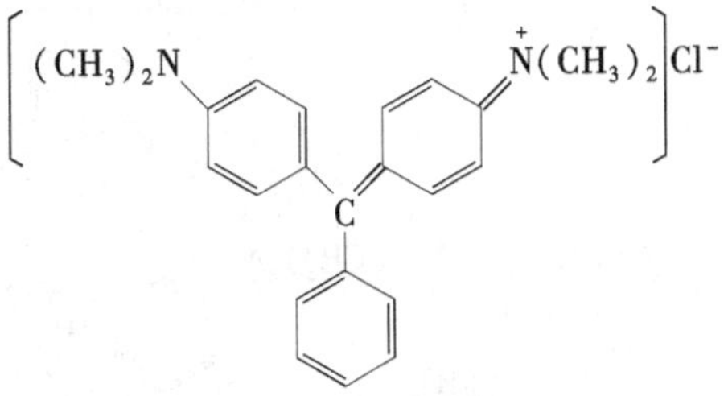

孔雀绿

孔雀绿是一种典型的三芳甲烷类共轭型阳离子染料，具有很高的着色力和色牢度，其在腈纶上的耐日晒色牢度比在天然纤维上的高，却往往达不到要求，且移染性能较差。三芳甲烷类的染料颜色浓艳，但耐日晒色牢度差。

提高三芳甲烷类阳离子染料的耐日晒色牢度的方法主要两种方法。

第一种，在芳胺基上引入氰乙基，降低氨基的碱性，可以提高染料的耐日晒色牢度。如下面结构的染料：

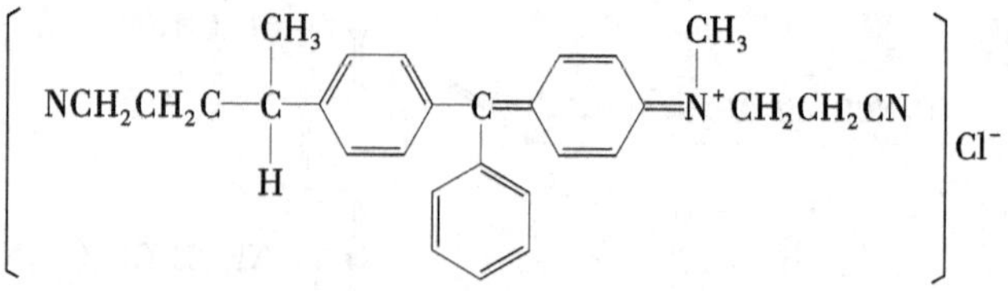

绿色，耐日晒色牢度 6 级

第二种，用吲哚啉代替苯基，制备不对称染料，可以提高染料的耐日晒色牢度。例如下面结构的染料：

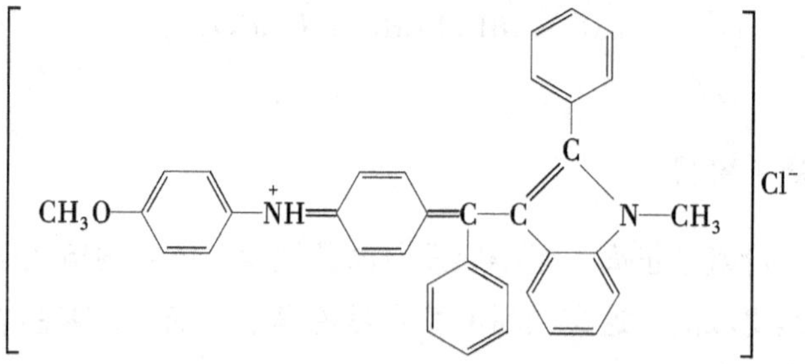

绿色，耐日晒色牢度 5 级

另外，三芳甲烷类染料对溶液的 pH 和还原剂都比较敏感。在弱碱性介质会转变成难溶性的叔醇而消色，在还原剂的作用下会还原成无色的隐色碱，上述两个过程可以表示如下：

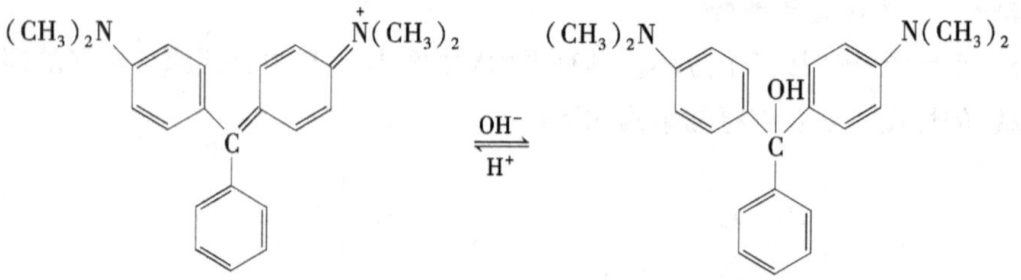

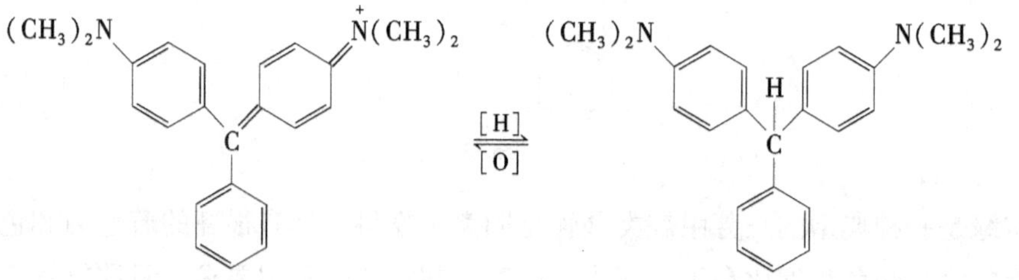

因此，虽然这类阳离子染料色泽鲜艳，价格低廉，但由于不耐碱和还原剂，以及耐日晒色牢度较差等原因，目前很少应用于印染加工。

2. 杂环类阳离子染料

这类染料分子中有氧、硫、氮等组成杂环蒽类结构，可以用下面结构来表示：

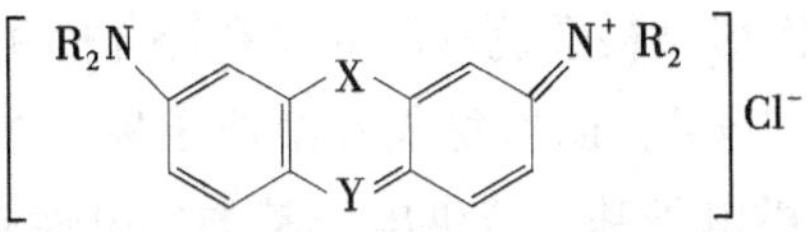

X、Y 可以是硫、氧、氮等

　　这类染料色泽浓艳，但耐日晒色牢度不高，因此限制了它的使用。主要由吖嗪类、噻嗪类和噁嗪类两种。

　　吖嗪类染料属于二氮蒽结构，在分子中氮原子的对位连接一个氨基或取代氨基后，颜色变深。大多为红色、蓝色或黑色。较重要的是藏花红 T，其结构如下：

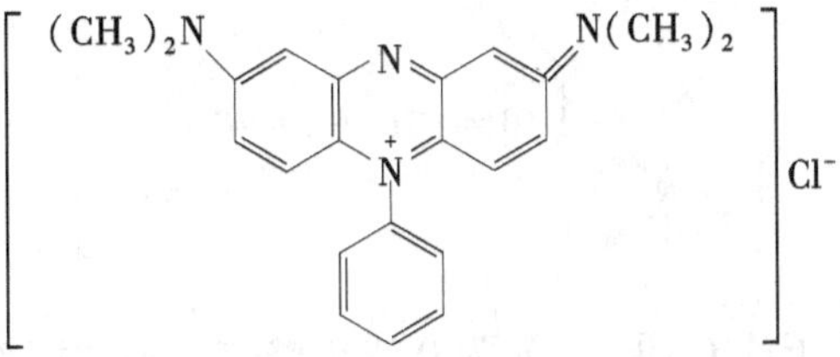

　　该染料具有鲜艳的蓝光粉红色，耐日晒色牢度较差，多用于皮革或纸张等的着色。

　　噻嗪类染料的品种不多，多为蓝色或绿色，其中有实用价值的为亚甲基蓝，它的结构如下：

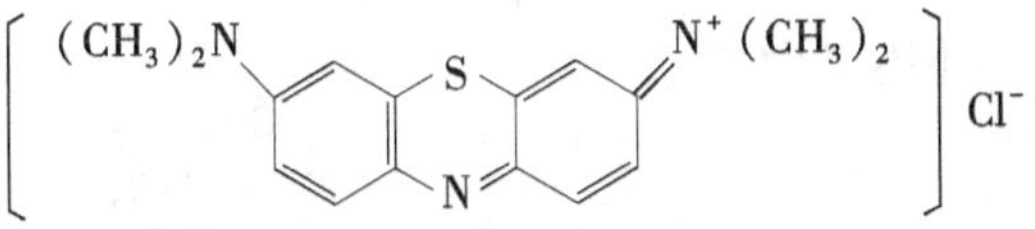

　　亚甲基蓝的颜色很鲜艳，但耐日晒色牢度不佳，多用于皮革或纸张等的着色，有时也可染丝绸。还可以作为生化着色剂和杀菌剂。应用于染色的不多。

　　噁嗪类染料是具有实用价值的阳离子染料。色泽以蓝色为主，少量为紫色。在腈纶上具有良好的耐日晒色牢度，一般能达到 5 级。而且也可以用于蚕丝染色。常用噁嗪类染料是阳离子翠蓝 GB，其结构式如下：

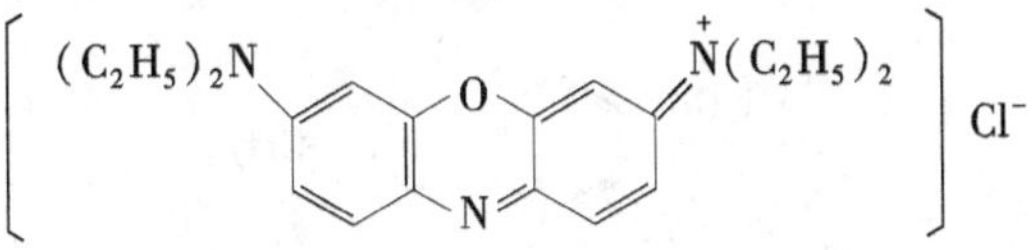

　　若将氨基的氮原子引入氰乙基，降低氨基的碱性，可以提高染料的耐日晒色牢度。如：

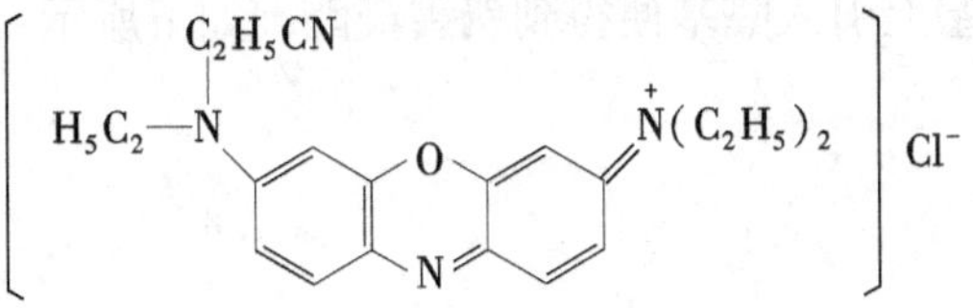

杂环类的阳离子染料结构与染料颜色深浅的关系符合杜瓦规则。即从奇数共轭体系中的一端开始，第一个原子标"∗"，以后每隔一个原子标一个"∗"，则杜瓦规则的叙述如下：在"∗"位置上引入供电子基，若供电子基的供电性越强，则染料的颜色就越深；在非"∗"位置上引入吸电子基，若吸电子基的吸电性越强，则染料的颜色也越深；无论在"∗"位置还是在非"∗"位置引入中性不饱和基团，染料的颜色都加深。

3. 菁类阳离子染料（多甲川类阳离子染料）

在甲川类染料分子中，在两个含氮杂环间有一个或多个甲川基（—CH ═）相连接，染料含有—CH ═CH—发色体系，结构通式可以表示如下：

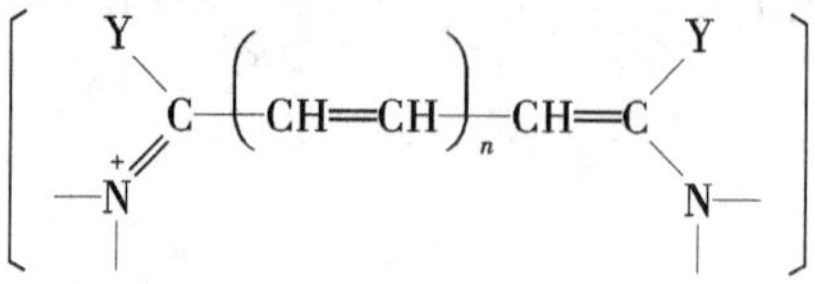

$$\left[\underset{\underset{|}{\overset{+}{N}}}{\underset{|}{\overset{Y}{\underset{|}{C}}}}-\left(CH=CH\right)_n-CH=\underset{\underset{|}{N}}{\overset{Y}{C}} \right]$$

Y 是组成杂环的杂原子或 C 原子，n 为 0 或正整数。杂环结构为喹啉、苯并噻唑、吲哚等。常用的杂环一般为含氮杂环。常见的含氮杂环主要有费雪氏碱（三贝司）和费雪氏醛（ω 醛）两种。它们的结构及其合成过程如下：

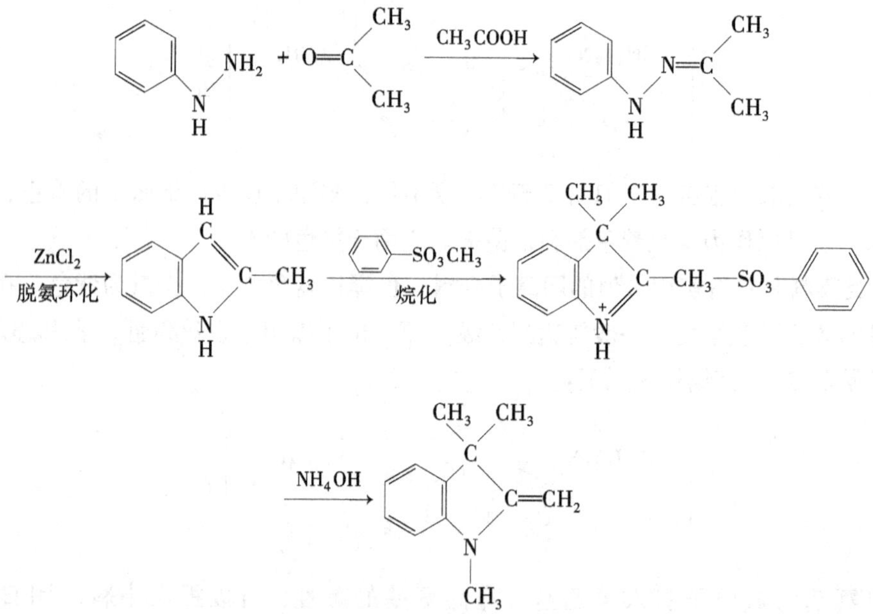

费雪氏碱（三贝司）

在费雪氏碱的亚甲基上引入醛基便得到费雪氏醛，如下所示：

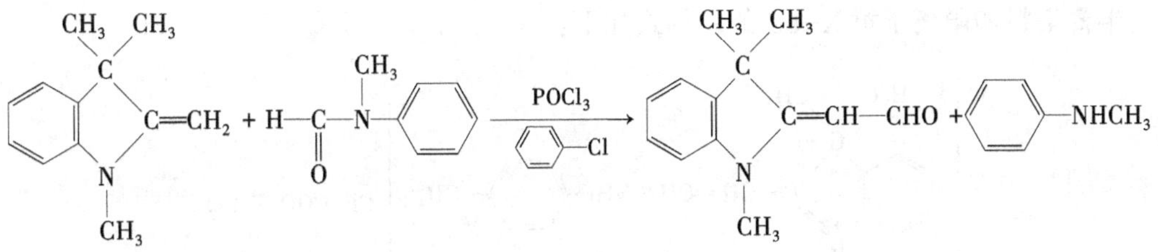

费雪氏醛（ω醛）

如果甲川类染料两端至少有一端连接含氮杂环的，就叫作菁染料。两端连接相同的含氮杂环叫对称菁染料；两端连接的是不同的含氮杂环叫不对称菁染料；如果只有一端连接含氮杂环的叫半菁染料。

菁染料的结构通式如下：

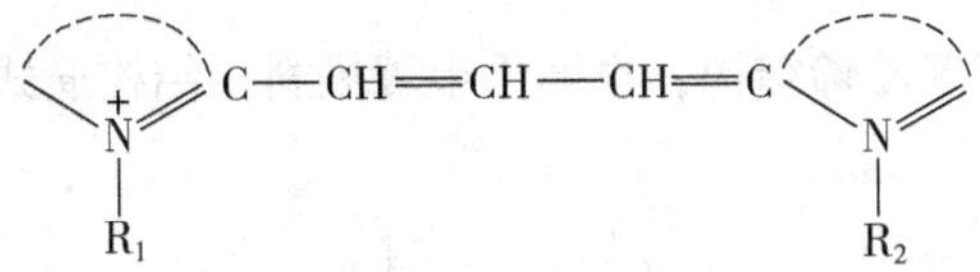

对称的菁染料，如阳离子桃红 FF 的结构式如下：

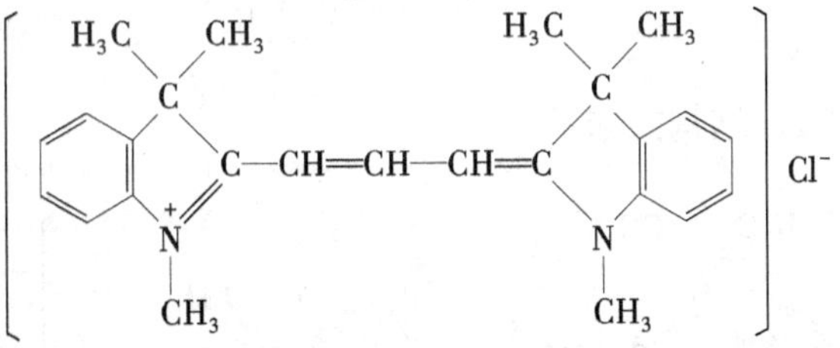

不对称菁染料如阳离子橙 R 的结构式如下：

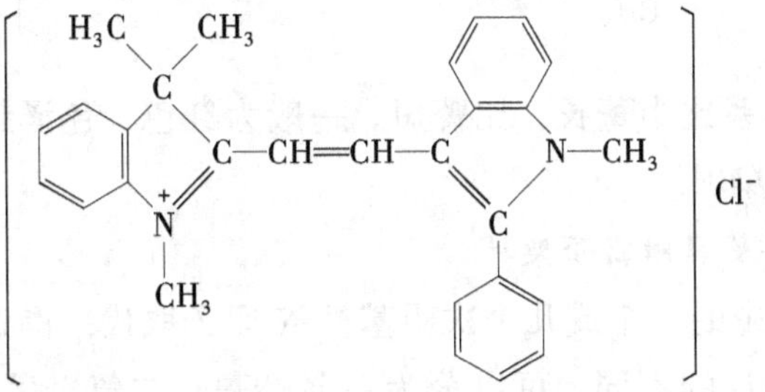

对称菁染料和不对称菁染料色泽都十分浓艳，但不耐晒，主要用作增感剂。

半菁染料的结构通式如下所示：

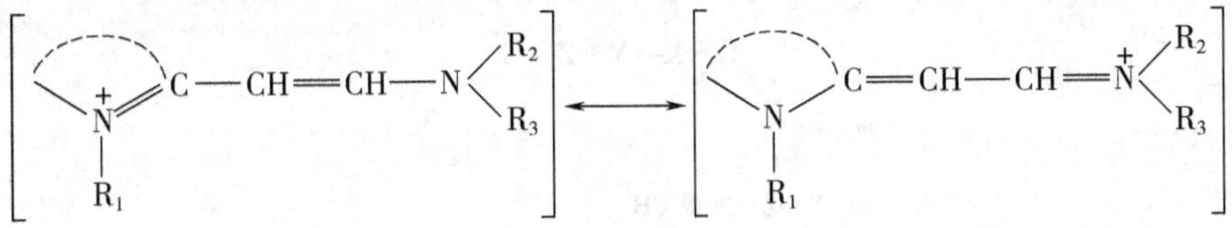

半菁染料如阳离子黄 X-6G 的结构式如下：

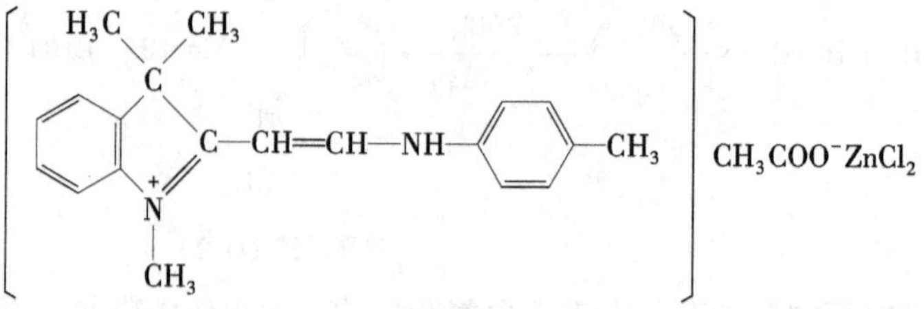

阳离子黄 X-6G 为棕黄色粉末，微溶于冷水和热水。所染的腈纶呈艳绿光黄色。采用 1，3，3-三甲基吲哚啉乙醛与对氨基苯甲醚缩合，经过滤，干燥制得。用于腈纶及其混纺织物的印染，也可以用于醋酯纤维、聚氯乙烯纤维和改性腈纶的印花。

4. 苯乙烯菁类阳离子染料

这类染料分子中含有苯乙烯结构，也属于半菁染料。结构通式为：

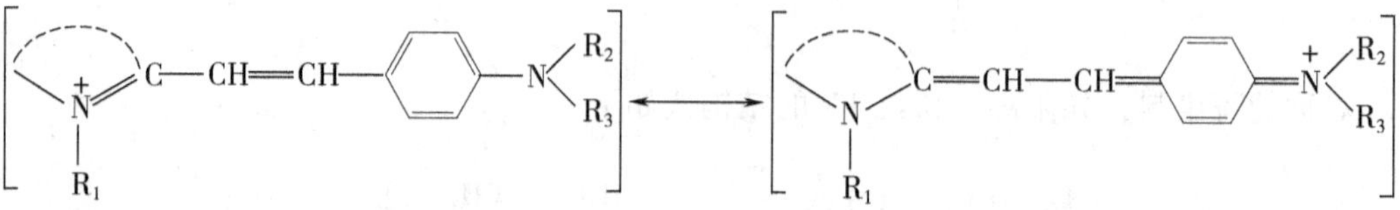

例如，阳离子桃红 FG 结构式如下：

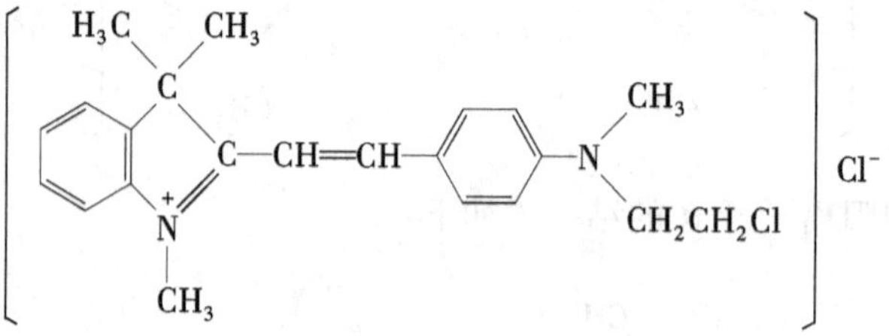

该类染料的共轭体系比半菁长，比菁短。一般为红色，色泽鲜艳。但耐日晒色牢度差。是腈纶染色常用的染料。

5. 氮杂菁和氮杂半菁类阳离子染料

次甲基类染料分子中的一个或几个次甲基被 N 原子取代，得到氮杂菁和氮杂半菁染料。根据氮原子取代数目的不同，可以分为一氮杂菁、二氮杂菁、三氮杂菁。多为黄、橙、红色。耐日晒色牢度较高，对酸的稳定性好。二氮杂菁包括对称型和非对称型，以不对称型为主。其耐日晒色牢度和稳定性都较好。结构通式如下：

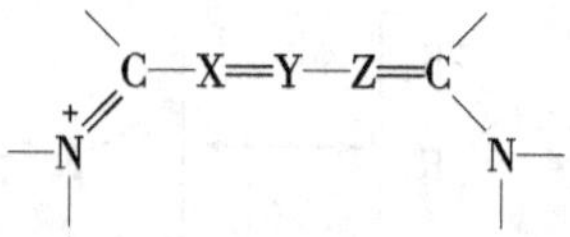

X、Y、Z：N 或 CH

典型的染料如阳离子嫩黄 7GL、阳离子猩红、阳离子橙 2RL 以及阳离子嫩黄 X-7GL 的结构如下：

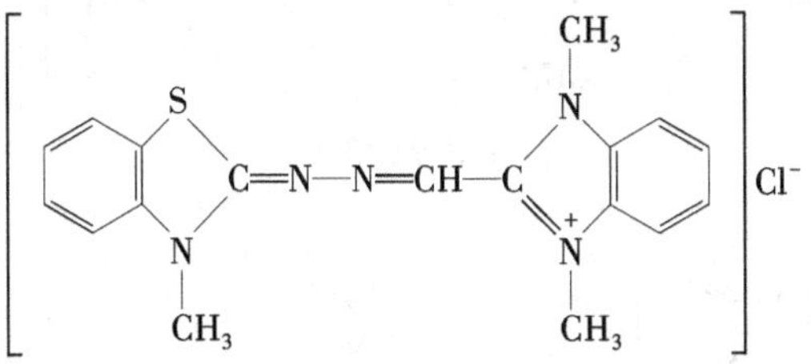

阳离子嫩黄 7GL

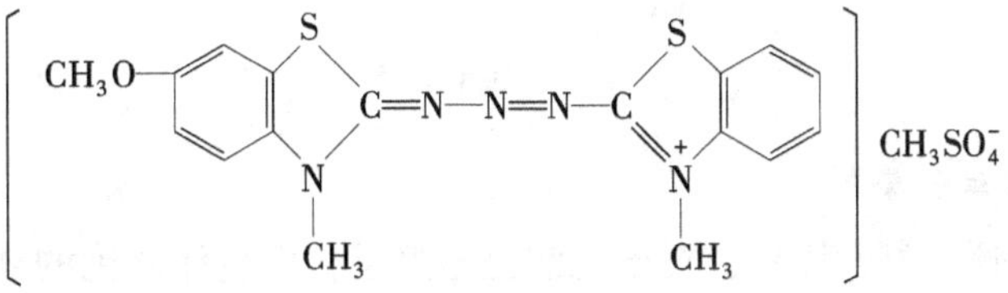

阳离子猩红

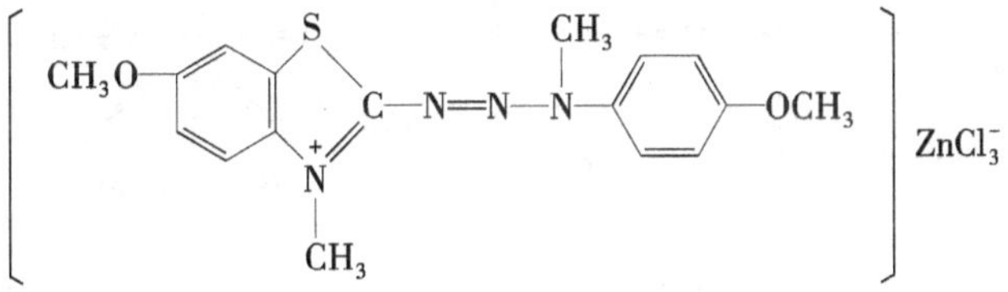

阳离子黄 2RL

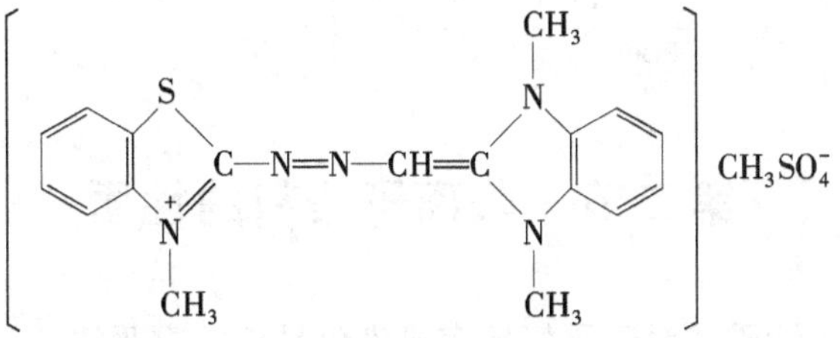

阳离子嫩黄 X-7GL

6. 二氮杂苯乙烯菁类阳离子染料
其结构通式为：

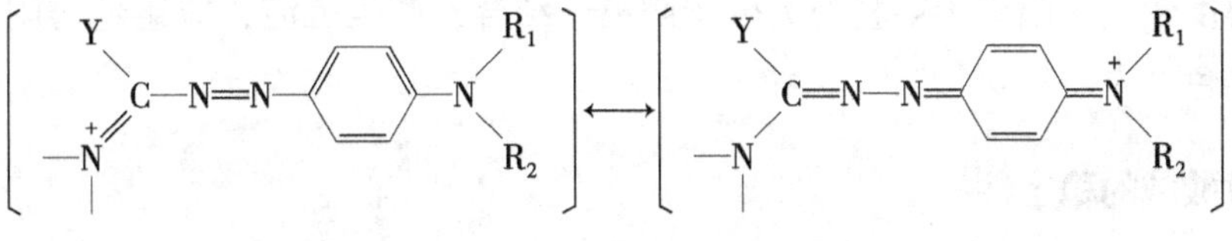

该类染料色谱齐全，色泽鲜艳，着色力强，耐日晒色牢度优良，是重要的阳离子染料，品种多。阳离子艳蓝 RL 和阳离子蓝 X-GRL 的结构如下：

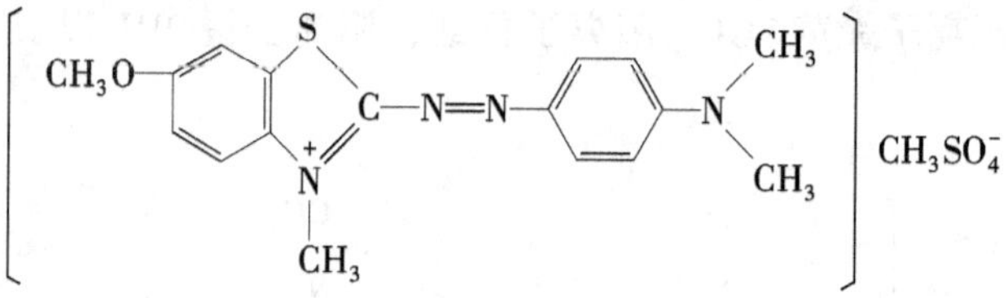

阳离子艳蓝 RL

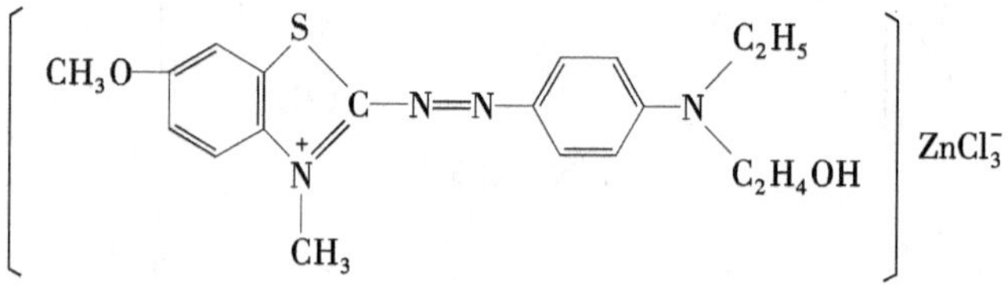

阳离子蓝 X-GRL

7. 萘酰胺类阳离子染料

该类染料耐日晒色牢度优良，对羊毛沾色不严重，以色泽鲜艳的红、蓝色调为主。其中阳离子蓝的合成过程如下：

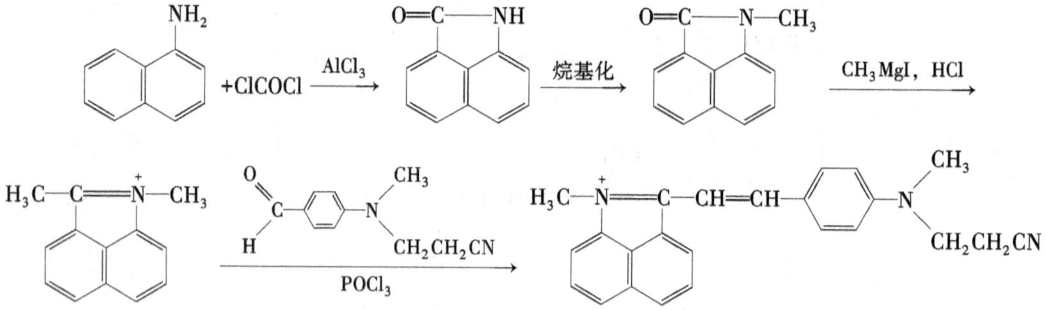

第二节　阳离子染料的性质

掌握阳离子染料的性质，对于更好地完成染色是至关重要的。

一、溶解性

阳离子染料溶于水，其溶解度的大小取决于染料中的阴离子，其中阴离子为 $CH_3SO_3^-$ 的染料溶解度较大。阳离子染料与大分子阴离子结合，产生沉淀，应避免与阴离子表面活性剂同浴染色。

二、对酸碱的稳定性

阳离子染料对 pH 敏感。在 pH 较低时，染料的氨基会发生离子化，引起染料的色光发生变化。例如：

λ_{max}　　525　　　　　　　　　　580　　　　　　　　　　420

颜色　蓝光红色　　　　　　　　　紫色　　　　　　　　　　黄色

在 pH 较高时，染料的结构会被破坏，出现沉淀、变色和褪色现象。例如：

$(CH_3CH_2)_2N$ …… $\xrightarrow[pH>10]{OH^-}$ …… $(CH_3CH_2)_2N$ ……

阳离子染料只有在 pH 为 2.5~5.5 才能稳定存在，染色时一般在弱酸性，一般用醋酸和醋酸钠的缓冲溶液调节染液的 pH。

三、匀染性和配伍性

1. 匀染性

阳离子染料对腈纶的亲和力比较大，匀染性差，所以染色时往往加入食盐等强电解质或阳离子型的表面活性剂作为匀染剂。

阳离子染料对腈纶染色的吸附等温线类型属于朗缪尔吸附等温线。纤维上的染料量随着染液中染料浓度的增大而增大，当染液中的染料浓度增加到一定程度的时候，纤维上的染料量保持不变，达到了染色饱和值。腈纶上有固定吸附染料的位置叫染座。腈纶上磺酸基或羧基负离子就是吸附染料的染座，每个染座上只能吸附一个染料的分子，属于单分子吸附。

所谓的腈纶的染色饱和值 S_f 指的是一般是以相对分子质量为 400、亲和力较高的阳离子染料在 pH 为 4.5、浴比为 1：100 的染浴中用足量的染料使其平衡上染百分率达到 90% 时，100g 纤维平衡上染的染料重量作为该纤维的染色饱和值。标志着纤维用某一指定染料在规定条件下染色所能上染的数量限度。

由于腈纶上染座的数量一定，当用不同的阳离子染料进行染色时，当达到平衡时，所吸附的阳离子染料的数目是一定的。但由于不同的阳离子染料相对分子质量不同，所吸附染料的量是不同的，因此还存在阳离子染料的饱和值。一般是用不同相对分子质量的染料，在 pH 为 4.5、浴比为 1：100 的染浴中用足量的染料使其平衡上染百分率达到 90% 时，100g 纤维平衡上染的该染料重量作为该染料的染色饱和值 S_D。

把腈纶的染色饱和值 S_f 与某一染料染色饱和值 S_D 之间的比值叫该染料的饱和系数 f。

可以表示为：

$$f = \frac{S_f}{S_D}$$

当用某一阳离子染料进行染色时，染料的用量 P（％，对纤维重）与达到 90% 的饱和度时匀染剂的用量 P_R（％）、匀染剂的饱和系数 F_R、纤维的染色饱和值 S_f、染料的饱和系数 f 之间的关系可以表示如下：

$$P_R \times F_R + P \times f = S_f \times 90\%$$

染色时，染料的用量过少，则纤维染色不能达到饱和，纤维会将染料吸尽，由于纤维上有固定数目的染座，但当染料的用量过多，会徒劳造成染料的浪费。同时也会增加废水处理的负担。

2. 配伍性

实际染色时，为了染得客户所需要的色泽，往往要进行拼色。如果上染速率相差较大的两种阳离子染料拼混染色时，被染物上两种染料的比例不断发生变化，色泽变化很大。只有当两种染料的上染速率接近时，被染物上这两种染料的比例才能基本不变，才能染得均匀的色泽。阳离子染料的拼混性能用配伍值来表示。所谓阳离子染料的配伍值反映的是染料对腈纶的亲和力大小和上染速率的快慢。配伍值用 K 来表示，一般用 1，2，3，4，5 来表示。上染速率快的配伍值越小，上染速率慢的配伍值越大。只有配伍值相同或相近的染料才可以在一起进行拼混。阳离子染料中有两套标准的染料，分别为一套黄色和一套蓝色标准染料，每套标准染料包含 5 个标准染料，配伍值分别为 1、2、3、4、5，其他染料的配伍值，就是将待测的染料与一套标准染料中的 5 个染料分别进行拼混，待测的染料与哪个染料的拼混性能最好，就和哪个染料的配伍值相当。

在染料分子中引入亲水基，配伍性能增大，染料的上染速率降低，匀染性好。例如：

R	K
—CH₃	1.5
—CH₂—CH—CH₃ （OH）	3.5
—CH₂CH₂COOH	5

染料的分子中引入疏水基团，配伍值变小，染料的上染速率加快，但匀染性差。例如：

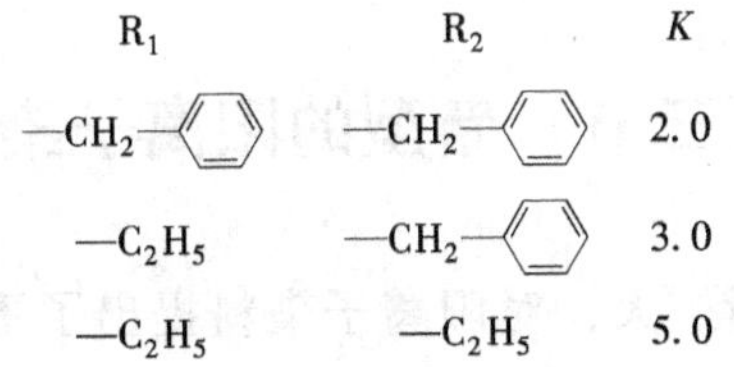

R_1	R_2	K
$-CH_2-C_6H_5$	$-CH_2-C_6H_5$	2.0
$-C_2H_5$	$-CH_2-C_6H_5$	3.0
$-C_2H_5$	$-C_2H_5$	5.0

染料分子中某些基团的几何结构的改变引起染料的空间位阻效应，染料对纤维的亲和力降低，配伍值增加，例如：

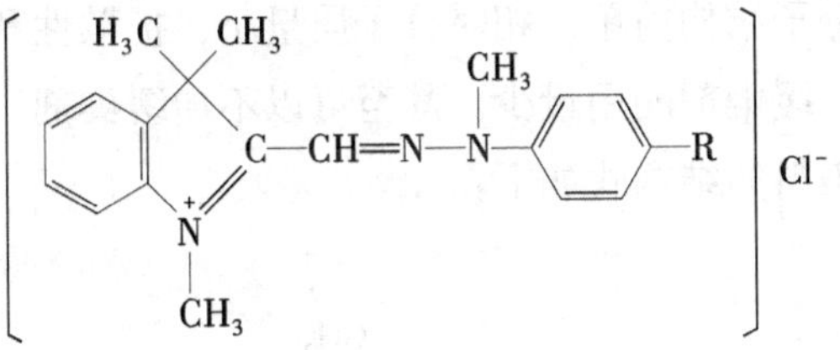

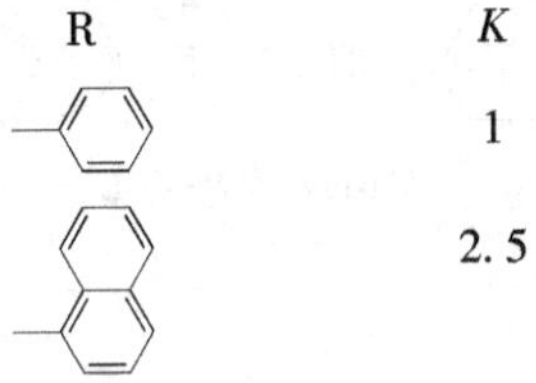

R	K
苯基	1
萘基	2.5

四、耐晒性能

共轭型阳离子染料的耐晒性能比隔离型阳离子染料的耐晒性能差。阳离子染料的耐晒性能与染料分子的对称性和氨基的碱性有关。一般制备不对称的分子结构和降低氨基的碱性都可以提高染料的耐日晒色牢度。例如，下列结构的染料就比较耐晒。

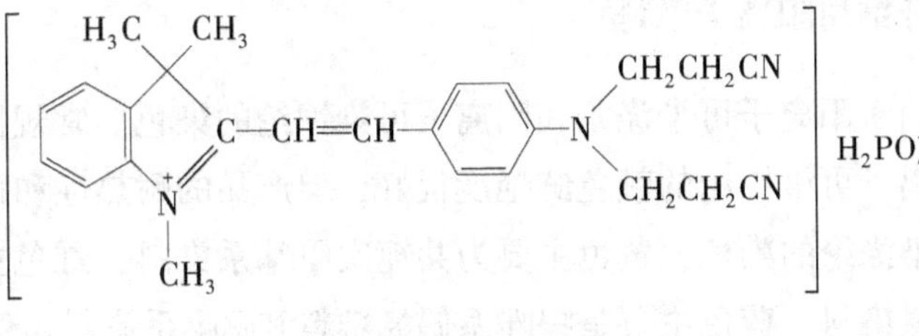

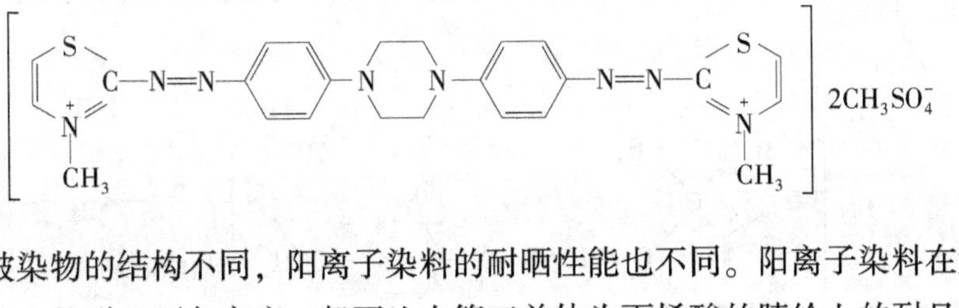

另外，被染物的结构不同，阳离子染料的耐晒性能也不同。阳离子染料在第三单体为衣康酸的腈纶上的耐日晒色牢度一般要比在第三单体为丙烯酸的腈纶上的耐日晒色牢度低一级左右。

第三节　新型的阳离子染料

随着腈纶的使用范围不断扩大，对阳离子染料提出了更高的要求，改善染料的染色性，提高染色牢度的阳离子染料的新品种不断出现。

一、迁移性阳离子染料

迁移性阳离子染料分子结构简单，相对分子质量小，扩散性和匀染性好，适用于各种腈纶的染色，匀染性好，缓染剂的用量少，甚至可以不加缓染剂，染色时间短，生产效率高。部分迁移型阳离子染料的结构式如下：

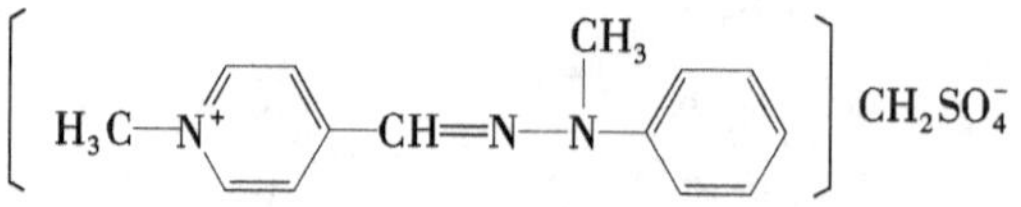

Maxilon 黄 M-4GL

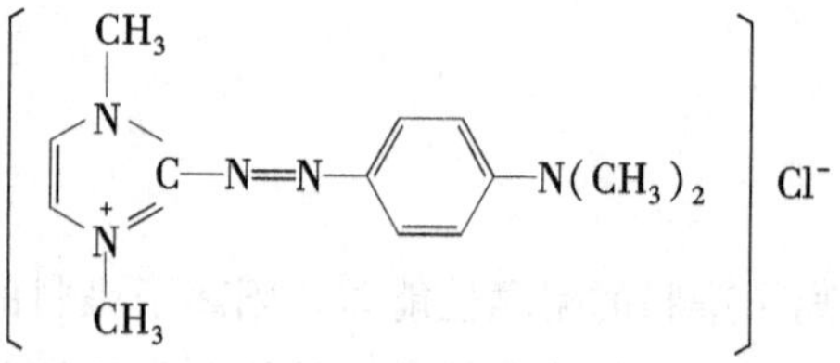

Maxilon 红 RL

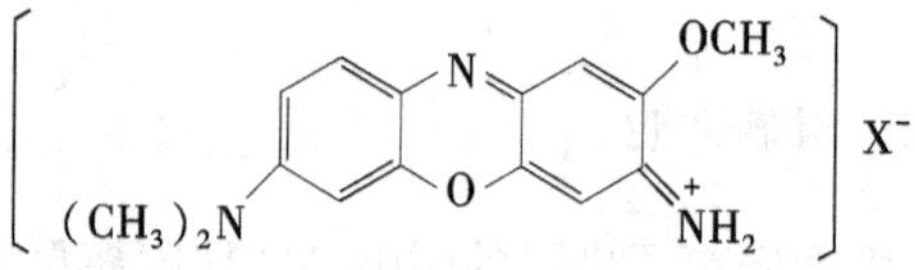

Maxilon 蓝 M-2G

二、改性合成纤维用阳离子染料

该类染料主要用于阳离子可染涤纶和阳离子可染锦纶的染色。常规阳离子染料用于阳离子可染涤纶和阳离子可染锦纶的颜色鲜艳度很好，但产品的耐热性和耐日晒色牢度差。

对于阳离子可染涤纶的染色，黄色主要为共轭次甲基系染料，红色主要是三氮唑系或噻唑系及隔离型偶氮染料，蓝色主要是噻唑系偶氮染料和噁嗪系染料。例如：

黄色

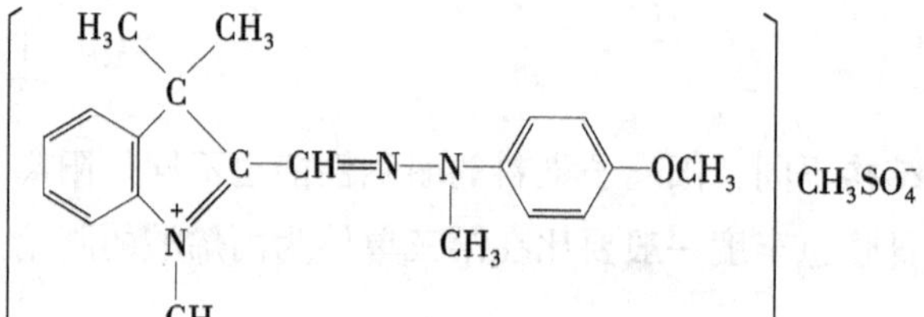

红色

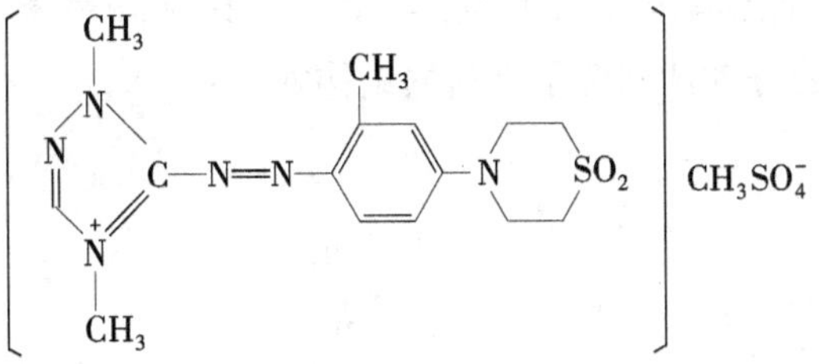

蓝色

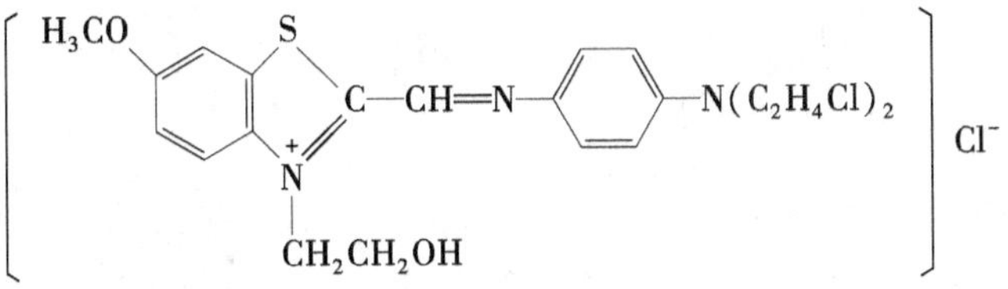

对于阳离子可染锦纶的染色，黄色主要是共轭型甲川系染料，红色主要是隔离型偶氮染料，蓝色主要是隔离型蒽醌染料。例如：

黄色

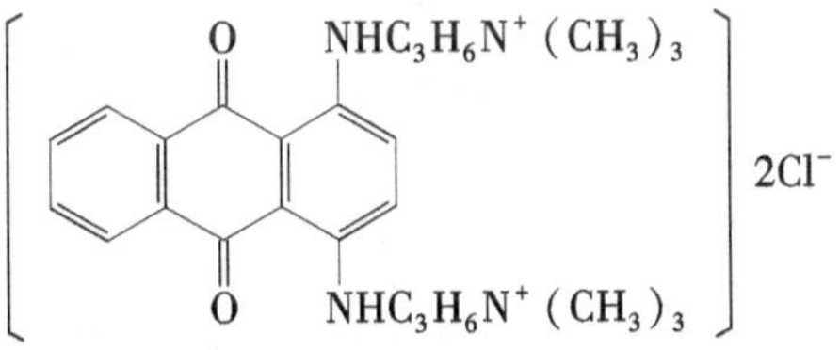

红色

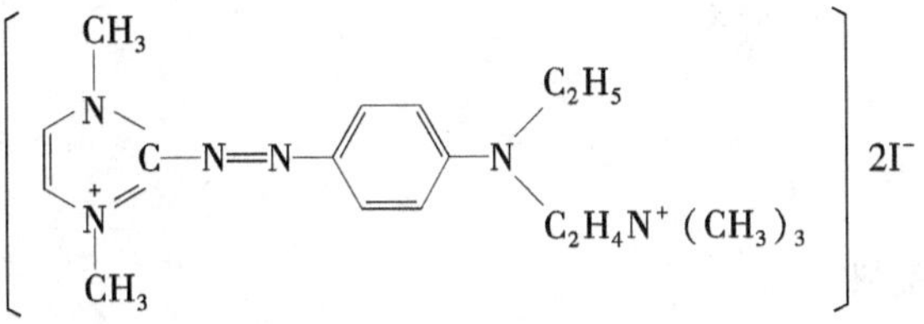

蓝色

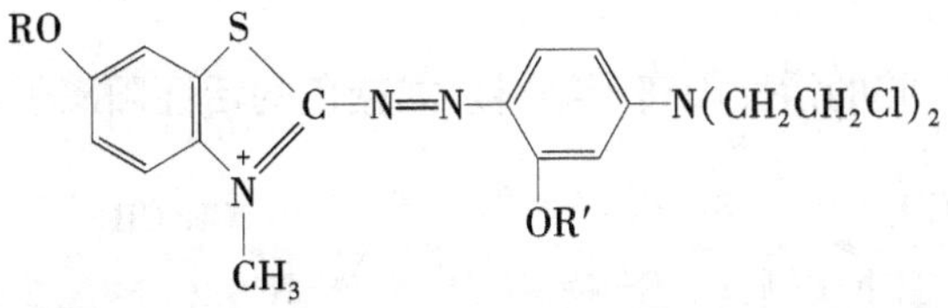

三、分散型阳离子染料

该类染料的阴离子采用了相对分子质量较大的基团，降低阳离子染料的溶解度，与其他染料同浴时不生成沉淀，仅上染腈纶和改性的合成纤维，如与分散染料同浴对涤腈混纺织物染色。常用的阴离子为萘磺酸衍生物、4-硝基-2-磺酸甲苯衍生物以及无机盐 K_3Cr $(SCN)_6 \cdot 4H_2O$。常见的分散性阳离子染料的结构如下：

黄色

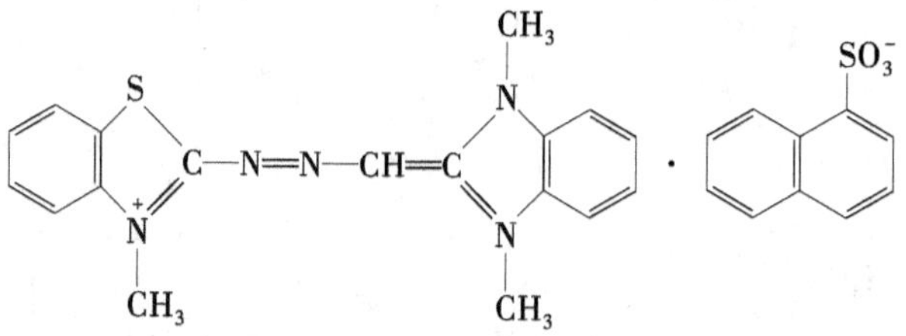

红色

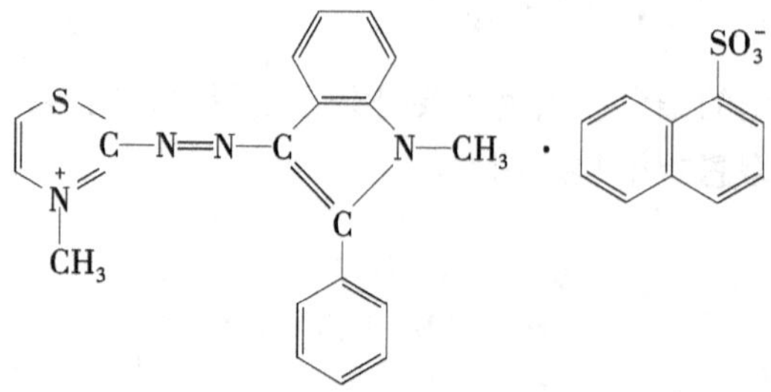

蓝色

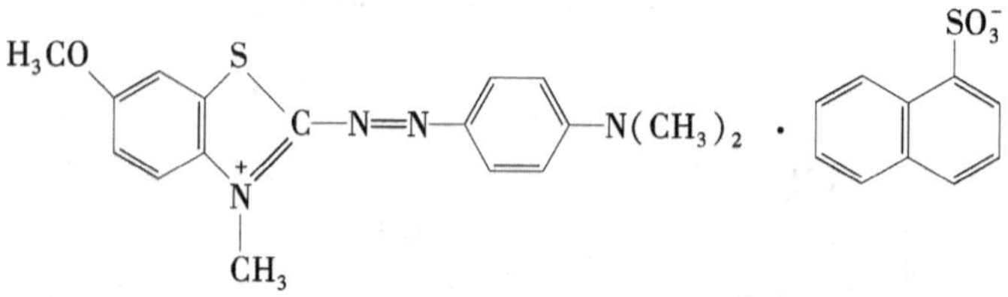

四、活性阳离子染料

活性阳离子染料是在染料分子中引入活性基团后的染料。用于多种纤维的染色，色泽鲜艳。例如：

（1）含有活性基酰胺的活性阳离子染料。如蓝色的活性阳离子染料的结构式为：

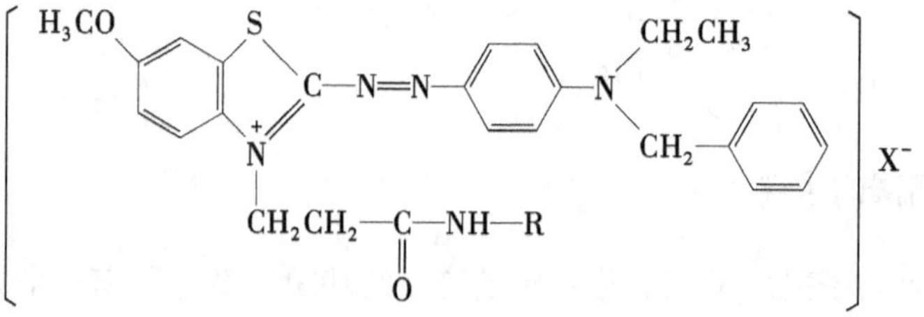

该染料可以广泛地应用于纤维素纤维、蛋白质纤维和聚酰胺纤维的染色，且色牢度优良。

（2）含 N-氯乙酰基活性阳离子染料。其结构如下：

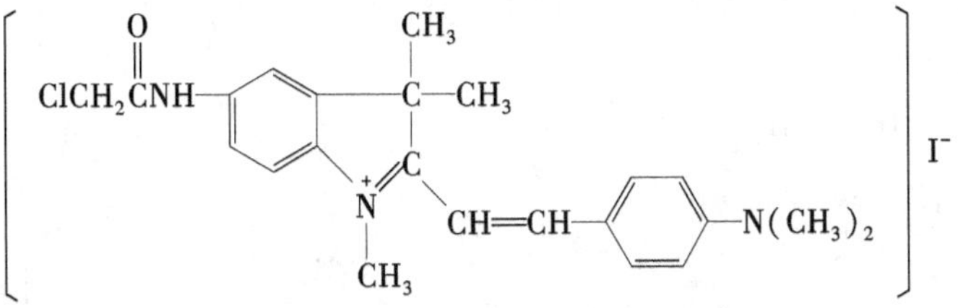

该染料对羊毛的耐洗色牢度有显著提高。

（3）含乙烯砜基类的活性阳离子染料。其结构式如下：

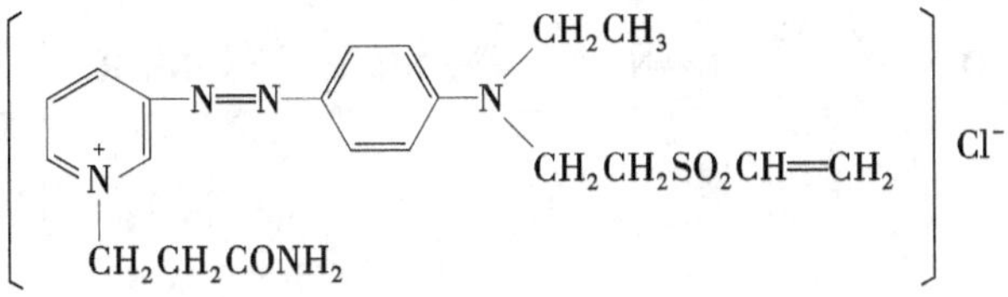

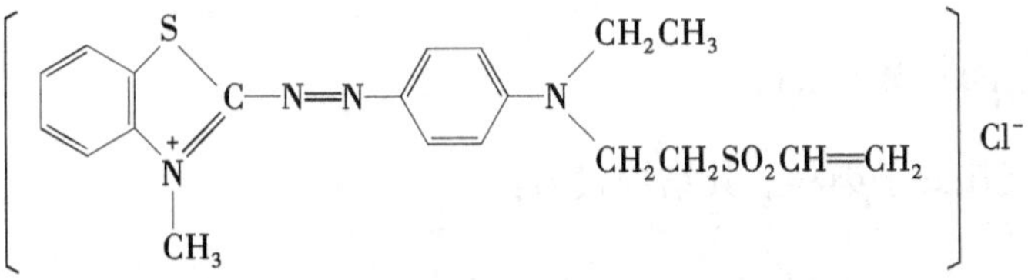

该染料可以染棉、毛、腈纶及其混纺织物，匀染性好，耐日晒色牢度优良。

（4）含三嗪的活性阳离子染料。其结构式如下：

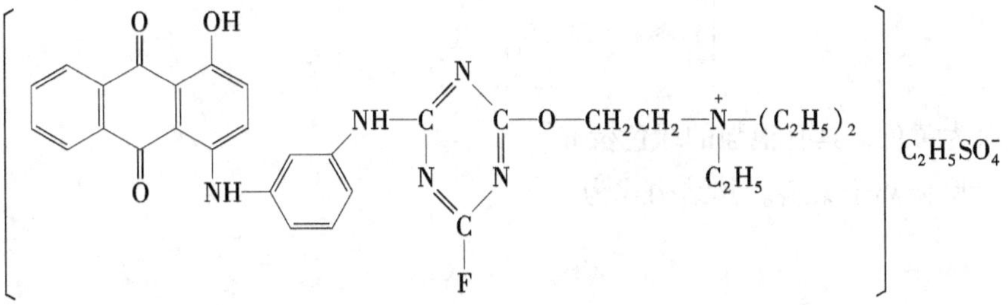

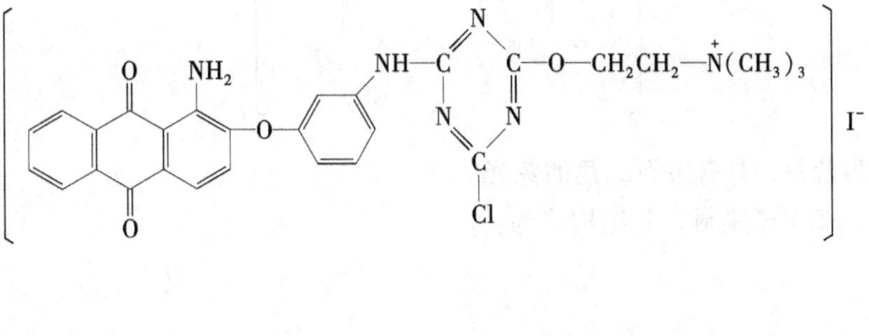

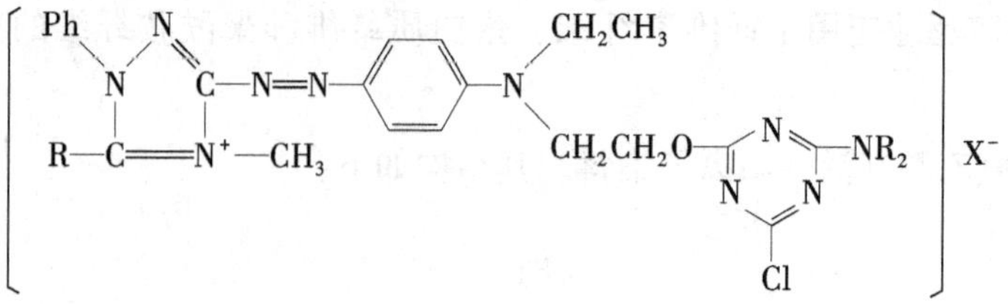

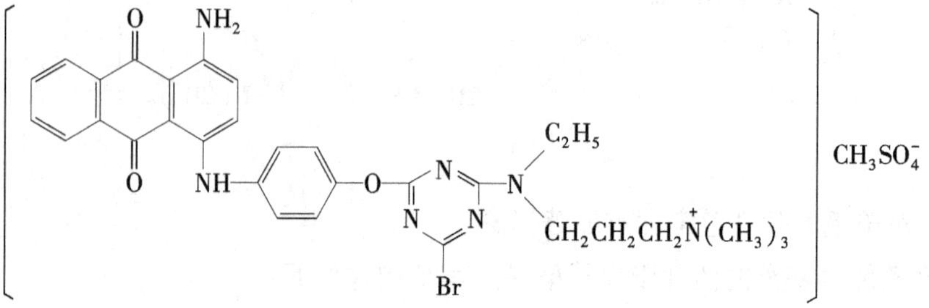

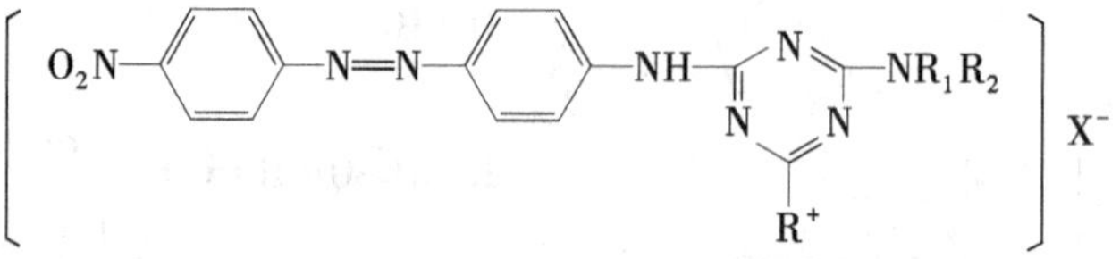

该染料可用于腈纶、阳离子可染型聚脂纤维以及含有氨基或羟基的纤维染色。

五、新型发色团阳离子染料

（1）香豆素类阳离子染料。其结构式为：

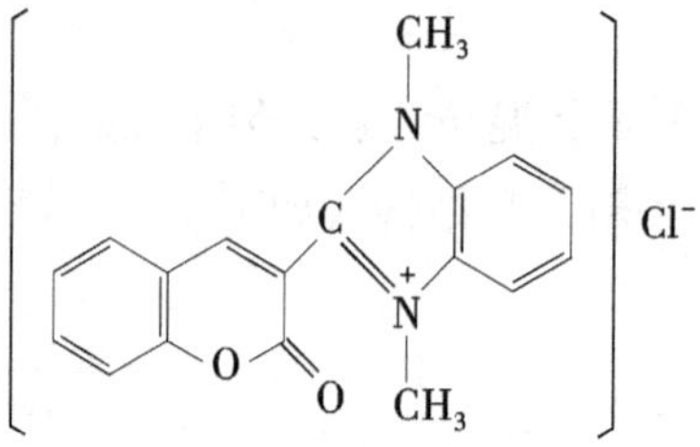

该染料为黄色，具有很强的绿色荧光。

（2）荧啶阳离子染料。其结构式为：

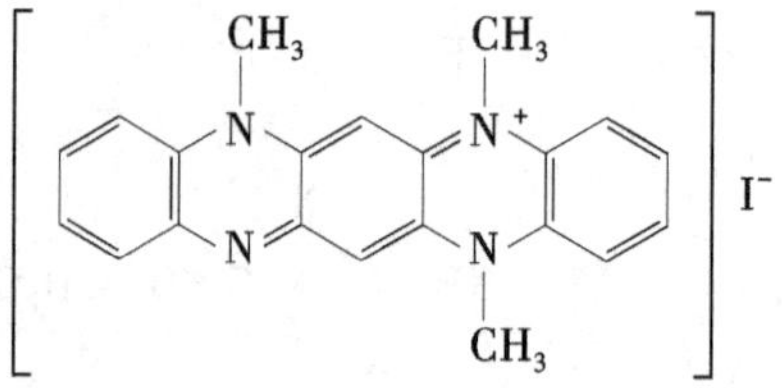

该染料为蓝色，具有宝石红色的荧光。

（3）氧鎓阳离子染料。其结构式为：

金黄色

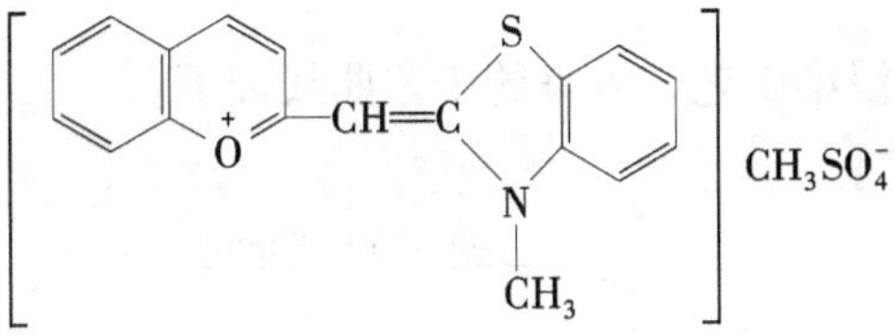

荧光紫

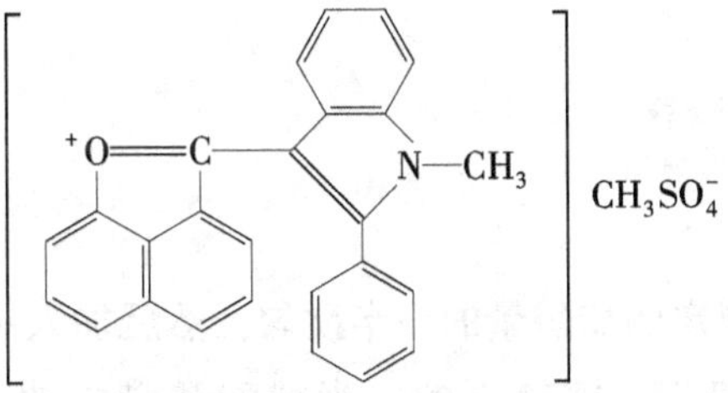

第四节 阳离子染料的染色

阳离子染料主要用于腈纶的染色。按照自由体积扩散模型完成向腈纶内部的扩散。腈纶分子中含有酸性基团，在 pH 为 4.5 左右时，腈纶表面带有负电荷。可以表示如下：

$$腈纶—COOH \longrightarrow 腈纶—COO^- + H^+$$
$$腈纶—SO_3H \longrightarrow 腈纶—SO_3^- + H^+$$

腈纶表面的负电荷会与阳离子染料的色素阳离子之间产生静电引力作用，染料的色素阳离子会向纤维表面转移并进一步渗入纤维无定形区的内部，完成上染。可以表示如下：

$$腈纶—COO^- + D^+ \longrightarrow 腈纶—COOD$$
$$腈纶—SO_3^- + D^+ \longrightarrow 腈纶—SO_3D$$

除了静电引力外，分子之间的作用力如氢键和范德瓦耳斯力也起着一定的作用。

在染液中加入食盐等电解质，食盐电解质在染色过程中的作用为匀染的作用，作用离子为 Na^+，依靠钠正离子对纤维表面负电荷的遮蔽作用，降低纤维与染料色素阳离子之间的吸引力，降低吸附速率，从而达到匀染的效果。其作用的机理可以表示如下：

$$腈纶—COO^- + Na^+ \longrightarrow 腈纶—COO^- Na^+$$
$$腈纶—COO^- Na^+ + D^+ \longrightarrow 腈纶—COO^- D^+$$

也可以加入阳离子型表面活性剂作为匀染剂。阳离子型的表面活性剂一般是相对分子质量比染料的小，扩散性比染料的好，对纤维的作用力比染料的小。阳离子染料对腈纶的染色一般有浸染和连续轧染两种染色方法。

一、浸染

纯腈纶织物一般采用浸染工艺。浸染的工艺曲线如下：

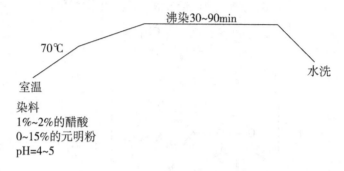

染色时，染料首先用规定的醋酸量的一半搅匀，然后加入一定量的水调成浆状，再加入沸水使染料溶解而制得染液，将剩下的一半醋酸和醋酸钠加入染浴中，加入 0～15%（owf）的无水硫酸钠或阳离子型表面活性剂，将染料溶液滤入染浴，搅匀，按照规定的浴比从室温开始染色，加热升温至 70℃ 以后，再以 1℃／（2～3）min 的升温速率升温至沸，根据色泽和染物的形式沸染 30～90min，缓慢冷却至 50℃，然后进行水洗后处理。

二、连续轧染

腈纶混纺织物一般采用连续轧染工艺。毛条的汽蒸轧染工艺流程为：

浸轧染液→饱和汽蒸箱汽蒸→水洗→烘干

浸轧染液时，两浸两轧，轧液率为 100%，染液的温度为 40～50℃，使染料均匀地分布在纺织品的纤维或纱线的组织空隙中。之后进入饱和汽蒸箱汽蒸，在 101～103 ℃汽蒸 10～45min，完成染料的上染，最后经过水洗，去除浮色，完成染色过程。

为了在短时间将纤维染得匀透，可以在染液中加入少量的诸如碳酸乙烯酯或碳酸丙稀酯等，有利于纤维的溶胀，缩短上染时间。

阳离子染料对腈纶的亲和力大，容易产生染色不匀不透的现象，而一旦产生染色不匀，很难通过延长染色时间的方法纠正。因此阳离子染料染色时，为得到均匀的染色结果，应适当降低上染速率。影响阳离子染料上染速率的因素很多。主要包括以下几个方面：

1. 腈纶的种类

阳离子染料对腈纶的吸附等温线属于朗格缪尔吸附等温线。腈纶有固定吸附染料的染座，即为腈纶中的磺酸基或羧基，每个染座上只能吸附一个染料分子。因此腈纶中第三单体的含量越多，磺酸基或羧基的数目越多，吸附的速率就越大，越容易产生不匀不透的现象。

2. 温度

由于阳离子染料是按照自由体积扩散模型来完成扩散的。在70℃以下基本不染，当温度为75~85℃时，基本达到了玻璃化温度，上染速率迅速增加。因此，当染色温度达到纤维的玻璃化温度以后，应缓慢升高温度，一般升温速率为1℃／（2~3）min，升到沸煮时，再保温一段时间。

3. 染浴 pH

由于阳离子染料实际上是一种胺盐，所以不耐碱，因此染色时一般在酸性条件下进行。染色的最佳pH一般为4~4.5。染色pH不能太低，否则腈纶中的磺酸基或羧基的电离就会受到抑制，纤维表面的负电位降低，对色素阳离子的上染速率也会大大降低。实际染色时，染浴的pH通常采用醋酸和醋酸钠的缓冲溶液来控制。

4. 电解质

食盐电解质在阳离子染料染腈纶时起到的是匀染作用，会降低染料的上染速率。一般电解质的用量为5%~10%（owf）。

而且通常采用阳离子型的表面活性剂代替食盐中的钠正离子作为缓染剂，会获得更好的匀染效果。缓染剂的存在也会降低染料的上染速率。

5. 染色时间

染色时间对染料的上染、扩散和移染起着非常重要的作用。过短的染色时间容易造成"环染"，降低上染百分率和染色牢度。染浅色时染色时间要在30min以上。染中深色时，沸染时间要达到60~90min，织物、纱线的染色时间要比散纤维、纤维条、绒线的染色时间长一些。

6. 浴比

由于腈纶的密度小，又由于阳离子染料对腈纶的匀染性差，因此染色时通常采用较大的浴比，一般为1∶30~1∶60，按照被染物的形式和色泽深度合理选择浴比。

☞ **练习题**

一、名词解释

1. 阳离子染料

2. 隔离型阳离子染料

3. 共轭型阳离子染料

4. 菁染料（对称菁染料、不对称菁染料、半菁染料、氮杂菁染料）

5. 腈纶的染色饱和值

6. 阳离子染料的染色饱和值

7. 饱和系数

8. 配伍值

二、简答题

1. 写出费雪氏碱和费雪氏醛的结构与合成过程。
2. 简述隔离型和共轭型阳离子染料的区别及优缺点。
3. 简述杜瓦规则的基本内容。
4. 阳离子染料有哪些结构特征适合对腈纶进行染色？
5. 简述阳离子染料的性质。
6. 写出阳离子染料染腈纶的工艺曲线，并标明有关的工艺参数。
7. 简述阳离子染料的连续轧染工艺。

第十四章　分散染料

分散染料是一种微溶于水，在水中借助于分散剂作用而呈高度分散状态的染料。分散染料不含水溶性基团，相对分子质量小，分子中虽含有极性基团（如羟基、氨基、羟烷氨基、氰烷氨基等），但仍属非离子型染料。

分散染料是伴随着醋酯纤维的问世而发展起来的。随着涤纶的迅猛发展，促进了分散染料的发展。目前分散染料主要用于聚酯纤维的染色和印花，也可以应用于醋酯纤维和聚酰胺纤维的染色。经过分散染料染色的化纤纺织品一般色泽鲜艳，耐水洗色牢度优良。但由于分散染料几乎不溶于水，因此对于天然纤维如棉、麻、丝、毛等都不能染色，对黏胶纤维也几乎不能染色。因此这些纤维与聚酯纤维的混纺织物通常采用分散染料和其他纤维适用的染料混合进行染色。

这类染料对后处理要求较高，通常需要在分散剂存在下经研磨机研磨，成为高度分散、晶型稳定的颗粒后才能使用。分散染料的染液为均匀稳定的悬浮液。分散染料于1922年由德国巴登苯胺纯碱公司开始生产，当时主要用于醋酯纤维的染色。20世纪50年代后随着聚酯纤维的出现，获得了迅速发展，成为染料工业中的大类产品。分散染料的分类方法很多。主要有两种分类方法。

一种是按照升华性能来分的。如瑞士山德士公司（Sandoz）的福隆（Foron）染料分为E、SE和S三类。E类的耐升华色牢度低，匀染性好，适于竭染法染色，在低温的条件下进行染色，又称为低温型的染料；S型耐升华色牢度高，匀染性差，适用于热熔染色，也适合于在高温下进行染色，又称为高温型染料；SE型介于二者之间，又称为中温型的染料。又如英国帝国化学品公司（ICI）的Dispersol染料分为A、B、C、D和P五种类型。A类耐升华色牢度低，主要用于醋酯纤维和聚酰胺纤维的染色；B、C和D型主要用于聚酯纤维的染色，相当于低温型、中温型和高温型三种；P型主要用于纺织品的印花。

耐升华色牢度低的染料适合于载体染色，耐升华色牢度中等的适合于高温高压染色，耐升华色牢度高的适合于热熔染色。

另一种是按照结构来分的。主要分为偶氮型、蒽醌型和杂环型三类。偶氮型的染料色谱较齐全，有黄、橙、红、紫、蓝等各种色泽。偶氮型分散染料可按一般偶氮染料合成方法生产，工艺简单，成本较低；蒽醌型的染料主要为红、紫、蓝等色；杂环型的染料为新近发展起来的一类染料，具有色彩鲜艳的特点。

其中偶氮型的约占分散染料总量的70%；蒽醌类的约占分散染料总量的25%；其他类如苯并咪唑类、硝基二苯胺类等约占分散染料的5%。蒽醌型及杂环型分散染料的生产工艺较复杂，成本较高。下面主要介绍一下分散染料的结构分类类别。

第一节 偶氮型分散染料

一、偶氮型分散染料的结构通式

偶氮型的分散染料数目最多，主要有单偶氮染料和双偶氮染料。

偶氮型分散染料的主要品种为单偶氮型分散染料，约占整个分散染料的60%。主要以偶氮苯型为最多。相对分子质量一般为350~500，制造简单，价格低廉，色谱齐全。其结构通式为：

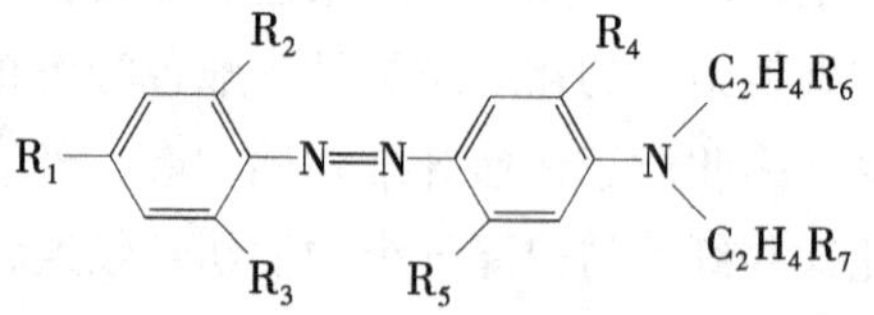

单偶氮型分散染料的结构举例如下：

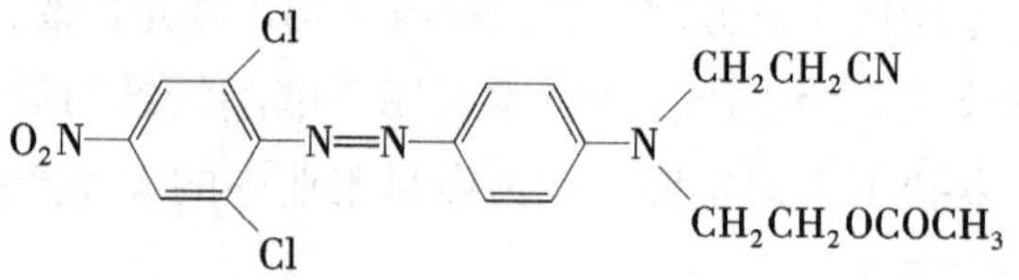

分散黄棕 2BLS

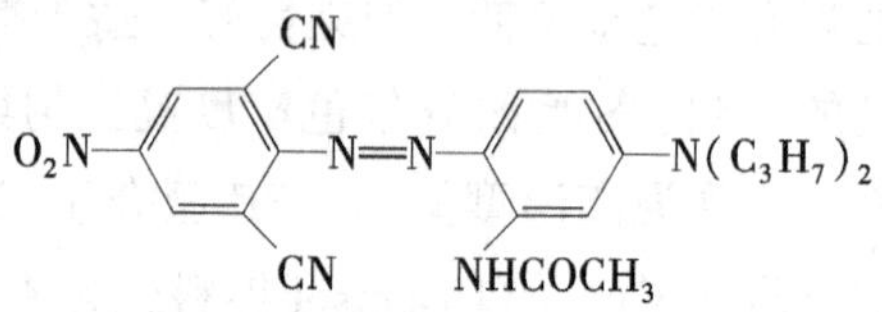

分散艳蓝 2BLS

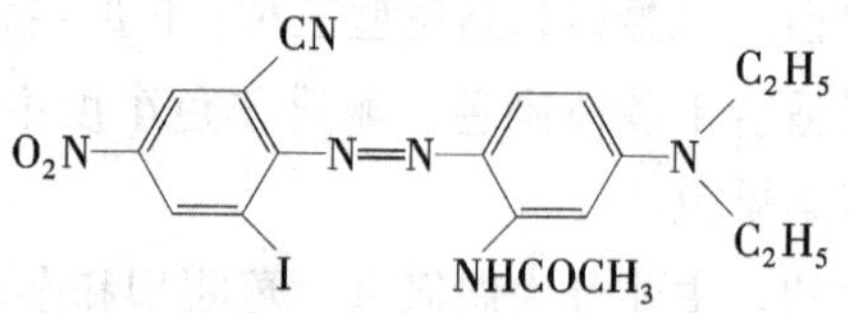

日本三凌公司的 Dianix Blue KB-FS

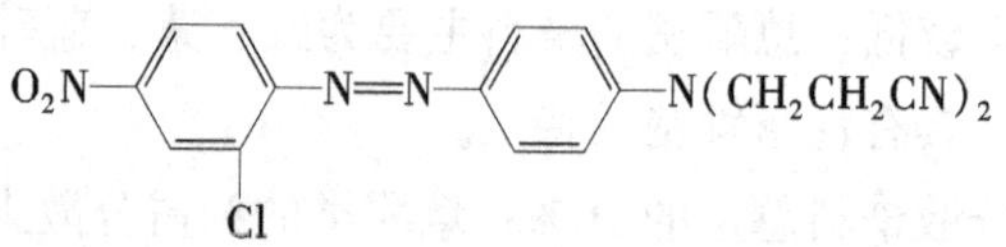

Kayalon Polyester 橙 2RL·S（C.I. 分散橙44）

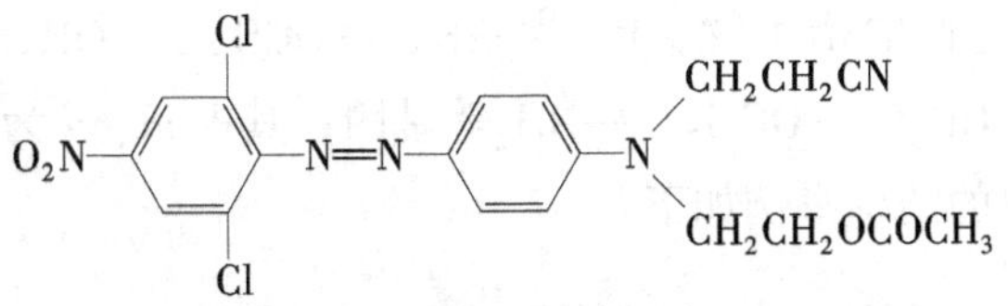

分散黄棕 S·2RFL （C.I. 分散橙 30，11119）

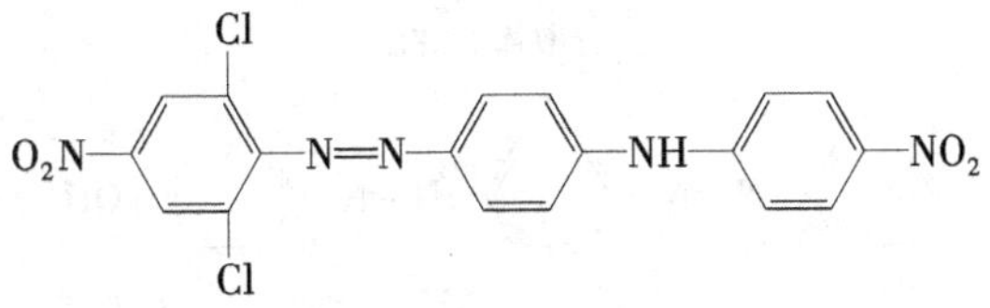

分散黄棕 S·3GL （C.I. 分散橙 97）

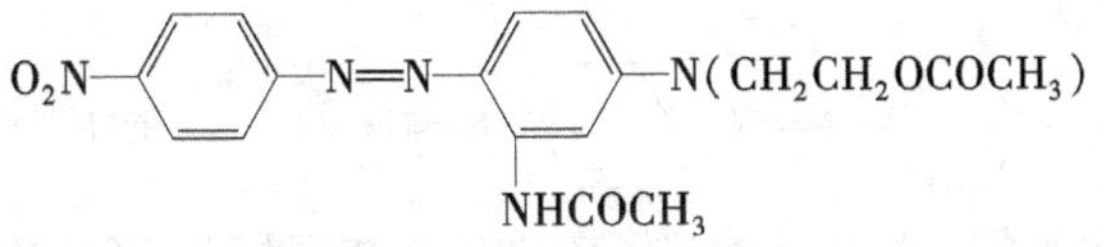

分散大红 S·BWFL （C.I. 分散红 74）

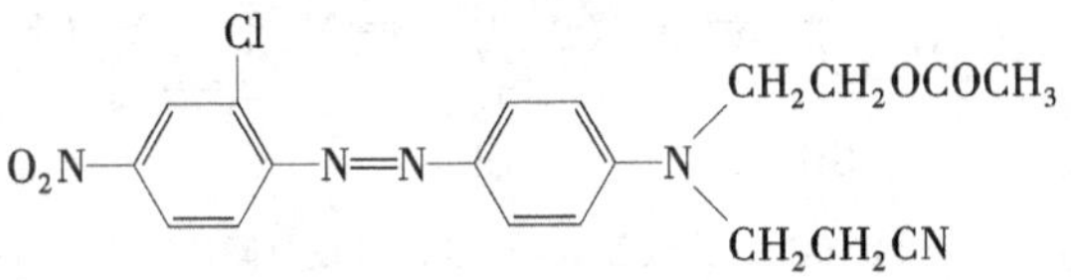

分散大红 S·3GFL （C.I. 分散红 54）

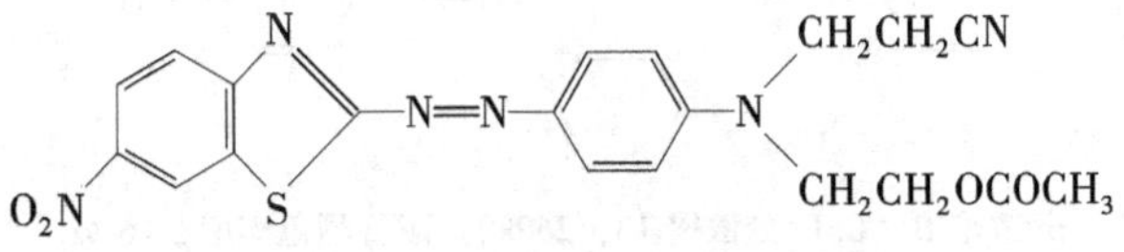

Foron 红 S·3GL （C.I. 分散红 177）耐日晒色牢度 5 级

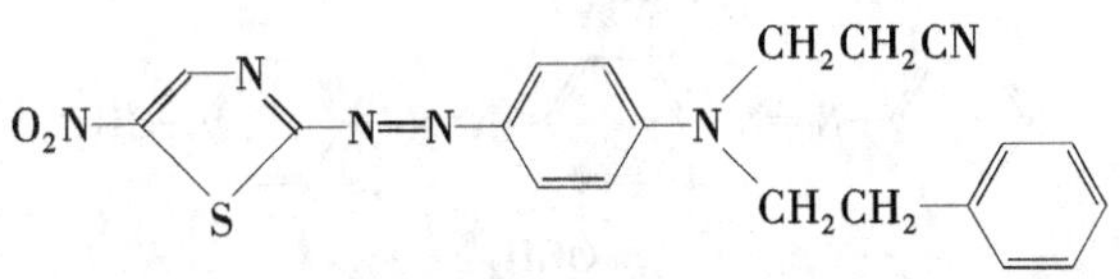

Samaron 紫 4BS （C.I. 分散紫 48）耐日晒色牢度 6 级

    这类染料如固定其偶合组分，改变其重氮组分，可以得到广范围的色谱。固定重氮组分，改变偶合组分，也会改变染料的色光。

    双偶氮型分散染料的品种不多，约占分散染料总量的 10%。双偶氮分散染料的结构通式为：

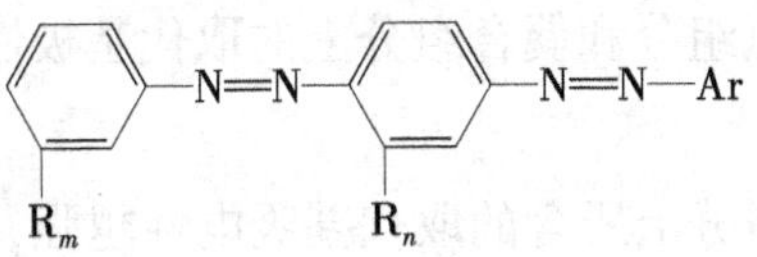

式中：Ar 为苯或萘或它们的衍生物；R_m 为—H、—OCH_3、—OH、—CH_3、—Cl、—NO_2 等基团；R_n 为—H、—CH_3、—OCH_3、—NH_2 等基团；其中 m、n 为 1~2。

双偶氮型分散染料的结构举例如下：

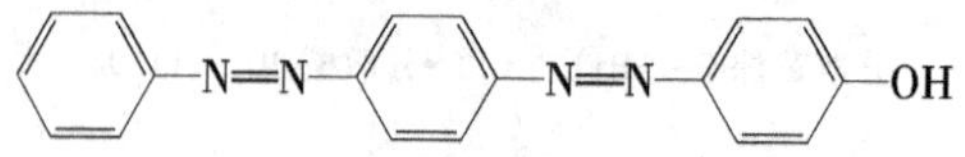

分散黄 RGFL

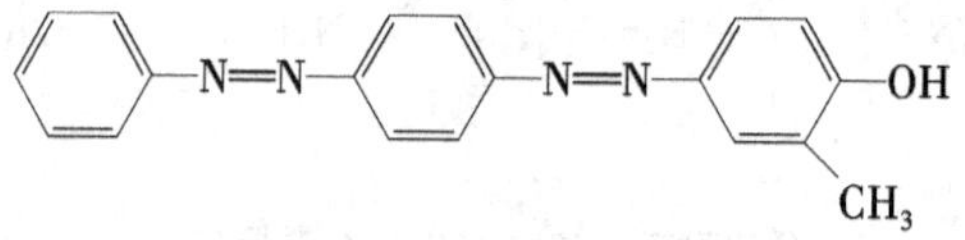

散利通黄 5R

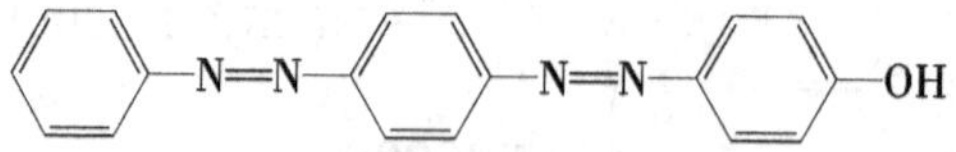

分散黄 RGFL（C.I. 分散黄 23，26070）耐日晒色牢度 6~7 级

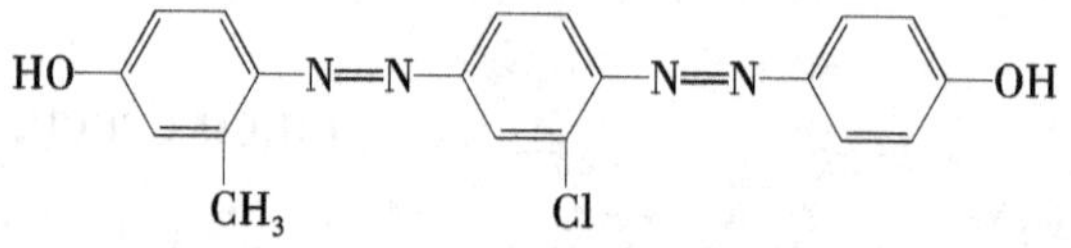

分散黄 SE-5R（C.I. 分散黄 104）RISHAI 耐日晒色牢度 7~8 级

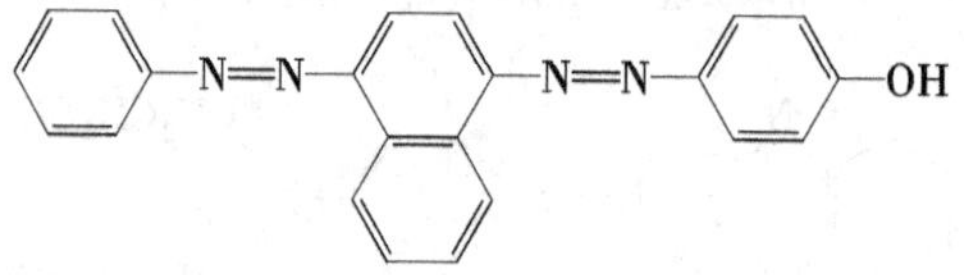

分散橙 B（C.I. 分散橙 13，26080）耐日晒色牢度 5~6 级

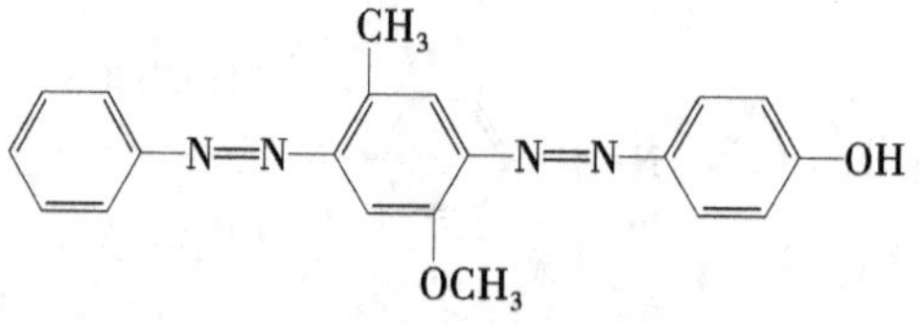

Foron 橙 E-GFL（C.I. 分散橙 20）耐日晒色牢度 6~7 级

这类染料主要为黄、橙、红、紫蓝等色，且由于这类染料相对分子质量较大，耐升华色牢度较高，故适用于高温高压染色或热溶染色。

二、偶氮类分散染料的结构与颜色之间的关系

偶氮类染料的颜色与重氮组分和偶合组分上的取代基极性和数目有关。

1. 重氮组分的影响

若偶合组分不变，重氮组分上所含的取代基吸电性越强，吸电子基的数目越多，染料

的颜色就越深。在偶氮基邻位时，由于—CN 的外形似棍状，空间位阻小，—NO₂ 的外形似平面状，空间位阻大，虽然—CN 的吸电性小于—NO₂ 的吸电性，但—CN 的深色效应大于—NO₂ 的深色效应。也就是说，吸电子基连接在重氮组分上将产生深色效应，连接在偶合组分上将产生浅色效应。详见表 14-1 和表 14-2 所示。

表 14-1　R_1—（结构）—的吸收性质

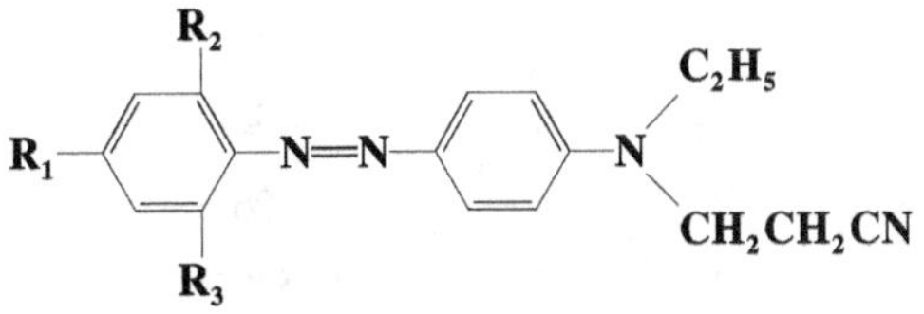

R_2	R_1	R_3	λ_{max}(nm) (CH₃OH)	ε_{max}
CH	H	H	434	42000
NO₂	H	H	425	36000
H	CN	H	433	45000
H	NO₂	H	453	44000
Cl	NO₂	H	475	40000
CN	NO₂	H	504	45000
NO₂	NO₂	H	491	38000
Cl	NO₂	Cl	417	31000
CN	NO₂	CN	549	38000
NO₂	NO₂	NO₂	520	48000

表 14-2　O₂N—（结构）—的最大吸收波长

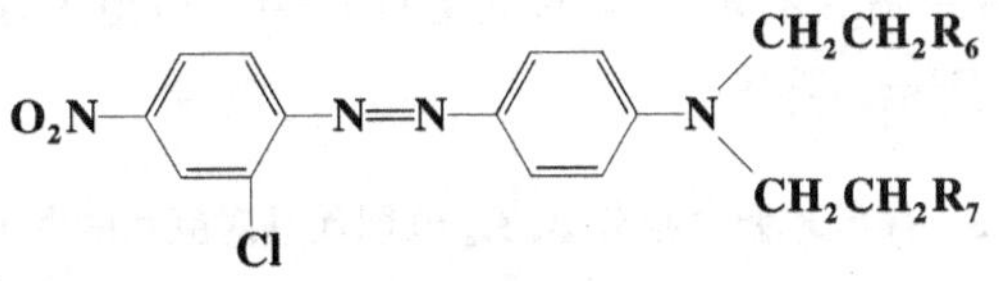

R_6	R_7	λ_{max}(nm)	颜色
CN	CN	474	橙
CN	H	499	红
Cl	H	504	红紫
OH	H	525	红紫

又比如下面的结构：

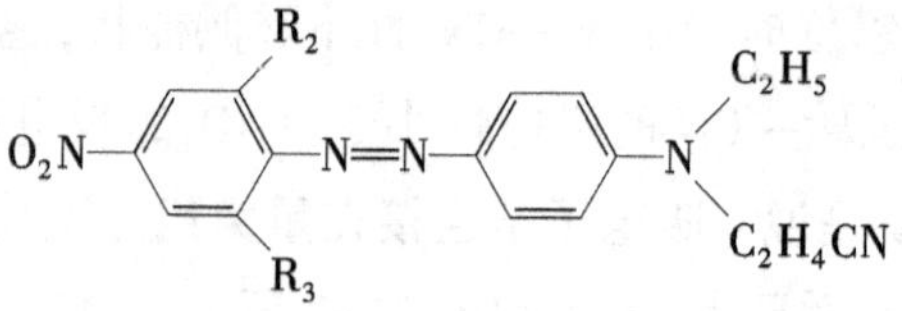

R_2	R_3	λ_{max}(nm)
H	H	453
NO_2	Br	498
CN	Br	506
CN	CN	540

还有一些杂环的重氮组分的深色效应如下：

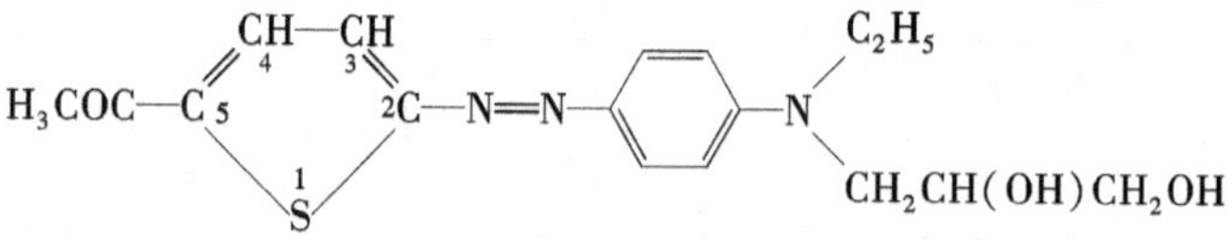

$\lambda_{max} = 502nm$ （红色）

（Ⅰ）

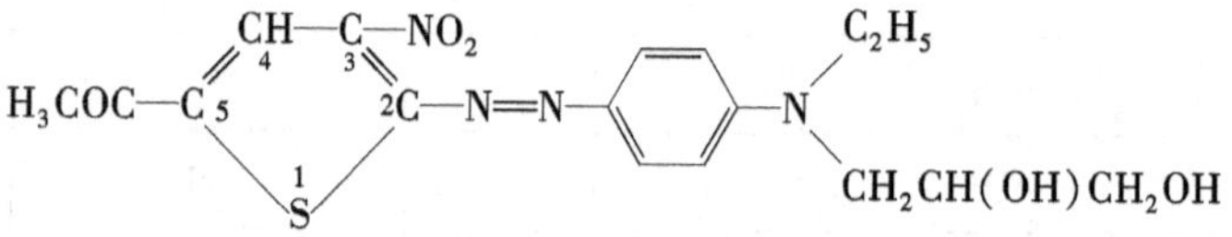

$\lambda_{max} = 603nm$ （绿蓝色）

（Ⅱ）

2. 偶合组分的影响

若重氮组分不变，偶合组分含有取代基的供电性越强，供电子基的数目越多，染料的颜色就越深。详见表 14-3 所示。

表 14-3　偶氮苯偶合组分 R_5 R_4 位取代基对颜色的影响

重氮组分 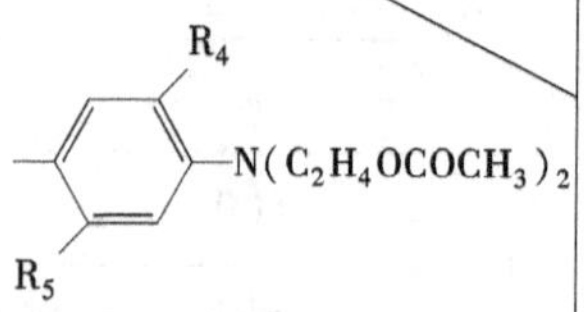 偶合组分	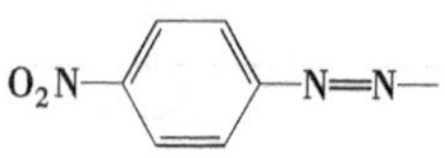 O_2N—⟨⟩—N=N—	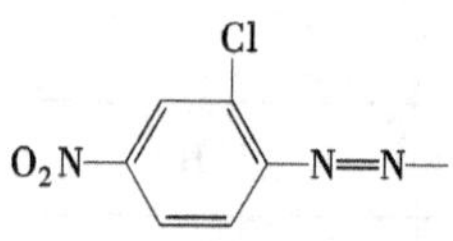 O_2N—⟨Cl⟩—N=N—	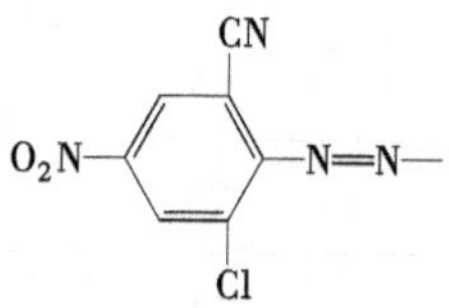 O_2N—⟨CN,Cl⟩—N=N—
无	橙色	大红色	红色
R_5 为—CH_3	橙色	红色	红色

续表

重氮组分 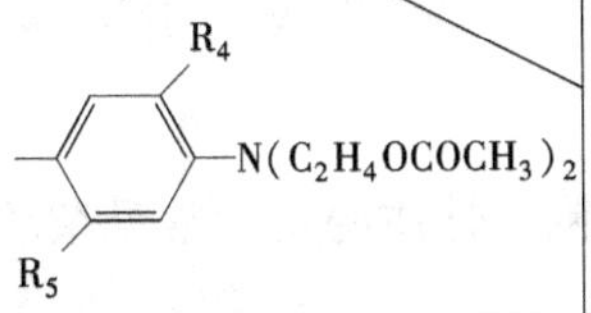	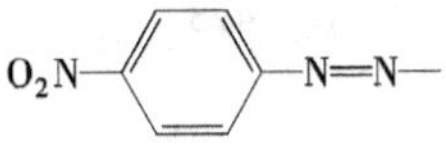 O_2N—〈〉—N≡N—	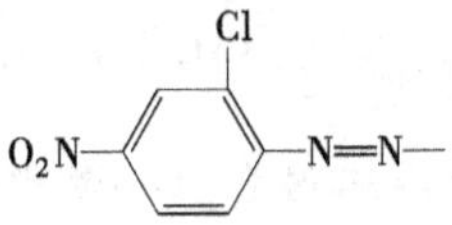 〈Cl〉—N≡N—	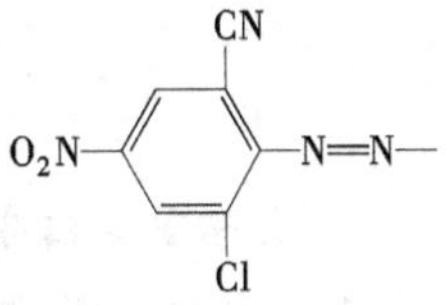 〈CN, Cl〉O_2N—N≡N—
R_5 为—NHCOCH$_3$	大红色	玉红色	红光紫色
R_4 为—OCH$_5$，—NHCOCH$_3$	红色	紫色	蓝色

又比如下面的结构：

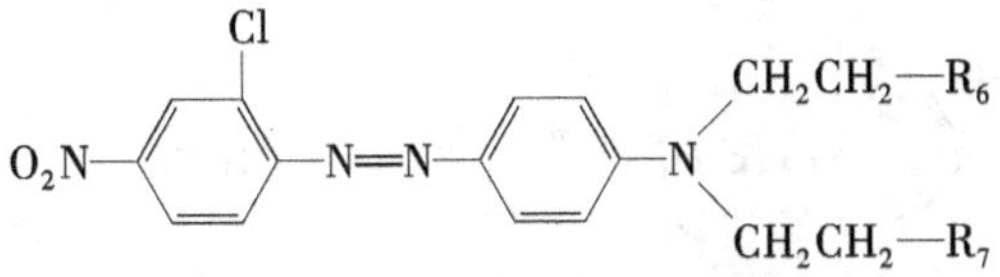

$$O_2N-\text{〈Cl〉}-N=N-\text{〈〉}-N\begin{cases}CH_2CH_2-R_6\\CH_2CH_2-R_7\end{cases}$$

R_6	R_7	λ_{max}（nm）
CN	CN	474（橙色）
CN	H	499（红色）
OH	H	525（紫色）

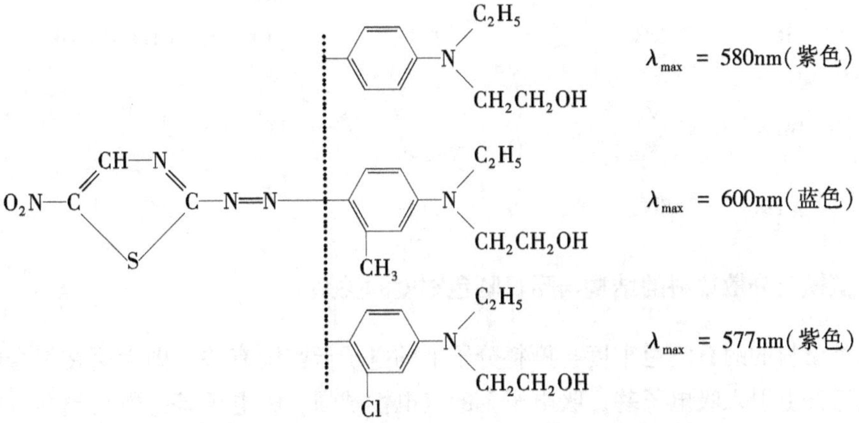

λ_{max} = 580nm（紫色）

λ_{max} = 600nm（蓝色）

λ_{max} = 577nm（紫色）

但在偶合组分氨基的邻位由于空间位阻的影响，深色效应不显著。

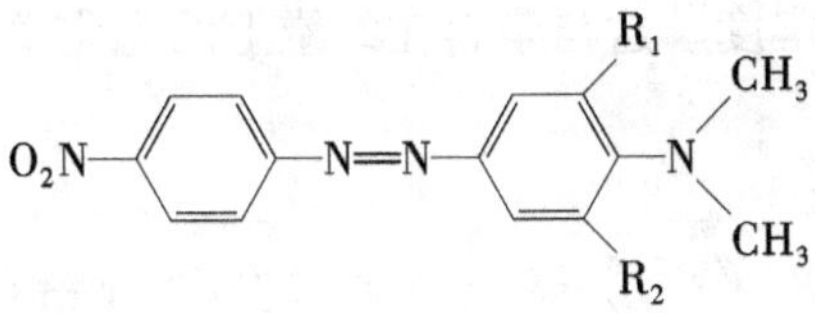

$$O_2N-\text{〈〉}-N=N-\text{〈R_1, R_2〉}-N\begin{cases}CH_3\\CH_3\end{cases}$$

R_1	R_2	λ_{max}（nm）
H	H	475
H	CH_3	438
CH_3	CH_3	423

3. 杂环重氮组分和杂环偶合组分的影响

含有杂环的单偶氮染料，所用中间体的成本较高，但颜色鲜艳，性质稳定。常见杂环重氮组分的深色效应的顺序如下：

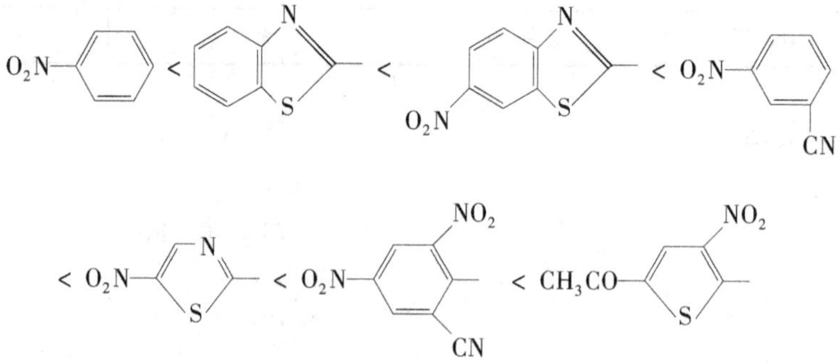

杂环偶合组分的深色效应的顺序如下：

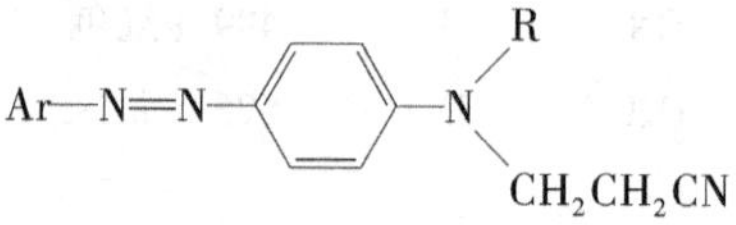

R	C_2H_5	C_2H_5	$CH_2CH（OH）CH_2OH$
Ar	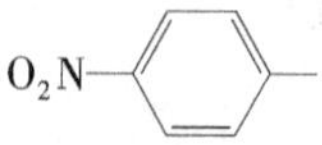 O_2N-	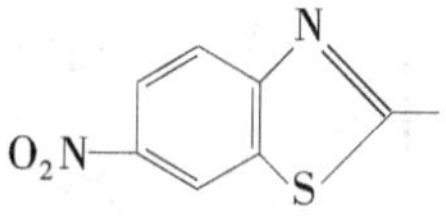	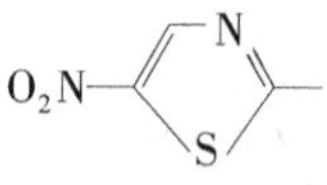
颜色	橙色	红色	紫色

三、偶氮类分散染料的结构与耐日晒色牢度的关系

偶氮类染料的耐日晒色牢度与染料分子上的电子云密度有关。即无论在偶合组分上还是在重氮组分上引入吸电子基，吸电子基的吸电性越强，吸电子基的数目越多，染料分子上的电子云密度越小，则染料的耐日晒色牢度就越高，但在偶氮基的邻位引入—NO_2时，由于它的氧化作用，使得染料的耐日晒色牢度最低，相反，若在染料的分子中引入供电子基，会降低染料的耐日晒色牢度。这与染料在纤维上的光化学反应的机理有关，可以表示如下：

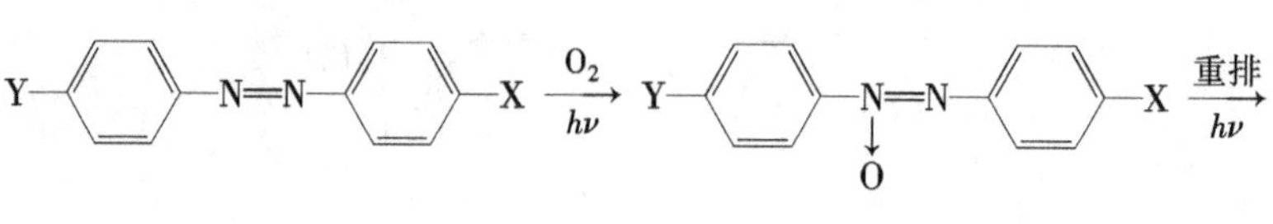

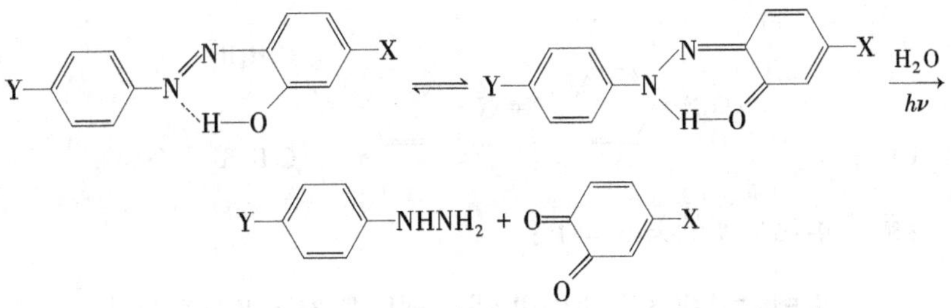

例如：

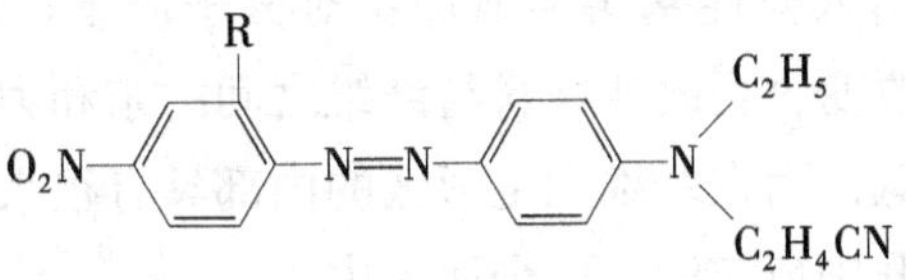

R 基团与耐日晒色牢度的关系如下：

$$—CN>—Cl>—H>—CH_3>—OCH_3>—NO_2$$

又例如：

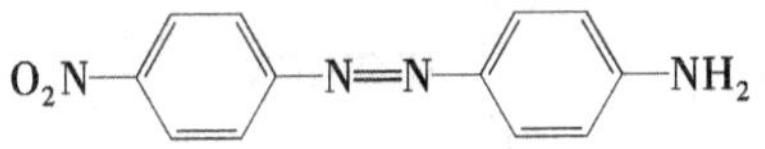

　　耐日晒色牢度 5~6 级

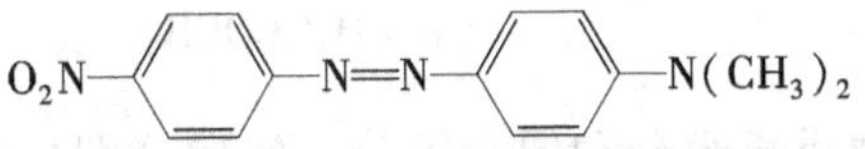

　　耐日晒色牢度 4~5 级

由于—N（CH$_3$）$_2$的供电性比—NH$_2$的强，故耐日晒色牢度低一些。

四、偶氮类分散染料的结构与耐升华色牢度的关系

单偶氮型的分散染料的耐升华色牢度与化学结构的关系简单。改变染料分子的极性和相对分子质量，就会改变染料的耐升华色牢度。一般相对分子质量越大，染料的耐升华色牢度越高。一般将偶合组分的氨基进行烷基化、N-酰化等可以增大相对分子质量，提高耐升华色牢度；分子的极性越大，染料的耐升华色牢度越高，无论是在重氮组分上还是在偶合组分上引入极性取代基，染料的耐升华色牢度都有所提高。例如：

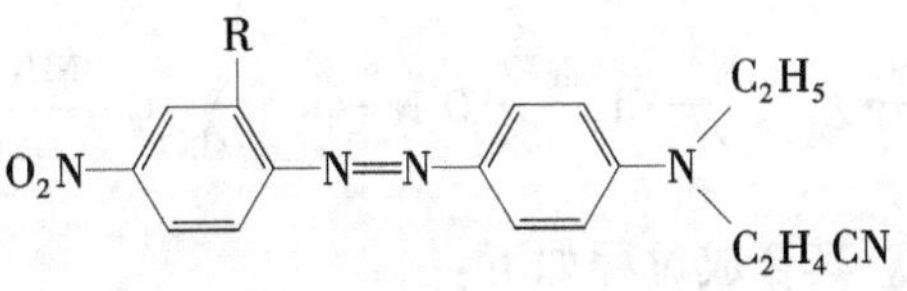

R 与耐升华色牢度的关系如下：

$$—NO_2≈—CN>—Cl≈—OCH_3>—H≈—CH_3$$

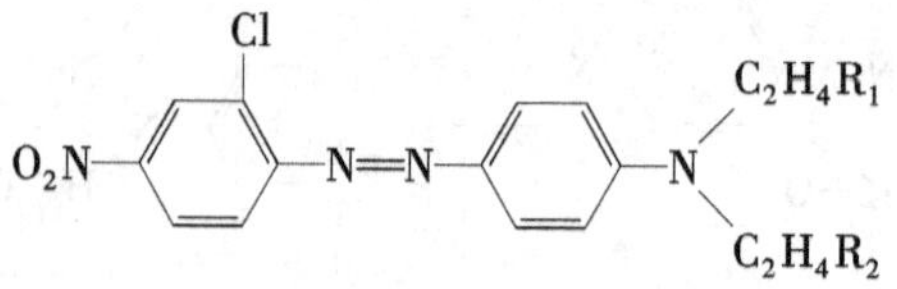

R_1、R_2 与耐升华色牢度的关系如下：

$$R_1 = R_2 = H < R_1 = H, \ R_2 = OH < R_1 \approx OH, \ R_2 = CN < R_1 \approx R_2 = CN$$

可见，在相对分子质量相差不多的情况下，分子的极性是影响染料耐升华色牢度的主要因素。虽然染料分子中引入极性基团和增加相对分子质量可以提高染料的耐升华色牢度，但染料分子的极性的改变，会改变染料与纤维之间的亲和力。因此分散染料分子的极性应当保证在水中溶解度低，而在纤维无定形区的内部具有很大的溶解度，同时为了提高染料的耐日晒色牢度和耐升华色牢度，要全面考虑。

五、偶氮类分散染料的合成

1. Foron 红 S-FL 的合成

Foron 红 S-FL 染料的结构如下：

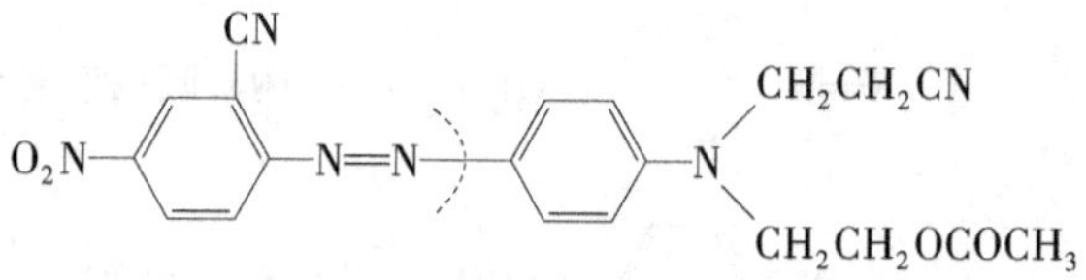

对于偶氮染料的合成，首先应分清重氮组分和偶合组分，然后分别合成，最后在发生亲电偶合反应合成最终的染料。具体合成如下：

（1）重氮组分的合成。

①氰化路线：用剧毒的 $Cu_2(CN)_2$ 作催化剂进行合成。可以表示如下：

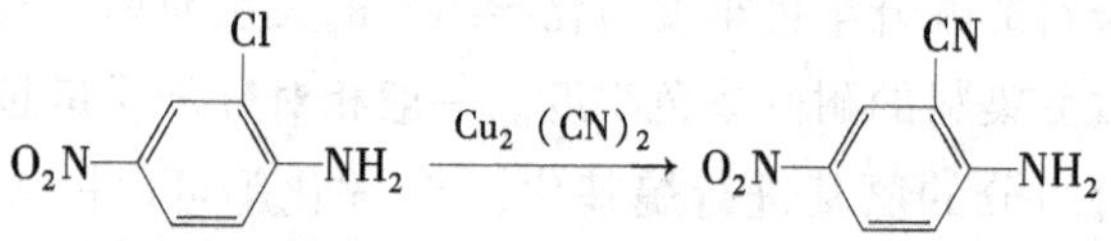

②非氰化路线：用邻氯甲苯氨氧化法引入—CN 进行合成。可以表示如下：

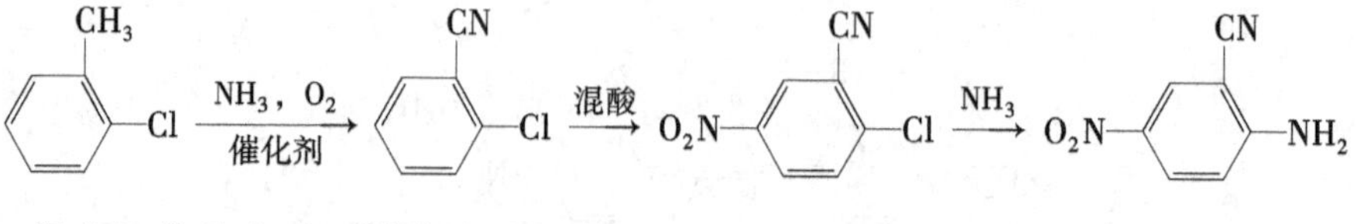

（2）偶合组分的合成。其合成过程如下：

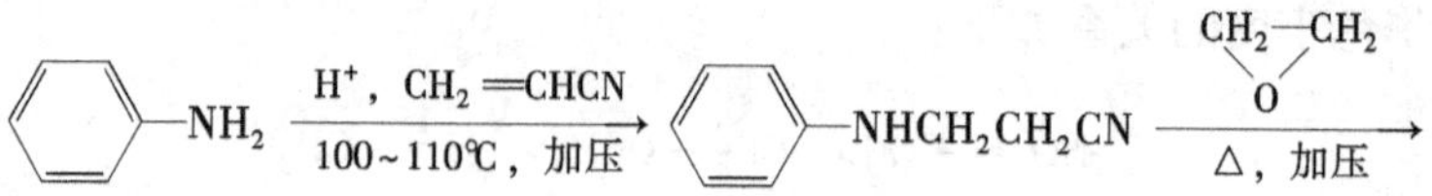

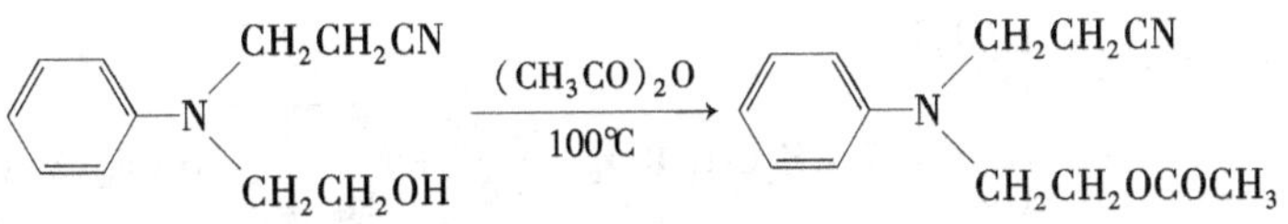

（3）最终染料的合成。其合成过程如下：

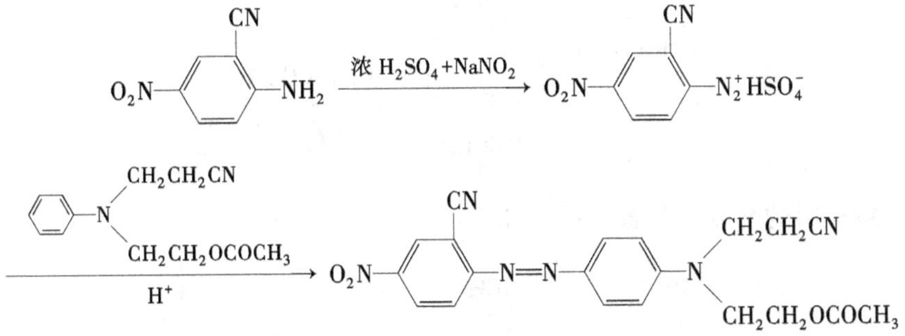

2. 分散藏青 S-2GL 的合成

分散藏青 S-2GL 染料的结构如下：

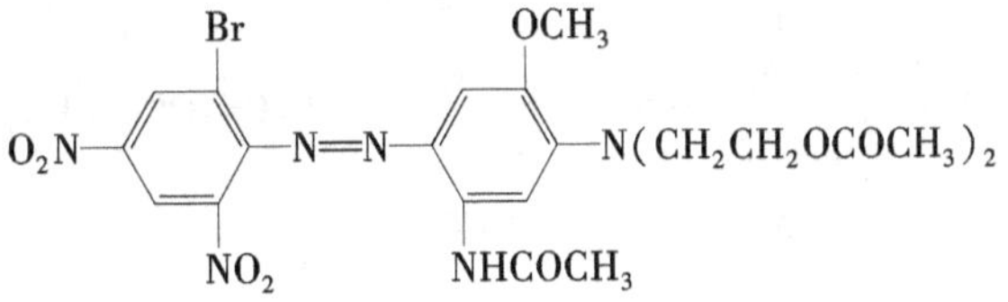

（1）重氮组分的合成。其合成如下：

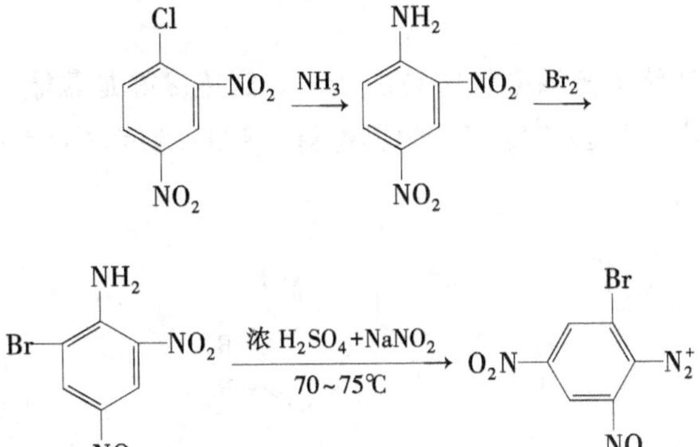

（2）偶合组分的合成。其合成过程如下：

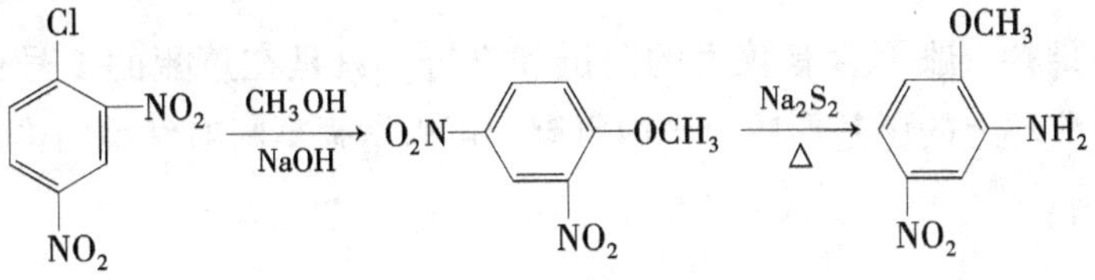

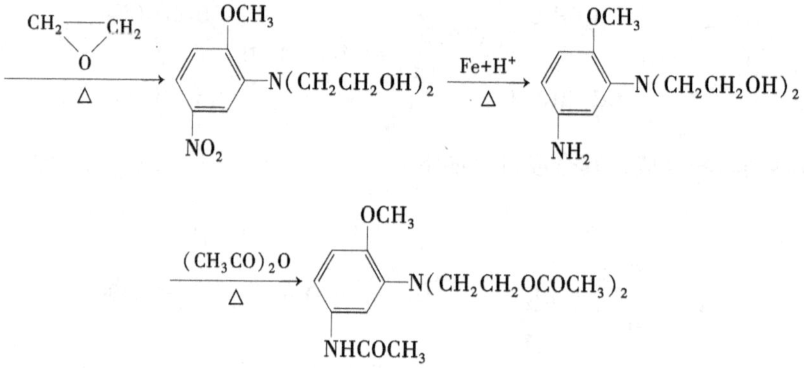

（3）最终染料的合成。其合成过程如下：

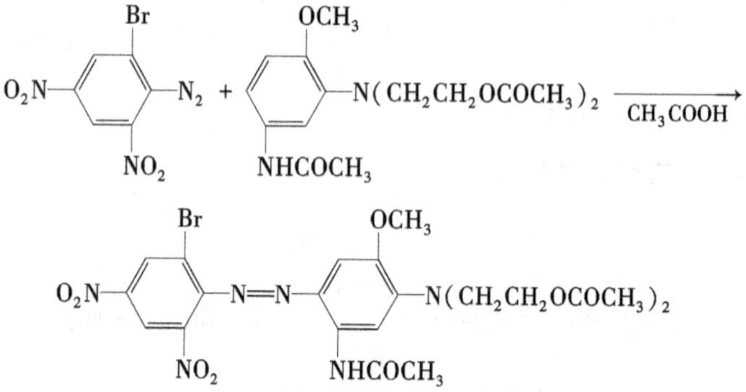

第二节　蒽醌类分散染料

蒽醌类分散染料在整个分散染料中约占 25%。鲜艳度好是蒽醌型分散染料的最突出的优点。比偶氮型分散染料的鲜艳度好，匀染性好，耐日晒色牢度优良，但制造工艺复杂，价格高。其结构通式为：

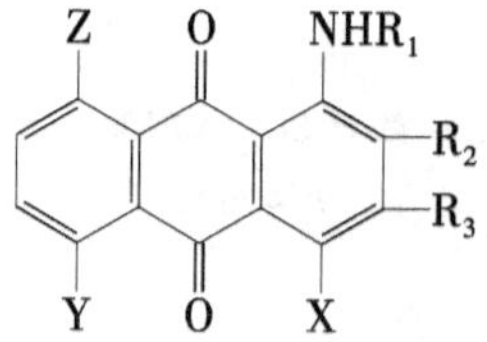

式中，X、Y、Z 最常见的是—H、—OH、—NHR 等基团，R_2 为—H、—Br 等；R_3 为—H、—O—等。

蒽醌类分散染料一般不含有较大的侧链和支链。只是在蒽醌的 1 号位置含有供电子基，且可以与蒽醌环上的羰基形成分子内氢键，可以增强染料对纤维的染着性。

一、蒽醌类分散染料的分类

蒽醌类分散染料从结构上来说大致分为以下四类：

1. 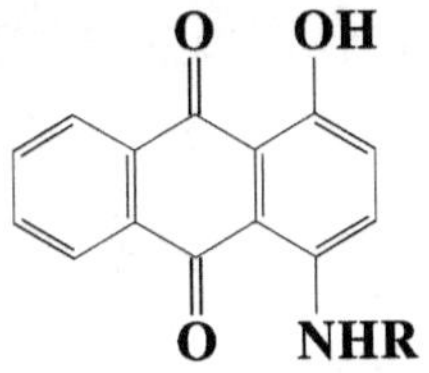 及其衍生物

例如：

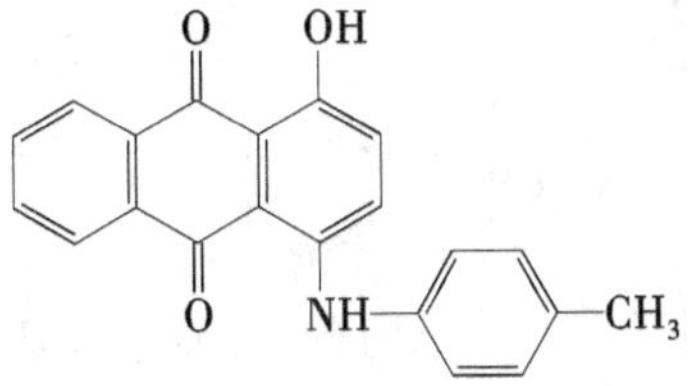

分散蓝 RRL

2. 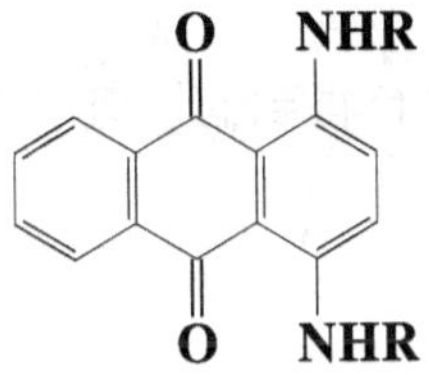 及其衍生物

例如：

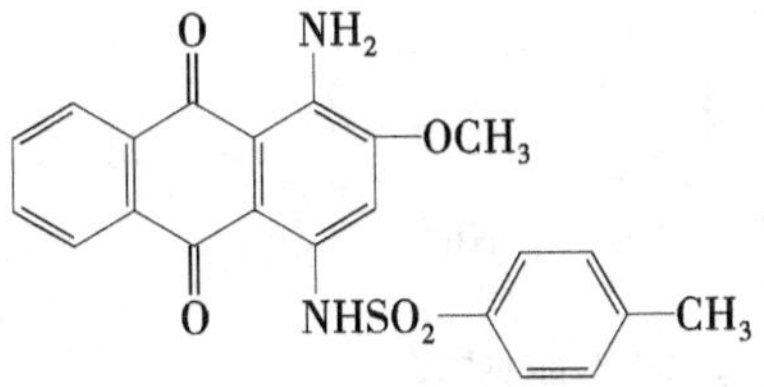

分散桃红 R3L

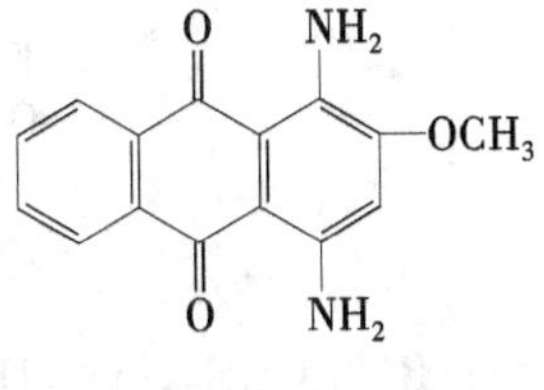

Dispersol 红 B・3B（C. I. 分散红 B・3B）

3. 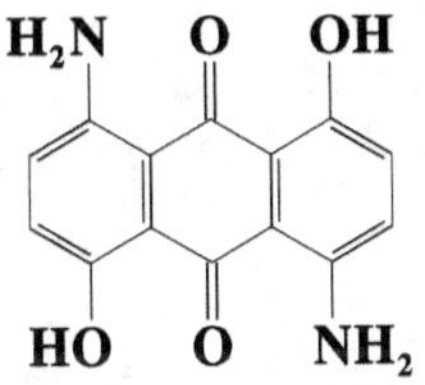 及其衍生物

例如：

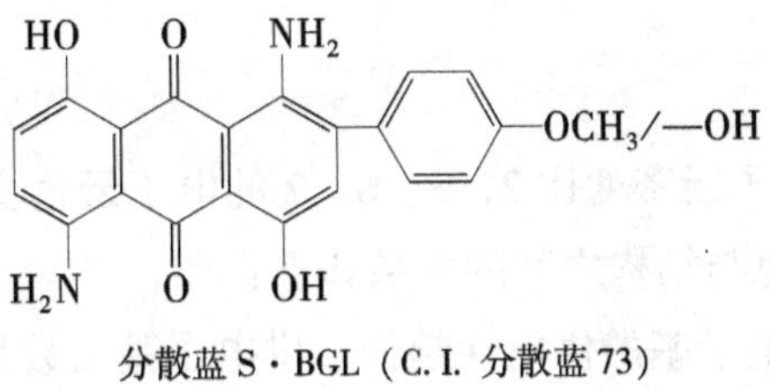

分散蓝 S・BGL（C. I. 分散蓝 73）

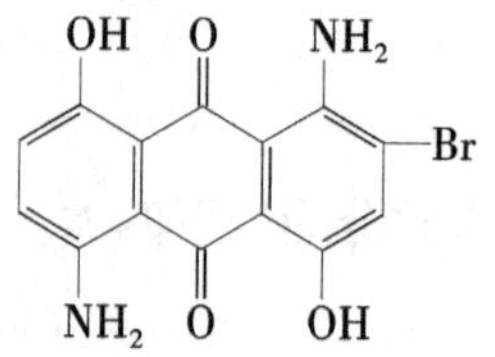

分散蓝 2BLN（C. I. 分散蓝 56）

4. 带杂环蒽醌类分散染料

例如：

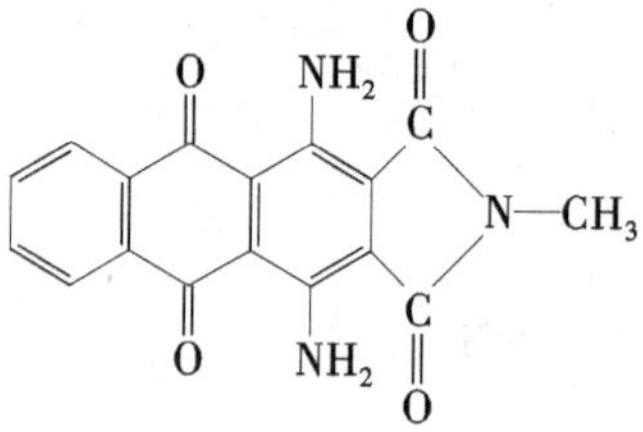

分散翠蓝 HBF

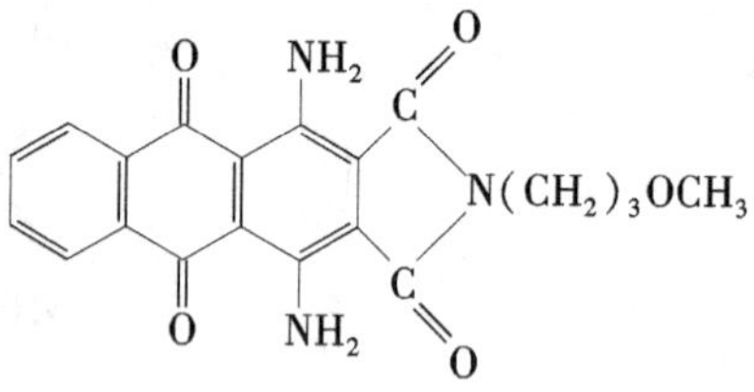

分散翠蓝 S·BL

由于分散染料中缺少鲜艳的绿色，因此绝大多数绿色是由拼色得到的。但下列结构却为优良的绿色。

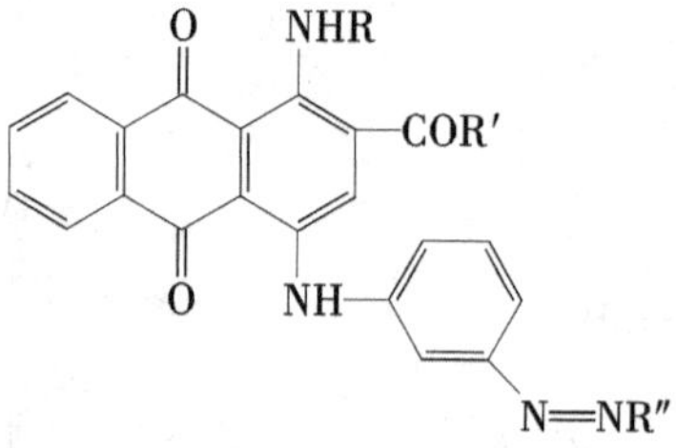

式中：R 为 H、Me；R′为 OCH_3、OC_2H_5、NH_2；R″为吡唑基。

二、蒽醌类分散染料的结构与颜色之间的关系

蒽醌环的位置如下：

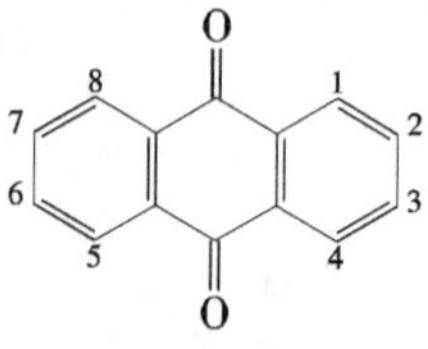

其中 1，4，5，8 的电子云密度比 2，3，6，7 的电子云密度大。

蒽醌类分散染料的颜色与结构之间的关系如下：

（1）蒽醌环上含有供电子基的供电性越强，供电子基的数目越多，染料的颜色越深；

（2）两个或两个以上的供电子基，处于同环的深色效应比处于异环的深色效应大；

（3）蒽醌环 α 位上的供电子基深色效应比蒽醌环 β 位的供电子基的深色效应大。

处于环上的供电子基的深色效应顺序为：

$$NHph > N(CH_3)_2 > NHCH_3 > NH_2 > NHCOCH_3 > —OH > —Br > —Cl > —NO_2$$

二氨基蒽醌在甲醇溶液中吸收特性随蒽醌环上取代基的不同而不同，如表 14-4 所示。

表 14-4 二氨基蒽醌在甲醇溶液中的吸收特性

取代位置	2,6	1,5	1,2	1,4
λ_{max}	426	487	535	550，590
ε_{max}	1000	12600	8330	15850，15850
颜色	黄	黄光红	红紫	红紫

一取代蒽醌在甲醇溶液中的吸收特性如表 14-5 所示。

表 14-5 一取代氨基在甲醇中的吸收特性

取代基	1 位	2 位
	$\lambda_{max}(nm)(\varepsilon)$	$\lambda_{max}(nm)(\varepsilon)$
H	323（4460）	323（4460）
NO$_2$	325（4270）	323（5250）
CN	325（3490）	325（5250）
OH	402（5500）	368（3900）
OMe	378（5200）	363（3950）
NHCONH$_2$	400（5600）	367（4200）
NH$_2$	475（6300）	440（4500）
NHMe	503（7100）	462（5700）
NHPh	500（7250）	467（7100）

三、蒽醌类分散染料的结构与耐升华色牢度的关系

一般染料的相对分子质量越大，染料的耐升华色牢度就越高。如下式所示结构的分散染料的耐升华色牢度（210℃，30s）随取代基 R 的变化如表 14-6 所示。

表 14-6 上述结构分散染料的耐升华色牢度随取代基 R 的变化

等级	1	1~2	2~3	3	4
R	—OH —OCH₃	—NH₂ —NHCH₃	—NH⟨苯环⟩ —S⟨苯环⟩	—NHCO⟨苯环⟩	—S⟨苯并噻唑⟩

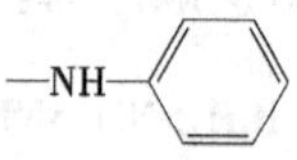

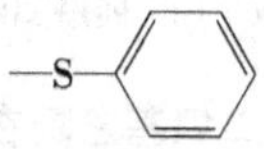

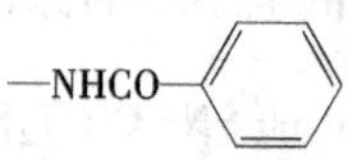

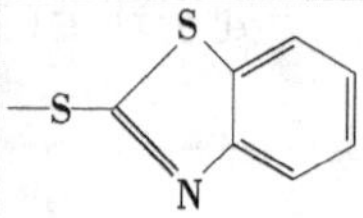

其中氨基与羟基之间形成了下面的分子内氢键。

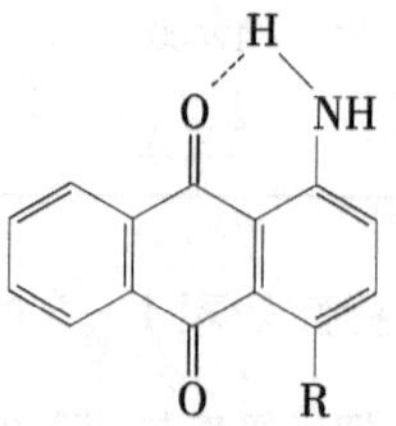

引入各种取代基后染料耐升华色牢度由低到高的顺序为：

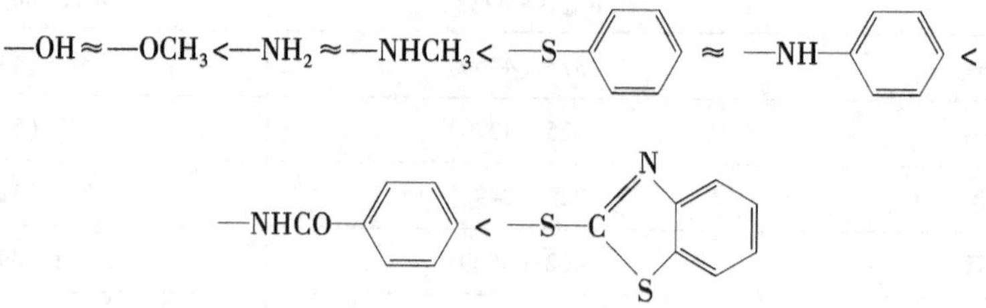

$$—OH \approx —OCH_3 < —NH_2 \approx —NHCH_3 < —S-\text{⟨苯环⟩} \approx —NH-\text{⟨苯环⟩} <$$

$$—NHCO-\text{⟨苯环⟩} < —S-\text{⟨苯并噻唑⟩}$$

四、蒽醌类分散染料的结构与耐日晒色牢度的关系

蒽醌类分散染料的耐日晒色牢度既与染料结构有关，也与染料所适用的纤维有关。例如，1,4-二氨基蒽醌在聚酯纤维上的耐日晒色牢度如表 14-7 所示。

表 14-7 1,4-二氨基蒽醌在聚酯纤维上的耐日晒色牢度

1 位	4 位	耐日晒色牢度	1 位	4 位	耐日晒色牢度
OH	OH	>8	NH₂	OH	6
NH₂	NH₂	5	NH₂	Cl	1
NHCH₃	NHCH₃	3	NH₂	OCH₃	3~4
NH⟨苯环⟩	NH⟨苯环⟩	8	NH₂	NH⟨苯环⟩	6

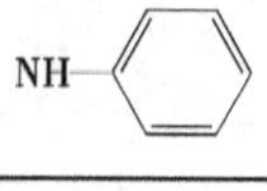

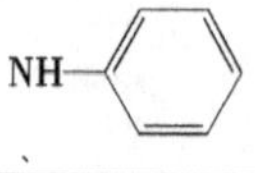

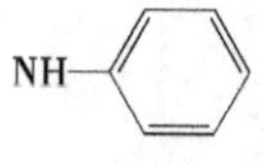

又如：

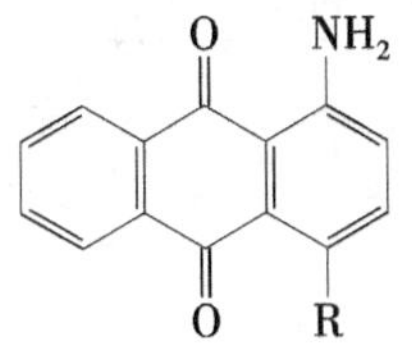

R 的种类与耐日晒色牢度的关系如下：

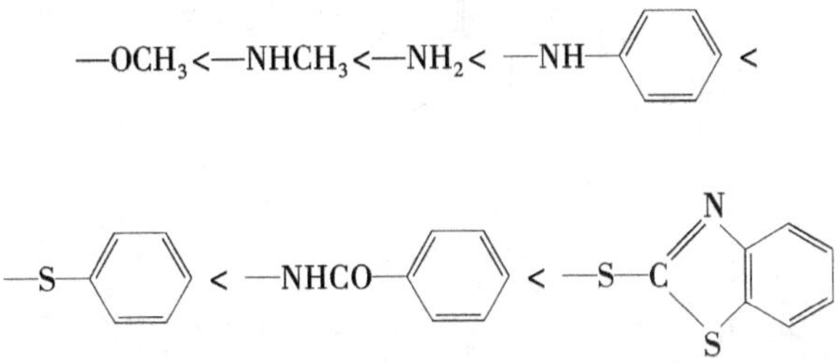

五、蒽醌类分散染料的合成

1. 分散蓝 2BLN 的合成

该染料的结构为：

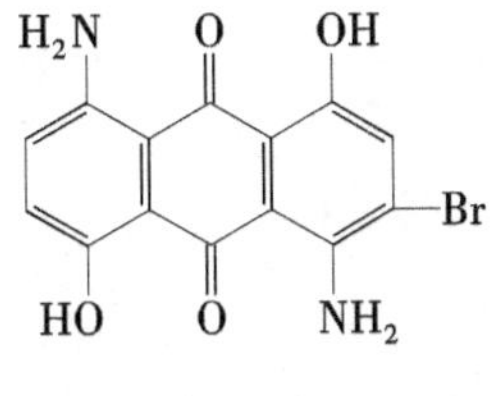

其合成过程如下：

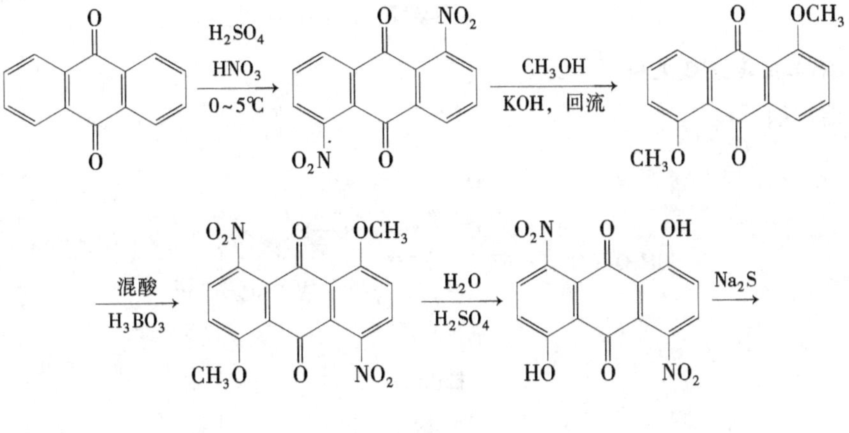

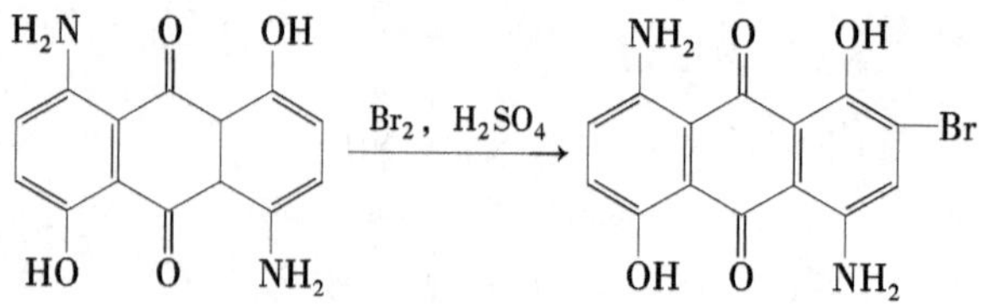

2. 分散红 3B 的合成

该染料的结构如下：

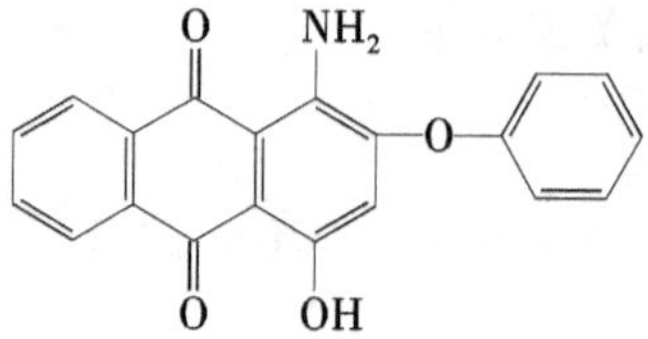

其合成过程如下：

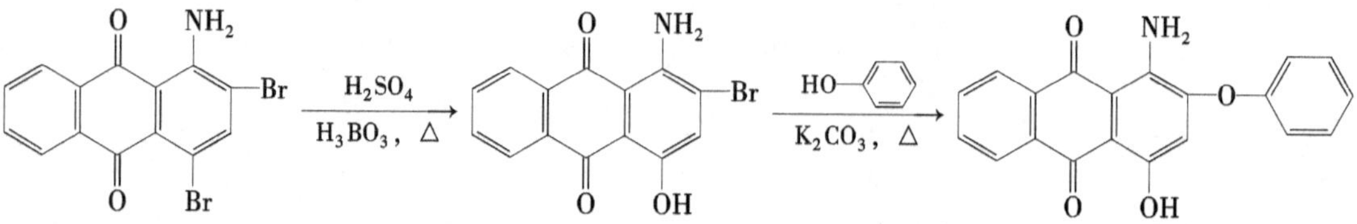

第三节　其他结构分散染料

分散染料的结构分类，除偶氮类和蒽醌类两种之外还有以下几种类型，主要为黄色、橙色和红色。具体如下：

1. 乙烯类分散染料

具体结构如下：

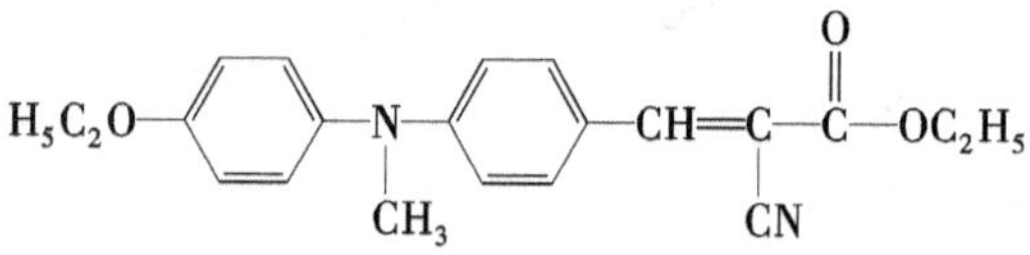

黄色染料

2. 苯并咪唑类分散染料

具体结构如下：

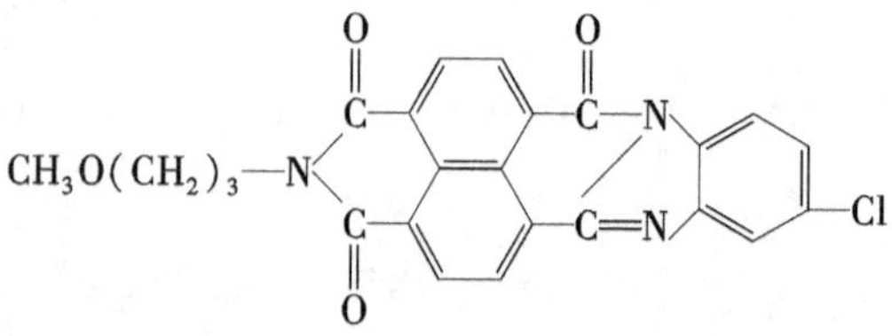

橙色染料

3. 硝基二苯胺类分散染料

具体结构如下：

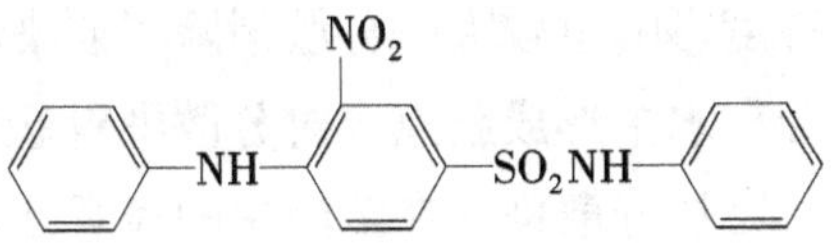

黄色染料

4. 氨基萘胺亚胺类分散染料

具体结构如下：

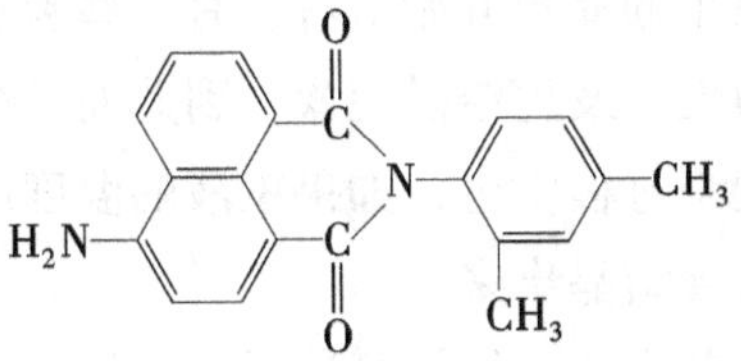

黄色染料

5. 氨基萘醌亚胺类分散染料

具体结构如下：

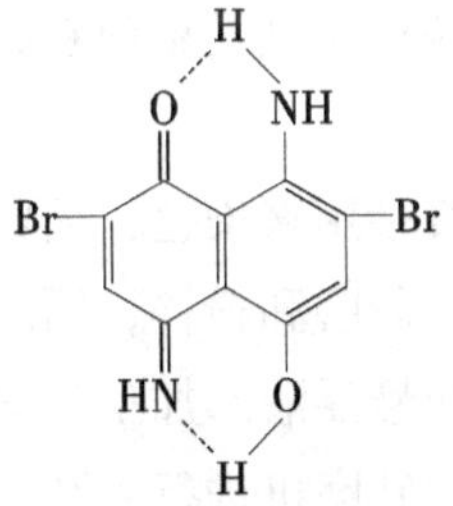

黄色染料

6. 香豆素类分散染料

具体结构如下：

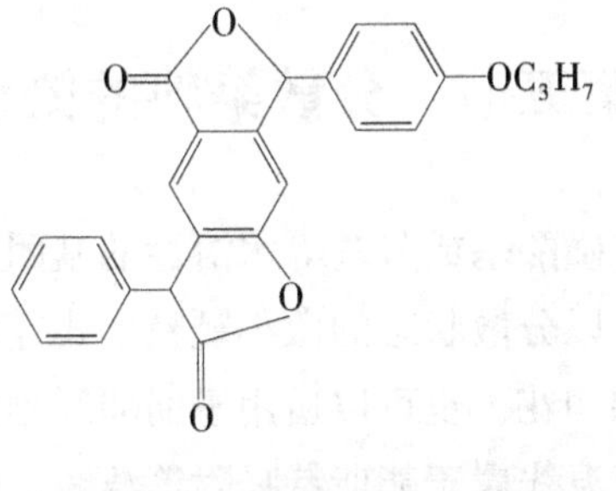

第四节　分散染料的性质和商品化加工

分散染料的分子中不含有磺酸基或羧基等水溶性的基团，但应具有一定数量的非离子的极性基团如羟基、氨基、氰基、烷氨基等，这些基团的存在会使分散染料在水中具有微溶解的性质。之后在分散剂的作用下才能形成稳定的悬浮液。

分散剂对分散染料的溶解度影响也较大。分散剂除了使染料在水中分散成微小的晶粒形成稳定的悬浮液之外，还会在水中形成胶束，对分散染料起着增溶的作用，部分的分散染料可以溶解在胶束的内部，增加分散染料在溶液中的表观浓度，分散染料在水中的溶解度也会随着分散剂浓度的增加而增大。

分散染料在水中的溶解度对温度很敏感，一般会随着温度的升高而降低。

商品分散染料的粒径一般都在 $1\mu m$ 左右，但也存在一定数量的大于和小于 $1\mu m$ 的染料晶粒。在溶解时，一般粒径小的晶粒开始溶解，有一些粒径大的晶粒会从过饱和溶液中结晶出来，结果使晶粒逐渐增大，发生结晶现象。因此商品分散染料研磨得越细越好。染料的结晶现象也可以在染液配制过程发生，如果染液的温度降低，对于一些晶粒就会变成过饱和溶液，已溶解的染料就会结晶出来。

另外，从上面的偶氮型分散染料的结构可以看出，偶氮型分散染料的分子中通常含有酯基、酰氨基以及氰基，在碱性或强酸性的条件下很容易发生水解。因此只有在弱酸性条件下才能比较稳定地存在。因此大多数分散染料都是在弱酸性或中性的条件下使用的。

由于偶氮基可以被还原破坏而脱色，因此偶氮型分散染料可用于拔白或拔染印花。为了防止在高温下设备内还原物质被破坏，这类染料在染色时常加入弱氧化剂，如防染盐S，即间硝基苯磺酸钠等弱氧化剂。

分散染料的溶解度很低，不能直接用来染色，因此分散染料都要经过商品化加工才能应用于染色。分散染料要经过充分的研磨和粉粹，同时要加入大量的分散剂，使分散染料能在水溶液中高度分散，制成稳定的悬浮液。加工时需要将染料、分散剂以及其他的润湿剂等与水混合均匀，制成浆液，放入砂磨机进行砂磨，然后取样观察细度并测定其扩散性能达到要求，然后经过喷雾干燥，再经过混配、标准化。

商品分散染料要在水中能迅速分散，成为均匀稳定的胶体悬浮液，染料的粒径一般在 $1\mu m$ 左右才能达到要求，染料长时间放置和高温染色时，不能发生凝聚和焦油化现象。

第五节　分散染料的染色

分散染料的分子中不含有磺酸基或羧基等水溶性的基团，是一种具有较强疏水性和较高耐热性，染色时在水中主要以分散状态的微小颗粒形式存在的非离子型染料。分散染料主要适用于聚酯纤维的染色和印花，也可以适用于醋酯纤维的染色和印花。

分散染料对涤纶的吸附等温线属于能斯特吸附等温线。分散染料在涤纶纤维无定形区和水中分配的比例是一个常数。分散染料在溶液中主要以以下三种形式存在，可以表示如下：

染料的晶体↔单分子分散状态的染料↔溶解在胶束内的染料

只有单分子分散状态的染料才可以被纤维表面吸附并进一步扩散进入纤维无定形区的内部，此时上述动态平衡被破坏，染料的晶体不断解聚，溶解在胶束内的染料不断释放出来，直至将纤维染色达到饱和时为止。分散染料在涤纶内部的扩散是按照自由体积扩散模型进行的。分散染料的最基本结构特征都是为了适应于聚酯纤维的染色和印花的。第一，根据染色理论，分散染料是按照自由体积扩散膜性扩散进入聚酯纤维的无定形区完成上染的，与聚酯纤维具有相似相容的性质，具有强的疏水性；第二，由于聚酯纤维的结构紧密，结晶度和取向度高，要求分散染料的相对分子质量小；第三，聚酯纤维中具有能形成氢键的基团，因此要求分散染料的分子中也具有许多能形成氢键的基团；第四，由于聚酯纤维的染色应在其玻璃化温度以上进行，因此要求分散染料具有较高的耐热性。总之，由于聚酯纤维具有疏水性强、结晶和取向度高、纤维微隙小和不易润湿膨化等特性，要使染料以单分子形式顺利进入纤维内部完成对涤纶的染色，按常规方法是难以进行的，因此，需采用比较特殊的染色方法。采用的方法有载体法、高温高压法和高温热溶法等三种染色方法。这些方法利用了不同的条件使纤维膨化，纤维分子间的空隙增大，同时加入助剂以提高染料分子的扩散速率，使染料分子不断扩散进入被膨化和增大的纤维空隙，而与纤维由分子间引力和氢键固着，完成对涤纶的染色。由于分散染料在水中的溶解度极低，故要依靠加入染料和溶液中的分散剂组成染液。为防止分散染料及涤纶在高温及碱作用下产生水解，分散染料的染色常需在弱酸性条件下进行。

一、载体染色法

载体染色法是在常压下加热进行的。它是利用一些对染料和纤维都有直接性的化学品，在染色时当这类化学品进入涤纶内部时，把染料分子也同时携入，这种化学药品称为载体或携染剂。

利用载体对涤纶染色的原理是涤纶中的苯环与染料分子中的芳环间有较大分子间引力，涤纶能吸附简单的烃类、酚类等，这些化学品就成为载体。由于载体与涤纶之间的相互作用，使涤纶分子结构松弛，纤维空隙增大，分子易进入纤维内部。同时由于载体本身能与纤维及染料分子产生直接吸引力，不但能帮助染料溶解，把染料单分子带到纤维表面，增加染料在纤维表面的浓度，而且能减少纤维的表面张力，使运动着的染料分子迅速进入纤维空隙区域，提高染料分子的扩散率，促使染料与纤维结合，从而完成染色过程。染色结束后，利用碱洗，使载体完全去除。

载体染色实际上是利用载体对纤维的增塑作用，降低聚酯纤维的玻璃化温度，使聚酯可以在100℃左右的条件下完成上染，上染速率和吸附量都可获得较大程度的提高。作为载体应具备的四个条件是：

（1）无毒、无臭，容易洗去。

（2）相对分子质量比染料的相对分子质量小，载体能够优先进入纤维的内部，起增塑作用，降低玻璃化温度。

（3）对纤维的作用力比染料的小。

（4）对染料的溶解能力比水大，因此吸附在纤维表面的载体层中的染料浓度比染浴中大，可以增加纤维内外的浓度差，加快分散染料从纤维表面向纤维无定形区内部的扩散。

在染色过程中，载体优先于分散染料扩散到涤纶的无定形区，削弱纤维大分子之间的作用力，降低涤纶的玻璃化温度，使无定形区的大分子在较低的温度下开始运动，瞬间形成较大的空隙，随后分散染料的分子进入涤纶的内部。由于分散染料与涤纶大分子之间的作用力大于载体与涤纶之间的作用力，最终将载体从纤维上替换下来，完成上染过程。常用载体有邻苯基苯酚、联苯、水杨酸甲酯等。由于大都具有毒性，对人体有害，已很少应用，故这里只作一般介绍。其染色的工艺过程可以简单地用下面的工艺曲线来表示：

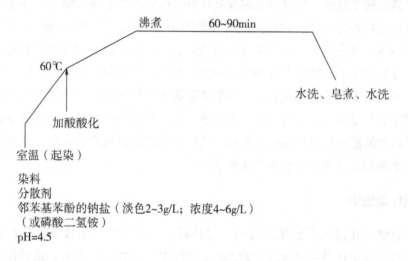

染液中含有分散染料、分散剂、邻苯基苯酚钠盐，染液的 pH 调节到 4.5 左右，室温下起染，当温度升到 60℃时，加酸进行酸化，使邻苯基苯酚钠盐转变成邻苯基苯酚，发挥载体的增塑作用。酸化时温度不能太低，同时染液中要加入分散剂，以防止载体从溶液中析出。载体的最佳用量应在溶液中恰好不形成第三相，染淡色时载体用量一般为 2~3g/L，染浓色时载体的用量一般为 4~6g/L。然后缓慢升高温度，一般 1℃／（2~3）min，升到沸煮，沸煮 60~90min，最后降温水洗、皂煮、水洗，除了去除浮色，还将织物上的载体洗净去除，完成染色过程。

二、高温高压染色法

高温高压染色法是在高温有压力的湿热状态下进行。染料在 100℃以内上染速率很慢，即使在沸腾的染浴中染色，上染速率和上染百分率也不高，所以必须加压在 $2.02×10^5$ Pa（2atm）以下，染浴温度可提高到 120~130℃。由于温度提高，纤维分子的链段剧烈运动，产生的瞬时孔隙也越多越大，此时染料分子的扩散也增快，增加了染料向纤维内部的扩散速率，使染色速率加快，直至染料被吸尽而完成染色。

　　分散染料的高温高压染色方法是一种重要的方法,适合耐升华色牢度低和相对分子质量较小的低温型染料品种。用这类染料染色匀染性好,色泽浓艳,手感良好,织物透染性好,适合于小批量、多品种生产,常用于涤棉混纺织物的染色。

　　分散染料的高温高压染色可在高温高压卷染机和喷射溢流染色机上进行,适宜于染深浓色泽,染色 pH 一般控制在 5~6,常用醋酸和磷酸二氢铵来调节 pH。为使染浴保持稳定,染色时尚需加入分散剂和高温匀染剂。

　　高温高压染色就是不用载体而是通过提高温度,是在聚酯纤维的玻璃化温度以上如在 140~145℃ 条件下,通过水分子的增塑作用和高温条件完成染色过程。其染色的工艺曲线可以表示如下:

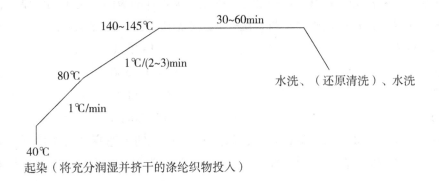

溢流染色机染色工艺举例:

染色处方:

分散染料	x（owf）
高温匀染剂	0.2~1.2g/L
扩散剂 O	0.5~1g/L
醋酸（98%）	0.5~1.5g/L

还原清洗:

烧碱（36°Bé）	6mL/L
保险粉	2.5g/L
分散剂	0.1~0.5g/L

工艺流程:

　　一般可在 40℃ 始染,大约 1h 后逐渐升温至 140℃,染色 1~2h,然后充分水洗。染深色时进行还原清洗代替皂洗,可保持染色成品色泽鲜艳。

三、热熔染色

　　热熔染色法就是干态高温固色染色方法。其工艺流程为:

　　浸轧染液（染液中包括染料、防泳移剂、分散剂、润湿剂;染色条件:pH = 6.5~7,

室温；涤棉混纺织物含湿率 50%~60%）→ 烘干（采用远红外均匀快速烘干至含湿率 20%，再换烘筒或热风烘干）→ 热溶固色（180~200℃）→ 水洗、还原清洗、水洗

烘干时为了防止产生泳移，一方面可以通过采用合适的烘干条件如采用远红外均匀快速烘干至含湿率 20%，再换烘筒或热风烘干来控制泳移的产生；另一方面可以通过在染液中加入大分子的防泳移剂。常用的防泳移剂一般为海藻酸钠、羧甲基纤维素等。它们在中性或碱性条件下溶解或溶胀成黏稠的液体，烘干时变成透明的薄膜，热溶固色时不会熔化，所结的薄膜在 pH 大于 7 的水溶液中易重新溶解或溶胀洗去。这些高分子物防泳移剂能吸附染料颗粒，使细小的颗粒松散地聚集成较大的颗粒，并黏附在防泳移剂的大分子上，防泳移剂就像一根长绳子一样"结扎"许多松散聚集的染料颗粒，使染料难于泳移。在高温下由于染料的分子具有足够的能量，挣脱防泳移剂的吸附，上染到纤维上，最后在水洗、还原清洗、水洗的过程中再将其洗去。还原清洗的工艺处方如下：

烧碱保险粉	1~2g/L
浴比	1∶100
温度	60℃
时间	15~20min

热熔固色是在 180~220℃ 的条件下，焙烘 60~90s，即干态高温的条件下，纤维无定形区产生瞬间的较大空隙，染料变成单分子分散状态的染料，从而完成染料向纤维无定形区内部的转移，即完成上染。

最后经过水洗、还原清洗、水洗是为了去除浮色，去除防泳移剂，提高织物的色牢度，改善织物的手感。

热熔染色工艺举例如下［45 支×45 支（13tex×13tex），浅蓝色，65/35 涤/棉细纺织物］：

染色处方：

分散蓝 2BLN	1.5g/L
润湿剂 JFC	1mL/L
扩散剂	1g/L
3%海藻酸钠浆	5~10g/L
醋酸或磷酸二氢铵	pH=5~6

工艺流程：

浸轧（二浸二轧，轧液率 65%，室温）→预烘（80~120℃）→热熔（180~210℃，1~2min）→套染棉

先经浸轧染液后即行烘干，随即再进行热熔处理。在 180~210℃ 高温作用下，沉积在织物上的染料可以单分子形式扩散进入纤维内部，在极短的时间内完成对涤纶的染色。若是涤棉混纺织物，则可通过热熔处理使沾在棉上的染料以气相或接触的方式转移到涤纶

上。热熔染色法是涤棉混纺织物染色的主要方法，以连续化轧染生产方式为主，生产效率高，尤其适用于大批量生产。热熔染色法的缺点是设备占地面积大，同时对使用的染料有一定的条件限制，染料的利用率较高温高压法低。

在高温热熔染色中要注意防止染料在预烘和焙烘中产生泳移，热熔焙烘阶段是棉上的分散染料向涤纶转移的重要阶段，要根据染料的耐热性能，即染料的耐升华色牢度，选择适当的热熔温度和时间。在实际染色时，染料的转移不可能是完全的，在棉上总残留有一部分染料，造成棉的沾色，可采用还原清洗或皂洗进行染后处理。若在热熔法染色后还要进行棉部分的套染，则可在套染后选行后处理。

载体染色和高温高压染色都属于间歇式生产，生产效率低，一般工厂普遍采用连续化热熔染色法。尽管高温高压染色法对设备要求高，但在实验室中被广泛使用，因为载体染色虽然温度低，对设备要求低，但存在环境污染，因此实验室中很少使用此染色法。

第六节　分散染料的研究现状和发展趋势

一、分散染料的研究现状

1. 实现常温常压染色

聚酯纤维低温染色的关键在于提高其增塑性、膨化程度，降低其玻璃化温度，加快分散染料在纤维中的扩散速率。目前研究应用方法是，采用环保型助剂、表面活性剂、有机溶剂、载体及某些物理化学的方法，如低温等离子体处理、超声波处理、超临界二氧化碳流体染色等，达到增溶、助溶和增塑、膨化作用，降低涤纶的玻璃化温度，改善染色特性，实现涤纶常压低温染色。

2. 开发环保型载体

目前使用的载体大多有一定的毒性，部分载体味道较大，存在环境污染问题，部分载体不易脱落，残留载体不易洗净，影响染色牢度，因此研究无毒环保的新型载体是涤纶染色工艺的一个发展趋势。

国内染整学者所研制的一些载体多为醚类、酯类化合物或其复配物，这些载体对涤纶低温染色有一定的适应性，但仍存在着或是用量大、或是难溶解、或是效果不理想的缺点。

有学者研究邻苯二甲酰亚胺化合物对分散染料低温上染涤纶的促染效果。邻苯二甲酰及其衍生物是重要的药物中间体，可生物降解，对纤维和分散染料均有一定的亲和力，研究其作为染色载体的促染作用将具有重要的意义。

3. 超临界流体无水染色

超临界二氧化碳流体不仅具有黏度低、扩散强的气体性质，而且密度与液体相似，对于疏水性物质拥有良好的溶解能力。超临界二氧化碳染色技术就是利用二氧化碳流体这种优良特性作为染色介质，成功地代替了水，对纺织品进行染色处理。

作为无水的超临界二氧化碳染色技术，不仅染色全程无需用水，而且染液中不添加助剂、酸、碱等化学试剂，染后的织物也不需要去除浮色的清洗，不但减少用水，而且杜绝了染色废水的产生，从源头上解决了染后污水的治理难题，易于环保。但使用超临界二氧化碳染色技术条件要求很高，设备及费用昂贵，大规模应用存在许多问题，至今还没有实际应用于工业生产。

4. 适用于碱性条件下染色的分散染料

当分子结构中的取代基是酯基、苯磺酰基、酰氨基时，则染料的耐碱性最差，仅能在弱酸性条件下染色；当取代基是羟基、氰基、醚基等基团时，则染料的耐碱性相对较差，仅能在弱酸和弱碱性条件下染色；而当取代基为硝基、氨基等时，染料的耐碱性较强，可以在弱碱性条件下进行染色。可以实现分散染料和活性染料同时对涤棉混纺织物的一浴一步法染色。

5. 载体复配

将 N-正丁基邻苯二甲酰亚胺、自制苯酯助剂和 WLS 联合应用于涤纶常压沸染染色中，结果表明：N-正丁基邻苯二甲酰亚胺和苯酯助剂具有增塑涤纶的作用，而苯酯助剂和 WLS 具有阳离子结构，可促进分散染料阴离子胶束吸附涤纶，这三种助剂按适当比例复配有协同效应。复配载体应用于涤纶织物分散染料常压染色，染料上染百分率、染色织物的表观深度、耐摩擦色牢度及耐皂洗色牢度与传统高温高压染色工艺效果相当。

6. 液状分散染料喷墨印花墨水

分散染料的超细化加工已经应用于喷墨转移印花技术，同其他水溶性染料型墨水相比，分散染料喷墨转移印花墨水具有后处理简单的优点；同颜料型墨水相比则具有坚牢度较好的优点，它已经成为涤纶喷墨印花的主要墨水。现在国内市场上的喷墨转移印花墨水品种较少，且以进口为主，目前主要有汽巴公司开发的 Terasili TI 系列分散染料墨水、杜邦公司推出的 D700 系列分散染料墨水、意大利 j-Teck3 公司开发的分散染料油墨 J-ECO 等。

7. 高耐光色牢度的新型分散染料

为了满足汽车内装饰织物、军队伪装用织物、登山服和家庭装饰织物对耐光色牢度的要求，应加快对高耐光色牢度新型分散染料的开发。

8. 新型液状分散染料的染色工艺

采用新型液状分散染料对桃皮绒织物进行染色，并与传统的分散染料染色工艺进行对比。结果表明，新型液状分散染料染色织物在 K/S 值、布面均匀性、各项色牢度等方面均好于传统分散染料。新染料无需还原清洗工序，减少染色废水及皂洗废水排放，缩短了加工流程，降低了工业污水处理成本。

9. 分散染料微胶囊无助剂免水洗染色

20 世纪 70 年代，日本 Matsnishikis 公司最先提出将分散染料微胶囊化，随后分散染料微胶囊技术开始在纺织行业得到研究与应用。将分散染料微胶囊化，利用微胶囊的缓释性和隔离性，可以避免使用高温高压染色工艺中添加的分散剂和匀染剂，从而实现无助剂染色。同时，分散染料微胶囊染色布使用化学助剂，染色过程中不发生"增溶吸附"，染色后纤维表面仅含有少量浮色，因此无须清洗和皂洗，废水中 COD 和 BOD 负荷也大大降低。

二、分散染料发展趋势

分散染料最主要的质量问题是商品化质量差。深入研究和完善分散染料的商品化技术，除了需进一步提高硬件水平外，更重要的是加快研究和开发软件技术。如改进添加剂的品种、配方和加入的技术方式，提高对染料粒子的形状、晶型和粒径的控制等，以使分散染料具有优异的分散稳定性和高温分散稳定性。

☞ **练习题**

一、名词解释

1. 分散染料

2. 载体染色

3. 高温高压染色

4. 热熔染色

5. 泳移

二、简答题

1. 写出苯偶氮苯型分散染料的结构通式。

2. 写出蒽醌型分散染料的结构通式。

3. 分散染料有哪些结构特征适合于对涤纶的染色？

4. 简述分散染料对涤纶的吸附等温线的类型及特点。

5. 简述分散染料对涤纶的扩散模型及与染色条件之间的关系。

6. 写出载体染色的工艺曲线，并标明有关的工艺参数。

7. 简述常用的载体及其具备的条件。

8. 写出高温高压染色的工艺曲线，并标明有关的工艺参数。

9. 简述热熔染色的工艺处方的组成、工艺流程及各工序的作用。

10. 简述载体染色、高温高压染色以及热熔染色对分散染料的要求。

三、比较下列各组染料颜色的深浅，并说明原因。

（1）

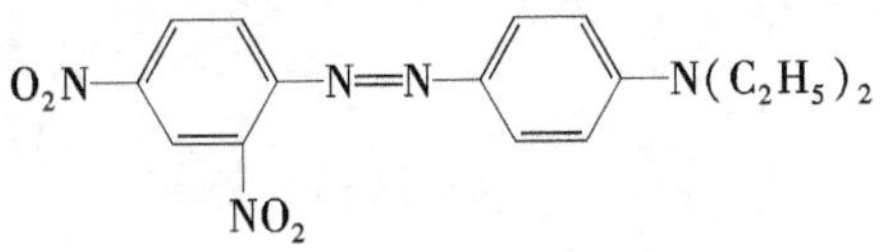

$$O_2N-\underset{\underset{NO_2}{|}}{\bigcirc}-N=N-\bigcirc-N(C_2H_5)_2$$

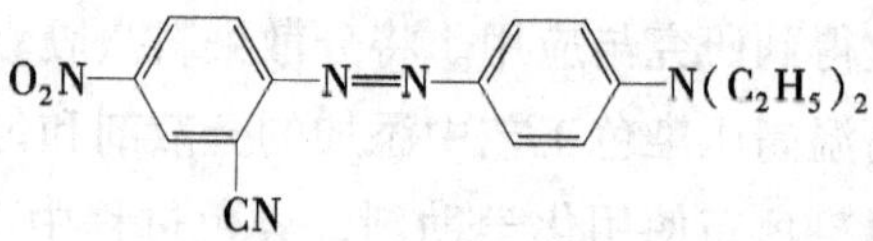

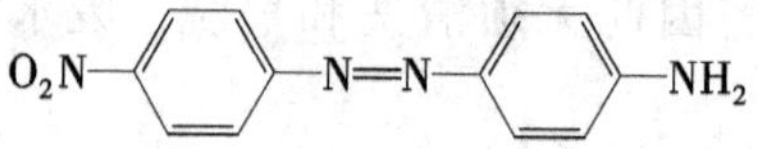

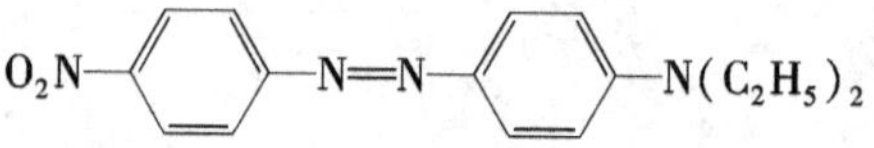

$$O_2N \overset{}{\underset{CN}{\bigcirc}} N=N \bigcirc N(C_2H_5)_2$$

$$O_2N \bigcirc N=N \bigcirc NH_2$$

$$O_2N \bigcirc N=N \bigcirc N(C_2H_5)_2$$

（2）

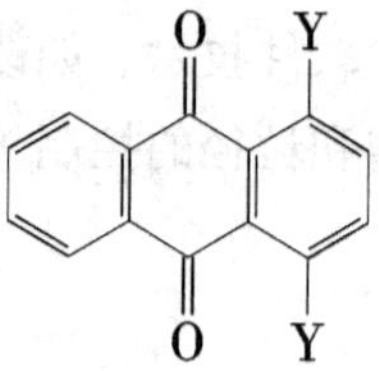

①Y＝NH₂

②Y＝NHCOC₅H₅

③Y＝NHCH₃

第十五章 染色相关性能指标的测试

第一节 染料浓度的测定

不论是单一染料浓度的测试还是多组分染液浓度的测试一般都采用分光光度计法。采用分光光度计法一般都要在染料的最大吸收波长处测定吸光度。因此都需要先测出染料的最大吸收波长。

一、单一染液浓度的测定

单一染料浓度的测定方法有两种。一种是公式法，另一种是标准工作直线法。

1. 公式法

公式法的基本原理为：$A = \varepsilon \cdot C \cdot d$，其测试的具体步骤如下。

（1）染料最大吸收波长的测定。绘制染料的吸收光谱曲线，找出染料的最大吸收波长 λ_{max}。即任意取一定浓度的极稀的染液，用分光光度计上在不同波长 λ 下，测得该染液的吸光度 A，以吸光度 A 为纵坐标，以波长 λ 为横坐标，做出该染料的吸收光谱曲线，在该曲线上查得最强程度吸收时所对应的波长，就是该染料的最大吸收波 λ_{max}。

（2）配制一个已知浓度 C_0 的染液，在最大吸收波长处分别测定已知浓度 C_0 和未知浓度 C 的两个染液的吸光度 A_0、A。根据 $A = \varepsilon \cdot C \cdot d$，当溶质固定，测定波长固定，$\varepsilon$ 是一个常数，在比色皿厚度相同的情况下，吸光度与浓度成正比，利用公式 $\dfrac{A}{A_0} = \dfrac{C}{C_0}$，就可以计算出未知染液的浓度 C。

2. 标准工作直线法

基本原理是利用吸光度与染液浓度成正比。其具体测试过程如下：

（1）染料最大吸收波长的测定。绘制染料的吸收光谱曲线，找出染料的最大吸收波长 λ_{max}。

（2）做出染料的标准工作曲线。将该染料配制成一系列浓度梯度的染液，在该染料的最大吸收波长处测定不同染料浓度 C 的染液吸光度 A，以吸光度 A 作为纵坐标，浓度 C 作为横坐标，作出吸光度 A 与染液浓度 C 的关系曲线，叫该染料的标准工作曲线，理论上应该是一条通过原点的直线，如图 15-1 所示。

只需要在该染料的最大吸收波长处测定未知浓度的染液吸光度，在标准工作曲线上就可以找到该吸光度下对应的浓度，即该未知染液的浓度。

二、混合染液中各染料浓度的测定

1. 测定的原理

基于朗伯特—比尔吸收定律

2. 测定的具体过程

设有一个由 M、N 两种染料所组成的混合溶液，要想测出该混合溶液中这两种染料的浓度，可以采用下面的步骤进行测试：

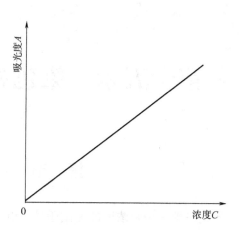

图 15-1　染料的标准工作曲线

（1）M、N 两种染料最大吸收波长的测定。按照上述单一染料浓度的测试方法，分别绘制 M 染料和 N 染料的吸收光谱曲线，求出各自的最大吸收波长 λ_{max}^{*} 和 λ_{max}^{**}。

（2）混合染液吸光度的测试。设混合染液中 M 组分和 N 组分的浓度分别为 C_M 和 C_N，在两种染料的最大吸收波长 λ_{max}^{*} 和 λ_{max}^{**} 处，分别测得该混合染液的吸光度为 A_{max}^{*} 和 A_{max}^{**}。根据多组分体系中吸光度具有加和性，可得：

$$A^{*} = \varepsilon_M^{*} d C_M + \varepsilon_N^{*} d C_N (在 \lambda_{max}^{*} 处)$$
$$A^{**} = \varepsilon_M^{**} d C_M + \varepsilon_N^{**} d C_N (在 \lambda_{max}^{**} 处)$$

（3）吸光系数 ε_M^{*}、ε_N^{*}、ε_M^{**}、ε_N^{**} 的测定。取已知的两种 M 染料和 N 染料，分别配制已知浓度的染液，在 λ_{max}^{*} 和 λ_{max}^{**} 处，测定两种染液的吸光度。

根据 $A = \varepsilon c d$，可以计算出克分子吸光系数 ε_M^{*}、ε_N^{*}（在 λ_{max}^{*} 处）和 ε_M^{**}、ε_N^{**}（在 λ_{max}^{**} 处）。

（4）混合染液中各个染料浓度的计算。将 ε_M^{*}、ε_N^{*}、ε_M^{**}、ε_N^{**} 代入上面的方程中，就可以求出上述混合染液中各染料的浓度 C_M 和 C_N。

以此类推，可以求出染液中有多个染料时，每一种染料的浓度。混合染液中各染料浓度的测试对于拼配色时各染料的上染百分率的测定非常有用。

第二节　上染百分率的测定

一、分散染料上染百分率的测定

因为分散染料不溶于水，在染色过程中也不转变成溶于水的状态，因为分光光度计适用的是有色物质的极稀溶液，因此分散染料的水溶液不能采用分光光度计来测定其吸光度，但分光光度计可以测定分散染料二甲基甲酰胺溶液的吸光度。

1. 测试的原理

利用二甲基甲酰胺将染色的涤纶织物上分散染料萃取下来，通过测定萃取液的吸光度来衡量分散染料对涤纶织物的上染量。

2. 具体测试步骤

(1) 最大吸收波长的测定。将分散染料溶于二甲基甲酰胺中制成溶液，绘制染料的吸收光谱曲线，找出染料的最大吸收波长。

(2) 标准工作曲线的绘制。配制一系列浓度梯度的分散染料二甲基甲酰胺溶液，分别在最大吸收波长处测定吸光度，最后做出吸光度对染液浓度变化的关系曲线，理论上是一条通过原点的直线。

(3) 将染色的涤纶织物试样置于试管中，加入抗氧化剂，调节 pH 至 4 左右，然后在试管中加入二甲基甲酰胺。在 120℃萃取 10~15min，重复上述操作 3~4 次，直到剥净试样上所有的染料，试样几乎无色。

(4) 在染料的最大吸收波长处测定萃取液的吸光度，在标准工作直线上找到对应的萃取液的浓度，再根据萃取液的体积就可以计算出涤纶染色试样上的染料量。

二、其他染料上染百分率的测试

根据染料上染百分率的概念即上到纤维上的染料量占所投入染料量的百分比，设染前染液的浓度为 C_0，染后染液的浓度为 C_i，假设上染前后染液的体积 V 不变，根据定义，则染料的上染百分率 $C_t = \dfrac{C_0 V - C_i V}{C_0 V} \times 100\%$，则有 $C_t = \left(1 - \dfrac{C_i}{C_0}\right) \times 100\%$。而在最大吸收波长处，对于同种染料来说，染液的吸光度与浓度成正比，则染料的上染百分率 $C_t = \left(1 - \dfrac{A_i}{A_0}\right) \times 100\%$。其中，$A_i$ 为染后染液的吸光度；A_0 为染前染液的吸光度。

只要在最大吸收波长处测出染前和染后染液的吸光度，就可以利用上面的公式，求出染料的上染百分率。

将染色前后的染液各取 2mL 于 50mL 容量瓶，用水稀释至刻线，用分光光度计在其最大吸收波长 λ_{max} 处测定其染前的吸光度 A_0 和染后的吸光度 A_i，而

$$100\text{g 纤维所上染的染料的克数} = \frac{\dfrac{C_0 V}{1000} \cdot C_t}{G} \times 100$$

式中：C_0 为染前染液的浓度（g/L）；V 为染前染液的体积（mL）；G 为被染物的重量（g）。

因为染料的上染百分率与染料的原始投入量、染液的组分等外界因素有关，是一个相对的概念，因此通常将之转化为每 100g 纤维织物所上去的染料的量。这是一个绝对性的指标。

第三节　上染速率曲线

一、上染速率曲线绘制的意义

上染速率曲线是指上染百分率随时间而变化的关系曲线。可以反映染料上染速率的快慢，对于染色时间的确定起着重要的作用。

二、上染速率曲线的绘制

求出同一染色温度下，不同染色时间 t 时的上染百分率 C_t，则以上染百分率 C_t 作为纵坐标，以染色时间 t 作为横坐标所做出的曲线，就叫染料的上染速率曲线。

实验时为了既节省时间，又能说明问题，可以在一个染色过程中的每间隔一定时间如染第 0、5min、10min、15min、20min、25min、30min 等从同一该染液中用移液管分别取染色残液 2mL 于 50mL 的容量瓶中，稀释至刻度，然后在该染料的最大吸收波长处分别测定其吸光度 A_0、A_5、A_{10}、A_{15}、A_{20}、A_{25} 等，然后根据求上染百分率的公式：

$$C_t = \left(1 - \frac{A_i}{A_0}\right) \times 100\%$$

可以求出不同染色时刻染料的上染百分率 C_0、C_5、C_{10}、C_{15}、C_{20}、C_{25} 等。以上染百分率作为纵坐标，上染时间作为横坐标绘制的曲线就是上染速率曲线。

利用上染速率曲线除了可以求出上染不同时刻染料的上染百分率外，也可以利用该曲线通过原点的斜率，大致衡量在该染色条件下该染料对于该纤维上染的快慢。与此同时，可以利用外推法求出该上染过程中染料的平衡上染百分率的大小，即曲线的斜率为 0 时染料的上染百分率。

第四节　扩散系数和扩散活化能的测试

扩散系数反映的是染料对纤维织物上染的快慢，扩散活化能指的是染料在纤维内部的扩散能阻。扩散系数越大，扩散活化能越小，染料上染速率越快。

一、分散染料扩散系数的测定

分散染料扩散系数的测定采用薄膜卷层法。

先用洗涤剂 6501 洗除薄膜上的油脂，取出清洗晾干后，用熨斗熨平待用。把已经处理好的聚酯薄膜，卷绕在玻璃棒上，卷绕 15~20 层，聚酯薄膜两端用电烙铁加热封住，使染液不能从两端渗入。

　　按照染色处方配好的染液，加入扩散剂 NNO 和少量的蒸馏水，调节 pH 为 5 左右。将已经配好的染液倒入高温高压染色机的染杯中，将已经包好聚酯薄膜的玻璃棒上端挂到高温高压染色机的染杯芯架上，下端浸入高温高压染色机的染杯中。按照浸染的工艺曲线进行染色，然后冷却至室温。冷却后取出玻璃棒，轻轻剥开聚酯薄膜，观察扩散层数，按下述公式计算扩散速率 v：

$$v = \frac{n \times D}{t}$$

式中：n——扩散层数；

　　D——聚酯薄膜厚度，mm；

　　t——染色时间，min。

二、其他染料扩散系数的测定

在无限染浴的条件下，求扩散系数的具体过程为：

1. 测试的原理

基于维克斯塔夫双曲线吸收方程和菲克第二扩散定律测定扩散系数。

2. 测试的具体过程

（1）在某一温度下进行染色，求出不同染色时间 t 下的染料上染百分率 C_t。

（2）由维克斯塔夫双曲线吸收方程 $\frac{1}{C_t} = \frac{1}{C_\infty^2 \cdot K} \cdot \frac{1}{t} + \frac{1}{C_\infty}$ 可知，$\frac{1}{C_t}$ —— $\frac{1}{t}$ 作图会得到一条直线，此直线在 y 轴上的截距为 $\frac{1}{C_\infty}$，可求平衡上染百分率 C_∞。

（3）根据菲克第二扩散定律的方程式，绘制表 6-1。根据 C_t / C_∞ 的值，查表 6-1 可得 $\frac{D_i t}{r^2}$ 的值。

（4）根据 $\frac{D_i t}{r^2}$ 的值（r 为纤维的半径，t 为时间）可求不同时间 t_i 下的扩散系数的 D_i 值。

（5）将不同时间的扩散系数取其平均值，可以近似地看作该温度下染料对纤维的扩散系数 $\overline{D}$。

在有限染浴的条件下求扩散系数与上述相同，但不同平衡上染百分率时，C_t / C_∞ 与 $\frac{D_i t}{r^2}$ 之间的对应值不同。

扩散系数与许多因素有关，除了与染料和纤维本身的性质有关外，温度是影响扩散速率的主要因素。一般染料的相对分子质量越小，与纤维之间的亲和力越小，扩散系数越大；纤维无定形区的含量越高和无定形区的空隙越大，染料的扩散系数越大；在染料与纤维一定的情况下，温度越高，扩散系数越大。

三、扩散活化能的测定

所谓扩散活化能，指的是染料在扩散过程中遇到的阻力，也可以说是染料要完成扩散所需要克服的能阻或所应具备的最低能量。

扩散系数是温度的函数，扩散系数与扩散活化能之间的关系可以用阿累尼乌斯方程来表示：

$$D_T = D_0 e^{-E/RT}$$

式中：D_T——温度为 T 时的扩散系数；

$\quad D_0$——一个常数；

$\quad R$——普适气体常数；

$\quad E$——扩散活化能。

染料的扩散活化能是由染料和纤维本身的性质决定的。上述公式可以转变为：

$$\ln D_T = \ln D_0 - \frac{E}{RT}$$

可见，只要知道不同温度下的扩散系数，然后做出 $\ln D_T$ 与 $\frac{1}{T} \times 10^3$（T 为绝对温度，K）之间的关系直线，利用该直线的斜率或采用内差法，可求得染料上染的活化能 E。活化能越低，在一定的染色条件下能克服扩散能阻的活化分子的数目就越多，染料的平衡上染百分率就越高。

第五节　染色牢度的测定

纺织品上的染料在染整加工和服用的过程中，经受各种外界环境因素的作用能保持原来色泽的一种能力，叫染色牢度。按照所经受的外界条件将染色牢度分为染整加工牢度和消费牢度。染整加工牢度包括：耐酸碱色牢度、耐氧化剂色牢度以及耐氯漂色牢度等；消费牢度包括：耐水洗色牢度或耐皂洗色牢度、耐摩擦色牢度（分为干、湿两种）、耐日晒色牢度、耐汗渍色牢度、耐升华色牢度、耐熨烫色牢度等。除了耐日晒色牢度分为 8 级以外，其余的色牢度都分为 5 级，1 级最差。纺织品的用途不同，加工过程不同或所使用的染料品种不同，对染色物就有不同的色牢度要求。在国内外印染厂最经常测试的色牢度主要是耐水洗色牢度、耐摩擦色牢度和耐日晒色牢度。

一、耐水洗色牢度的测定

耐洗色牢度的测试参照 GB/T 3921—2008，是在耐洗色牢度试验仪上进行的，如图 15-2 所示。

一般水溶性染料染色后的染色物最重要的质量评价指标就是耐水洗色牢度。

其测试的大致步骤为：试样为 40mm×100mm，正面与一块 40mm×100mm 标准的衬布织物相接触，沿一短边缝合，形成一个组合试样。皂液的浓度为 5g/L，肥皂应不含有荧光增白剂。

将组合试样放入耐洗色牢度试验仪配备的容器内，倒入所需要的皂液，盖紧容器盖，放入耐洗色牢度试验仪中，预热 15min，温度到 90℃ 左右时处理 30min，用冷水洗两次，然后在流动的冷水中冲洗 10min，挤取水分。展开组合试样，使试样和贴衬织物仅由一条缝线连接，悬挂在 60℃ 的空气中自然干燥。最后用灰色样卡评定试样的褪色级数，用沾色样卡评定贴衬织物的沾色级数。也可以采用一些近似的测试方法。

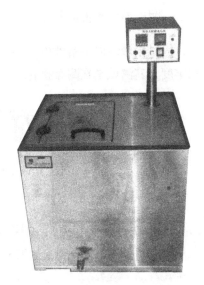

图 15-2　耐洗色牢度试验仪

一种是将试样按照规定的条件进行皂洗如直接染料或活性染料的亚麻染色物可以在下面的皂洗液中进行皂洗，淋干、晾晒后，和衡量褪色程度的灰色标准样卡比较而评定。

皂洗的工艺处方如下：

肥皂	2g/L
纯碱	2g/L
浴比	1∶100
温度	沸煮
时间	30min

此外，在实验中有时也可以测定皂洗前后两块试样的色差，根据色差进行对照，也可以评定耐皂洗色牢度的等级。色差与相应牢度的等级级数如下所示：

色差	色牢度（级）（灰色样卡）
0+0.2	5
0.7±0.2	4~5
1.5±0.2	4
2.25±0.2	3~4
3.0±0.2	3
4.25±0.3	2~3
6.0±0.5	2
8.5±0.7	1~2
12.0±1.0	1

二、耐摩擦色牢度的测定

一般对于最终以不溶性的色淀染着在纤维上的染料，其染色物最重要的性能指标就是摩擦牢度，其测试是在耐摩擦色牢度仪上进行的，耐摩擦色牢度仪如图 15-3 所示。

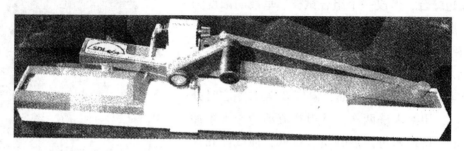

图 15-3　耐摩擦色牢度试验仪

其测试的大致过程：试样为 50mm×200mm，经纬向各两块，分别测耐干摩擦和耐湿摩擦色牢度，标准摩擦用棉布 50mm×50mm。用固定装置将试样夹紧在耐摩擦色牢度试验仪底板上，使试样的长度方向与仪器的动程方向一致。

1. 耐干摩擦色牢度测试

将干摩擦布固定在耐摩擦色牢度试验仪的摩擦头上，并使摩擦布的经向与摩擦头的运行方向呈 45°，在干摩擦试样的长度方向上 10s 内摩擦 10 次，往复动程为 100mm，垂直压力为 9N。然后用变色用灰色样卡评定摩擦位置的干摩擦褪色级数，用沾色样卡评定摩擦布的干摩擦沾色级数。

2. 耐湿摩擦色牢度测试

先将摩擦布用蒸馏水浸湿，用耐摩擦色牢度试验仪的轧液装置浸轧使摩擦布带液率达100%，然后将湿摩擦布固定在耐摩擦色牢度试验仪的摩擦头上，并使摩擦布的经向与摩擦头的运行方向呈 45°，在干摩擦试样的长度方向上 10s 内摩擦 10 次，往复动程为100mm，垂直压力为 9N。摩擦结束后在室温下晾干，然后用变色用灰色样卡评定摩擦位置的湿摩擦褪色级数，用沾色样卡评定摩擦布的湿摩擦沾色级数。

当然，也可以通过测定染色布样褪色前后或白布样沾色前后的色差来评定染色制品耐摩擦色牢度的好坏。

三、耐日晒色牢度的测定

一般对于用做窗帘等的亚麻纤维装饰织物来说，要进行染色物耐日晒色牢度的褪色测试。所谓的耐日晒色牢度是指在日光的照射下，染色织物上染料颜色的改变程度。

（1）染料的耐日晒色牢度可以用在一定条件下染色样品发生足以辨认的褪色现象所需的暴晒时间来衡量。

（2）但更为普遍的是采用和不同耐日晒色牢度的标样，在规定的条件下一起暴晒进行比较的评定方法。具体如下：

第一，"部颁蓝标准"：我国使用的标准样品是"部颁蓝标准"。它是按规定染成的 8 块羊毛织物。耐日晒色牢度共分为 8 级，1 级最差，8 级最优。

第二，实验时，试样和 8 个标样一起在规定条件下暴晒，到试样发生一定程度的褪色时，看它和哪个标样的褪色速率相当，便可以评定出试样的耐日晒色牢度等级。测定耐日晒色牢度时要考虑到光源的光谱组成、试样周围的大气成分、温度、染色浓度、纤维的微结构以及皂煮等因素对染料褪色程度的影响。

第六节　活性染料吸尽率和固色率的测定

一、吸尽率和固色率测试的意义

吸尽率指的是上到纤维的染料量占投入染料量的百分比，也是加减固色后，染色后处理之前织物上的染料量占所投入染料量的百分比；固色率指的是真正与纤维成共价结合的那部分染料占所投入染料量的百分比，也就是染色全部结束后最终固着在纤维上的染料量占所投入染料量的百分比。只有吸尽率和固色率相同或相近的活性染料才可以在一起进行拼配色。

二、吸尽率和固色率测试的具体过程

按处方每种染料分别配制 3 个染浴，放置在同一个水浴锅中，其中一个染浴中加被染织物，另两个染浴中不加被染织物，称标准染浴，然后两个染浴按染色工艺曲线升温或保温，加食盐和纯碱，直至染色完毕。则活性染料的吸尽率应该按照下式进行计算：

$$吸尽率=100\%-\frac{残液中的染料量}{经历染色过程的标准染液中的染料量}\times100\%$$

织物染毕后水洗，皂煮（皂片 2g/L，纯碱 2g/L，95℃，10min，浴比 1∶30），烘干。同样，用每种染料染色时分别配制两份皂煮液，一份用于染色织物皂煮，另一份做对照标准皂液用。将水洗液、皂煮残液和水洗液混合为混合液甲，将经历皂煮过程的标准皂液与经历染色过程的标准染液混合为混合液乙。则活性染料的固色率按照下式计算：

$$固色率=吸尽率-\frac{混合液甲中的染料量}{混合液乙中的染料量}\times100\%$$

如果不测吸尽率只测固色率的话，也可以将染色残液、水洗液、皂煮残液和水洗液混合为混合液丙，则固色率可以按照下式计算：

$$固色率 = 100\% - \frac{混合液丙中的染料量}{混合液乙中的染料量} \times 100\%$$

第七节 阳离子染料配伍性的测试

配伍性反映的是阳离子染料对腈纶亲和力的大小和上染速率的快慢，一般用 K 值来表示，共有 1、2、3、4、5 五个配伍值。配伍值越小，染料的上染速率越快，配伍值越大，染料的上染速率越慢。

一、配伍性测定的意义

在阳离子染料拼色时，应选择配伍值相近或相同的染料进行拼色，可以获得较好的拼色效果。

二、配伍性测定的基本原理

将待测的染料与一套标准染料中的五个标准染料分别进行拼配色，拼配色效果最好的那个标准染料的配伍值就是待测染料的配伍值。

三、配伍值测试的具体过程

1. 选择一套标准染料

测定阳离子染料的配伍值，首先应先选择黄色或蓝色的一套标准染料。这两套标准染料的名称、用量及配伍值见表 15-1 和表 15-2。

表 15-1　黄色标准染料的名称、用量及配伍值

黄色标准染料名称	染料用量（%，owf）	配伍值
Astrazon Golden Yellow RR	0.75	1.0
Cathilon Orange GLH	0.7	2.0
Deorlene Fast Yellow 4RL	0.3	3.0
Cathilon Yellow K-3RLH	0.72	4.0
Synacril Yellow R	0.65	5.0

表 15-2　蓝色标准染料的名称、用量及配伍值

蓝色标准染料名称	染料用量（%，owf）	配伍值
Astrazon Blue FRR	0.55	1.0
Astrazon Blue 5GL	2.7	2.0

续表

蓝色标准染料名称	染料用量（%，owf)	配伍值
Astrazon Blue 3RL	1.2	3.0
Cathilon Blue K-2GLH	0.9	4.0
Astrazon Blue FGL	2.4	5.0

2. 拼配色的实验处方

标准染料	X（owf)
待测染料	Y（owf)
醋酸钠	1（%，owf)
醋酸调节 pH 至	4.5±0.2
浴比	1：50

注：标准染料用量从上表中查得，待测染料为该染料标准深度的一半。

3. 拼配色的条件

各染浴的染色温度和时间规定如下：

配伍值	1	2	3	4	5
染色温度（℃）	90	95	95	95	95
染色时间（min）	15	20	15	15	25

4. 具体的实验步骤

将准确称取的 1g 腈纶（共 30 份），在 1% 醋酸钠（调节 pH 为 4.5±0.2）溶液中，95℃处理 15min，浴比为 1：50，取出挤干备用。

将 5 个标准染料，按规定用量配制 5 个染浴，加入 1% 醋酸钠，用醋酸调节 pH 为 4.5±0.2，分别加入待测染料阳离子艳红。

加热使染浴达到规定温度后，投入第一份试样染色，到规定时间后取出，挤出多余染液，并用少量预先配好的 1% 的醋酸钠（调节 pH 为 4.5±0.2）洗涤。将挤出液与洗涤液倒入染浴中，保持浴比不变。以相同的方法相继投入其余 5 份试样，在投入最后一份试样后，须染至染料完全吸尽后再取出试样。

5 个染浴按相同染色方法共染试样 30 份。然后立即冲洗布样，按染色先后顺序编号，晾干。对比并分析 5 组试样得色情况，评出布样色光一致、色泽均匀的一组，该组所用的标准染料的配伍值即为测试染料的配伍值。若待测染料的配伍值介于两个相邻标准染料之间，则可以在评级上加上 0.5。

第八节　聚丙烯腈纤维染色饱和值的测定

一、聚丙烯腈纤维染色饱和值的定义

一般是以相对分子质量为 400、亲和力较高的阳离子染料在 pH 为 4.5、浴比为 1∶100 的染浴中用足量的染料使其平衡上染百分率达到 90% 时，每 100g 纤维平衡上染的染料重量作为该纤维的染色饱和值。标志着纤维用某一指定染料在规定条件下染色所能上染的数量限度。在实际测试过程中，是用相对分子质量为 320 的亚甲基蓝作为标准染料，计算时折合成相对分子质量为 400 的阳离子染料量。

二、测定的过程

1. 染色的工艺处方及工艺条件

亚甲基蓝（%，owf）	1.0	1.5	2.0	2.5	3.0	3.5
冰醋酸（%，owf）	1.0	1.0	1.0	1.0	1.0	1.0
醋酸钠（%，owf）	1.0	1.0	1.0	1.0	1.0	1.0
染色温度（℃）	100	100	100	100	100	100
染色时间（min）	240	240	240	240	240	240
浴比	1∶100	1∶100	1∶100	1∶100	1∶100	1∶100

2. 实验步骤

（1）腈纶试样的预处理。精确称取六份 1g 的腈纶绒线，在 1%（owf）醋酸和 1%（owf）醋酸钠，pH 为 4.5，浴比为 1∶100 条件下沸煮 1h，挤干取出备用。

（2）亚甲基蓝最大吸收波长的测定。做出亚甲蓝染料的吸收光谱曲线，找出亚甲基蓝的最大吸收波长 λ_{max}。

（3）亚甲基蓝标准工作曲线的绘制。配制一系列浓度梯度的亚甲基蓝溶液，在其最大吸收波长 λ_{max} 处分别测定各个浓度 C 的染液吸光度 A，以吸光度 A 作为纵坐标，以浓度 C 作为横坐标，绘制亚甲基蓝的标准工作曲线，实际上是一条通过原点的直线。

（4）染色。按照试验处方配制六份染液，然后倒入六套已经装置回流冷凝管的染色装置中，分别投入一份预处理过的腈纶试样，在 100℃ 回流染色 4h，染后冷却，用水淋洗，并将洗涤液与染色残液一起转移到 500mL 的容量瓶中，加水稀释至刻度备用。

（5）测定计算。从染色残液中取出 V_0 放入 V_1 容量瓶，加水稀释至刻度，在最大吸收波长处测定吸光度，在标准工作曲线上查到该吸光度下所对应的染液浓度 C，则残液中的染料量（%，owf）为：

$$染色残液中的染料量（%，owf）= \frac{500 \times C \times V_1}{V_0 \times 纤维重（mg）} \times 100\%$$

式中：C——测得的染色残液的吸光度在标准工作曲线上所对应的染液浓度，mg/mL；

$\quad$ V_0——从 500mL 的染色残液中所取的体积，mL；

$\quad$ V_1——将 V_0 染色残液稀释后的体积，mL。

（6）作图。以六个残液中的染料量（%，owf）作为横坐标，以原始染液中的染料量（%，owf）为纵坐标绘制曲线，如图 15-4 所示。

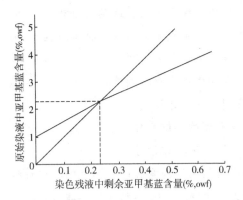

图 15-4　原始染液中亚甲基蓝含量与染色残液中亚甲基蓝含量之间的关系

然后从原点开始作斜率为 10 的直线，该直线上任意一点的上染百分率均为 90%，由直线和曲线相交点求得原始染液中的亚甲基蓝含量为 m（%，owf），则腈纶的染色饱和值 S_f 为：

$$S_f = m \times 98.5\% \times \frac{400}{320} \times 90\%$$

则有：

$$S_f = m \times 98.5\% \times \frac{5}{4} \times 90\%$$

式中：98.5%——亚甲基蓝的纯度；

$\quad$ 90%——测定要求的上染百分率；

$\quad$ m——曲线与斜率为 10 的直线相交点所对应纵坐标的值，（%，owf）。

👉 **练习题**

一、名词解释

1. 染料的吸收光谱曲线

2. 染料的标准工作曲线

3. 活性染料的吸尽率

4. 活性染料的固色率

5. 染色牢度

二、简答题

1. 简述染液中单一染料浓度的测定。

2. 简述混合染液中各染料浓度的测定。

3. 简述染料上染百分率的测定。

4. 简述分散染料上染百分率的测定。

5. 简述染料上染速率曲线的绘制意义及绘制的过程。

6. 简述某一染色温度下染料扩散系数的测试具体过程。

7. 简述染料扩散活化能的测试具体过程。

8. 简述活性染料吸尽率和固色率及其测试具体过程。

9. 简述耐水洗色牢度测试的具体过程。

10. 简述耐摩擦色牢度测试的具体过程。

11. 简述耐日晒色牢度测试的具体过程。

12. 简述阳离子染料配伍值测定的意义以及测试的具体过程。

13. 简述聚丙烯腈纤维染色饱和值及其测定的具体过程。

参考文献

［1］邢其毅，裴伟伟，徐瑞秋，等．基础有机化学．上册［M］．4版．北京：北京大学出版社，2016.

［2］何谨馨．染料化学［M］．北京：中国纺织出版社，2016.

［3］房宽峻．染料应用手册［M］．2版．北京：中国纺织出版社，2013.

［4］阎克路，赵涛．染整工艺与原理（下册）［M］．北京：中国纺织出版社，2009.

［5］高树珍，赵欣．染料化学［M］．哈尔滨：哈尔滨工程大学出版社，2009.

［6］蔡再生．染整概论［M］．北京：中国纺织出版社，2008.

［7］陈英．染整工艺试验教程［M］．中国纺织出版社，2009.

［8］高树珍，赵欣，丁斌．染整加工工艺学［M］．哈尔滨：东北林业大学出版社，2013.

［9］王菊生．染整工艺原理（第三册）［M］．北京：中国纺织出版社，2003.

［10］直接染料．PPT https：//wenku. baidu. com/view/55c778bff111f18582d05a03. html

［11］直接染料的染色．PPT https：//wenku. baidu. com/view/b7d5f1a9240c844768eae e2e. html

［12］不溶性偶氮染料．PPT https：//wenku. baidu. com/view/9722ea28dd36a32d7375 81a3. html

［13］不溶性偶氮染料的染色．PPT https：//wenku. baidu. com/view/786895250066f533 5a8121bf. html

［14］还原染料．PPT https：//wenku. baidu. com/view/1d597296f605cc1755270722192e 453610665ba0. html

［15］还原染料的染色．PPT https：//wenku. baidu. com/view/8e9eb85003020740be1e65 0e52ea551811a6c95f. html

［16］硫化染料．PPT https：//wenku. baidu. com/view/6a2c313b3968011ca3009122. html

［17］硫化染料的染色．PPT https：//wenku. baidu. com/view/a3ce611bf4335a8102d 276a20029bd64793e620f. html

［18］活性染料（结构）．PPT https：//wenku. baidu. com/view/67392638b90d6c85e c3ac 637. html

［19］活性染料的染色．PPT https：//wenku. baidu. com/view/c39d4477ba1aa8114431 d9c1html

［20］酸性染料 . PPT https：//wenku. baidu. com/view/da67dc0f90c69ec3d5bb75e1. html

［21］酸性染料的染色 . PPT http：//www. doc88. com/p-4714417589272. html

［22］分散染料 . PPT https：//wenku. baidu. com/view/cc6b378dbceb19e8b8f6bacd. html

［23］分散染料及其染色 . PPT https：//wenku. baidu. com/view/1af7eeec856a561252d36fd0. html

［24］阳离子染料 . PPT https：//wenku. baidu. com/view/6c325fde250c844769eae009581b6bd97f19bc34. html

［25］阳离子染料的染色 . PPT https：//wenku. baidu. com/view/43bf9c0902768e9950e73828. html

［26］林子皓 . 分散染料的研究现状和发展趋势 https：//wenku. baidu. com/view/75ea392da55177232f60ddccda38376bae1fe054. html

［27］黑木宣彦 . 染色物理化学 ［M］. 陈水林，译 . 北京：中国纺织工业出版社，1981.

［28］范雪荣 . 纺织品染整工艺学 ［M］. 北京：中国纺织出版社，2006.